TASCHENBUCH

FÜR

MONTEURE ELEKTRISCHER

STARKSTROMANLAGEN

VON

S. FREIHERR VON GAISBERG

89. AUFLAGE

NEU BEARBEITET UNTER BETEILIGUNG VON

FRHR. v. GAISBERG

VON

EHRENFRIED PFEIFFER

MIT 194 ABBILDUNGEN

MÜNCHEN UND BERLIN 1931

VERLAG VON R. OLDENBOURG

Aus dem Vorwort zur ersten Auflage.

Die Monteure besitzen in der Regel Anweisungen der Fabriken für das Aufstellen der Maschinen, Lampen und sonstigen Einrichtungen, aber selten eine Anleitung für die übrigen Arbeiten sowie für das Inbetriebsetzen und Instandhalten der Anlagen. Diese Lücke soll das vorliegende Werkchen ausfüllen, indem es in erster Linie dafür bestimmt ist, Anfänger in die Arbeiten einzuführen und sie in der Fähigkeit zu selbständigem Arbeiten zu fördern.

Die Besteller und Inhaber elektrischer Anlagen werden an der Hand der gegebenen Regeln ein Urteil über die in Frage kommenden Arbeiten gewinnen und den Betrieb ihrer Anlagen überwachen können.

Maschinenwärter, die sich die nötigen Anleitungen hier holen wollen, werden vor unüberlegten Versuchen gewarnt, wozu sie durch die für sie zu weitgehenden Abhandlungen geführt werden können. In fraglichen Fällen ist es ratsamer, einen bewährten Fachmann beizuziehen, als durch unkundige Selbsthilfe eine Anlage in Gefahr zu bringen.

An die mit dem Herstellen elektrischer Einrichtungen beschäftigten Fachgenossen sei die Bitte gerichtet, dem Verfasser über Mängel in dem Werkchen und über gewünschte Ergänzungen Mitteilung zu machen, um es ihm zu ermöglichen, bei einer Neuauflage die Anforderungen der Praxis tunlichst zu berücksichtigen.

München, 18. November 1885.

Vorwort zur neunundachtzigsten Auflage.

Das Buch wurde dem gegenwärtigen Stande der Technik und den neuesten Vorschriften und Normen des VDE angepaßt. Verbunden war damit eine weitgehende Erneuerung der Abbildungen, namentlich der Schaltskizzen, die auf Grund der vom VDE festgesetzten Schaltzeichen neu entworfen wurden. Die bereits mit der 88. Auflage begonnene Neubearbeitung wurde von Herrn Dipl.-Ing. E. Pfeiffer in dankbarst anzuerkennender Gründlichkeit durchgeführt.

Die Bearbeitung erfolgte wiederum unter Mitwirkung einer Reihe von Ingenieuren, die in den verschiedenen Sondergebieten tätig sind. Von diesen Hilfskräften, denen gebührender Dank für ihre Leistungen hiermit zum Ausdruck gebracht sei, haben schon für die 88. Auflage mitgewirkt die Herren Dipl.-Ing. W. Arnold (Akkumulatoren), Dipl.-Ing. C. Bauer (redaktionelle Arbeit), Dipl.-Ing. R. Becker (Leitungen), Dr.-Ing. H. G. Frühling (Beleuchtung), Ing. G. Jäger (Zeichnungen); für die 89. Auflage kamen hinzu die Herren Dipl.-Ing. W. Lohbeck (Meßgeräte), Dipl.-Ing. K. Seifert (Zeichnungen und Korrektur), Dipl.-Ing. H. Steudel (Maschinen).

Besonders hervorzuheben ist die Neubearbeitung der Abschnitte Schalter, Meßgeräte, Maschinen, Transformatoren und Gleichrichter. An neu eingefügten Abhandlungen sind zu nennen: Bau von Rundfunkanlagen und Antennen, bearbeitet von Herrn Dipl.-Ing. R. Becker, und Heizgeräte, bearbeitet vom beratenden Ingenieur Herrn W. Schulz.

Das Taschenbuch ist jetzt zum 27. Male bearbeitet und in 7 fremde Sprachen mit rd. 40 Auflagen übersetzt. Möge es fernerhin zur fachgemäßen Ausführung und zuverlässigen Instandhaltung der elektrischen Starkstromanlagen beitragen.

Der langjährige Mitarbeiter, Herr Oberingenieur Gottlob Lux, hat sich zufolge beruflicher Inanspruchnahme von den Arbeiten für das Taschenbuch zurückgezogen. Durch seine vielseitigen Bemühungen ist dem Buche ein reicher Schatz praktischer Erfahrungen zugeflossen. Dafür aufrichtigsten Dank auszusprechen, darf an dieser Stelle nicht versäumt werden.

Neudegg, Post Donauwörth, im September 1931.

v. Gaisberg.

INHALT.

Grundbegriffe.

Meßgeräte.

Apparate.

Schalter.

Inhaltsverzeichnis. **XV**

Tabellen-Verzeichnis.

Grundbegriffe.

1. Zeichen für technische Einheiten.

A = Ampere	kVA = Kilovoltampere
V = Volt	kW = Kilowatt
Ω = Ohm	kWh = Kilowattstunde
W = Watt	Ah = Amperestunde
kV = Kilovolt	PS = Pferdestärke

Kilowatt und Pferdestärke sind gleichartige Größen, wie im Längenmaßsystem Zentimeter und Zoll.

2. Stromkreis. Der Stromkreis setzt sich zusammen aus Stromerzeuger, Leitung und Verbraucher (Lampen, Widerstände, Motoren usw.).

3. Elektrische Größen. Die wichtigsten im Stromkreis auftretenden Größen sind S p a n n u n g , S t r o m - s t ä r k e und W i d e r s t a n d .

4. Spannung (U) ist der elektrische Potentialunterschied zwischen zwei Punkten eines Stromkreises, z. B. den Klemmen einer Maschine (Klemmenspannung); sie ist dem Höhenunterschied zwischen Ober- und Unterwasserspiegel bei einer Wasserturbine vergleichbar. Die E l e k t r o m o t o r i s c h e K r a f t (E) ruft den Potentialunterschied hervor; sie ist die treibende Kraft, die bei geschlossenem Stromkreis das Auftreten des elektrischen Stromes verursacht. Einheit der Spannung und der Elektromotorischen Kraft ist das V o l t [V][1]).

5. Stromstärke (I) ist die unter dem Einfluß der Spannung (Elektromotorischen Kraft) durch einen Leiterquerschnitt in 1 Sekunde fließende Elektrizitätsmenge. Einheit der Stromstärke ist das A m p e r e [A].

6. Widerstand (R) ist die Eigenschaft eines elektrischen Leiters, die auf der ganzen Länge des Stromweges in jedem Leiterabschnitt einen Spannungsabfall hervorruft. Einheit des Widerstandes ist das O h m [Ω]. Die Größe des elektrischen Widerstandes hängt, ähnlich dem Widerstand einer Rohrleitung, von der Länge, dem Querschnitt und einem Festwert, dem spezifischen Widerstand, des Leiters ab (vgl. 210).

---

[1]) Formelzeichen sind in runde ( ), Einheiten in eckige [ ] Klammern gesetzt.

Der umgekehrte (reziproke) Wert des spezifischen Widerstandes ist die spezifische Leitfähigkeit, eine Zahl, die für Kupfer etwa 58 beträgt. Je geringer diese Leitfähigkeit, je größer die Länge und je kleiner der Querschnitt eines Leiters ist, um so größer ist sein Widerstand.

7. Das Ohmsche Gesetz drückt den Zusammenhang zwischen Stromstärke (I), Spannung (U) und Widerstand (R) aus:

$$I = \frac{U}{R}$$

8. Gleichstrom. Die Klemmenspannung eines Gleichstromgenerators ist nach Richtung und Größe gleichbleibend (Gleichspannung); dementsprechend hat auch der Strom gleichbleibende Richtung und Stärke, sofern die Schaltung nicht geändert wird und der Widerstand des Stromkreises seinen Wert beibehält.

9. Wechselstrom. Der Strom wechselt entsprechend der Wechselspannung an den Klemmen eines Generators in kurzen Zeiträumen Richtung und Stärke. Abb. 1 zeigt den zeitlichen Verlauf. In der Zeitspanne a—b ist die Stromrichtung positiv (+); der Strom steigt von Null zum positiven Höchstwert an

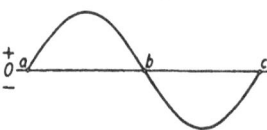

Abb. 1.

und erreicht bei b wieder den Nullwert; in der Zeitspanne b—c verläuft er entsprechend in negativem Sinne (—).

Die dargestellte Wellenlinie zeigt den Verlauf eines Einphasenstromes. Durch die Verkettung von Einphasenströmen entsteht Mehrphasenstrom. Drei

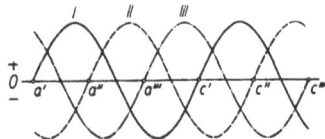

Abb. 2.

in zeitlicher Folge gegeneinander verschobene, verkettete Einphasenströme ergeben Dreiphasenstrom, Drehstrom Den Verlauf zeigt Abb. 2; die in den drei

Leitungen verlaufenden Ströme sind mit I, II, III bezeichnet. Der Zeit nach geht zuerst der Strom I in a' von der — - Richtung durch 0 in die $+$ - Richtung über, später der Strom II in a'' und dann der Strom III in a'''. Die drei Ströme sind also zeitlich gegeneinander verschoben.

a) Periode. Der Verlauf der Wellenlinie von a bis c (Abb. 1) heißt Periode; in einer Periode wechselt der Strom zweimal seine Richtung.

b) Frequenz (Periodenzahl). Die Anzahl der Perioden in der Sekunde heißt Frequenz. Einheit ist das Hertz [Hz]. Die Zahl der Wechsel in der Stromrichtung ist gleich dem Zweifachen der Frequenz.

Die in Deutschland für Lichtbetrieb oder für Licht- und Kraftbetrieb gebauten Maschinen haben meist 50 Hz. Für Bahnbetrieb ist die Frequenz gewöhnlich $16 \, ^2/_3 \left(= \dfrac{50}{3} \right)$ Hz.

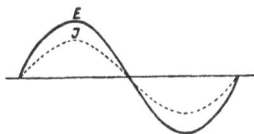

Abb. 3.

c) Phasenverschiebung. Erreichen Strom und Spannung gleichzeitig ihren Nullwert und entsprechend ihren Höchstwert, so sind sie gleichphasig (Abb. 3); trifft dies nicht zu, so sind sie gegeneinander phasenverschoben.

Erreicht der Strom seinen Höchstwert und Nullwert zeitlich später oder früher als die Spannung, so

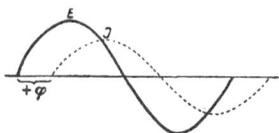

Abb. 4.

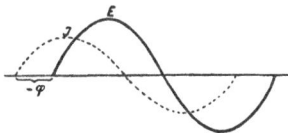

Abb. 5.

nennt man ihn nacheilend (Abb. 4) oder voreilend (Abb. 5). Ursachen der Phasenverschiebung im Wechselstromkreis sind Selbstinduktion und Kapazität.

10. Selbstinduktion. Jeder stromdurchflossene Leiter ist von einem magnetischen Felde umgeben. Bei Änderung der Stromstärke ändert sich auch die Stärke des magnetischen Feldes und ruft dadurch im gleichen Leiter eine Gegenspannung hervor. Diese sucht die

Änderung der Stromstärke zu verzögern und ist um so höher, je rascher die Stromstärkeänderung vor sich geht. Man bezeichnet diese Erscheinung, die vor allem in den Wicklungen von Maschinen, Transformatoren und Drosseln auftritt, als Selbstinduktion, die Gegenspannung als Selbstinduktionsspannung.

Die Selbstinduktion einer Spule wächst mit der Windungszahl und wird durch Vorhandensein von Eisen beträchtlich vergrößert.

Beim Einschalten von Erregerwicklungen, die eine hohe Selbstinduktion besitzen, erreicht der Strom erst in mehreren Sekunden seine volle Stärke. Beim raschen Abschalten einer solchen Wicklung tritt eine so hohe Selbstinduktionsspannung auf, daß am Schalter die trennende Luftstrecke durch einen kräftigen Lichtbogen überbrückt wird. In Wechselstromkreisen wird durch Selbstinduktion nacheilende Phasenverschiebung verursacht (vgl. Abb. 4).

11. Kapazität ist die Fähigkeit der Leiter, Elektrizität festzuhalten, zu binden. Die Aufnahmefähigkeit benachbarter Leiterteile hängt von ihrer Ausdehnung, ihrer gegenseitigen Entfernung und von der Art des zwischen ihnen liegenden isolierenden Stoffes ab. Bei Wechselstrom entsteht durch die Ladung ein dauernder Ladestrom, dessen Stärke von der Kapazität der Leiterteile sowie der Spannung und der Frequenz abhängt. Hochspannungskabel können die Ladung unter Umständen behalten, falls nach dem Ausschalten nicht die Leiter an Erde gelegt oder leitend verbunden, d. h. entladen werden; dadurch können beim Berühren der Leiter empfindliche elektrische Schläge auftreten. In Wechselstrombetrieben mit langen Fernleitungen können hohe Ladeströme entstehen, die zwar wattlos sind, aber die Generatoren unnötig durch Stromzuwachs belasten und zu Spannungserhöhung Anlaß geben.

Die wattlosen Ladeströme, die bei Vorhandensein von Kapazität auftreten, verursachen im Wechselstromkreis voreilende Phasenverschiebung (vgl. 9c, Abb. 5).

12. Leistung (N). Die elektrische Leistung ist das Produkt aus Spannung und Stromstärke, »Volt mal Ampere«, und einem Leistungsfaktor, der bei Gleichstrom stets 1 ist. Einheit ist das Watt [W]. Gewöhnlich wird mit dem tausendfachen Wert, dem Kilowatt [kW], gerechnet.

Bei Drehstrom (ohne Nulleiter) wird die Gesamt-
leistung erhalten, wenn man das Produkt aus der
Spannung zwischen je zwei Leitungen und der Stromstärke in einer der Leitungen mit dem Leistungsfaktor
und der Zahl 1,73 ($= \sqrt{3}$) multipliziert. Dabei ist gleiche
Belastung der drei Leitungszweige vorausgesetzt.

13. Leistungsfaktor. Der beim Berechnen der Wechselstromleistung (vgl. 12) auftretende Leistungsfaktor,
cos φ (sprich »cosinus phi«), ist das Verhältnis der in
Watt [W] oder Kilowatt [kW] gemessenen Wirkleistung zu dem Produkt aus Spannung und Stromstärke, der in Voltampere [VA] oder Kilovoltampere
[kVA] gemessenen Scheinleistung:

$$\cos \varphi = \frac{\text{Wirkleistung}}{\text{Scheinleistung}} = \frac{\text{Zahl der Watt}}{\text{Zahl der Voltampere}}$$

Je größer die Phasenverschiebung (vgl. 9c) zwischen Spannung und Strom ist, desto kleiner
ist das Verhältnis der Wirkleistung zur Scheinleistung (Abb. 6).
Der Winkel φ im rechtwinkligen
Dreieck stellt hierbei ebenso wie
die Strecke φ in Abb. 4 und 5 die Phasenverschiebung
dar.

Abb. 6.

Im Zusammenhang mit der Scheinleistung,
die für die Beanspruchung eines Generators maßgebend ist, und der Wirkleistung, für die eine mechanische Leistung aufgebracht werden muß, steht die
Blindleistung, deren Verhältnis zur Wirkleistung
mit der Phasenverschiebung wächst (vgl. Abb. 6).
Sie dient z. B. zum Magnetisieren der Transformatoren
und Drehstrommotoren (induktive Blindleistung) oder
zum Aufladen der vor allem in langen Kabelstrecken
vorhandenen Kapazität (kapazitive Blindleistung) und
erfordert keine mechanische Leistung.

Bei reiner Lichtlast ist praktisch keine Blindleistung
erforderlich und daher die Wirkleistung gleich der
Scheinleistung, der Leistungsfaktor gleich 1. Dagegen
läßt sich z. B. ein Drehstromgenerator von 1000 kVA
Nennleistung, der bei überwiegender Motorlast mit
dem Leistungsfaktor 0,7 arbeiten muß, nur bis zu einer
Wirkleistung von 700 kW ausnutzen gegenüber 1000 kW
bei cos φ = 1. Man strebt deshalb nach Verbesserung
des Leistungsfaktors (vgl. 53).

14. Mechanische Leistung. Einheit ist die Pferdestärke [PS]. Die mechanische Leistung wird auch
in Kilowatt gemessen.

$$1 \text{ PS} = 0{,}736 \text{ kW.}$$

Bei Angaben über die Leistung von Maschinen muß
Klarheit darüber herrschen, wo die Leistung gemessen
gedacht ist. Sagt man z. B.: »eine Dampfturbine leistet
$1000 \text{ kW} \left(= \dfrac{1000}{0{,}736} = \text{rd. } 1400 \text{ PS} \right)$«, so ist die Leistung
an der Welle der Dampfturbine gemeint, nicht etwa
die Leistung an den Klemmen eines von ihr angetriebenen Generators.

15. Wirkungsgrad (η) ist das Verhältnis der abgegebenen Leistung, der Abgabe N_2, zur aufgenommenen
Leistung, der Aufnahme N_1:

$$\eta = \frac{N_2}{N_1}$$

Der Wirkungsgrad elektrischer Maschinen beträgt je
nach ihrer Art und Größe etwa 0,85—0,9. Kleine Maschinen haben geringeren Wirkungsgrad als große.
Man berechnet:

a) den Verbrauch (Aufnahme) aus der bekannten
Leistung (Abgabe) durch Dividieren mit dem Wirkungsgrad;

b) die Leistung (Abgabe) aus dem bekannten
Verbrauch (Aufnahme) durch Multiplizieren mit
dem Wirkungsgrad.

Beispiel zu a):

Ein 20 kW-Motor, d. h. ein Motor, der an seiner
Welle oder Riemenscheibe 20 kW oder $\dfrac{20}{0{,}736} =$
rd. 27 PS abgibt, hat beim Wirkungsgrad 0,9 einen
Verbrauch (Aufnahme) an den Klemmen von $\dfrac{20}{0{,}9} =$
rd. 22 kW.

Beispiel zu b):

Mit einer Dampfturbine von 1000 kW Leistung
erhält man an den Klemmen eines angetriebenen
Generators, der also an seiner Welle 1000 kW
aufnimmt, beim Wirkungsgrad $\eta = 0{,}9$ eine Leistung (Abgabe) von $1000 \cdot 0{,}9 = 900$ kW.

Häufig wird der Wirkungsgrad in Prozenten, d. h.
mit dem 100 fachen vorgenannten Wert, angegeben.

Ist der Wirkungsgrad z. B. mit 90% angegeben, so ist die in die Rechnung einzuführende Zahl 90/100 = 0,9 wie oben.

c) den Verlust als die Differenz zwischen Verbrauch und abgegebener Leistung; er stellt den Teil der aufgenommenen Leistung dar, der in Wärme umgewandelt wird (Erwärmung der Wicklungen, Lager usw.).

16. Elektrische Arbeit ist das Produkt aus elektrischer Leistung (Wirkleistung) und Zeit (Dauer der Leistungsabgabe). Einheit ist die Wattstunde. Das ist die Arbeit, die von einem Watt während der Dauer einer Stunde geleistet wird. Der tausendfache Wert ist die Kilowattstunde [kWh]. Die Mehrzahl aller Elektrizitätszähler ist in kWh geeicht.

17. Elektrizitätsmenge. Einheit ist bei Gleichstrombetrieb die Amperestunde [Ah]. Sie wird geliefert, wenn ein Gleichstrom von 1 A eine Stunde lang fließt. So wird z. B. die Elektrizitätsmenge, die einem Akkumulator bei Entladung entnommen werden kann, in Ah angegeben.

18. Isolationswiderstand. Da selbst die besten Isolierstoffe in geringem Maße leitend sind, tritt aus Maschinen, Apparaten und Leitungen ein Fehlerstrom aus, der in der Regel zur Erde abfließt. Zur Beurteilung des Isolationszustandes einer Anlage dient der Isolationswiderstand, d. i. der Widerstand zwischen spannungführenden Teilen und Erde. Der Wert des Isolationswiderstandes, der Isolationswert, hat für eine bestimmte Anlage eine veränderliche Größe (Wärme, Feuchtigkeit und ähnliche Einflüsse verursachen Schwankungen), die im allgemeinen mehrere hunderttausend Ohm überschreiten soll.

19. Durchschlagfestigkeit ist die elektrische Festigkeit der Isolierstoffe gegen Durchschlag. Sie wird in kV/cm angegeben. Die Spannung, bei der der Durchschlag eintritt, die Durchschlagspannung, hängt außer von der Durchschlagfestigkeit des Isolierstoffes von dessen Schichtdicke und von der Gestalt der eingebetteten Leiter ab. Je stärker Metallteile, zwischen denen ein Spannungsunterschied besteht, gekrümmt sind, um so größer ist die Beanspruchung des anliegenden Isolierstoffes. Bei Hochspannung müssen daher scharfe Kanten, Ecken und Spitzen an den Apparaten usw. vermieden werden: das bloße Verstärken des Iso-

lierstoffes hilft in solchen Fällen meistens nicht. Auch
geerdete Metallteile in der Nähe von Hochspannung
führenden Teilen dürfen diesen keine scharfen Kanten
zuweisen.

Beim Ausführen von Hochspannungsanlagen muß
auf die Eigenschaften der die Metallteile umgebenden
Isolierstoffe Rücksicht genommen und danach der
Abstand der spannungführenden Leitungen sowohl
gegenseitig wie von geerdeten Metallteilen bemessen
werden. Allgemein gültige Angaben über die erforderlichen Luftabstände und die Dicke der Isolierschicht
sind aus den vorgenannten Gründen nicht möglich.
Nur unter Annahme ebener Flächen kann nachstehend vergleichsweise die Durchschlagfestigkeit einiger
Isolierstoffe angegeben werden.

Durchschlagfestigkeit bei ebenen Flächen:

Luft   . . . . 30 kV/cm
Mineralöl. . . 100   »
Porzellan . . . 100   »
Glas   180   »
Glimmer . . . 450   »

Durch Verunreinigung und durch Aufnahme von
Feuchtigkeit wird die Durchschlagfestigkeit von Öl
stark herabgesetzt; bei Erwärmung nimmt sie zu,
während sich der Isolationswiderstand (vgl. 18) verringert. Die Isolierfähigkeit der Luft wird durch
Feuchtigkeit wenig beeinflußt, sie nimmt mit steigender
Erwärmung und mit fallendem Luftdruck ab. Für die
Beurteilung fester Isolierstoffe kommen in Betracht:
Feuchtigkeits- und Wärmebeständigkeit, Unempfindlichkeit gegen Öle, mechanische Festigkeit und Be-
arbeitbarkeit sowie die Feuer- und Lichtbogensicher-
heit. Von Bedeutung ist ferner neben dem Isolationswiderstand auch der Oberflächenwiderstand, der
mit Gleichstrom gemessen wird. Ist dieser Widerstand
nicht genügend hoch, so entstehen auf der Oberfläche
des Isolierstoffes, von den unter Spannung stehenden
Metallteilen ausgehend, Kriechwege für den elektrischen Strom. Durch die Kriechströme wird die
Oberfläche verkohlt und leitend gemacht.

Wird der Isolierstoff überanstrengt, so treten, von
den Metallteilen ausgehend, zunächst Glimmentladungen
auf, die mit knisternden Geräuschen verbunden sind,
bei weiterer Steigerung der Spannung Büschelent-
ladungen und schließlich laut prasselnde Gleitfunken,

bis entweder der vollkommene Durchschlag des
Isolierstoffes oder der Überschlag eintritt. Bei
diesem erfolgt der Durchbruch der Spannung nicht
durch den eigentlichen Isolierkörper (z. B. Durchführung), sondern durch die ihn umgebende Luft oder
Isolierflüssigkeit (Öl). Bei den meisten Anordnungen
liegt die Durchschlagspannung höher als die Über-
schlagspannung.

Grundschaltungen.

20. Gleichstrom- und Einphasenstromschaltungen.

a) Reihenschaltung. Bei Reihenschaltung (Serienschaltung, Hintereinanderschaltung) werden Stromverbraucher so miteinander ver-
bunden, daß die aufeinanderfolgenden Klemmen der einzelnen Apparate, Lampen usw. eine
Reihe bilden (Abb. 7). Alle Stromverbraucher werden vom gleichen
Strom durchflossen. Die zwischen
den Enden einer solchen Reihe

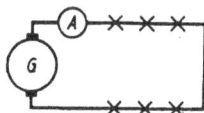

Abb. 7.

herrschende Spannung wird entsprechend den Widerständen der einzelnen Verbraucher aufgeteilt. Bei
Reihenschaltung von Stromerzeugern, z. B. Akkumulatoren, addieren sich deren Einzelspannungen.

b) Parallelschaltung. Bei Parallelschaltung werden die Klemmen der Stromverbraucher mit zwei durch-
gehenden Leitungen verbunden
(Abb. 8); der Strom verzweigt
sich in die einzelnen Verbraucher
im umgekehrten Verhältnis ihrer
Widerstände. Die Spannung an
den Klemmen der Verbraucher
ist, abgesehen vom Spannungsabfall in den Leitungen (vgl. 212),
die gleiche.

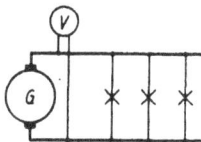

Abb. 8.

Nebenschluß ist gleichbedeutend mit Parallelschaltung. Der Spannungsmesser V in Abb. 8 ist
parallel zu den gezeichneten Lampen geschaltet, d. h.
er liegt im Nebenschluß zum Lampenstromkreis.

21. Drehstromschaltungen.

a) Dreieckschaltung (Zeichen △): Die Lampen
und Apparate werden einzeln oder in Gruppen zwischen

die Hauptleitungen R und S, S und T, T und R
(Abb. 9) geschaltet. Sind die von den Hauptleitungen
abgezweigten Stromkreise gleich stark belastet, d. h.
sind die Ströme

$$i_1 = i_2 = i_3 = i,$$

so führen auch die Hauptleitungen gleiche Ströme

$$I_1 = I_2 = I_3 = I.$$

Der Strom in jeder Hauptleitung hat dann den
Wert

$$I = i\sqrt{3} = i \cdot 1{,}73.$$

Die Spannung an den Lampen ist gleich der Spannung zwischen je zwei Hauptleitungen (Hauptspannung).

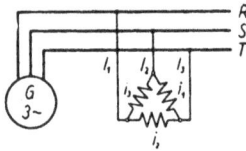

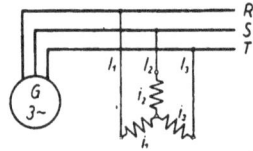

Abb. 9.   Abb. 10.

b) Sternschaltung (Zeichen $\curlywedge$): Die Lampen,
Wicklungen von Motoren u. dgl. (Abb. 10) sind nur mit
einer Klemme an die Hauptleitungen angeschlossen und
mit der anderen Klemme in einem gemeinsamen Null-
punkt, dem Sternpunkt, vereinigt. Sind die Ströme
in jeder der abgezweigten Sternschaltungen unter sich
gleich stark

$$i_1 = i_2 = i_3 = i,$$

so sind auch die Ströme in den Hauptleitungen untereinander gleich

$$I_1 = I_2 = I_3$$

= Summe der abgezweigten Ströme i.

Die Sternspannung, d. h. die Spannung zwischen
0 und R, 0 und S, 0 und T, ist gleich der Hauptspannung
dividiert durch $\sqrt{3}$.

Man bezeichnet allgemein die zwischen dem Null-leiter und den Hauptleitern eines Drehstromsystems herrschende Spannung als Phasenspannung, die Spannung zwischen zwei Hauptleitern als verkettete Spannung oder Hauptspannung.

22. Schaltbild. In Abb. 8—10 sind die Leitungen zur Erläuterung der Grundschaltungen allpolig gezeichnet. Setzt man die Schaltungen als bekannt voraus, so genügt ein-polige Darstellung. Als Beispiel gibt Abb. 11 die vereinfachte Dar-stellung der Abb. 8. Die Anzahl der Leitungen wird durch eine ent-sprechende Zahl von Querstrichen auf der Leitungslinie kenntlich ge-macht. Auch für die Schaltbilder

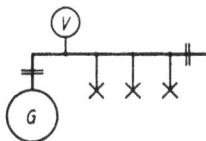

Abb. 11.

von Maschinen, Apparaten usw. können entsprechend den Normen des Verbandes Deutscher Elektrotechniker (VDE) einpolige Schaltzeichen verwendet werden.

Maschinen.
Allgemeines.

23. Einteilung.
I. Gleichstrommaschinen.
Nach der Schaltung unterscheidet man:
Reihenschlußmaschinen,
Nebenschlußmaschinen und
Doppelschlußmaschinen.
II. Wechselstrommaschinen.
Nach der Phasenzahl unterscheidet man:
Einphasenmaschinen und
Mehrphasenmaschinen.
Von den Mehrphasenmaschinen sind die Drehstrom-maschinen von besonderer Bedeutung.
Nach der Betriebsdrehzahl, mit der Wechselstrom-maschinen im Vergleich zur synchronen Drehzahl (vgl. 43) laufen, unterscheidet man:
Synchronmaschinen,
Asynchronmaschinen und
Wechselstrom-Kommutatormaschinen.

24. Bezeichnung nach der Arbeitsweise.
Generatoren (Stromerzeuger oder Dynamomaschi-nen) sind umlaufende Maschinen, die mechanische in elektrische Leistung verwandeln.

Motoren sind umlaufende Maschinen, die elektrische in mechanische Leistung verwandeln.

Grundsätzlich kann jede elektrische Maschine als Motor oder Generator laufen, jedoch eignet sich manche Maschinengattung mehr für den Lauf als Motor, manche mehr für den Lauf als Generator.

Umformer sind umlaufende Maschinen zur Verwandlung elektrischer Leistung in andersartige elektrische Leistung. Die Umformung kann in zwei getrennten, jedoch mechanisch gekuppelten Maschinen (Motorgenerator) oder in zwei elektrisch und mechanisch gekuppelten Maschinen (Kaskadenumformer) oder in einer einzigen Maschine (Einankerumformer) erfolgen.

25. Einteilung nach der Erregung. Nach der Art, wie eine an der Maschine befindliche Erregerwicklung gespeist wird, unterscheidet man:

Selbsterregte Maschinen. Der Erregerstrom wird unmittelbar von der Maschine selbst geliefert.

Eigenerregte Maschinen. Der Erregerstrom wird von einer besonderen, mit der Hauptmaschine direkt gekuppelten Erregermaschine geliefert.

Fremderregte Maschinen. Der Erregerstrom wird von einer nicht zur Maschine gehörigen Stromquelle geliefert.

Maschinen ohne besondere Erregerwicklung sind magnetisch unselbständig und erhalten die erforderliche Erregung von dem Netz, an dem sie liegen.

26. Normen, Vorschriften und Leitsätze. Das Vorschriftenbuch des Verbandes Deutscher Elektrotechniker enthält »Regeln für die Prüfung und Bewertung von elektrischen Maschinen«, die kurz mit R.E.M. bezeichnet werden. Alle Vorschriften, Regeln, Leitsätze und Normen, die für den Bau, die Prüfung und den Betrieb elektrischer Maschinen beachtet werden müssen, sind in den R.E.M. aufgeführt.

27. Leistungschild. Auf dem Leistungschild werden außer Firma, Fertigungsnummer und Typenbezeichnung die Verwendungs- und Betriebsart der Maschine sowie ihre Spannung, Leistung, Drehzahl und andere für den Betrieb wichtige Daten aufgeführt.

Die Leistungsangaben beziehen sich stets auf die Abgabe der Maschine (vgl. 15), wenn nicht ausdrücklich anders vermerkt. Beim Generator wird also die elektrische Klemmenleistung, beim Motor die mechanische Wellenleistung angegeben.

28. Betriebsarten. Mit Rücksicht auf die beim
Betrieb von Maschinen auftretende Erwärmung werden
gemäß den Vorschriften des VDE nach dem Verhältnis
der Betriebszeit zur Betriebspause folgende Betriebsarten unterschieden:

a) Dauerbetrieb. Die Betriebszeit ist so lang,
daß die dem Beharrungszustand entsprechende End-
temperatur erreicht wird.

b) Aussetzender Betrieb. Die Einschaltzeiten
und die stromlosen Pausen wechseln über die gesamte
Spieldauer, die höchstens 10 min beträgt, ab.

c) Kurzzeitiger Betrieb. Die Betriebszeit ist
kürzer als die zum Erreichen der Beharrungstemperatur
erforderliche Zeit und die Betriebspause lang genug,
um die Abkühlung auf die Temperatur des Kühlmittels
zu ermöglichen.

29. Erwärmung. Die höchsten zulässigen Erwärmungen werden durch die »Grenzerwärmung« bestimmt; sie sind in den R.E.M. festgelegt. Unter Grenzerwärmung versteht man den Temperaturunterschied
in Grad Celsius, um den die Temperatur eines Ma-
schinenteiles bei Nennbetrieb höher sein darf als die
Temperatur der umgebenden Luft. Bei den hauptsächlichsten Maschinenteilen beträgt die Grenzerwärmung:

Alle Maschinenwicklungen mit Ausnahme von
    Wechselstrom-Ständerwicklungen . . . . . 60° C
Wechselstrom-Ständerwicklungen . . . . 50° C
Eisenteile mit eingebetteten Wicklungen . . . . 60° C
Kommutatoren und Schleifringe . . . . . . 60° C
Maschinenlager . . . . 45° C

Diese Werte gelten nur, wenn die Lufttemperatur
35° C nicht überschreitet.

Die Temperaturmessung der einzelnen Maschinenteile erfolgt am einfachsten durch gewöhnliche Thermometer; bei Wicklungen ist eine genauere Ermittlung
der Temperatur durch Widerstandsmessung vor und
nach dem Betriebe möglich. Bei Kupferwicklungen
rechnet man etwa für je 1% Widerstandszunahme
2,5° C Temperaturerhöhung.

30. Überlastbarkeit. Die auf dem Leistungschild
angegebenen Werte besagen, daß die bezeichnete Belastung (Nennbetrieb) von der Maschine ohne unzulässig
hohe Erwärmung ausgehalten wird. Überschreitung
dieser Werte in angemessener Grenze und Zeitdauer ist

nur dann zulässig, wenn die Erwärmung aller Maschinenteile die festgesetzte Grenze nicht überschreitet.

Maschinen älterer Bauart können wegen der
weniger hohen Ausnutzung des Materials meist mehr
überlastet werden als neuzeitliche Maschinen. Bei
auftretenden hohen Belastungen ist zu prüfen, ob die
für die Lüftung vorgesehenen normalen Bedingungen
erfüllt sind. Stauungen der Zu- oder Abluft in zu engen
oder gewundenen Luftkanälen oder eine zu geringe
Drehzahl des vorgesehenen Lüfters können in diesen
Fällen nachteilige Folgen
haben. Durch Verbesse-
rung der Lüftung, z. B.
durch Aufstellung eines zusätzlichen Lüfters, lassen
sich verhältnismäßig hohe
Überlastungen erreichen.

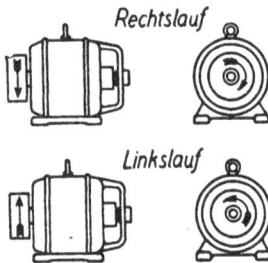

31. Drehsinn. Der Drehsinn einer elektrischen Maschine wird in den prak-
tisch wichtigen Fällen von
der Antriebseite (Riemen-
scheibe oder Kupplung)
aus bestimmt. Umlauf im
Uhrzeigersinn wird mit
Rechtslauf, Umlauf gegen den Uhrzeigersinn mit Linkslauf bezeichnet (Abb. 12). In zweifelhaften Fällen geben
die R.E.M. genaue Auskunft.

Rechtslauf

Linkslauf

Abb. 12.

Gleichstrommaschinen.

32. Aufbau und Wirkungsweise. Zur Erzeugung
des magnetischen Feldes dient das Magnetsystem
(Abb. 13), das aus den Polen, den Polschuhen, dem
Joch und der Erregerwicklung besteht. Wird die
Erregerwicklung mit Gleichstrom gespeist, so bilden sich
zwischen den Polen (*N*, *S*) magnetische Kraftlinien aus,
die den Luftspalt und den umlaufenden Teil der Maschine, den Anker, durchsetzen und sich über das Joch
zum magnetischen Kreise schließen. Pole und Polschuhe werden aus aufeinandergeschichteten Blechen
zusammengesetzt, bei kleinen Maschinen bestehen sie
auch aus massivem Eisen. Es muß stets eine gerade
Anzahl von Polen vorhanden sein, damit die an dem
einen Pol (Nordpol) austretenden Kraftlinien nach
Durchsetzung des Ankers über einen anderen Pol

(Südpol) wieder in das Magnetsystem eintreten können.
Ein Nord- und ein Südpol bilden ein Polpaar. Der Pol-
schenkel trägt einen Spulenkasten zur Aufnahme der
als Spulenwicklung aus-
gebildeten Erregerwick-
lung. Neben den Haupt-
polen sind meist noch Hilfs-
pole vorhanden, die die
Stromwendung im Anker
günstig beeinflussen und
daher als Wendepole (n,
s) bezeichnet werden. Das
Joch wird als einteiliges
oder mehrteiliges Guß-
stück hergestellt.

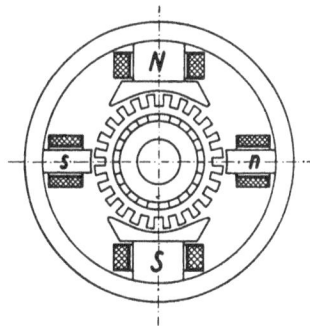

Der Anker ist ein aus
Blechen zusammengesetz-
ter zylindrischer Körper.
Die in die Bleche einge-

Abb. 13.

stanzten Nuten dienen zur
Aufnahme der über den ganzen Umfang verteilten
Ankerwicklung. Die in den Nuten liegenden Ankerleiter sind an den Stirnseiten derart miteinander
verbunden, daß jeweils ein gerade vor einem Nordpol befindlicher Leiter mit einem solchen verbunden
wird, der vor dem benachbarten Südpol steht. Die

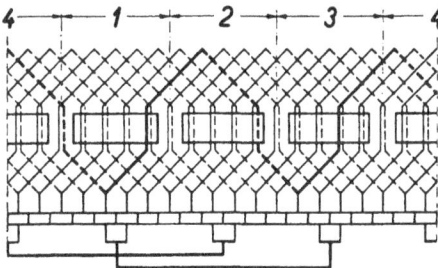

Abb. 14.

Abb. 14 und 15 zeigen derartige Wicklungen für
eine vierpolige Maschine in schematischer Darstellung, wobei die Ankeroberfläche in die Zeichenebene
abgewickelt ist. Wie ersichtlich, können die Stirnverbindungen in Wellen oder in Schleifen gelegt werden,

wonach man Wellenwicklung (Abb. 14) und Schlei-
fenwicklung (Abb. 15) unterscheidet. Bei beiden
Wicklungsarten bildet sich ein fortlaufender, in sich
selbst geschlossener Wicklungszug, der an der einen Stirnseite in regelmäßigen Abständen Anzapfungen erhält.

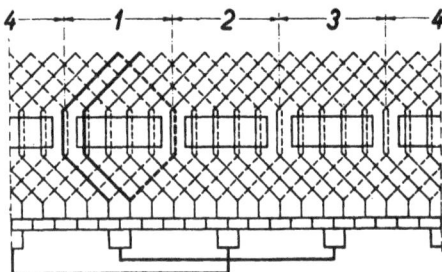

Abb. 15.

Der Kommutator, auch Stromwender oder
Kollektor genannt, ist an den Anker angebaut und
bildet eine aus vielen Kupfersegmenten zusammenge-
setzte zylindrische Lauffläche für die Stromabnahme-
bürsten. Die Anzapfungen der Ankerwicklung sind mit
den Kommutatorsegmenten leitend verbunden. Der
Bürstenapparat dient dazu, die Bürsten in die für die
Stromabnahme richtige Stellung zum Kommutator
zu bringen. Er besteht aus einem drehbar gelagerten
Ring mit den Bürstenbolzen, auf denen die Bürstenhalter nebeneinander aufgereiht sind. Die Kohlebürsten werden von den Bürstenhaltern federnd an den
Kommutator gedrückt.

Wird der Anker gedreht, so schneiden die an den
Polschuhen vorbeieilenden Ankerleiter die magnetischen
Feldlinien. Hierdurch wird in ihnen eine Spannung erzeugt, die beim Vorbeieilen am Nordpol nach der einen,
beim Vorbeieilen am Südpol nach der entgegengesetzten
Seite gerichtet ist. Es führt also jeder Ankerleiter eine
Wechselspannung. Durch die Art der Schaltung
werden die einzelnen Wechselspannungen addiert
und durch den Kommutator gleichgerichtet. Die auf
ihm schleifenden Kohlebürsten führen also eine Gleichspannung, die einen Gleichstrom durch den angeschlossenen äußeren Stromkreis treibt.

Befindet sich ein Ankerleiter auf seinem Wege gerade zwischen zwei Hauptpolen, so schneidet er keine Kraftlinien, führt also auch keine Spannung. Man sagt, der Ankerleiter befindet sich in diesem Augenblick in der »neutralen Zone« (n—n in Abb. 16a). Die Bürsten werden im Leerlauf so eingestellt, daß sie auf den Kommutatorsegmenten stehen, die zu den jeweils in der neutralen Zone befindlichen Ankerleitern gehören. Die von den Bürsten beim Vorbeigleiten kurzgeschlossenen Lamellen führen dann keine Spannung gegeneinander, wodurch ein funkenfreier Lauf des Kommutators erreicht wird.

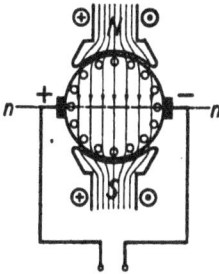 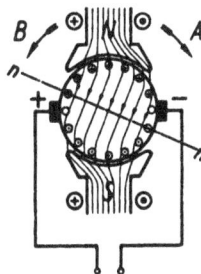

Abb. 16a. Abb. 16b.

Bei Belastung der Maschine fließt im Anker ein Strom, der eine Verzerrung der Feldlinien verursacht, wie sie in Abb. 16b dargestellt ist (Drehrichtung: A Generator, B Motor). Damit verlagert sich die neutrale Zone und die für Leerlauf eingestellten Bürsten beginnen zu feuern. Die erforderlichen Gegenmaßnahmen sind entweder Verschieben der Bürsten (vgl. 39) in die neue neutrale Zone (am richtigsten noch etwas über diese hinaus) oder Anbringung von Wendepolen. Die Wendepole liegen zwischen den Hauptpolen, also in der für Leerlauf gültigen neutralen Zone. Sie wirken an dieser Stelle dem feldverzerrenden Einfluß des Ankerstromes entgegen und verhindern somit eine Verlagerung der neutralen Zone. An Wendepolmaschinen brauchen daher die Bürsten beim Wechsel der Belastung nicht verstellt zu werden. Um Wirkung und Gegenwirkung stets gleich zu halten, wird die Wendepolwicklung vom Ankerstrom gespeist.

Bei größeren Motoren mit stoßweiser Belastung oder solchen Generatoren, die sehr gleichmäßige Span-

nung liefern sollen, genügen die nur in der neutralen
Zone wirkenden Wendepole nicht; es muß dann zur
vollkommenen Aufhebung der Feldverzerrung noch eine
Kompensationswicklung angebracht werden, die
ein Spiegelbild der Ankerströme auf dem feststehenden
Teil der Maschine erzeugt. Diese Wicklung ist meist
in Nuten der Polschuhe untergebracht, gelegentlich
befinden sich Teile von ihr auch in dem Luftraum
zwischen Haupt- und Wendepolen. Die Speisung erfolgt ebenfalls durch den Belastungstrom.

Erregt man eine Maschine von einem Netz aus und
drückt ihrem Anker eine Gleichspannung auf, so bildet
sich unter der Wirkung von Ankerstrom und Hauptfeld
ein Drehmoment aus, das die Maschine als Motor
laufen läßt. Die meisten Gleichstrommaschinen können
als Motoren oder als Generatoren Verwendung finden.

33. Schaltung. Die Schaltung von Erregerwicklung
und Anker bestimmt in erster Linie das Verhalten
der Maschine bei verschiedenen Belastungen. Die Einteilung der Gleichstrommaschinen erfolgt daher nach
diesem Gesichtspunkt.

Bei der Reihenschlußmaschine (Abb. 17a)
durchfließt der Ankerstrom in voller Stärke die Erregerwicklung, die hier aus wenigen Windungen mit starkem
Querschnitt besteht. Bei der Nebenschlußmaschine
(Abb. 17b) liegt die Erregerwicklung parallel zum
Anker am Netz; sie führt nur einen geringen Strom
und besteht aus einer großen Anzahl Windungen mit
schwachem Drahtquerschnitt.

Abb. 17a.   Abb. 17b.   Abb. 17c.   Abb. 17d.

Werden die beiden Schaltmöglichkeiten gleichzeitig
angewendet, so entsteht die Doppelschluß- oder
Kompoundmaschine. Sie hat also eine Reihenschluß-
und eine Nebenschluß-Erregerwicklung. Die zusätz-

lich aufgebrachte Reihenschluß-Erregerwicklung wird
als Kompoundwicklung (Abb. 17c) bezeichnet, wenn sie
so geschaltet ist, daß der Belastungstrom im Sinne
der Nebenschlußerregung wirkt, jedoch als Gegenkompoundwicklung (Abb. 17d), wenn der Belastungs-
strom die Nebenschlußerregung schwächt.

Gleichstrom-Reihenschlußmaschine.

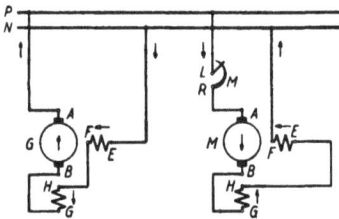

Abb. 18 a.
Generator.
Rechtslauf.

Abb. 18 b.
Motor.
Rechtslauf.

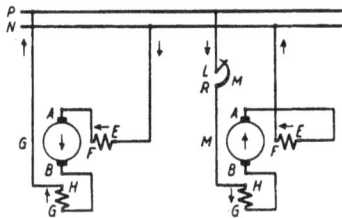

Abb. 18 c.
Generator.
Linkslauf.

Abb. 18 d.
Motor.
Linkslauf.

   Im nachfolgenden sind die Schaltbilder der drei
Maschinenarten aufgeführt (Abb. 18, 19, 20), und zwar
jeweils für Motor- und Generatorbetrieb sowie für
Links- und Rechtslauf (vgl. 31). Die Bezeichnung der
einzelnen Wicklungsenden erfolgte nach den vom VDE
festgelegten »Normen für die Bezeichnung von Klemmen bei Maschinen, Anlassern, Reglern und Transformatoren«. Danach werden bezeichnet:

Ankerklemmen . . . . 　*A—B*
Klemmen der Nebenschluß-Erregerwicklung . 　*C—D*
Klemmen der Reihenschluß-Erregerwicklung . 　*E—F*
Klemmen der Wendepolwicklung (oder auch
　　der Kompensationswicklung) . . . . . . 　*G—H*

Gleichstrom-Nebenschlußmaschine.

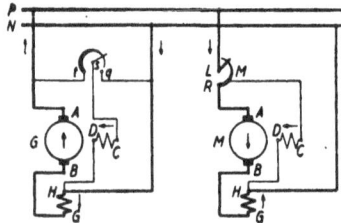

Abb. 19 a.　　　　　　Abb. 19 b.
Generator.　　　　　　Motor.
Rechtslauf.　　　　　　Rechtslauf.

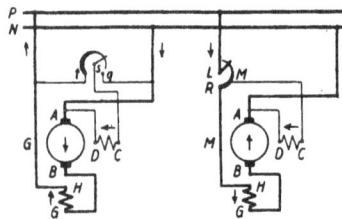

Abb. 19 c.　　　　　　Abb. 19 d.
Generator.　　　　　　Motor.
Linkslauf.　　　　　　Linkslauf.

　　Die Stromrichtung in den einzelnen Wicklungen
ist durch Pfeile angedeutet. Im Anker fließt bei
Generatoren der Strom von *N* nach *P*, bei Motoren
von *P* nach *N*. Die Motoren erhalten im Ankerkreis
einen Anlaßwiderstand (vgl. 36), um ein ordnungs-
mäßiges Anfahren zu gewährleisten. Die Nebenschlußerregung bei Generatoren kann zur Spannungsrege-
lung durch einen vorgeschalteten Regler (vgl. 37) beeinflußt werden.

Alle in den Schaltbildern dargestellten Maschinen
haben Wendepole. Ihre Wicklung wird stets so vom
Ankerstrom durchflossen, daß der Strom in der Wendepolwicklung entgegengesetzte magnetische Wirkung hat
wie der Ankerstrom. Die Richtung des Erregerstromes

Gleichstrom-Doppelschlußmaschine.

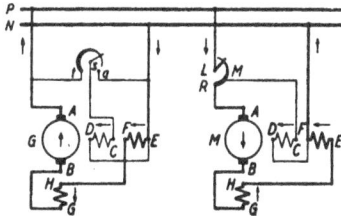

Abb. 20 a.   Abb. 20 b.
Generator.   Motor.
Rechtslauf.   Rechtslauf.

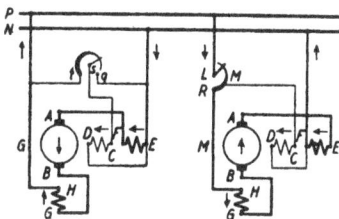

Abb. 20 c.   Abb. 20 d.
Generator.   Motor.
Linkslauf.   Linkslauf.

verläuft bei Nebenschlußerregung unabhängig von der
Richtung des Ankerstromes stets von P nach N. Ist eine
Kompensationswicklung vorhanden, so wird sie in Reihe
mit der Wendepolwicklung $(G_1—H_1)$ so geschaltet, daß
sie im gleichen Sinne wie diese vom Ankerstrom durchflossen wird. Als Beispiel zeigt Abb. 21 die Schaltung
der Kompensationswicklung $(G_2—H_2)$ bei einem Nebenschlußgenerator mit Rechtslauf.

34. Eigenschaften der Gleichstromgeneratoren. Die
Kennlinie oder Charakteristik eines Gleichstromgenerators ist die Darstellung seiner Klemmenspannung
bei verschiedenen Strombelastungen unter der Voraussetzung einer unveränderten Drehzahl.

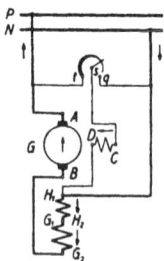

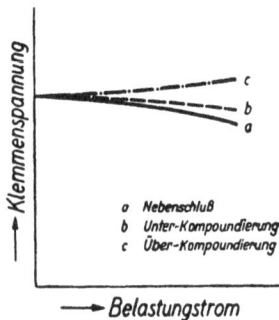

Abb. 21.　　　　　　　　　　Abb. 22.

Wie Abb. 22 zeigt, hat der Nebenschlußgenerator
über den ganzen Belastungsbereich eine ziemlich gleichbleibende Spannung (*a* in Abb. 22); sie ist bei Vollast
nur etwa 5 bis 10% geringer als bei Leerlauf. Dieses
Verhalten macht den Nebenschlußgenerator besonders
geeignet für die Speisung eines Netzes mit gleichbleibender Spannung. Soll der Spannungsabfall ganz
beseitigt werden, so muß man bei Belastung der Maschine den Erregerstrom vergrößern, was durch Verstellen des Feldreglers leicht möglich ist.

Zwangläufig kann man die Verstärkung der Erregung durch eine zusätzliche Reihenschluß-Erregerwicklung erreichen, die selbsttätig bei größerem Belastungstrom eine größere Zusatzerregung liefert.
Durch Anbringen dieser Kompoundwicklung wird die
Maschine zum Doppelschlußgenerator. Je nach
Bemessung der Kompoundwicklung kann bei Vergrößerung der Belastung entweder ein Ansteigen der
Spannung (Überkompoundierung) oder eine nicht vollkommene Aufhebung des Spannungsabfalles (Unter-
kompoundierung) erreicht werden (Abb. 22). Eine
völlige Unabhängigkeit der Spannung von der Be-

lastung ist nur durch eine Kompoundwicklung in Verbindung mit einer Kompensationswicklung erreichbar.

Die Kennlinie des Reihenschlußgenerators weist eine große Abhängigkeit der Klemmenspannung von der Belastung auf, so daß seine Verwendung auf wenige Sondergebiete beschränkt bleibt.

Nebenschluß- und Doppelschlußgeneratoren mit Selbsterregung (vgl. 25) sowie alle Reihenschlußgeneratoren haben die Eigenschaft, infolge des remanenten Magnetismus (Restmagnetismus) beim Anfahren ohne fremde Erregung auf Spannung zu kommen. Voraussetzung hierfür ist, daß die Maschine schon einmal Spannung geliefert hat und daß die richtige Drehrichtung gewählt wird. Ist durch irgendeine Ursache der remanente Magnetismus verschwunden, so muß die Erregung zunächst durch eine Hilfstromquelle erfolgen (vgl. 94).

35. Eigenschaften der Gleichstrommotoren. Die Kennlinie oder Charakteristik eines Motors ist die Darstellung seines Drehzahlverlaufes bei verschiedenen Belastungsdrehmomenten, unter der Voraussetzung einer gleichbleibenden Netzspannung. Wie Abb. 23 a und b zeigen, bestehen große Verschiedenheiten zwischen Reihenschluß- und Nebenschlußmotoren.

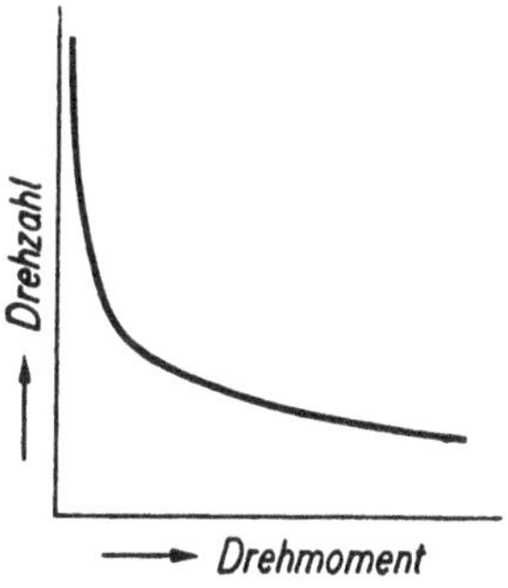

Abb. 23 a.
Reihenschlußkennlinie.

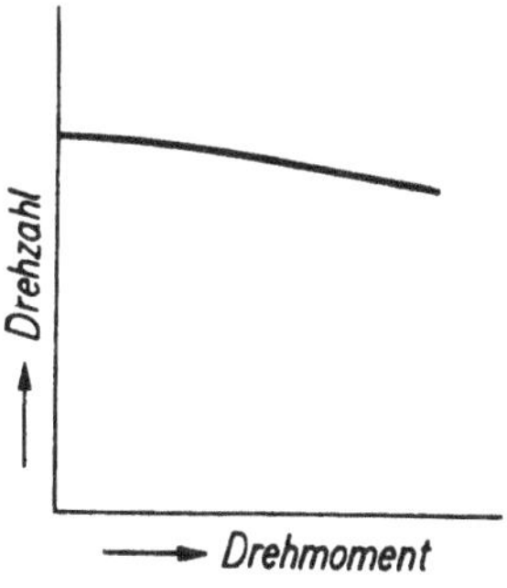

Abb. 23 b.
Nebenschlußkennlinie.

Beim Reihenschlußmotor fällt die Drehzahl mit wachsendem Drehmoment stark ab (Abb. 23 a) er hat eine »weiche« Charakteristik. Danach ist also bei geringer Drehzahl trotz einer in Grenzen bleibenden Stromauf-

nahme ein hohes Drehmoment wirksam. Diese Eigenschaft befähigt den Motor zum Anlauf unter großer
Last. Bei kleiner Last steigt die Drehzahl stark an
und im Leerlauf wird sie unzulässig hoch: der Motor
geht durch. Reihenschlußmotoren dürfen daher nur
dort Verwendung finden, wo eine gewisse Mindestbe-
lastung zwangläufig gegeben ist. Die hohe Anzugskraft
bedingt ihre fast ausschließliche Verwendung bei Bahnen und Hebezeugen.

Die Charakteristik des Nebenschlußmotors ist
»starr«; bei steigendem Lastmoment findet nur ein geringer Drehzahlabfall statt (Abb. 23b). Im Gegensatz
zum Reihenschlußmotor hat der Nebenschlußmotor beim
Anfahren unter Last eine hohe Stromaufnahme, die für
Maschine, Anlasser und Netz schädlich ist. Im Betriebe
jedoch hat er die für viele Fälle günstige Eigenschaft,
daß seine Drehzahl nahezu unabhängig von der Belastung ist.

Der Doppelschlußmotor kann mit Kompound-
oder Gegenkompoundwicklung ausgeführt werden. Bei
Kompoundierung hat er die günstigen Anlaufbedingungen des Reihenschlußmotors, ohne bei Belastung
einen so starken Drehzahlabfall zu zeigen. Bei entsprechender Gegenkompoundierung hält der Doppelschlußmotor fast bei jeder Belastung die gleiche Drehzahl. Zu starke Gegenkompoundierung macht den
Betrieb des Motors unstabil: Drehzahl und Stromaufnahme steigen so weit an, daß die Maschine ver-
nichtet wird.

36. Anlassen. Um beim Inbetriebnehmen zu hohe
Stromstärken zu vermeiden, erhalten Reihenschluß-
und Nebenschlußmotoren Anlaßwiderstände, die bei
Stillstand dem Anker vorgeschaltet sind und mit zunehmender Drehzahl stufenweise kurzgeschlossen werden. In den Schaltbildern Abb. 18 bis 20 sind für alle
Motoren die Anlasser mit den Hauptklemmen L und R
angedeutet. Die Klemme M dient zur Abzweigung der
Nebenschlußerregung, die auf diese Weise zwangläufig
mit dem Ankerkreis geschaltet wird.

Die Widerstandselemente des Anlassers können den
Ankerstrom nur kurzzeitig vertragen; es muß daher
beim Anlassen stets bis auf den Kurzschlußkontakt
(Betriebstellung) durchgeschaltet werden. Zum Regeln
der Drehzahl können also die normalen Anlasser nicht
verwendet werden; hierfür sind besondere, für Dauerbelastung gebaute Regelanlasser notwendig. Bei

großen Leistungen werden die Widerstandselemente getrennt von dem als Schaltwalze ausgebildeten Anlasser angeordnet.

Die Größe des Anlassers ist nicht nur von der Nennlast des Motors sondern auch von der Belastung beim Anlauf, der Anlaufzeit und der Anlaßhäufigkeit abhängig. Bei Anlauf unter Last ist neben der Stromstärke auch die Anlaufzeit größer als bei unbelastetem Anfahren, so daß man die dabei auftretende größere Erwärmung der Widerstandselemente berücksichtigen muß. Praktisch unterscheidet man bei größeren Motoren zwischen schweren und leichten Anlaufbedingungen und wählt entsprechend Vollastanlasser oder Halblastanlasser.

Bei kleinen Gleichstrommotoren bis etwa ⅓ kW Nennleistung können im allgemeinen Anlasser entbehrt werden. Macht bei Motoren bis etwa 1 kW Nennlast die Anbringung eines Anlassers Schwierigkeiten (Schützensteuerung), so kann man einen festen Widerstand dauernd im Ankerkreis eingeschaltet lassen, der beim Anlauf den ersten Stromstoß abdämpft. Diese Anordnung bedingt natürlich einen gewissen Energieverlust.

Über Ausführungsformen, Aufstellen und Instandhalten der Anlasser vgl. 174 ff.

37. Drehzahl- und Spannungsreglung. Die Drehzahl der belasteten Reihenschlußmotoren wird durch Vorwiderstände geregelt. Je mehr Widerstand dem Motor vorgeschaltet wird, um so langsamer läuft er. Der in Abb. 18 vorgesehene Anlasser wird daher so bemessen, daß er den Strom dauernd aushält (vgl. 179, Regelanlasser). Bei Nebenschlußmotoren kann zum Vermindern der Drehzahl in gleicher Weise verfahren werden; der Vorwiderstand wird hierbei in den Ankerstromkreis gelegt. Jedes Vermindern der Drehzahl durch Vorwiderstände geschieht auf Kosten des Wirkungsgrades.

Erhöhung der Drehzahl erreicht man bei Nebenschlußmotoren durch Einschalten von Widerstand in den Erregerstromkreis (Abb. 24a, Feldschwächung R), bei Reihenschlußmotoren durch Parallelschalten eines Widerstandes R zur Erregung (Abb. 24b, Shuntung R).

Handelt es sich um Reglung der Drehzahl bei vielen kleinen Motoren in weiten Grenzen, so verwendet man gelegentlich Mehrleitersysteme mit 3 bis 5 Leitern. Dabei wird der Anker des Motors je nach der

verlangten Drehzahl mittels einer Schaltwalze an die
entsprechende Spannung, z. B. 50, 100, 250, 500 . . . V,
gelegt, während die Erregerwicklung an konstanter
Spannung bleibt. Zum Ändern der Drehzahl innerhalb

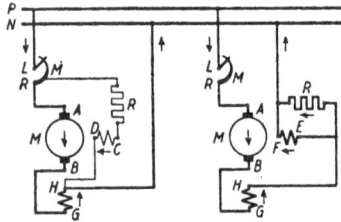

Abb. 24 a.   Abb. 24 b.

dieser Spannungstufen kann in die von gleichbleibender Spannung abgezweigte Erregung des Motors ein
Regelwiderstand eingeschaltet werden. Das Mehr-
leitersystem wird meist durch hintereinandergeschaltete
Generatoren gebildet, die durch einen Motor angetrieben
sind. Dieses Verfahren verursacht keinen Energieverlust in Widerständen, ist daher bei häufigem Dreh-
zahlregeln von Vorteil.

Weitestgehende Reglung der Drehzahl, wie sie
für große Motoren, bei Fördermaschinen, Walzwerken

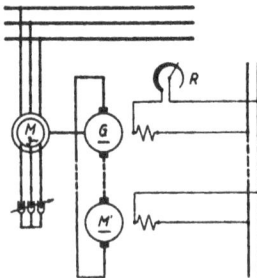

Abb. 25.

usw. notwendig ist, erfolgt
durch einen Anlaßgenera-
tor in der Leonardschal-
tung (Abb. 25). Dabei kann
die Spannung an den Klem-
men des Motors M' und somit dessen Drehzahl von Null
bis zum Höchstwert verän-
dert werden. Der Anlaß-
generator G wird vom Motor M
angetrieben. Der Motor M
bedarf keiner Drehzahlregelung; er kann nach der zur
Verfügung stehenden Stromart gewählt oder durch eine
Kraftmaschine ersetzt wer-
den. Die Spannung des Generators kann durch einen
an das Netz angeschlossenen Nebenschlußregler R in
weiten Grenzen geändert werden. Die Ankerklemmen

des Motors M' werden mit den Ankerklemmen des Generators verbunden, die Erregung des Motors M' wird an das Netz angeschlossen. Der Motor M' braucht keinen Anlasser oder Regelwiderstand zu erhalten, weil seine Spannung durch den Generator geregelt wird.

Der Maschinensatz G—M (Steuersatz) wird als Ilgner-Umformer bezeichnet, wenn Schwungmassen zum Ausgleich der veränderlichen Belastung dienen.

Soll der in der Drehzahl veränderliche Motor M' auch umgesteuert werden, so wechselt man die Stromrichtung in der Nebenschlußerregung des Generators. Dieses Umschalten des Erregerstromes geschieht mit einem dazu ausgebildeten Regler derart, daß Induktionsspannungen, die beim jedesmaligen Abschalten und Wiedereinschalten der Erregerwicklung entstehen, gefahrlos für die Maschinenisolation verlaufen.

Die bei Generatorbetrieb nötige Spannungsreglung geschieht bei Nebenschlußgeneratoren durch Vorschalten von Widerstand vor die Erregerwicklung (Feldschwächung); bei Reihenschlußgeneratoren wird ein Widerstand parallel zur Erregung geschaltet (Shuntung). Die für die Nebenschlußgeneratoren gebräuchlichen Feldregler haben außer den Klemmen t und s (vgl. Abb. 19 und 20) noch einen Kurzschlußkontakt q, der das Auftreten hoher Induktionsspannungen (Gefährdung der Erregerisolation) beim Abschalten der Erregung verhütet.

38. Bremsung. Gleichstrom-Nebenschlußmotoren können nach Abschalten vom Netz bis zum Stillstand elektrisch gebremst werden, indem der Ankerstromkreis bei unveränderter Erregung über Widerstandstufen geschlossen wird. Je kleiner der Widerstand ist, um so kräftiger ist die Bremswirkung, am kräftigsten bei nahezu kurzgeschlossenem Anker (Kurzschlußbremsung). Bei Reihenschlußmotoren ist dasselbe Verfahren anwendbar, nur muß die Erregerwicklung umgepolt werden, damit der Motor als Generator anspricht.

Wird ein Nebenschlußmotor durch eine niedergehende Last angetrieben, wie es z. B. bei Aufzügen vorkommt, so arbeitet er nach Überschreitung der Nenndrehzahl als Generator und liefert Energie an das Netz zurück. Durch diese Energieabgabe wird weiteres Anwachsen der Drehzahl verhindert (Nutzbremsung). Über mechanisches Bremsen vgl. 72.

39. Bürstenstellung und Kommutierung. Bei Maschinen ohne Wendepole müssen die Bürsten entsprechend der Verschiebung der neutralen Zone (vgl. 32,
Abb. 16 b) verstellt werden, und zwar:

Beim Generator Verschiebung i n der Drehrichtung.
Beim Motor Verschiebung g e g e n die Drehrichtung.

Bei Wendepolmaschinen müssen die Bürsteh
zur Erzielung einer guten Kommutierung (funkenloser
Lauf der Bürsten auf dem Kommutator) in der neutralen Zone stehen. Man findet diese nach Anlegen eines
empfindlichen Spannungsmessers an einen positiven
und einen negativen Bürstenbolzen durch Zu- und
Abschalten des Erregerstromes. Die Stellung der
Bürstenbrücke, bei der der Ausschlag des Spannungsmessers am kleinsten wird, gibt die neutrale Zone. Sie
wird meist von der Fabrik durch eine Marke gekennzeichnet.

Um mit Hilfe der Wendepole günstigste Kommutierung zu erreichen, ist es unter Umständen notwendig,
die Wendepolwirkung zu verstärken oder zu schwächen.
Schwächung erreicht man durch Parallelschalten von
Widerstand zur Wendepolwicklung, Verstärkung durch
Zwischenlegen von Blechen an der Verschraubung der
Wendepolkerne mit dem Joch. Man verkleinert hierdurch den Luftspalt der Wendepole und verstärkt so
deren magnetisches Feld, das Wendefeld. Zu beachten ist, daß ein Motor bei zu starkem Wendefeld,
aber zu schwachem Hauptfeld, in belastetem Zustand
zu Schwankungen in der Drehzahl neigt: man sagt, der
Motor pendelt leicht.

40. Umkehr der Drehrichtung. Jede einzeln laufende
Maschine wird vom Hersteller für Rechtslauf (vgl. 31)
geliefert, falls nicht ausdrücklich Linkslauf vorgeschrieben ist. Soll eine Maschine mit anderer als der
vorgesehenen Drehrichtung laufen, so sind Änderungen
der Maschinenschaltung und gegebenenfalls auch der
Bürstenstellung erforderlich. Zu beachten ist auch, ob
die Ausbildung des Bürstenapparates die Umkehr der
Drehrichtung zuläßt.

Die Schaltungsänderungen sind aus Abb. 18 bis 20
zu entnehmen. Wie leicht ersichtlich, wird bei allen
Maschinenarten die Umkehr der Drehrichtung durch
Vertauschen der Anschlüsse am Anker und an den
Wendepolen erreicht; Reihenschluß- und Nebenschlußerregerwicklung bleiben unverändert. Eine etwa vor-

handene Kompensationswicklung wird wie die Wendepolwicklung behandelt; es werden also auch hier die
Klemmen vertauscht.

Sollte in besonderen Fällen die erwähnte Umschaltung Schwierigkeiten machen, so kann auch unter Beibehaltung der übrigen Anschlüsse durch Vertauschen
der Anschlüsse an den vorhandenen Erregerwicklungen
die Drehrichtung geändert werden.

Bei Motoren, die in betriebsmäßiger Schaltung umgesteuert werden, ist die Umpolung von Anker und
Wendepolen vorzuziehen, weil das Umschalten der
Erregerwicklungen jedesmal eine die Maschinenisolation gefährdende Induktionsspannung hervorrufen
würde. Die erforderlichen Umschaltungen werden
durch eine Schaltwalze bewirkt, die gleichzeitig zur
Einschaltung der Anlaßwiderstände dient. Durch diese
Anordnung wird ein Stillsetzen vor der Drehrichtungsumkehr erzwungen und auch bei ungeschulter Bedienung Fehlschaltungen verhindert. Eine derartige
Schaltung zeigt Abb. 26.

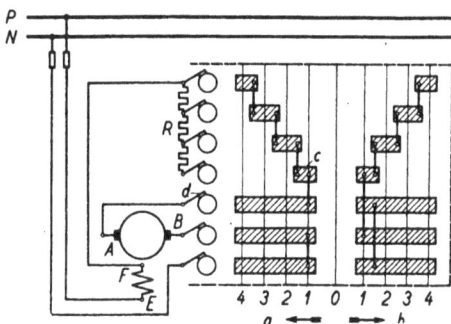

Abb. 26.
a Rechtslauf. b Linkslauf,

41. Wechsel zwischen Generator- und Motorbetrieb.
Für den wahlweisen Betrieb als Motor oder als Generator sind die Gleichstrom-Nebenschlußmaschinen besonders günstig, da sie ohne Änderung der Drehrichtung vom Motorbetrieb zum Generatorbetrieb über-
gehen können. Nur die Bürsten müssen bei wendepol-
losen Maschinen verschoben werden, weil die gün-

stigste Bürstenstellung beim Generator, in der Drehrichtung betrachtet, etwas vor der neutralen Zone,
beim Motor hinter der neutralen Zone liegt. Bei Reihen-
schluß- und Verbundmaschinen müssen die Anschlüsse
der Reihenschluß-Erregerwicklung vertauscht werden.

Ein Generator, der als Motor laufen soll, macht
bei gleicher Erregung weniger Umdrehungen. Ein
Motor, der als Generator verwendet wird, erfordert
eine höhere Drehzahl oder, wenn es möglich ist, eine
entsprechende Steigerung der Erregung, wenn er die
gleiche Spannung geben soll, mit der er als Motor betrieben wird.

42. Parallelbetrieb von Gleichstromgeneratoren. Um
ein gutes Parallelarbeiten von Gleichstromgeneratoren
zu erzielen, ohne daß viel von Hand nachgeregelt
werden muß, sollen die Maschinen nach ihrer Kennlinie
zwischen Leerlauf und Vollast annähernd den gleichen
Spannungsabfall aufweisen. Wendepol- und Kompensationswicklung sind auf die Art des Parallelschaltens
und die Art der Lastverteilung ohne Einfluß. Lediglich
zwischen Nebenschluß- und Doppelschlußmaschinen
bestehen einige Unterschiede.

Abb. 27 und 28 zeigen die zum Parallelbetrieb erforderlichen Einrichtungen. Der Spannungsmesser V_1
liegt an den Sammelschienen, während der Spannungsmesser V_2 an eine Stöpselvorrichtung angeschlossen
ist. Der zugehörige zweipolige Stöpsel ermöglicht je
nach Einführung in die oberen oder unteren Löcher
die Messung der Sammelschienenspannung oder der
Spannung der zugeordneten Maschine.

Die Grundbedingungen für die Ausführung einer
Parallelschaltung sind:

Gleiche Polarität der Spannungen.

Gleiche Größe der Spannungen.

Die Polarität der Spannungen kontrolliert man beim
ersten Parallelschalten mit einem Spannungsmesser V_3,
der im Schaltbeispiel Abb. 27 gestrichelt eingezeichnet
ist und den Schalter a_1 der Maschine G_1 überbrückt.
Schließt man die Schalter a_2 und b_2 der Maschine G_2 und
Schalter b_1 der Maschine G_1 und erregt beide Maschinen
auf gleiche Spannung, so muß bei richtiger Polarität
und geöffnetem Schalter a_1 der Spannungsmesser V_3
Nullspannung zeigen. Der Spannungsmesser V_2, der
die Eigenschaft hat, mit der Polarität die Ausschlag-
richtung zu ändern, muß dann bei richtigem Anschluß

der Stöpselleitungen bei allen Stöpselstellungen im gleichen Sinne ausschlagen. Nach dieser Kontrolle ist für weitere Parallelschaltungen der Nullspannungsmesser entbehrlich.

a) Nebenschlußmaschinen. Das Parallelschalten und die Lastverteilung bei Nebenschlußmaschinen geht aus dem Schaltbild Abb. 27 hervor, das die normale Schaltung von Gleichstromgeneratoren für Bahnbetrieb darstellt. Die Sammelschiene P ist mit dem Fahrdraht verbunden, die Sammelschiene N liegt an der Fahrschiene und damit an Erde. Die einzelnen Generatoren können über einpolige Schalter mit den Sammelschienen verbunden werden. Der in dem wegen seiner Spannung gegen Erde gefährlichen Pluspol liegende Schalter ist als Überstromselbstschalter ausgebildet. Um gelegentlich Nacharbeiten an den Selbstschaltern im spannungslosen Zustand vornehmen zu können, sind vor diesen nochmals Trennstellen vorgesehen.

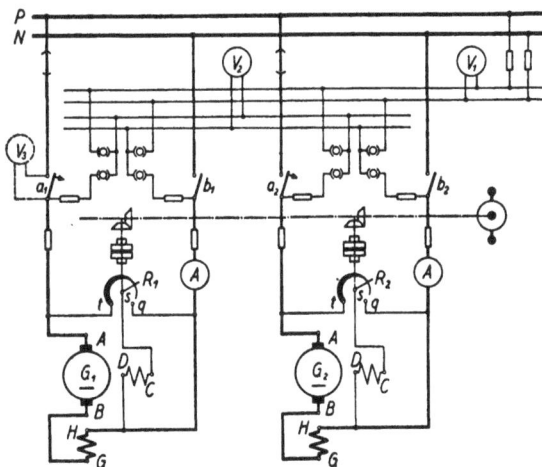

Abb. 27.

Die Parallelschaltung wird nun wie folgt vorgenommen: Maschine G_1 liege am Netz, Schalter a_1 und b_1 der Maschine G_1 sind also geschlossen. Schalter b_2 der Maschine G_2 kann eingelegt werden. Mittels Neben-

schlußregler R_2 wird hierauf Maschine G_2 erregt, auf
gleiche oder etwas höhere Spannung wie Maschine G_1
gebracht und Schalter a_2 der Maschine G_2 geschlossen.
Maschine G_2 darf dabei keinen oder nur geringen Strom
abgeben. Durch Verstärken der Erregung von Maschine
G_2 und Schwächung der Erregung von Maschine G_2
erreicht man, daß Maschine G_2 Last übernimmt.

Beim Einschalten einer weiteren Maschine können
die Regelwiderstände der im Betrieb befindlichen Maschinen wie ein einziger Widerstand behandelt werden,
am besten durch Gruppenantrieb der Regler. Die Leistung soll in der Regel auf die im Betrieb befindlichen
Maschinen ihrer Größe entsprechend verteilt sein. Ist
die Stromstärke einer Maschine zu niedrig, so wird die
Kurbel des zugehörigen Regelwiderstandes so lange
vorgeschoben, bis die Stromstärke die gewünschte Höhe
erreicht hat; gleichzeitig muß das Ansteigen der Spannung durch Zurückstellen an den Reglerkurbeln der
übrigen Maschinen verhindert werden. Ist die Belastung auf die im Betrieb befindlichen Maschinen
richtig verteilt, so geschieht erforderliches Ändern der
Netzspannung durch Gruppenantrieb der Regler.

Zum Zweck des Ausschaltens einer Maschine, etwa
von Maschine G_2, wird die Kurbel des Regelwiderstandes R_2 allmählich zurückgestellt, so daß der Strom
dieser Maschine verringert und nahezu Null wird. Gleichzeitig verstellt man den Regelwiderstand R_1 bzw. die
Widerstände der übrigen Maschinen derart, daß die
vorgeschriebene Spannung erhalten bleibt. Ist die
Maschine G_2 nahezu ohne Strom, so wird der Schalter a_2
geöffnet und dann die Kurbel des Widerstandes R_2
auf den Kurzschlußkontakt q geschoben, worauf die
Maschine abgestellt werden kann.

b) Doppelschlußmaschinen. Das Parallelschalten von Doppelschlußmaschinen soll an Hand des Schaltbildes Abb. 28 gezeigt werden. Im Gegensatz zu der
vorher besprochenen wird die Schaltung für ein Kraftwerk mit Licht- oder Kraftnetz für ungeerdeten Betrieb
dargestellt. Die Schaltung weicht besonders dadurch
ab, daß die Bürsten B der Maschinen, von denen die
Ausgleichwicklungen ausgehen, durch die Ausgleichleitung L untereinander verbunden sind. Hierdurch
erreicht man, daß die Kompoundwicklungen aller
parallelarbeitenden Generatoren gleichmäßig beeinflußt werden, unabhängig davon, wie groß der Last-
anteil eines jeden Generators ist. Der Ausgleich-

leitung muß man mindestens den gleichen Querschnitt
wie den Verbindungen der Maschinen mit den Sammelschienen geben, weil sonst Kurzschlüsse Umpolung
einzelner Maschinen hervorrufen können. Um die Maschinen beim Abschalten ganz spannungslos zu erhalten, trennt man die Ausgleichleitung auch ab, wodurch eine dreipolige Unterbrechung notwendig wird.
Hierfür ist ein dreipoliger Selbstschalter vorgesehen,
der mit Überstrom- und Rückstromauslösung ausge-

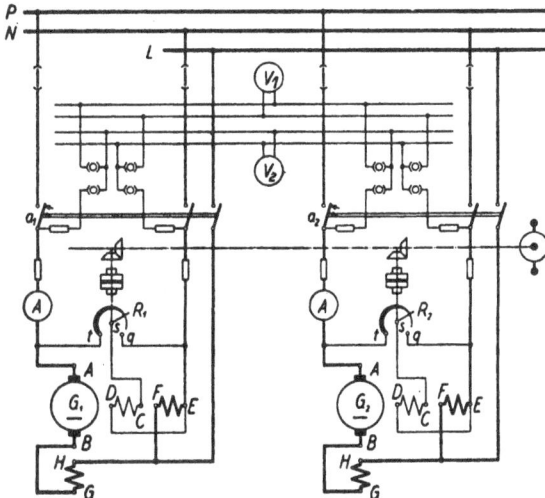

Abb. 28.

rüstet ist. Durch die Rückstromauslösung wird vermieden, daß bei Rückstrom durch die entmagneti-
sierende Wirkung der Reihenschlußwicklung ein unzu-
lässiger Drehzahlanstieg hervorgerufen wird. Es muß
ein Spannungsmesser verwendet werden, der beim
Wechsel der Polarität entgegengesetzt ausschlägt, so
daß eine Polumkehr, die bei Maschinen mit Verbund-
wicklung leicht auftritt, vor dem Zuschalten einer Maschine zu erkennen ist. In dem Zweig der Bürste A
liegt der Strommesser sowie die Auslösevorrichtung des
Selbstschalters.

Beim Parallellauf von Doppelschlußgeneratoren verteilt sich die wechselnde Belastung nur dann richtig
auf die Maschinen, wenn ihre Kennlinien aufeinander
abgestimmt sind. Ist die Lastverteilung nicht gleichmäßig, so kann man bei einzelnen Maschinen durch
Parallelschalten eines Widerstandes zur Reihenschlußerregung die Wirkung dieser Wicklung abschwächen.

Beim Zu- und Abschalten einer Doppelschlußmaschine wird grundsätzlich wie bei den Nebenschlußmaschinen verfahren, nur ist dabei zu beachten, daß
sofort nach Zuschalten die Reihenschlußerregung
zwangläufig in Funktion tritt. Die zugeschaltete Maschine übernimmt damit sofort einen Teil der Last.
Ist sie stark im Vergleich zu den schon im Betrieb
befindlichen Maschinen, so entzieht sie über die Ausgleichleitung diesen einen Teil der Reihenschlußerregung; die Netzspannung sinkt also, was durch Nachstellen der Handregler wieder ausgeglichen werden
kann. Umgekehrt kann man beim Abschalten einer
Maschine eine Erhöhung der Netzspannung erhalten,
die sich auf gleiche Weise beseitigen läßt.

Synchronmaschinen.

43. Aufbau und Wirkungsweise. Der mechanische
Aufbau einer Synchronmaschine stellt die Umkehrung
einer Gleichstrommaschine dar. Die zur Erzeugung des
Feldes erforderliche Erregerwicklung ist hier auf
dem umlaufenden Teil untergebracht und bildet mit
ihren Polen das Pol-
rad (Abb. 29). Der
Gleichstrom zur Spei-
sung der Erregerwick-
lung wird über zwei
Schleifringe dem Pol-
rad zugeführt. In glei-
cher Weise wie bei der
Gleichstrommaschine
gehen vom Nordpol
die magnetischen
Kraftlinien aus, durch-
setzen den Luftspalt
und den feststehenden
Teil der Maschine, den
Ständer (Stator oder
Anker), treten beim

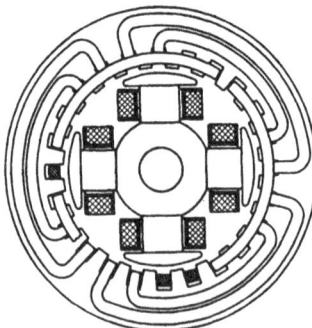
Abb. 29.

Südpol wieder auf das Polrad über und schließen sich dort über die Polradnabe zu einem magnetischen Kreis. Mit der Drehung des Polrades läuft auch das Kraftlinienfeld um und wirkt sich im Anker als Drehfeld aus. Meist ist noch eine in die Pole eingelassene Kurzschlußwicklung, die sog. Dämpferwicklung, vorhanden, die die Schwingungen des Polrades unterdrückt (vgl. 47) und zum Anlassen verwendet werden kann (vgl. 45).

Der Ständer ist ein ringförmig um das Polrad herumgebauter, aus einzelnen Blechen zusammengesetzter Eisenkörper, der in Nuten die Leiterstäbe der Ankerwicklung trägt. Mechanisch wird der feststehende Teil durch das Gehäuse gestützt, das aus Gußeisen, in neuerer Zeit auch aus zusammengeschweißten Stahlblechen besteht.

Die Ankerleiter werden bei Drehung des Polrades von den magnetischen Kraftlinien geschnitten; hierdurch wird in ihnen eine Spannung erzeugt. Da an einem Leiterstab stets abwechselnd ein Nord- und ein Südpol vorbeiläuft, ändert die erzeugte Spannung ständig ihre Richtung (Wechselspannung). Hat das Polrad z. B. vier Pole, also zwei Polpaare, so wechselt die erzeugte Spannung in einem Leiter bei einer Polradumdrehung viermal die Richtung. Jeweils zwei Wechsel bilden eine Periode, so daß auf eine Polradumdrehung zwei Perioden kommen. Bei n Umdrehungen in der Minute ergibt dies $2\,n$ Perioden in der Minute oder $\dfrac{2\,n}{60}$ Perioden in der Sekunde. Damit ist die Frequenz (vgl. 9 b) des von der Maschine erzeugten Wechselstromes bestimmt. Allgemein gilt für eine Maschine mit p Polpaaren:

$$\text{Frequenz } f = \frac{p \cdot n}{60} \text{ Hertz; Drehzahl } n = \frac{60 \cdot f}{p} \text{ U/min.}$$

Soll eine Synchronmaschine mit der Frequenz 50 Hertz betrieben werden, so muß demnach eine zweipolige mit 3000 U/min, eine vierpolige mit 1500 U/min laufen. Bei unveränderlicher Periodenzahl ist die Synchronmaschine starr an diese durch ihre Polzahl und die Frequenz vorgeschriebene sog. synchrone Drehzahl gebunden, die in der folgenden Tabelle angegeben ist:

Drehzahlen für Synchronmaschinen.

Polpaare	1	2	3	4	5	6	7
Drehzahl bei 50 Hertz	3000	1500	1000	750	600	500	429
Drehzahl bei 16²/₃ Hertz	1000	500	333	250	200	167	143

Bei jeder Synchronmaschine wird in einem Ankerleiter der höchste Spannungswert in dem Augenblick erzeugt, wenn gerade die Mitte eines Poles vor ihm steht. Ankerstäbe, die um den der Entfernung zweier Pole am Anker entsprechenden Abstand (eine Polteilung a) entfernt sind, führen also gleichzeitig den Höchstwert der Spannung und werden durch Stirnverbindungen zu einem Wicklungstrang vereinigt. Abb. 30 zeigt schematisch eine in eine Ebene ausgelegte Wicklung einer vierpoligen Maschine, wobei $U-X$ einen solchen Wicklungstrang darstellt.

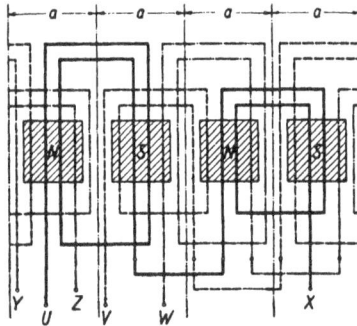

Abb. 30.

Die Spulenanordnung $U-X$ würde für sich allein eine einphasige Maschine ergeben. Ordnet man noch zwei weitere, ebenso wie der Wicklungstrang $U-X$ verlaufende Wicklungszüge, $V-Y$ und $W-Z$ in der Weise an, daß die Anfänge UVW sich in gleichen Abständen über die doppelte Polteilung $2a$ (Abb. 30) verteilen, so erhält man eine dreiphasige Anordnung, eine Drehstrommaschine. Entsprechend der räumlichen Versetzung der drei Wicklungstränge gelangen

ihre Ankerleiter nacheinander vor die Polmitte, die
erzeugten Spannungen treten also nicht gleichzeitig
in gleicher Größe auf, sie sind in verschiedener Phase.
  Die drei Phasenwicklungen einer Drehstrommaschine werden entweder in Sternschaltung oder in
Dreieckschaltung verkettet (vgl. 21) und in dieser
Schaltung an das Drehstromnetz gelegt. Man bevorzugt im allgemeinen die Sternschaltung.
  44. Synchrongeneratoren. Eine Synchronmaschine
ist an sich magnetisch unselbständig; sie bedarf zum
Aufbau ihres magnetischen Feldes einer Erregung, die
sie normalerweise durch ihr gleichstromerregtes Polrad
erhält. Es muß also ein Gleichstromnetz oder eine
Gleichstrommaschine zur Ent-
nahme des Erregerstromes
zur Verfügung stehen, wenn
die Synchronmaschine als
selbständiger Generator arbeitet soll. In den meisten
Fällen wird deshalb die Synchronmaschine mit einer
selbsterregten Gleichstrom-
Erregermaschine gekuppelt
und dadurch zu einer eigenerregten (vgl. 25) Maschinen-
einheit gemacht (Abb. 31).
Der Erregerstrom und damit

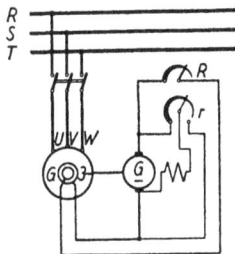

Abb. 31.

die Spannung des Synchron-
generators wird dann entweder durch den in seinem Erregerstromkreis liegenden Regler *R* oder mit weniger
Energieverlust durch den im Erregerstromkreis der Erregermaschine liegenden Regler *r* eingestellt. An Stelle
des Handreglers *r* kann zur automatischen Spannungsreglung auch ein Schnellregler angebracht werden.
  Eine Synchronmaschine kann auch von der Wechselstromseite aus erregt werden, wenn sie mit anderen
Synchronmaschinen parallelgeschaltet ist. Die erforderliche Erregung kann dann ganz oder teilweise von den
anderen Maschinen durch Blindstromabgabe bewirkt
werden. Der Ladestrom von ausgedehnten Kabel-
oder Hochspannungs-Freileitungsnetzen wirkt in gleichem Sinne erregend. Die Spannung eines Synchrongenerators erhöht sich daher, wenn man ihn auf ein
derartiges leerlaufendes Netz schaltet.
  Ändert man an einem Drehstromgenerator die Drehrichtung, so ändert sich auch die Phasenfolge des Dreh-

stromsystems. An den Generator angeschlossene Drehstrommotoren ändern damit ebenfalls ihre Drehrichtung. Um trotz Umkehr der Drehrichtung die Phasenfolge in den Leitungen unverändert zu lassen, müssen
zwei beliebige Leitungsanschlüsse an der Maschine vertauscht werden.

Die Drehrichtung eines Einphasengenerators ist
ohne Einwirkung auf das angeschlossene Netz, da in
ihm nicht wie bei Mehrphasenstrom ein Drehfeld, sondern nur ein Wechselfeld wirksam ist.

Synchrongeneratoren mit den Drehzahlen 3000 und
1500 U/min werden als Turbogeneratoren mit den
antreibenden Dampfturbinen direkt gekuppelt. Die
hohe Drehzahl zwingt hierbei zu einer besonderen Ausbildung des Polrades als Volltrommel (Turborotor), in
der die Erregerwicklung in Nuten angeordnet ist. Die
Stirnverbindungen des Ständers sind gegen Verbiegen
bei Kurzschluß besonders versteift; das Gehäuse ist
geschlossen ausgeführt und ermöglicht den Anschluß
an besondere Kühlluftkanäle.

45. Synchronmotoren. Legt man an den Anker einer
Drehstrom-Synchronmaschine die drei Phasen eines
Drehstromnetzes, so entsteht in der Maschine ein Drehfeld, das mit synchroner Geschwindigkeit umläuft.
Bringt man das Polrad durch eine Anwurfvorrichtung
auf dieselbe synchrone Drehzahl, so wird es vom dem
Felde erfaßt und durch die synchronisierende Kraft
im Synchronismus festgehalten. Die Maschine kann
dann als Motor ein Drehmoment abgeben und behält
bei jeder Belastung die synchrone Drehzahl bei, d. h.
der Synchronmotor hat eine vollkommen starre Charakteristik. Bei zu großer Überlast kann die synchronisierende Kraft das erforderliche Drehmoment nicht mehr
liefern; die Maschine fällt außer Tritt und bleibt
unter hoher Stromaufnahme stehen.

Infolge der starren Bindung an die synchrone Drehzahl ist es nicht möglich, wie bei der Gleichstrommaschine durch Verstellen der Erregung eine Drehzahlreglung zu erzielen. Wird die Erregung verstärkt, so
gibt der Synchronmotor magnetisierend (erregend) wirkenden Blindstrom an das Netz ab. Liegen in seiner
Nähe an demselben Netz magnetisch unselbständige
Maschinen, etwa Asynchronmotoren, so erhalten diese
den benötigten Blindstrom statt vom Kraftwerk von
dem übererregten Synchronmotor, der hierdurch neben-

bei die Eigenschaft eines Blindstromerzeugers annimmt. Das Kraftwerk und die Energiezuleitung, etwa eine Überlandleitung, sind dann von der Blindstromlieferung befreit und brauchen nur den Energie liefernden Wirkstrom zu führen.

Zum Anlassen des Synchronmotors kann man einen besonderen Hilfsmotor verwenden; ist der Synchronmotor jedoch mit einer genügend großen Gleichstrommaschine gekuppelt und steht Gleichstrom zur Verfügung, so kann die Gleichstrommaschine als Anwurfmotor benutzt werden. Nachdem der Synchronmotor auf seine Drehzahl gebracht ist, wird er wie ein Synchrongenerator mit dem Netz parallel geschaltet (vgl. 46) und läuft dann bei mechanischer Belastung als Motor.

Durch eine kräftig wirkende Dämpferwicklung im Polrad (vgl. 43) können Synchronmotoren auch zum Selbstanlauf gebracht werden. Sie laufen dabei als Asynchronmotoren bis knapp an den Synchronismus heran und werden dann bei Einschaltung der Gleichstromerregung in den Synchronismus hineingezogen. Zur Vermeidung zu hohen Anlaufstromes wird über einen Transformator mit etwa dem dritten Teil der Nennspannung angelassen. Der Anlaßvorgang spielt sich in ähnlicher Weise ab wie bei Einankerumformern (vgl. 62).

Umkehr der Drehrichtung erzielt man beim Motor durch Umkehr der Drehrichtung des Feldes, d. h. durch Vertauschen zweier Phasen an der Zuleitung vom Netz.

Abgestellt wird der Motor nach dem Entlasten durch Öffnen des Schalters im Ankerstromkreis. Ein etwa vorhandener Leistungszeiger muß nach dem Entlasten die Leistung Null anzeigen, außerdem muß die Erregung so eingestellt werden, daß der Ankerstrom gleich Null wird. Der Erregerstromkreis darf erst nach dem Ausschalten des Ankerstromkreises geöffnet werden.

Einphasen-Synchronmotoren verhalten sich grundsätzlich ebenso wie Drehstrom-Synchronmotoren. In ihnen entsteht jedoch kein Drehfeld, sondern ein Wechselfeld. Aus diesem Grunde haben sie keinen festliegenden Drehsinn und können vom Stillstand aus in der einen oder anderen Drehrichtung synchronisiert werden, ohne daß eine Vertauschung der Anschlüsse notwendig ist. Zum Selbstanlauf ist diese Maschine ungeeignet.

46. Parallelschalten. Zum Parallelschalten von
Wechselstrommaschinen ist erforderlich, daß

1. die Spannungen der Maschinen gleich groß sind,
2. die Maschinen mit gleicher Drehzahl laufen bzw.
   gleiche Periodenzahl haben,
3. die Spannungen der Maschinen in Phase sind.

In den Schaltbildern Abb. 32 und 33 sind die zur
Feststellung dieser Bedingungen notwendigen Apparate
für Nieder- und Hochspannung angegeben.

Die Spannungsmesser V_1 und V_2 zeigen die Gleichheit von Maschinen- und Netzspannung, der Doppelfrequenzmesser ff die Gleichheit der Periodenzahlen,
der Nullspannungszeiger V_3 oder die Phasenlampe l die
gleiche Phasenlage der Spannungen.

Vor der ersten Inbetriebsetzung ist bei Mehrphasenmaschinen noch folgendes zu beachten:

Das Drehfeld der zuzuschaltenden Maschine muß
gleichen Umlaufsinn haben wie das Drehfeld des Netzes.
Nachprüfung erfolgt am besten mit Drehfeldrichtungs-
anzeiger oder mit Drehstrommotor. Bei gleicher
Phasenfolge läuft der Motor, wenn er unter Beachtung
der Anschlußbezeichnungen einmal ans Netz, einmal an
die zuzuschaltende Maschine gelegt wird, im gleichen
Drehsinn.

Steht kein Drehstrommotor oder kein Drehfeld-
richtungsanzeiger zur Verfügung, so schaltet man für
die Untersuchung zwischen die Klemmen des Schalters S_2 (Abb. 32) in jedem der drei Stromkreise so
viele Lampen L hintereinander, daß ihre Gesamt-
nennspannung mindestens 15% über der Maschinenspannung liegt. Beträgt z. B. die Maschinenspannung
500 V und stehen Lampen für 120 V zur Verfügung, so
müssen in jedem Kreis $\dfrac{500 \cdot 1{,}15}{120}$, also 5 Lampen hinter-
einandergeschaltet werden. Die Maschine G_2 wird bei
geöffnetem Schalter S_2 auf Synchronismus und gleiche
Spannung mit Maschine G_1 gebracht. Sind die Leitungen von Maschine G_2 in richtiger Phasenfolge angeschlossen, so leuchten die Lampen L in den drei Stromkreisen gleichzeitig auf und erlöschen gleichzeitig.
Werden dagegen die Lampen abwechselnd hell und
dunkel, so vertauscht man an Maschine G_2 zwei beliebige Leitungen. Um das bei hoher Spannung lästige
Inreiheschalten vieler Lampen zu vermeiden, kann man
unter Umständen bei der Prüfung die Maschinen-

spannungen durch Einschalten von Widerstand in die Erregerkreise erniedrigen.

Lassen sich, z. B. beim Zuschalten einer Maschine an ein Hochspannungsnetz, die erforderlichen Messungen nicht mit niedriger Spannung ausführen, so sind die Versuche unter Zwischenschaltung von Spannungswandlern (vgl. 138) sinngemäß vorzunehmen.

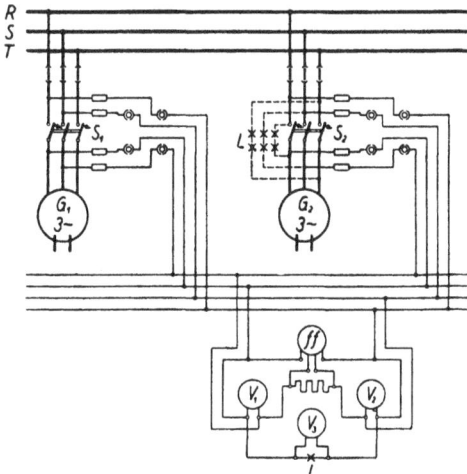

Abb. 32.

Die Parallelschaltapparate der zuzuschaltenden Maschine müssen an die gleichen Phasen wie die der bereits im Betrieb befindlichen Maschinen gelegt werden. Bei gleicher Größe der Spannungen und Phasengleichheit darf der Nullspannungszeiger nicht ausschlagen und die Phasenlampe nicht leuchten.

Diese Nachprüfung kann auch durch das Lampenverfahren erfolgen. Sind die Lampen L dunkel, so muß auch die Lampe l des Phasenvergleichers dunkel bleiben und der Nullspannungszeiger V_3 auf Null zeigen.

Man kann ferner die Synchronisierungsvorrichtung prüfen, wenn die Speisung allein durch Maschine G_2 erfolgt; in diesem Falle werden bei Maschine G_1 die Klemmen abgetrennt und ihr Trennschalter und Ma-

schinenschalter geschlossen. Sind die Synchronisier-
apparate richtig geschaltet, so muß dann die Phasenlampe dunkel bleiben und der Nullspannungszeiger auf
Null stehen.

Nach dieser Prüfung der Parallelschaltvorrichtungen
vollzieht sich das Parallelschalten nach Abb. 32 wie
folgt:

Soll Maschine G_2 zu der bereits laufenden und auf
das Sammelschienensystem arbeitenden Maschine G_1
zugeschaltet werden, so ist in die Steckvorrichtung für
Maschine G_2 ein vierpoliger Stöpsel zu stecken. V_1 zeigt
dann die Spannung der Maschine G_2, V_2 die der Sammelschienen; der Doppelfrequenzmesser ff zeigt die Periodenzahlen des Netzes und der Maschine G_2 an. Solange
die Drehzahlen der Maschinen nicht übereinstimmen,
leuchtet die Lampe l des Phasenvergleichers auf und
erlischt wieder, und zwar um so rascher, je weniger die
Drehzahlen sich entsprechen. Mit dem Aufleuchten
und Erlöschen der Lampe ändert sich auch der Ausschlag des Nullspannungszeigers V_3. Stimmen die Um-

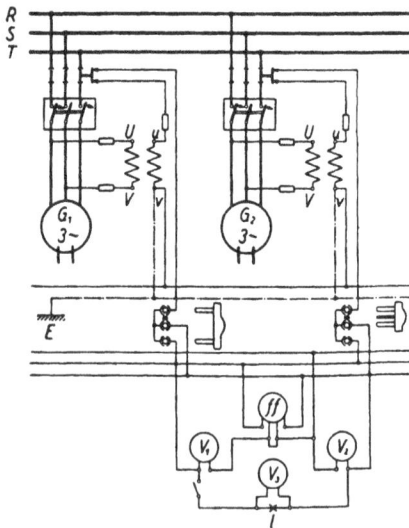

Abb. 33.

drehungen beider Maschinen infolge Regelns der Kraftmaschine von G_2 so weit, daß die Phasenlampe l ihre
Lichtstärke nur langsam ändert, so vergleicht man an
den Spannungsmessern V_1 und V_2 die Sammelschienenspannung mit der Spannung der zuzuschaltenden Maschine G_2 und stellt durch Ändern der Erregung von
Maschine G_2 auf gleiche Spannung ein. Bleibt dann die
Lampe l einige Sekunden dunkel oder, was schärfer zu
beobachten ist, bleibt der als Phasenvergleicher dienende
Spannungsmesser V_3 einige Sekunden in der Nullstellung, so kann der dreipolige Maschinenschalter der
Maschine G_2 geschlossen werden. Die zugeschaltete
Maschine liefert zunächst keinen Strom, gibt also auch
keine Leistung ab.

Das Schaltungsbeispiel Abb. 33 ist für Maschinen
mit hoher Spannung bestimmt. Die Anordnung unterscheidet sich von der vorhergehenden hauptsächlich
durch die Zwischenschaltung von Spannungswandlern
(vgl. 138), auf deren richtigen Anschluß genau zu achten
ist. Die Wandler müssen gleiches Übersetzungsverhältnis haben. Bei Abb. 32 wird die Vergleichung
zwischen den Sammelschienen und der zuzuschaltenden
Maschine vorgenommen, während bei Abb. 33 zwischen
einer schon laufenden und der zuzuschaltenden Maschine verglichen wird. In die den beiden Maschinen
zugeordneten Steckvorrichtungen werden zweipolige
Stecker eingebracht, von denen der eine einen weiten,
der andere einen kurzen Stiftabstand hat. Ein Sperr-
stift erzwingt, daß stets das obere Loch in Verbindung mit dem mittleren oder dem unteren benutzt
wird.

Die Schaltbilder Abb. 32 und 33 veranschaulichen
die Dunkelschaltung, d. h. die Parallelschaltung erfolgt, wenn die Phasenlampe
dunkel ist. Als Hellschaltung
bezeichnet man dagegen die
Schaltung, bei der die Phasenlampe im Synchronismus hell
leuchtet. Abb. 34 a und 34 b zeigen den grundsätzlichen Unterschied dieser beiden Schaltarten.

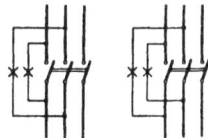

Abb. 34 a.
Dunkel-
schaltung.

Abb. 34 b.
Hell-
schaltung.

Da alle zum Parallelschalten erforderlichen Apparate nur
zweipolig angeschlossen sind, läßt sich dieselbe Anordnung auch für Einphasenmaschinen benützen.

44   Maschinen.

Eine Nachprüfung der Drehfeldrichtung vor der ersten
Inbetriebnahme der Schaltung fällt hierbei fort.

Um große Maschinen gegen die Wirkung fehlerhaften
Parallelschaltens zu schützen, können in ihre Verbindungen mit den Sammelschienen Drosselspulen geschaltet werden.

47. Parallelarbeiten. Die Belastung parallel geschalteter Wechselstrommaschinen wird durch Reglung der Kraftmaschinen, bei Dampfmaschinen also
durch vermehrte oder verminderte Dampfzufuhr (z. B.
Ändern der Dampfreglereinstellung) beeinflußt. Meist
geschieht dies durch einen mit der Reglervorrichtung
verbundenen kleinen Elektromotor, der von der Schalttafel aus gesteuert wird. Durch Regeln der Erregung kann die Belastung nicht geändert,
sondern nur die Abgabe von Blindstrom beeinflußt werden. Hierdurch unterscheidet sich der
Parallelbetrieb von Synchronmaschinen grundsätzlich
von dem Parallelbetrieb von Gleichstrommaschinen.

Soll bei Parallelbetrieb mehrerer Synchrongeneratoren die Netzspannung geändert werden, so muß man
die Erregung aller Maschinen nachregeln. Wird nur die
Erregung einer Maschine verstärkt, so gibt diese mag-
netisierenden Blindstrom an die übrigen Maschinen ab.
Hierdurch wird zwar die Sammelschienenspannung
etwas erhöht, der auftretende Ausgleichblindstrom wirkt
jedoch schädlich, da er die Erwärmung der Maschinen
vergrößert.

Das an den Sammelschienen des Kraftwerkes
liegende Verbrauchernetz benötigt einen bestimmten
Wirkstrom (Wirklast) und einen bestimmten Blindstrom (Blindlast). Durch diese beiden Größen ist der
von dem Verbrauchernetz geforderte Leistungsfaktor
bestimmt. Die Generatoren müssen so erregt werden,
daß jeder einzelne mit diesem Leistungsfaktor arbeitet,
da dann Ausgleichströme vermieden werden. Besitzt
nicht jeder Generator einen Phasenmesser (vgl. 140), so
muß der Leistungsfaktor nach Ablesung von Strom-,
Spannungs- und Leistungsmesser durch Rechnung
bestimmt werden (vgl. 13). Es genügt praktisch, wenn
der Zahlenwert »Leistung dividiert durch Strom« für
alle Maschinen gleich ist. Bei richtiger Einstellung
muß der Gesamtstrom des Verbrauchernetzes gleich
der Summe der Stromstärken der einzelnen Maschinen
sein.

Bei richtig gewählten Verhältnissen bleiben parallel geschaltete Wechselstrommaschinen durch die synchronisierende Kraft im Tritt, d. h. die Polräder drehen sich im gleichen Takt. Ungleichförmigkeiten treten auf durch die Eigenschwingungen der Maschinen, durch den Ungleichförmigkeitsgrad der Kraftmaschinen und durch überempfindliche Dampfregler, bei Antrieb durch Verbrennungsmotoren auch infolge von Fehlzündungen. Das hierdurch bewirkte Pendeln der Maschinen wird an den Meßgeräten um so mehr bemerkt, je weniger deren Zeigerbewegung gedämpft ist. Stimmen die Zeitdauer der Eigenschwingung der Wechselstrommaschinen und die Stöße der Kraftmaschinen überein (Resonanz), so verstärkt sich das Pendeln und die Maschinen fallen unter Umständen außer Tritt. Wird die Gefahr des Außertrittfallens an den Schwankungen des Strom- oder Leistungsmessers erkannt, so muß die Maschine abgeschaltet werden.

Um diese Erscheinungen zu vermeiden, soll man möglichst nur gleichartige Maschinen parallel arbeiten lassen. Besitzen die Maschinen Riemen- oder Seilantrieb oder sind sie mit Turbinen gekuppelt, so ist das Parallelarbeiten sicherer als bei starrer Kupplung mit Kolbendampfmaschinen oder Verbrennungsmotoren. Die namentlich bei diesen störende Ungleichförmigkeit im Antrieb kann man durch große Schwungmassen vermindern.

Die Einwirkung der Ungleichförmigkeit läßt sich teilweise aufheben, wenn man bei gleicher Kurbelstellung und bei Verbrennungsmotoren im Zündungssynchronismus parallel schaltet, was einige Übung erfordert. Weitere Mittel sind Dämpferwicklungen auf dem Läufer und Drosselspulen in den Stromkreisen der einzelnen Maschinen.

Asynchronmaschinen.

48. Aufbau und Wirkungsweise. Der Ständer (Stator) hat denselben Aufbau wie der Anker einer Synchronmaschine; der Läufer (Rotor) erhält bei der Ausführung als Schleifringläufer eine ähnliche Wicklung wie der Ständer. Die Phasenzahl richtet sich nach dem Netz, für das die Maschine bestimmt ist; die Phasenzahl des Läufers ist nicht an die des Ständers gebunden. Die Läuferwicklung wird meist dreiphasig, selten zweiphasig ausgeführt. Die Anschlußpunkte

dieser Wicklung werden über Schleifringe nach außen
geführt und mit Anlaßwiderständen verbunden. Die
Kurzschlußläufer tragen an Stelle einer Wicklung
Kupferstäbe, die an der Stirnseite durch zwei Kurz-
schlußringe zu einer Käfigwicklung geschlossen sind.

Nach der Ausführung des Ständers unterscheidet
man Drehstrom-Asynchronmaschinen und Einphasen-Asynchronmaschinen. Als Drehstrommotor findet die Drehstrom-Asynchronmaschine die
weiteste Verbreitung. Die folgenden Erörterungen beziehen sich daher zunächst auf diese Maschinenart,
können jedoch sinngemäß auf jede andere Mehrphasen-
Asynchronmaschine angewandt werden. Die Einphasen-
Asynchronmaschine zeigt in ihrer Wirkungsweise bestimmte Abweichungen (vgl. 55).

Bei Anschluß einer Mehrphasenmaschine an das
Netz entsteht wie bei dem Synchronmotor im Ständer
ein Drehfeld, das den Läufer durchsetzt. Seine Leiter
werden daher vom Felde geschnitten und infolge der
dadurch erzeugten Spannung fließt ein Läuferstrom,
der mit dem Drehfeld ein Drehmoment ergibt. Dieses
Drehmoment läßt den Motor anlaufen. So lange der
Läufer hinter dem Feld zurückbleibt, so lange also
seine Drehzahl unter der synchronen liegt, ist noch
ein antreibendes Drehmoment vorhanden: die Maschine
läuft als Motor. Ein Drehmoment kann in der Asynchronmaschine nur entstehen, wenn der Stromkreis
der Läuferwicklung geschlossen ist, wenn also unter der
Wirkung der vom Ständer her induzierten Spannung im
Läufer Strom fließen kann. Ein Schleifringläufer mit
offenen Schleifringanschlüssen läuft daher nicht an.

Legt man an die Ständerwicklung die Nennspannung U, so erhält man an den offenen Schleifringen die
Läuferspannung (u), die für den Anlaßvorgang
wichtig und daher auf dem Leistungschild mitange-
geben ist.

49. Schaltung. Die drei Wicklungsträge des
Ständers einer Drehstrommaschine werden wie folgt
bezeichnet:

Phase 1 mit U—X, Phase 2 mit V—Y, Phase 3
mit W—Z. Die Wicklungsanfänge U, V, W und die
Wicklungsenden X, Y, Z sind aus der Maschine her-
ausgeführt und auf einem Klemmbrett angeordnet. Der
Anschluß an das Netz erfolgt in der Weise, daß die
Netzklemmen R, S, T an U, V, W gelegt werden. Die

Maschine kann in Stern- oder Dreieckschaltung (vgl. 21) betrieben werden; die Umschaltung ist am Klemmbrett durch Verbindungslaschen leicht vorzunehmen. Die Verbindung der Enden X—Y—Z miteinander ergibt die Sternschaltung (Abb. 35a), die Verbindung eines Wicklungsendes mit dem Anfang des nächsten Stranges, also X mit V, Y mit W und Z mit U, ergibt die Dreieckschaltung (Abbildung 35b).

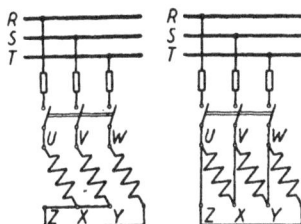

Durch diese Umschaltung wird die Maschine für zwei verschiedene Netzspannungen verwendbar. Auf dem Leistungsschild sind für die Ständerspannung U zwei Werte angegeben, von denen der kleinere für Dreieckschaltung, der größere für Sternschaltung gilt. Das

 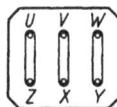

Abb. 35a.   Abb. 35b.

Verhältnis von Dreieckspannung zu Sternspannung ist $1 : \sqrt{3}$, d. h. $1 : 1,73$. Ist z. B. ein in Stern geschalteter Motor für eine Drehstromspannung von 380 V bestimmt, so wird er durch Umschalten auf Dreieck für $\dfrac{380}{1,73} =$ 220 V geeignet. Auf dem Leistungschild ist demnach die Ständerspannung mit $U = 380/220$ V angegeben. Der aus dem Netz dem Motor zufließende Strom ist bei Dreieckschaltung 1,73 mal größer als bei Sternschaltung, was bei Einstellung des Nennstromes am Motorschutzschalter zu berücksichtigen ist.

50. Kippmoment. Je geringer beim Asynchronmotor das geforderte Drehmoment ist, um so mehr nähert sich seine Drehzahl der synchronen; je höher das geforderte Drehmoment, um so niedrigere Drehzahl stellt sich ein. Den Unterschied zwischen der synchronen Drehzahl und der wirklichen Motordrehzahl nennt man Schlüpfung oder Schlupf. Die Schlüpfung gibt an, um wieviel Prozent der synchronen Drehzahl der Läufer der Maschine hinter dem Drehfeld zurückbleibt. Der normale Schlupf eines Asynchronmotors beträgt bei

Nennlast 0,5 bis 5%, wobei der große Wert für kleine, der kleine Wert für große Motoren gilt.

Die in Abb. 36a dargestellte Kennlinie veranschaulicht den Drehzahlverlauf und zeigt, daß der Asynchronmotor sich bei zunehmender Belastung zunächst ganz ähnlich verhält wie der Gleichstrom-Nebenschlußmotor (vgl. Abb. 23b). Im Gegensatz zu diesem kann er aber nur ein verhältnismäßig eng begrenztes Drehmoment abgeben; er fällt daher bei Überschreitung des höchsten Drehmomentes, des sog. Kippmomentes, in der Drehzahl plötzlich ab und bleibt stehen. Bei normal gebauten Motoren liegt das Kippmoment bei dem 1,8- bis 2,0fachen Betrag des Nennmomentes, kann also bei starken Belastungsstößen gelegentlich im Betriebe erreicht werden. Liegt diese Gefahr vor, so muß durch reichliche Bemessung der Motorgröße entgegengewirkt werden.

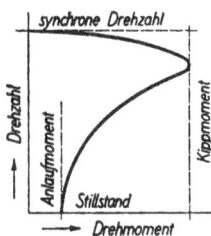

Abb. 36a.

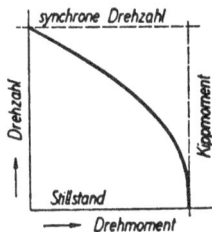

Abb. 36b.

Das Kippmoment des Asynchronmotors ist in hohem Maße von der Spannung abhängig. Schon der Spannungsabfall in einer langen, zu schwach bemessenen Zuleitung kann das Kippmoment des Motors beträchtlich herabsetzen.

51. Anlassen. Ein Motor läuft nur dann an, wenn das im Stillstand zu überwindende Lastmoment kleiner ist als das vom Motor ausgeübte Anlaufmoment.

a) Schleifringläufer. Bei Mehrphasen-Asynchronmaschinen kann das Anlaufmoment eines Schleifringläufers durch Einschalten von Widerstand in den Läuferkreis gesteigert werden. Dadurch wird die Kennlinie, wie Abb. 36b zeigt, verändert, der Motor verhält sich ähnlich wie ein Reihenschlußmotor.

Zum Anfahren schaltet man mittels eines Anlassers
A im Läuferkreis zunächst Widerstand vor und verringert ihn in dem Maße, wie der Motor hochläuft
(Abb. 37a). Dadurch erhält man ein hohes Anlaufmoment und vermeidet einen zu hohen Stromstoß
beim Einschalten. Große Läuferanlasser sollen vor
der ersten Anlaßstufe keine
Ausschaltstellung besitzen,
da sonst Überspannungen
entstehen können. Bei Flüs-
sigkeitsanlassern muß dies
durch Parallelschalten eines
festen Widerstandes zum
Anlasser erzwungen werden.
Zur Verringerung der
Kontaktzahl am Anlasser
wird gelegentlich eine un-
symmetrische Anordnung
der Widerstände nach Art
der Abb. 37b gewählt (V-
Schaltung).

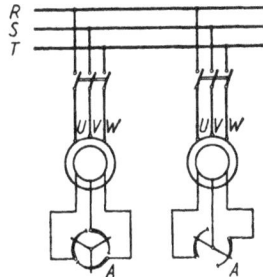

Abb. 37a.   Abb. 37b.

Um den Widerstand in den Leitungen zum Anlasser
während des Betriebes auszuschalten und um die
Bürsten- und Schleifringabnutzung zu verringern, erhalten große Motoren Einrichtungen, durch die der
Läuferstromkreis während des Betriebes kurzgeschlossen wird und die Bürsten abgehoben werden (Bürstenabheber).. Kleine Motoren, die bei kurzer Betriebsdauer
oft ein- und ausgeschaltet werden, erhalten häufig nur
einen festen Anlaßwiderstand im Läuferkreis.

Bei der Wahl des Anlassers und des Querschnittes
der zu ihm führenden Leitungen muß berücksichtigt
werden, daß die Stromstärke im Läuferkreis von der
aus dem Netz entnommenen Ständerstromstärke ab-
weicht. Der bei Nennlast sich einstellende Läuferstrom ist in den meisten Fällen mit i bezeichnet auf
dem Leistungschild angegeben. Er kann auch aus der
Läuferspannung ermittelt werden. Es verhält sich
nämlich ungefähr der Läuferstrom i zu dem Ständer-
nennstrom I umgekehrt wie die Anlaßspannung u zu
der Nennspannung E, in einer Formel ausgedrückt also:

$$\frac{i}{I} = \frac{U}{u} \qquad i = I\frac{U}{u}$$

Die Leitungsquerschnitte werden nach dem in Abschnitt 212 dargelegten Verfahren für den Strom i be-

stimmt. Dabei ist zu berücksichtigen, daß bei Motoren
mit Bürstenabheber die Querschnitte wegen der kurz-
zeitigen Belastung knapp gewählt werden können, bei
Motoren mit dauernd aufliegenden Bürsten jedoch
reichlich zu bemessen sind, um einen zusätzlichen
Widerstand im Läuferkreis und den damit verbundenen
zusätzlichen Schlupf zu vermeiden.

b) Kurzschlußläufer. Kleine Drehstrommotoren
mit Kurzschlußläufern bis zu etwa 4 kW Leistung werden in der Regel ohne Anlaßvorrichtung durch Einlegen des Schalters ans Netz gelegt. Der bei diesem
Grobanlassen auftretende Stromstoß ist ziemlich hoch
und kann im Netz störend wirken. Beim Anschluß
solcher Motoren an ein öffentliches Netz sind daher die
vom betreffenden Elektrizitätswerk erlassenen Bestimmungen genau einzuhalten.

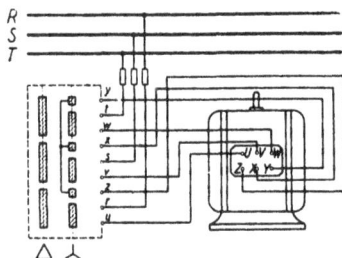

Abb. 38.

Eine Verringerung des Einschaltstromstoßes erhält
man durch die Stern-Dreieckanlaßwalze (Abb. 38).
Damit diese Anlaßart angewandt werden kann, muß
der Motor in seiner Dreieckspannung mit der Netzspannung übereinstimmen. Ein Motor mit der im
allgemeinen üblichen Wicklung für 380/220 V Nennspannung kann nur in einem 220 V-Drehstromnetz
mittels der Stern-Dreieckschaltung angelassen werden.
Durch die Schaltwalze wird der Ständer des Motors in
Sternschaltung an das Netz gelegt und, wenn die Drehzahl nicht mehr weiter steigt, mit möglichst kurzer
Unterbrechung auf betriebsmäßige Dreieckschaltung
umgeschaltet. Zuweilen ist die Ausführung derart,
daß besondere Sicherungen bei der Dreieckschaltung
im Stromkreis liegen, während der Motor bei der Stern-

schaltung unter Überbrückung dieser Sicherungen unmittelbar ans Netz gelegt wird. Der Übergang von
Stern- auf Dreieckschaltung kann auch ohne Stromunterbrechung über Schutzwiderstände stattfinden.

Bei großen Kurzschlußläufern benutzt man zum
Anlassen einen mit Anzapfungen versehenen Anlaß-
transformator, der die beim Anlassen an den Ständer
gelegte Spannung vermindert. Der hier die Stelle des
Anlassers einnehmende Anlaßschalter trennt in der
Betriebstellung den Transformator vom Netz ab'und
schaltet gleichzeitig Sicherungen ein. An Stelle eines
Transformators kann bei mittleren Motoren auch eine
Widerstandanlassung angewendet werden. Dabei
wird ein offener, mit 6 Klemmen versehener Anlasser
dem Ständer vorgeschaltet.

Einfache Kurzschlußläufer haben ein geringes Anlaufmoment und können daher nur leer unter geringer Belastung anlaufen. Bei Verwendung eines
mechanischen Anlassers (vgl. 70) können diese
Motoren auch unter Vollast anlaufen, ohne daß sie
einen zu hohen Anlaufstrom aufnehmen. Zunächst
läuft der Motor leer an und erst beim Erreichen einer
bestimmten Drehzahl kuppeln die angebrachten Flieh-
kraftgewichte die Motorwelle mit der anzutreibenden
Arbeitsmaschine.

Um dem Kurzschlußläufermotor ein größeres Anlaufmoment zu geben, verwendet man Läufer mit zwei
Käfigwicklungen, Doppelstab- oder Doppelnutläufer. Beim Anlauf ist vornehmlich der eine mit
hohem Widerstand ausgeführte Käfig wirksam, während der andere, besser leitende Käfig erst nach dem
Hochlaufen wirksam wird. Hierdurch erhält der Kurzschlußläufer ähnliche Eigenschaften wie der Schleifringläufer.

52. Asynchrongeneratoren. Wird eine am Netz
liegende Asynchronmaschine in der Drehrichtung angetrieben, so nimmt sie eine etwas über der synchronen
liegende Drehzahl an. Der Schlupf ist dann negativ.
In dieser Betriebsweise gibt die Maschine elektrische
Leistung ans Netz ab, arbeitet also als Generator. Wie
bei der Gleichstrom-Nebenschlußmaschine kann diese
Eigenschaft zur Nutzbremsung beim Senken von Lasten
benutzt werden (vgl. 38).

Die Asynchronmaschine ist auch als Generator
magnetisch unselbständig, d. h. sie liefert zwar Wirkleistung an das Netz, bezieht aber die zu ihrer Er-

regung erforderliche Blindleistung von dort. Zur
Deckung des Blindleistungsbedarfes muß in einem
solchen Netz stets ein Blindleistungserzeuger, meist in
Form eines Synchronmotors oder Synchrongenerators,
vorhanden sein.

53. Verbesserung des Leistungsfaktors. Da die
Asynchronmaschinen dem Netz Blindleistung für ihre
Erregung entnehmen, ist bei ihnen der Leistungsfaktor
stets kleiner als 1. Besonders schlecht ist er bei leer-
laufenden oder sehr schwach belasteten Motoren, weil
dann trotz geringer Wirkleistung die volle Blindleistung
entnommen wird. Mit Rücksicht auf den Leistungsfaktor soll man deshalb die Motorleistung für den Antrieb einer Arbeitsmaschine möglichst knapp bemessen,
soweit dies die anderen Gesichtspunkte (Kippmoment,
Erwärmung) zulassen.

Die Blindleistung hat im Netz eine erhöhte Stromlieferung zur Folge und erhöht dadurch die Verluste
und Spannungsabfälle in Generatoren, Transformatoren und Leitungen. Die Elektrizitätswerke sind daher
gezwungen, dem Stromabnehmer den Blindstrom ganz
oder teilweise in Rechnung zu stellen. Der Abnehmer
ist deshalb an der Herabsetzung der Blindleistung in
seiner Anlage interessiert.

. Bei Motoren mittlerer Göße erzeugt man gelegentlich den zur Erregung erforderlichen Blindstrom in der
Maschine selbst durch einen mit drei Bürstenbolzen
ausgerüsteten Kommutator, der meist auf eine Hilfswicklung arbeitet. Diese Motoren erzeugen in der Regel
nur so viel Blindleistung wie sie selbst verbrauchen; sie
entnehmen also dem Netz nur Wirkleistung, ihr Leistungsfaktor ist cos $\varphi = 1$. Man bezeichnet sie als
k o m p e n s i e r t e M o t o r e n.

In neuerer Zeit benutzt man auch K o n d e n s a t o r -
b a t t e r i e n zur Verbesserung des Leistungsfaktors.
Die Batterien werden parallel zu den Motorklemmen ans
Netz gelegt und geben durch ihren magnetisierend
wirkenden Ladestrom die erforderliche Kompensierung.

Wegen zu hoher Kosten vermeidet man wenn möglich die Kompensierung einzelner kleiner Asynchronmaschinen und geht zur Gruppenkompensierung über.
Dabei wird die Blindleistung mehrerer benachbart
liegender Asynchronmotoren, z. B. der Motoren einer
ganzen Fabrik, durch einen Blindleistungserzeuger ge-

deckt und damit der Leistungsfaktor der Fabrik für
die von auswärts erfolgende Stromlieferung auf 1
gebracht.

Für diese Blindleistungserzeugung eignen sich über-
erregte Synchronmaschinen (vgl. 45) oder größere
Asynchronmaschinen in Verbindung mit Drehstrom-
Erregermaschinen. Es sind dies Drehstrom-Kommutatormaschinen, die durch ihren Kommutator Blindleistung erzeugen und sie über die Schleifringe der
Asynchronmaschine zuführen. Man bezeichnet den
Asynchronmotor als Hauptmaschine und die Erregermaschine als Hintermaschine. Die Erregermaschine kann je nach Größe entweder nur die zur
Kompensierung der Hauptmaschine benötigte Blindleistung erzeugen oder einen Überschuß an Blindleistung
über die Hauptmaschine ans Netz abgeben. Hierdurch
wird der Maschinensatz zum Blindleistungserzeuger.

Im wesentlichen besteht die Hintermaschine aus
einem Gleichstromanker mit Kommutator; auf dem
Raum einer doppelten Polteilung sind hier jedoch nicht
nur zwei, wie bei der Gleichstrommaschine, sondern drei
Bürstenbolzen angebracht. Die Bürsten sind über den
in offener Dreiphasenschaltung ausgeführten Anlasser
mit den Schleifringen des Hauptmotors verbunden
(Abb. 39a und 39b). Während des Anlaufes des Haupt-
motors bildet die Hintermaschine den Sternpunkt des
Anlassers; im Betriebe liegen die Kommutatorbürsten
direkt an den Schleifringen der Hauptmaschine.

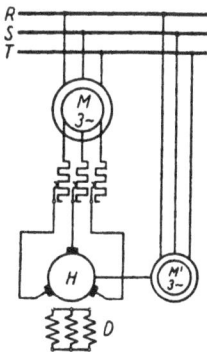

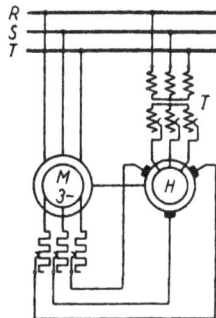

Abb. 39 a.   Abb. 39 b.

Man unterscheidet eigenerregte, selbsterregte und fremderregte Drehstromerregermaschinen.

Die eigenerregte und selbsterregte Dreh-strom-Erregermaschine (H in Abb. 39 a) wird getrennt vom Hauptmotor aufgestellt und von einem kleinen Hilfsmotor M' angetrieben. Der Ständer der Erregermaschine hat bei Selbsterregung eine Kurz-schlußdämpferwicklung D; bei Eigenerregung besteht er aus einem Eisenring ohne Wicklung. Die Drehrichtung der Hintermaschine ist nicht gleichgültig. Durch Versuch ist sie bei Inbetriebnahme so zu bestimmen, daß eine Verbesserung des Leistungsfaktors erreicht wird. Die eigenerregte Drehstrom-Erregermaschine kann nur bei belastetem Hauptmotor Blindleistung abgeben; bei der selbsterregten Erregermaschine findet Blindleistungsabgabe auch bei Leerlauf des Haupt-motors statt. Eine willkürliche Reglung der Blind-leistungsabgabe und damit des Leistungsfaktors ist bei dieser Anordnung nicht möglich.

Die fremderregte Drehstrom-Erregerma-schine (H in Abb. 39 b) unterscheidet sich von der eigenerregten dadurch, daß sie außer dem Kommutator noch Schleifringe besitzt. Die Verbindungen zwischen Hauptmaschine und Hintermaschine sind ebenso aus-geführt wie bei der eigenerregten Erregermaschine. Die Ständerwicklung ist auch hier nicht unbedingt notwendig, jedoch häufig vorhanden. Diese Hintermaschine muß mit dem Hauptmotor direkt oder über ein starres Getriebe gekuppelt sein. Die Schleifringe liegen über einen Stufentransformator T am Drehstromnetz. Die am Transformator eingestellte Spannungsstufe be-stimmt die Blindleistungsabgabe. In dieser Schaltung ist also ein willkürliches Regeln des Leistungsfaktors durch den Stufenschalter des Transformators möglich.

Bei Anwendung der fremderregten Erregermaschine kann der Maschinensatz als magnetisch selbständiger Generator arbeiten. Zur Stützung der Netzfrequenz ist es jedoch auch hierbei zweckmäßig, wenn eine Synchron-maschine am Netz mitläuft.

54. Drehzahlreglung. Asynchronmotoren, die mit der Phasenfolge UVW an das Netz RST angeschlossen werden, laufen rechts herum, wenn die Netzbezeichnung RST mit der zeitlichen Folge der Phasen überein-stimmt. Linkslauf wird durch Vertauschen zweier An-schlüss eerreicht. Bei Motoren mit wechselnder Dreh-

richtung wird diese Umschaltung zweckmäßig durch
eine Schaltwalze bewirkt, die gleichzeitig die Anlaßwiderstände schaltet (Abb. 40). Hierdurch werden
Fehlschaltungen vermieden.

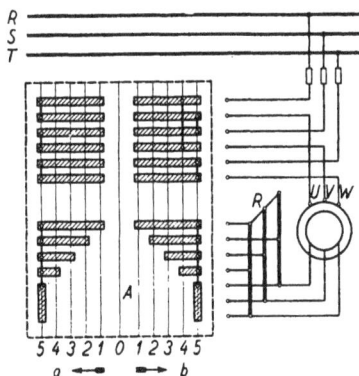

Abb. 40.
a Rechtslauf. *b* Linkslauf.

Durch Einschalten von Widerstand in die Schleif-
ringverbindungen, wie es zum Anlassen gebräuchlich
ist, wird der Schlupf vergrößert und dadurch eine Drehzahlreglung bewirkt. Da die Kennlinie des Motors
hierdurch Reihenschlußcharakter bekommt (vgl. 51),
schwankt dann die Drehzahl stark bei wechselnder Belastung. Die Widerstände in den hierfür benutzten
Regelanlassern (vgl. 179) müssen für Dauerbetrieb bemessen sein. Einfache Anlasser können wegen Über-
lastungsgefahr nicht verwendet werden. Bei dieser
Drehzahlreglung ist der Energieverlust groß, z. B.
ist er bei Herunterregeln bis auf die halbe synchrone
Drehzahl gleich der halben vom Motor aufgenommenen
Leistung.

Eine verlustlose Drehzahlreglung in wenigen
groben Stufen erreicht man durch polumschaltbare
Motoren. Durch Umschalten von Wicklungsabtei-
lungen wird die Polzahl und damit die synchrone Drehzahl geändert. Bei Motoren mit Kurzschlußläufer wird
nur der Ständer umgeschaltet, bei Motoren mit Schleifringläufer im allgemeinen auch der Läufer.

Eine verlustlose und stufenlose Drehzahlreglung
ist bei Asynchronmaschinen in nicht zu weiten Grenzen
in Verbindung mit einer fremderregten Drehstrom-
Erregermaschine erreichbar. Die Schaltung des Ma-
schinensatzes ist genau die gleiche wie bei der Blindlei-
stungsreglung (Abb. 39 b). Wird nämlich die Phase der
Transformatorspannung — am einfachsten durch Verdrehen der Kupplung zwischen Hauptmaschine und
Hintermaschine — verschoben, dann bewirkt eine Ver-
stellung des Stufenschalters statt Änderung des Leistungsfaktors eine Drehzahländerung des Maschinen-
satzes. Fügt man zu dem Stufentransformator T noch
einen zweiten hinzu und vereinigt beide durch eine
Kunstschaltung, so kann man gleichzeitig ohne gegenseitige Störung Blindleistungs- und Drehzahlreglung
vornehmen.

55. Einphasen-Asynchronmaschinen. Der Einphasen-
Asynchronmotor hat gegenüber dem Mehrphasen-
Asynchronmotor den Nachteil, daß er kein Anlaufmoment besitzt, also ohne besondere Hilfsmittel nicht
anlaufen kann. Wird er in beliebiger Drehrichtung an-
gestoßen, so läuft er in dieser Richtung weiter. Zur Erzielung eines Anlaufes auf elektrischem Wege versieht
man den Ständer neben der Hauptwicklung $U-V$ mit
einer Hilfswicklung $W-Z$ (Abb. 41 a und b), durch die
er zweiphasig wird. Die erforderliche zeitliche Nach-
eilung des Stromes in der Hilfswicklung erreicht man

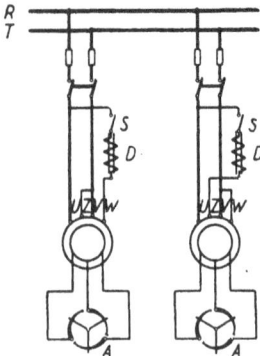

durch Einbau einer Drossel D
in den Hilfsstromkreis. Der
Motor ist dann imstande, un-
belastet anzulaufen. Gegebenenfalls muß der entlastete
Anlauf durch mechanischen
Anlasser (vgl. 70) erreicht
werden. Zur Vermeidung von
Stromstößen wird bei größeren Motoren der dreiphasig
ausgeführte Läuferkreis wie
beim Drehstrom-Schleifring-
läufer über einen Anlasser
geführt. Nach dem Anlaß-
vorgang wird der Hilfsstromkreis durch den Schalter S
wieder abgeschaltet. Um
einen Anlauf in der entgegengesetzten Richtung zu erhal-

Abb. 41 a.   Abb. 41 b.
Rechtslauf.   Linkslauf.

ten, braucht nur die Hilfswicklung umgepolt zu werden.
Klemmenbezeichnung und Anschluß bei Rechts- und
Linkslauf zeigen Abb. 41a und b. Die richtige Reihenfolge der Schaltungen beim Anlasser kann durch Verwendung einer entsprechenden Schaltwalze erzwungen
werden.

Die Drehzahlkennlinie des Einphasen-Asynchron-
motors hat, abgesehen vom fehlenden Anlaufmoment,
ähnlichen Verlauf wie die des Drehstrom-Asynchron-
motors. Beim Vorschalten von Widerstand in den
Läuferkreis sinkt sein Kippmoment, so daß dies Verfahren für die Drehzahlreglung nicht geeignet ist.

Generatorbetrieb der Einphasenmaschine ist in
gleicher Weise möglich wie bei der Mehrphasenmaschine;
ebenso können an den dreiphasigen Läufer Drehstrom-
Erregermaschinen als Hintermaschinen angeschlossen
werden.

Wechselstrom-Kommutatormaschinen.

56. Einphasen-Reihenschlußmotoren. Während die
Asynchronmotoren im Betriebe einen Drehzahlverlauf
aufweisen, der der Kennlinie der Gleichstrom-Nebenschlußmaschinen ähnlich ist, haben die Einphasen-
Reihenschlußmotoren in Aufbau, Wirkungsweise und
Drehzahlverlauf weitgehende Ähnlichkeit mit den
Gleichstrom-Reihenschlußmaschinen (vgl. Abb. 23a).
An Stelle der ausgeprägten Pole bei Gleichstrom
ist der Ständer bei Wechselstrom aus Blechen zusammengesetzt, wobei die Wicklungen in Nuten
untergebracht sind. Den Wendepol
ersetzt ein besonders ausgebildeter
Wendezahn. Zur Erzielung eines
guten Leistungsfaktors ist neben
der Erregerwicklung (E—F in
Abb. 42) eine Kompensationswicklung G—H im Ständer untergebracht
mit grundsätzlich gleicher Anordnung wie bei Gleichstrom. Der
Wendezahn kann von der Kompensationswicklung mit erregt werden
oder eine besondere Wendepolwicklung besitzen. Anker und Kommutator unterscheiden sich nicht
von der Ausführung für Gleichstrom.

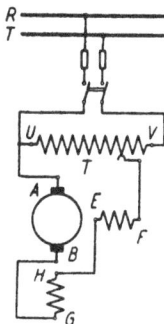

Abb. 42.

Entsprechend der Reihenschlußkennlinie hat der
Motor ein starkes Anlaufmoment und eine bei Ent-
lastung steigende Drehzahl; es ist also die Gefahr des
Durchgehens vorhanden.

Im Vollbahnbetriebe ist der Einphasen-Reihen-
schlußmotor als Lokomotivmotor weit verbreitet.

Die Schwierigkeit bei dieser Motorart ist die Vermeidung von Bürstenfeuer bei gleichzeitiger Erzielung
eines guten Leistungsfaktors, was durch verschiedene
besonders ausgebildete Schaltungen von Kompen-
sations- und Wendepolwicklung erreicht werden kann.
Die Schaltung Abb. 42 ist nur als Grundlage für die
einzelnen Ausführungen anzusehen.

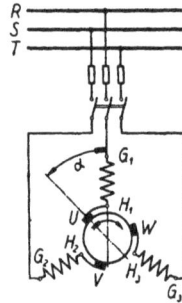

Abb. 43.   Abb. 44.

Das Anfahren und Regeln eines solchen Motors
geschieht durch einen Transformator T mit Anzapfungen auf allen Stufen ohne Energieverlust. Beim Anlauf ist ein ziemlich heftiges Feuern der Bürsten
nicht zu vermeiden. Drehrichtungsumkehr erfolgt wie
bei Gleichstrom-Reihenschlußmotoren durch Umpolung
der Erregung oder des Ankers mit der Kompensationswicklung.

57. Repulsionsmotoren. Die einfachste Ausführung
des Repulsionsmotors ist in Abb. 43 dargestellt. Die
Leistung wird magnetisch durch den Luftspalt von
der Erregerwicklung E—F auf den Rotor übertragen.
Der Anker ist über zwei verstellbar angeordnete Kommutatorbürsten in sich kurzgeschlossen.

Der Motor hat einen Drehzahlverlauf nach der
Reihenschlußkennlinie und wird vorzugsweise für

kleine Leistungen gebraucht. Das Anlassen erfolgt in einfacher Weise durch Bürstenverschiebung aus der neutralen Zone. Die Drehrichtung ist der Bürstenverschiebungsrichtung entgegengesetzt. Die Motoren laufen funkenfrei nur bei Drehzahlen, die von der synchronen nicht sehr stark verschieden sind.

Bei größeren Leistungen werden doppelte Bürstensätze oder auch feststehende Bürsten mit Anzapftransformator verwendet.

58. Drehstrom-Reihenschlußmotoren. Der Ständer dieses Motors hat eine offene Dreiphasenwicklung, deren Enden an den verstellbar angebrachten Bürstenapparat führen. In der Nullstellung stehen die Bürsten U, V, W unter den entsprechenden Wicklungsenden H_1, H_2, H_3 (Abb. 44). Diese Stellung wird gefunden, indem man z. B. die Ständerphase G_1—H_1 mit Wechselstrom speist und die Bürstenbrücke so lange verstellt, bis ein an die Bürsten V—W angeschlossener Spannungsmesser auf Null zurückgeht. Zur Kontrolle der gefundenen Stellung speist man G_2—H_2 und dann G_3—H_3 und muß dabei an U—W und dann an U—V die Spannung Null erhalten.

Verstellt man die Bürsten um den Winkel α aus der Nullstellung, so läuft der Motor in zur Bürstenverschiebungsrichtung entgegengesetzter Drehrichtung an. Für einwandfreien Betrieb muß die Drehrichtung des Motors mit der Richtung des im Ständer entstehenden Drehfeldes übereinstimmen. Bei Drehrichtungsumkehr muß man daher nicht nur die Bürsten in der anderen Richtung aus der Nullstellung herausdrehen, sondern auch durch Vertauschen zweier Netzanschlüsse den Umlaufsinn des Drehfeldes ändern. Der Motor hat einen Drehzahlverlauf nach der Reihenschlußkennlinie. Anlassen und Regeln erfolgt in einfacher Weise durch Bürstenverstellung. Um dem Kommutator keine zu hohen Spannungen zuzuführen, ist zwischen die Enden der Statorwicklung und die Bürsten ein Transformator T (Abb. 45) geschaltet. Der Drehstrom-Reihenschlußmotor kann auch in einer Schaltung mit doppeltem Bürstensatz ausgeführt werden.

59. Drehstrom-Nebenschlußmotoren. Grundsätzlich auf dieselbe Weise, wie bei großen Motoren durch eine Hintermaschine die Drehzahl beeinflußt wird (vgl. 54), kann man Drehstrom-Kommutatormaschinen als Asynchronmaschinen betreiben und den vorhandenen Kom-

mutator zur Drehzahlbeeinflussung benutzen. Abb. 46
zeigt einen so geschalteten Motor, wobei die Drehzahlregelung durch Verlegen der Kommutatoranschlüsse an
den. Anzapfungen der Ständerwicklung bewirkt wird.
In der Stellung $X_0 Y_0 Z_0$ sind die Bürsten kurzgeschlossen, der Motor läuft als reiner Asynchronmotor. Die
Stellungen $X_{1, 2, 3}$, $Y_{1, 2, 3}$ und $Z_{1, 2, 3}$ ergeben einen
übersynchronen Lauf, während durch $X_{4, 5}$, $Y_{4, 5}$, $Z_{4, 5}$
untersynchrone Drehzahlen eingestellt werden können.

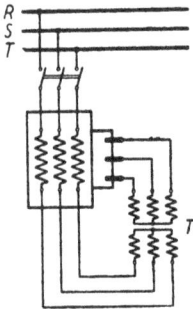

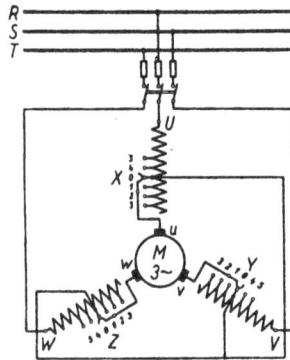

Abb. 45.   Abb. 46.

Man bezeichnet diese Maschine als Drehstrom-Neben-
schlußmaschine, weil sie bei jeder eingestellten Stufe
in Abhängigkeit von der Belastung einen Drehzahlverlauf nach der Nebenschlußkennlinie aufweist. Das
Anfahren geschieht durch Einstellen der untersynchro-
nen Drehzahlstufen; Drehrichtungsumkehr durch Vertauschen zweier Netzanschlüsse. Nach diesem Prinzip
arbeitende Motoren werden vielfach in abgeänderten
Schaltungen mit Läuferspeisung und doppeltem Bürstensatz ausgeführt.

Drehstrom-Nebenschlußmotoren finden Verwendung
in der Textilindustrie, Papierfabrikation und im Buch-
druckergewerbe, überall dort, wo gleichmäßiger, nach
Einstellung regelbarer Antrieb erforderlich ist.

**60. Drehstrom-Erregermaschine und Frequenzwand-
ler.** Zu den Drehstrom-Kommutatormotoren gehören
auch die Drehstrom-Erregermaschinen, die in anderem

Zusammenhang (vgl. 53) beschrieben sind. Eine ähnlich
wie die fremderregte Erregermaschine ausgebildete
Maschine mit Kommutator und Schleifringen dient als
Frequenzwandler (*F* in Abb. 47). Wird den Schleifringen eine Wechselspannung mit der Frequenz 50 Hz
zugeführt und die Ma-
schine durch einen vom
Stillstand bis zur syn-
chronen Drehzahl re-
gelbaren Motor *M* an-
getrieben, so kann man
am Kommutator die
Frequenzen 50 bis 100
Hz und nach Umkehr
der Drehrichtung 50
bis 0 Hz abnehmen. Der
Motor braucht nur für
Deckung der Maschi-
nenverluste berechnet

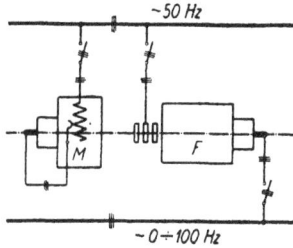

~50 Hz

~ 0÷100 Hz

Abb. 47.

zu sein; die dem zweiten Drehstromnetz entnommene
Energie wird über den Frequenzwandler von dem ersten
Netz mit 50 Hz entnommen. Die Spannung der beiden
Netze ist trotz der verschiedenen Frequenzen gleich.

Umformer.

61. Motorgenerator. Die Motorgeneratoren sind
Doppelmaschinen, bestehend aus Generator und Motor,
die unmittelbar gekuppelt sind. Sie dienen zum Um-
wandeln einer Stromart in eine andere, selten zum Verwandeln von hochgespanntem Strom in niedergespann-
ten oder umgekehrt.

Der Vorteil dieser Anordnung ist die vollkommene
elektrische Trennung beider Netze, so daß beliebige
Spannungen auf Gleich- und Wechselstromseite Verwendung finden können. Nachteile sind hoher An-
schaffungspreis und große Verluste, die dadurch bedingt
sind, daß die Umformung auf dem Umwege über die
mechanische Leistung geschieht.

62. Einankerumformer. Eine Maschine, in der die
Umformung in einem gemeinsamen Anker stattfindet,
heißt Einankerumformer. Der stehende Teil ist dem
Magnetgestell einer Gleichstrommaschine ähnlich, nur
ist meist zur Unterdrückung von Schwingungen in den
Polschuhen eine Dämpferwicklung untergebracht.

Zur Gleichstrom-Gleichstromumformung dienen Umformer, deren Anker zwei gegenseitig isolierte Wicklungen und zugehörige Kommutatoren besitzt.

Für die praktisch wichtige Umformung von Wechselstrom in Gleichstrom verwendet man den Einankerumformer mit Gleichstromanker, dessen Wicklung an symmetrischen Stellen angezapft und zu Schleifringen geführt ist. Die Schleifringe führen im Betriebe Wechselstrom, dessen Periodenzahl bei synchroner Drehzahl mit der Netzfrequenz übereinstimmt. Auf der Wechselstromseite verhalten sich diese Umformer wie Synchronmaschinen, sie müssen also bei Inbetriebsetzen synchronisiert werden.

Das Verhältnis der Spannungen auf der Gleich- und Wechselstromseite kann nicht beliebig gewählt werden; bei dreiphasiger Ausführung ist die Wechselspannung etwa das 0,62fache der Gleichspannung, bei sechsphasiger Ausführung das 0,355fache. Die Maschine wird für die geforderte Gleichspannung gebaut und paßt dann mit ihrer Wechselspannung meist nicht zu dem vorhandenen Netz. Es wird also ein Transformator mit entsprechendem Übersetzungsverhältnis zwischengeschaltet, der bei Drehstrom gleichzeitig das Dreiphasensystem des Netzes in ein Sechsphasensystem für den Umformer auflöst. Eine hohe Phasenzahl hat auf das Arbeiten des Umformers einen günstigen Einfluß.

Ein Ändern der Gleichspannung bei konstanter Wechselspannung ist wegen des festen Spannungsverhältnisses durch Verändern der Gleichstromerregung nicht möglich. Wie bei parallel arbeitenden Synchronmaschinen ändert sich mit dem Erregerstrom nur der Blindstrom und damit der Leistungsfaktor. Wird auf der Drehstromseite eine Drosselspule vor den Transformator geschaltet oder ein Transformator mit künstlich hochgehaltener Streuung verwendet, so kann in geringen Grenzen die Gleichspannung durch Verstärken der Erregung erhöht, durch Schwächen erniedrigt werden. Eine gleichzeitige Änderung des Leistungsfaktors ist hierbei nicht zu vermeiden.

Besser, aber teurer als Drosselspulen ist der Einbau eines Drehtransformators (vgl. 104) zwischen Netz- und Maschinentransformator, der dann die Wechselspannung und damit auch die Gleichspannung regelt.

Das Anlassen kann durch einen Anwurfmotor erfolgen. Dabei wird der Umformer, wenn er die synchrone Drehzahl erreicht hat, auf der Gleichstromseite wie ein Gleichstromgenerator, auf der Wechselstromseite wie eine Synchronmaschine behandelt und durch Parallelschalten mit dem Gleich- bzw. Wechselstromnetz (vgl. 42 und 46) verbunden.

Von der Gleichstromseite aus kann der Einankerumformer wie ein Gleichstrommotor anlaufen und muß dann nur auf der Wechselstromseite parallel geschaltet werden.

Bei der neueren Bauart der Umformer wird meist Selbstanlauf von der Drehstromseite mit Hilfe der in den Polschuhen liegenden Dämpferwicklung verlangt. Um den Anlaufstrom nicht zu weit ansteigen zu lassen, fährt man den Umformer nur mit etwa einem Drittel der Betriebsspannung an; durch eine Anzapfung am Transformator erhält man diese Spannung (Abb. 48).

Zum Anlassen wird am Nebenschlußregler

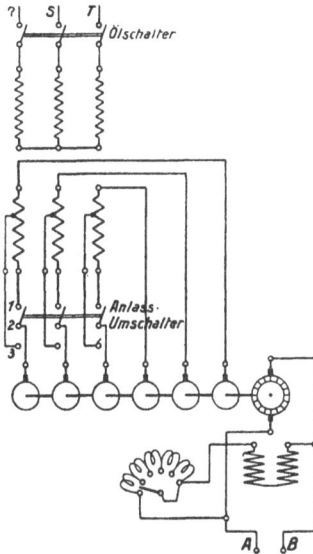

Abb. 48.

der Gleichstromseite der ganze Widerstand vorgeschaltet und der Anlaßumschalter in die Stellung 3 gebracht. Danach schließt man den Ölschalter, worauf der Umformer wie ein Asynchronmotor anläuft und nach einiger Zeit den Synchronismus erreicht, was am Spannungsmesser auf der Gleichstromseite am Aufhören der Pendelungen zu erkennen ist. Ob richtige Polarität besteht, hängt bei dieser Schaltung vom Zufall ab, je nach dem Augenblick, in dem Synchronismus eintritt. Ergibt sich am Spannungsmesser falscher Ausschlag, so bringt man den Anlaßumschalter nochmals in die Ausschaltstellung 2 und in die Anlaßstellung 3 zurück. Dies wiederholt man, bis der Spannungsmesser richtig ausschlägt. Jetzt erst darf durch Ab-

schalten von Widerstand am Nebenschlußregler auf
die volle Gleichspannung eingestellt werden. Ist der
Strom im Drehstromkreis nahezu auf Null gekommen,
so wird der Anlaßschalter aus der Anlaßstellung 3 in
die Betriebstellung 1 gebracht. Dieses Umlegen des
Schalters auf volle Drehstromspannung muß rasch geschehen, um Schlupf des Ankers und dadurch Funkenbildung am Kommutator zu vermeiden. Die auf der
Gleichstromseite ansteigende Spannung wird mit Hilfe
des Nebenschlußreglers auf die Netzspannung eingestellt. Nunmehr kann der Überstrom- und Rückstromschalter geschlossen, die Verbindung mit dem Gleichstromnetz also hergestellt und der Umformer belastet
werden.

Große Umformer werden meist in drei Spannungstufen angelassen. Durch Gleichstromvorerregung von
einem fremden Netz über einen Widerstand kann man
die Zufälligkeit beim Einpolen vermeiden und eine
bestimmte Polarität erzwingen.

Abgestellt wird der Umformer durch Abtrennen
zuerst vom Gleichstrom- und dann vom Wechselstromnetz in möglichst stromlosem Zustand.

Parallel arbeitende Einankerumformer sollen möglichst gleichartig gebaut sein. Wird ein im Betriebe
befindlicher Umformer z. B. durch Ansprechen der
Überstromauslösung auf der Drehstromseite vom Netz
getrennt, so wird durch Lieferung von magnetisieren-
dem Blindstrom an den Transformator die eingestellte
Gleichstromerregung geschwächt und der Umformer
kann als entregter Gleichstrommotor durchgehen. Dieser
Gefahr begegnet man entweder durch Kuppeln der
Drehstrom- und Gleichstromauslösung oder durch Anbringen eines Fliehkraftschalters am Umformer.

Der Einankerumformer hat gegenüber dem Motorgenerator den Vorzug des besseren Wirkungsgrades
und der geringeren Anschaffungskosten, ist aber gegen
Störungen in jedem der beiden Netze empfindlicher.

63. Kaskadenumformer. Der Kaskadenumformer
(Abb. 49) bildet eine Zwischenstufe zwischen Motorgenerator und Einankerumformer. Er besteht, ähnlich
wie der Motorgenerator, aus der Verbindung eines Drehstrommotors mit einem Gleichstromgenerator, mit dem
Unterschied, daß die Phasenwicklung des vielphasigen
Rotors mit der Ankerwicklung des Gleichstromgenerators elektrisch verbunden ist. Die freien Enden

der Phasenwicklung sind zu Kontakten geführt, die
während des Betriebes durch den Kurzschlußring *K*
zum Sternpunkt geschlossen werden. In Abb. 49 ist
oben die innere Schal-
tung, unten die äußere
Schaltung der Kaskade
angegeben.

Entsprechend der
Anordnung wird ein
Teil der Wechselstrom-
energie direkt in Gleich-
stromenergie umge-
formt und der andere
Teil auf dem Umweg
über die mechanische
Energie umgewandelt.
Die Kaskade ist auch
an eine synchrone Dreh-
zahl gebunden, die bei
gleichen Polpaarzahlen
des Asynchronständers
und der Gleichstrom-
maschine gleich der hal-
ben synchronen Dreh-
zahl des Drehfeldes im
Asynchronständer ist.

Der Kaskadenum-
former wird verwendet,
um Drehstrom, insbe-
sondere solchen von
hoher Spannung, bis

Abb. 49.

10 kV, ohne Zwischenschalten von Transformatoren
in Gleichstrom beliebiger Spannung zu verwandeln.
Er kann ein Gleichstromnetz selbständig mit Strom
versorgen oder auch mit Gleichstrommaschinen oder
Umformern parallelgeschaltet arbeiten. Durch Ändern
der Erregung kann die Spannung in gleichen Grenzen
wie beim Einankerumformer geändert werden. Der
Leistungsfaktor ändert sich dabei nicht.

Zum Anlassen sind drei um 120° versetzte Phasenwicklungen des Läufers mit den Schleifringen *u*, *v*, *w*
verbunden; die übrigen Phasenwicklungen bleiben
während des Anlaufens offen. Die Schleifringbürsten
haben Anschluß an zweistufige Anlaßwiderstände *R*.
Arbeitet der Umformer auf ein Gleichstrom-Drei-
leiternetz, so müssen im Betriebe die Schleifringbürsten

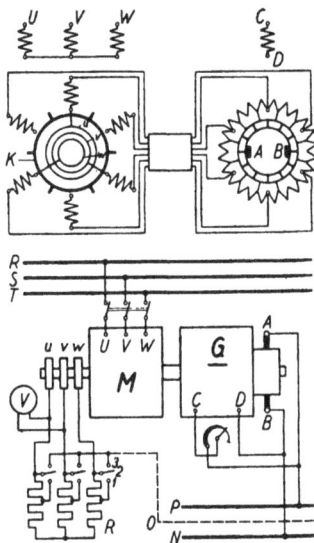

mit dem Nulleiter des Dreileiternetzes verbunden sein
(vgl. Abb. 49). Das Anfahren geschieht wie beim
asynchronen Motorgenerator von der Drehstromseite
aus. Beim Schließen der Stromzuführung aus dem
Drehstromnetz läßt man den Motor mit dem kleinen
Anlaßwiderstand (Schaltstellung 1) anlaufen. Bald
nach dem Anlaufen wird auf den größeren Anlaßwiderstand (Schaltstellung 2) geschaltet. Die Um-
formerdrehzahl steigt dabei bis etwa ein Fünftel über
die normale Betriebsdrehzahl. Dabei muß der Erregerstromkreis des Gleichstromgenerators geschlossen sein
und der Schalthebel des zugehörigen Nebenschlußreglers in der für den synchronen Lauf bestimmten
Stellung stehen. Der Nebenschlußregler muß so eingerichtet sein, daß an ihm eine Unterbrechung des
Stromkreises nicht möglich ist. Durch die Drehzahl-
erhöhung tritt Erregung auf der Gleichstromseite und
damit Wiederabfallen der Drehzahl ein. Das An-
nähern an die Betriebsdrehzahl ist durch das Verlang-
samen der anfänglich starken Schwebungen des zwischen zwei Schleifringe geschalteten Spannungsmessers
V erkennbar. Sind die Zeigerschwebungen nur noch
langsam, so schließt man die Anlaßwiderstände mit
einem gemeinsamen Hebel in dem Augenblick kurz
(Schalterstellung 3), in dem der Spannungsmesser auf
Null steht. Darauf werden durch Umlegen des Hebels
die Schleifbürsten abgehoben und gleichzeitig die freien
Enden der Phasenwicklungen des Drehstrommotors
durch den Kurzschlußring K überbrückt. Nach der
damit beendeten Schaltung läuft der Umformer als
Synchronmotor weiter. Nunmehr kann der Gleichstromgenerator mit Hilfe eines Nebenschlußreglers auf
die verlangte Gleichspannung gebracht und mit dem
Gleichstromnetz parallelgeschaltet werden.

Elektromotorische Antriebe.

64. Leistungsbedarf. Die Abgabe des Motors und
damit seine Größe wird durch den Leistungsbedarf
der von ihm angetriebenen Arbeitsmaschine bestimmt.
Die nachstehende Tabelle nennt näherungsweise die
Leistungsbedarfziffern für normale Antriebe verschiedener Verwendungszwecke. Liegt der Verbrauch einer
anzutreibenden Maschine nicht genau fest, so wähle
man eine reichliche Motorleistung, um Überlastung
des Motors zu vermeiden. Besonders beim Auftreten

von stoßweisen Belastungen darf die Motorleistung
nicht zu knapp bemessen sein.

Leistungsbedarf elektromotorischer Antriebe.

	kW	PS
a) **Metallbearbeitung:**		
Bohrmaschinen	0,1—3,2	0,14—4
Hobelmaschinen	0,75—7	1—10
Blechscheren	0,75—4	1—5
Fräsmaschinen	0,75—4	1—5
Drehbänke	0,3—3	0,4—4
Schleifmaschinen	0,3—2	0,4—2,5
b) **Holzbearbeitung:**		
Vertikal-Sägegatter, bis 24 Sägeblätter	11—15	15—20
Horizontal- » » 3 »	2—4	2,5—5
Kreissägen	3—12	4—15
Bandsägen	2—4	2,5—5
Hobelmaschinen	3—9	4—12
Bohr-, Fräs- und Stemm-Maschinen .	0,75—1,5	1—2
c) **Landwirtschaftliche Maschinen:**		
Stiftdreschmaschine	2,5—3	3,5—4
Breitdreschmaschine	5—18	7—25
Häckselmaschine	1,5—3	2—4
Sackaufzug	0,75	1

65. Schutzarten. Erfolgt die Aufstellung der Maschinen in Räumen, die für den Betrieb elektrischer Maschinen geeignet sind (vgl. 74), so kann die gewöhnliche
Ausführungsform, die sog. offene Bauart, Verwendung
finden. Eine Aufstellung, die die Maschine gefahrvollen
Einflüssen aussetzt, läßt sich jedoch vor allem bei Motoren nicht immer vermeiden. In diesen Fällen muß
durch die Bauart der Maschine ein entsprechender
Schutz geschaffen werden. Man unterscheidet die
folgenden Schutzarten:

a) Geschützte Maschinen. Die zufällige oder
fahrlässige Berührung der stromführenden und inneren
umlaufenden Teile sowie das Eindringen von Fremd-
körpern ist erschwert. Das Zuströmen von Kühlluft
aus dem umgebenden Raume ist nicht behindert. Bei
besonderer Ausgestaltung kann dieser Schutz auch das
Eindringen senkrecht fallender Wassertropfen (Tropf-
wassersichere Bauart) oder das Eindringen eines
beliebig gerichteten Wasserstrahles (Spritzwasser-
sichere Bauart) verhindern. Gegen Staub, Feuchtig-

keit und Gasgehalt der Luft sind diese Maschinen
nicht geschützt.

b) Geschlossene Maschinen. Gegen Staub,
große Feuchtigkeit und ätzende chemische Einflüsse
werden die Maschinen durch vollkommene Kapselung
geschützt. Da sich hierdurch ungünstige Abkühlver-
hältnisse ergeben, bringt man meist einen Ventilator
auf der Welle an, der die Maschine von außen kühlt
(Mantelkühlung). Die Kapselung kann auch mit Zu-
luft- und Abluftstutzen ausgeführt werden, wobei die
Zu- und Abführung der Kühlluft durch besondere
Rohrleitungen oder Kanäle erfolgt.

c) Schlagwettergeschützte Maschinen. Bei
Aufstellung von Maschinen in Bergwerken oder Räumen, die explosible Gase enthalten, muß die Kapselung
so gebaut sein, daß eine im Innern auftretende Zündung
ungefährlich verläuft und eine Übertragung an die
Umgebung verhindert wird. Bei Drehstrom-Asynchron-
motoren genügt es meist, die Schleifringe mit einer
explosionssicheren Kapselung zu versehen.

Erfolgt bei geschlossenen Motoren die Zu- und Abführung der Kühlluft durch besondere Kanäle, so
müssen diese möglichst kurz gehalten werden und dürfen
weder scharfe noch zahlreiche Krümmungen aufweisen.
Ist staubfreie Frischluft nicht zu erhalten, so muß ein
Filter (Ölfilter oder Stoffilter) von genügender Größe
eingebaut werden. Häufig reicht der am Motor angebrachte Lüfter nicht dazu aus, die Luft durch Filter
und Kanal in genügender Menge anzusaugen. Es muß
dann ein zusätzlicher von dem Motor getrennter Lüfter
Aufstellung finden (Fremdbelüftung).

Werden geschlossene Motoren ohne Luftdurch-
führung in stauberfüllten Räumen aufgestellt, so wird
nach dem Abschalten des Motors infolge der Abkühlung
staubhaltige Luft durch die Lager hindurch angesaugt.
In diesem Falle verschmutzen die Motoren frühzeitig
und müssen häufig gereinigt werden.

Beim Antrieb von Arbeitsmaschinen, die in stauberfüllten Räumen stehen, wird der Motor vor über-
mäßigem Verstauben auch dadurch geschützt, daß man
ihn in einem Nachbarraum aufstellt und seine verlängerte, mit der Riemenscheibe versehene Welle durch
die Trennungswand führt. Die verlängerte Welle muß
dann außerhalb des Motorraumes ein Stützlager erhalten. Fehlerhaft wäre es, den Treibriemen durch
Schlitze in der trennenden Wand zu führen, weil durch

den Riemenlauf Staub in den Motorraum gezogen würde.
Aus dem gleichen Grunde ist in stauberfüllten Räumen
ein Schutzkasten über dem Motor zwecklos, wenn sich
nicht die Riemenscheibe außerhalb des Schutzkastens
befindet. Da der Schutzkasten die Wärmeabführung
verschlechtert, ist auf Einhaltung der zulässigen Er-
wärmungsgrenzen (vgl. 29) zu achten.

66. Riementrieb. Die Scheibendurchmesser sollen
wegen guten Durchziehens der Riemen möglichst groß
sein. Die Scheiben müssen genau zentriert und sorgfältig abgedreht sein. Die Scheibenbreite nimmt man
2 bis 3 cm größer als die Riemenbreite. Um den Riemen
auf der Scheibenmitte laufend zu halten, soll bei Riemen
geschwindigkeiten unter 28 m in der Sekunde die
treibende Scheibe flach (zylindrisch), die getriebene
schwach ballig (gewölbt) sein; bei größeren Riemen-
geschwindigkeiten muß auch die treibende Scheibe
ballig sein.

Die Übersetzung ins Langsame, d. h. von einer
kleinen Scheibe auf eine große, wie es bei Elektromotoren vorkommt, verlangt einen nicht allzu kleinen
Durchmesser für die treibende, hier die kleine Scheibe,
weil das gespannte Riementrum ungünstig beansprucht
wird, wenn es einer zu kleinen Scheibe folgen muß. Ist
das Vergrößern der Scheibendurchmesser nicht zulässig,
so müssen die Scheiben breiter genommen werden, damit
ein breiter und demnach wenig beanspruchter Riemen
aufgelegt werden kann.

Verbreiterung der Riemenscheibe hat erhöhte Beanspruchung (Erwärmung) des auf der Antriebseite
befindlichen Lagers zur Folge. Übermäßig breite
Riemenscheiben erfordern daher ein drittes Lager
(Außenlager) Das Über-
setzungsverhältnis zwi-
schen zwei Scheiben
soll im allgemeinen 1:6
nicht überschreiten.

Je weiter der Rie-
men die Scheibe um-
faßt, desto größer ist
seine Durchzugkraft.
Bei einem waagerech-
ten oder schwach ge-
neigten Riementrieb

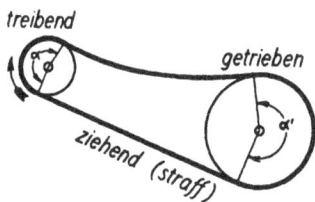
Abb. 50.

kann man die übertragbare Kraft dadurch groß machen,
daß man das untere Trum ziehend anordnet, so daß

das obere Trum durch seinen Durchhàng den Umfassungswinkel α vergrößert (Abb. 50).

a) Berechnen der Scheibendurchmesser. Für die Rechnung bezeichne d den Riemenscheibendurchmesser der treibenden Welle in mm und n ihre Drehzahl, ferner d' und n' die entsprechenden Größen für die getriebene Welle. Da die Scheibendurchmesser im umgekehrten Verhältnis zu den Drehzahlen stehen, so ergibt sich die Gleichung:

$$d : d' = n' : n \qquad d = \frac{n'}{n} \cdot d'$$

Beispiel: Für eine mit Elektromotor anzutreibende Maschine seien 300 Umdrehungen in der Mitte vorgeschrieben, also:

Drehzahl der Arbeitsmaschine $\qquad n' = 300$ U/min.,
Drehzahl des Elektromotors $\qquad n = 1000$ U/min.,
Scheibendurchmesser der anzutreibenden Maschine $\qquad d' = 700$ mm.

Scheibendurchmesser d für den Motor:

$$d = \frac{n'}{n} \cdot d' = \frac{300}{1000} \cdot 700 = 215 \text{ mm.}$$

b) Berechnen der Riemenbreite. Die Riemenbreite ist von der zu übertragenden Zugkraft, von der Riemengeschwindigkeit und vom Durchmesser der kleinen Scheibe abhängig. In der nachstehenden Tabelle ist die auf den Zentimeter Riemenbreite zulässige Zugkraft in Kilogramm für verschiedene Geschwindigkeiten und Scheibendurchmesser unter Annahme günstiger Übertragungsverhältnisse, d. i. angenähert waagerechter Antrieb und nicht zu kleiner Scheibendurchmesser, angegeben.

Zugkraft in kg auf 1 cm Riemenbreite.

Durchmesser der kleinen Scheibe	3	5	10	15	20	30	40	50 m/s	Riemen-Geschwindigkeit
100 mm	2	2,5	3	3	3,5	3,5	3,5	3,5 kg	
200 »	3	4	5	5,5	6		6,5	6,5	6,5 »
500 »	6	7		8	9	10	11	11,5	12 »
1000 »	9	10	11	12		13	14	14,5	15 »

Zur Ermittlung der Riemenbreite mit Hilfe der Tabelle müssen errechnet werden:

1. Die sekundliche Geschwindigkeit v des Riemens; diese ergibt sich aus dem Produkt des Riemenscheibenumfangs u mal minutlicher Drehzahl n der Riemenscheibe, geteilt durch 60.

Der Scheibenumfang ist gleich dem Scheibendurchmesser d mal 3,14.

$$\text{Sekundliche Geschwindigkeit} \quad v = \frac{u \cdot n}{60}$$

2. Die Zugkraft Z in Kilogramm, die der Riemen zu übertragen hat; sie wird berechnet aus der zu übertragenden Leistung N in mkg/s (Meterkilogramm in der Sekunde), geteilt durch die Geschwindigkeit v.

$$\text{Zugkraft} \quad Z = \frac{N}{v}$$

Beispiel I: Die zu übertragende Leistung, gegeben in Kilowatt, sei gleich 5 kW (1 kW = rd. 102 mkg/s). Durchmesser der kleinen Scheibe $d = 200$ mm $= 0,2$ m, Drehzahl der Riemenscheibe $n = 1000$ Umdrehungen in der Minute. Berechnet wird:

Scheibenumfang $u = d \cdot 3,14 = 0,2 \cdot 3,14 = 0,628$ m,

sekundliche Geschwindigkeit:

$$v = \frac{u \cdot n}{60} = \frac{0,628 \cdot 1000}{60} = \frac{628}{60} = \text{rd. } 10,5 \text{ m,}$$

zu übertragende Leistung 5 kW oder

$N = 5 \cdot 102 = 510$ mkg/s;

$$\text{Zugkraft} \quad Z = \frac{N}{v} = \frac{510}{10,5} = \text{rd. } 49 \text{ kg.}$$

Nach der Tabelle kann ein Riemen bei dem gegebenen Durchmesser der kleinen Scheibe von 200 mm und der errechneten Geschwindigkeit von rd. 10 m/s auf 1 cm Breite eine Zugkraft von 5 kg übertragen. Der errechneten Zugkraft von 49 kg entspricht demnach eine Riemenbreite von $\frac{49}{5} = $ rd. 10 cm.

Beispiel II: Die Leistung sei bekannt in Pferdestärken.

Zu übertragende Leistung 10 PS (1 PS = 75 mkg/s), im übrigen sollen die gleichen Werte gelten wie für Beispiel I.

Zu übertragende Leistung 10 PS oder

$$N = 10 \cdot 75 = 750 \text{ mkg/s,}$$

$$\text{Zugkraft } Z = \frac{N}{v} = \frac{750}{10,5} = \text{rd. 72 kg.}$$

Wie unter I können bei dem Scheibendurchmesser von 200 mm und der Geschwindigkeit von 10 m/s, auf 1 cm Riemenbreite 5 kg übertragen werden. Bei der Zugkraft von 72 kg muß daher die Riemenbreite sein:

$$\frac{72}{5} = 14,4 \text{ rd. 15 cm.}$$

Über Montage des Riementriebes vgl. 78 und 79.

67. Wippe und Spannrolle. Um bei kleinem Abstand zwischen Motor und angetriebener Scheibe das Riemengleiten zu verhüten, kann der·Motor auf eine Wippe gesetzt werden, die den Riemen durch Federkraft gespannt hält; eine solche Anordnung ist zum Antrieb von Webstühlen gebräuchlich.

In vielen Fällen findet eine Spannrolle Verwendung. Diese wird nahe an der kleinen Scheibe derart angebracht, daß sie in das schlaffe Riementrum einfällt, ·den Umfassungswinkel α vergrößert und die Riemenspannung aufrecht erhält (Abb. 51). Die Spannrolle soll plan gedreht sein und einen möglichst großen Durchmesser erhalten, mindestens gleich dem der kleinen

Abb. 51.

Scheibe. Der Andruck wird durch einen Gewichthebel bewirkt, der bei stoßweisem Betrieb mit einem Schwingungsdämpfer ausgerüstet sein muß.

68. Zahnräder. Der Zahntrieb ist bei elektromotorischen Antrieben meist so ausgebildet, daß der Motor ein kleines Rad, wegen seiner speichenlosen Ausführung »Ritzel« genannt, die anzutreibende Maschine ein großes Rad erhält, was Übersetzung ins Langsame bedeutet. Zur Vermeidung zu großen Geräusches wird das Ritzel häufig statt aus Gußeisen aus Rohhaut hergestellt.

Die Zähnezahlen von großem Rad und Ritzel verhalten sich umgekehrt wie die Drehzahlen, es gilt also:

$$z : z' = n' : n \qquad z = \frac{n'}{n} \cdot z'$$

n Motordrehzahl, n' Drehzahl der Arbeitsmaschine, z Zähnezahl des Ritzels, z' Zähnezahl des großen Rades.

Beispiel: Eine Arbeitsmaschine, die ein Zahnrad mit 46 Zähnen besitzt, soll mit 500 U/min. betrieben werden. Der Antriebmotor läuft mit 1420 U/min. Zu bestimmen ist die Zähnezahl des Motorritzels:

$$z = \frac{46 \cdot 500}{1420} = 16 \text{ Zähne.}$$

Die niedrigste noch zulässige Zähnezahl für ein Ritzel beträgt etwa 11 bis 12 Zähne.

Soll für das vorhandene Zahnrad das in obigem Beispiel errechnete Ritzel bestellt werden, so muß neben den Bohrungsmaßen, der Zähnezahl und der Zahnbreite die Art der Verzahnung genau festgestellt werden. Dies geschieht am besten dadurch, daß von dem vorhandenen Rad ein Abdruck des Zahnprofiles in weicher Pappe von der Seite her genommen oder ein Gipsabguß des Zahnkranzes hergestellt wird. Außerdem ist die Zähnezahl und der Außendurchmesser des großen Rades anzugeben.

Beim Anbau der Zahnräder ist auf genauen Eingriff zu achten. Die Lager der beiden Radachsen müssen durch starke Verstrebungen gegeneinander festgelegt werden. Die Zähne werden mit Staufferfett geschmiert und müssen nach den gewerblichen Schutzbestimmungen eine Schutzvorrichtung gegen zufällige Berührung erhalten.

Bilden die beiden durch Zahntrieb zu verbindenden Achsen einen Winkel miteinander, so werden an Stelle der gewöhnlichen Stirnräder Kegelräder benutzt. Bei ihrer Montage ist hinsichtlich der Achsen darauf zu achten, daß der Winkel eingehalten wird, für den die Kegelräder gebaut sind, und daß sich die Verlängerungen der Achsmittellinien genau schneiden.

Für große Übersetzungen (etwa 1:5 bis 1:40) wird häufig der Schneckentrieb angewandt. Eine auf der Motorwelle befindliche hochgängige Schraube

(Schnecke) arbeitet auf die Verzahnung des auf der
angetriebenen Welle befindlichen Schneckenrades; die
beiden Wellen kreuzen sich. Besitzt der angetriebene
Apparat einen Anschlag, so muß für rechtzeitige
selbsttätige Abschaltung des Motors Sorge getragen
werden, damit sich nicht die auslaufende Motorwelle
in der Schnecke festfrißt.

Es werden auch Motoren mit angebautem Wälz-
getriebe hergestellt, bei denen in der Regel die langsam laufende Getriebewelle in der Fortsetzung der
Motorwelle liegt (Getriebemotoren). Diese Bauart
zeichnet sich durch günstige räumliche Anordnung aus.

69. Kupplungen. Zum unmittelbaren Kuppeln elektrischer Maschinen verwendet man meist Scheiben-
kupplungen oder Zapfenkupplungen. Soll durch
die Kupplung außer dem Drehmoment auch der Lager-
druck übertragen werden, so ist sie als feste Scheiben-
kupplung mit Zentrierung ausgebildet und muß bei
der Montage besonders sorgfältig ausgerichtet werden.
Zur Abdämpfung von Stößen und bei weniger sorgfältig ausgerichteten Wellen bedient man sich zweckmäßig einer elastischen Zapfenkupplung, bei der die
Übertragung des Drehmomentes durch Lederringe oder
Gummipuffer bewirkt wird.

Über Montage der Kupplungen vgl. 76 a.

70. Mechanische Anlasser. Häufig können Motoren, die mit einer Arbeitsmaschine gekuppelt sind,
nur entlastet anlaufen, weil sie entweder ein kleines
Anlaufmoment haben (Einphasen-Asynchronmotoren,
vgl. 55) oder weil die Anlaßstromstöße im Netz schädliche Wirkung hervorrufen würden. Man erzwingt den
entlasteten Anlauf dadurch, daß man eine Fliehkraft-
kupplung einbaut, die selbsttätig Motor und Arbeitsmaschine erst kurz vor Erreichen der Nenndrehzahl
kuppelt. Diese mechanischen Anlasser können in
entsprechender Ausführung an Stelle einfacher Kupplungen oder Riemenscheiben angebracht werden. Jede
derartige Anlaßvorrichtung ist von der Fabrik für eine
bestimmte Drehzahl und Übertragungsleistung eingestellt und darf nur für diese verwendet werden. Ob
in Ausnahmefällen durch Auswechseln von Federn der
mechanische Anlasser für andere Drehzahlen und Leistungen brauchbar gemacht werden kann, ist durch
Rückfrage in der Fabrik festzustellen.

Der mechanische Anlasser überträgt in der Regel
nur das Nenndrehmoment. Treten an der Arbeits-

maschine Überlastungstöße auf, die vom Motor kurzzeitig ein höheres Drehmoment als das normale verlangen, so gleiten die Kupplungshälften aufeinander.
Zum Antrieb von Holzbearbeitungsmaschinen usw. ist
also der mechanische Anlasser wenig geeignet. Sehr
gut verwendbar ist er dagegen für den Antrieb von
umlaufenden Pumpen, wenn die Motoren selbsttätig
geschaltet oder mit Stern-Dreieckanlasser (vgl. 51b)
ausgerüstet sind.

71. Überlastungschutz. Motoren, die nur mit den
ihrem Zuleitungsquerschnitt entsprechenden Sicherungen (vgl. 211) geschützt sind, können durch Überlastung oder Störungen (Ausbleiben einer Phase) Schaden nehmen, ohne daß die Sicherung abschaltet. Um
hiergegen einen gewissen Schutz zu schaffen, kann man
in die Zuleitung einen zweiten Satz Sicherungen einschalten, der nach dem Motornennstrom bemessen und
während des Anlassens durch eine Überbrückung um-
gangen wird. Besser verwendet man die mit Zeitver-
zögerung ausgerüsteten Sicherungspatronen, die bei
Kurzschluß augenblicklich, bei Überlastung mit Ver-
zögerung ansprechen (vgl. 167). Die Wahl der Patronen
muß nach dem Nennstrom des Motors erfolgen. Mit
einfachen Installationsselbstschaltern (vgl. 273) kann
man ähnliches durch Auslöseverzögerung erreichen.

Ein wirklich zuverlässiger Überlastungschutz wird
durch Anwendung eines Motorschutzschalters erreicht (vgl. 160). Ist an einem im Betriebe befindlichen
Motor die Spannung ausgeblieben, so kann für Motor
und Bedienung eine Gefahr dadurch entstehen, daß die
wiederkehrende Spannung ohne vorgeschalteten Anlasser auf den Motor wirkt. Beim Motorschutzschalter
kann durch Anbringen einer Spannungs-Rückgang-
auslösung (Ruhestromauslöser) ein zwangläufiges Abschalten erreicht werden. Die Zuleitung dieses Aus-
lösers kann dabei noch über Trenndruckknöpfe geführt
werden. Dadurch hat man z. B. bei einem Rotations-
maschinenantrieb die Möglichkeit, die Maschine durch
Druckknopfbetätigung von verschiedenen Stellen aus
stillzusetzen.

Zum Schutz gegen versehentliches Einschalten mit kurzgeschlossenem Anlasser kann man
Hauptschalter und Anlasser mechanisch gegeneinander
verriegeln, eine Schaltwalze (vgl. 186) einbauen oder die
in Abb. 52 dargestellte Sicherheitschaltung ver-

wenden. Hierbei benutzt man ein Schütz *a* mit Überstromauslösung *b* und Hilfskontakt *c* zum Schalten des
Hauptstromkreises. Ein Hilfskontakt *d* an der Anlaß-
walze *e* schaltet es ein, wenn die Walze aus der Ruhe-

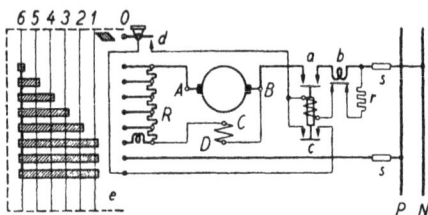

Abb. 52.

stellung auf die erste Anlaßstufe bewegt wird. Bei der
Ausschaltbewegung spricht der Kontakt *d* nicht an.
Ist das Schütz wegen Überlastung des Motors oder
Spannungsrückgang gefallen, so kann nur nach Zurück-
drehen der Walze ein Wiedereinschalten erfolgen.

Treiben verschiedene Motoren gemeinsam eine
Maschine an, so sichert man zweckmäßig jeden einzelnen durch einen Motorschutzschalter. Wenn bei
Ausfall eines Motors die Stillsetzung aller an der Maschine vorhandenen Motoren erwünscht ist, ordnet man
noch einen gemeinsamen Selbstschalter *a* an, der einen

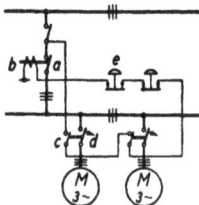

Abb. 53.

Spannungsrückgangauslöser *b* erhält (Abb. 53). Über Hilfstrenn-
kontakte *c* wirken die einzelnen
Motorschutzschalter *d* auf den
Selbstschalter, der auch durch
beliebig in der Leitung zum
Spannungsrückgangauslöser angeordnete Trenndruckknöpfe *e*
ausgelöst werden kann. Ein Einlegen des Selbstschalters ist nur
möglich, wenn alle Schutzschalter
eingelegt sind.

72. Bremseinrichtungen. Die bei Fahrzeugen, Hebezeugen und Aufzügen erforderliche Bremsung kann
entweder durch den Antriebmotor in Bremsschaltung
(vgl. 38 u. 52) oder durch eine besondere Bremse bewirkt
werden. Es finden Band- und Backenbremsen Verwendung, die im einfachsten Falle für Hand- oder Fuß-

betätigung eingerichtet sind und am besten unmittelbar
an der Motorwelle zum Angriff gebracht werden.

Die elektrische Motorbremsung ist bei Stillstand
unwirksam. Um eine abgebremste Ruhestellung zu
erhalten, wie sie bei Kranen und Aufzügen unbedingt
erforderlich ist, bringt man eine Gewicht- oder Feder-
bremse an, die wie folgt elektrisch betätigt werden kann:
während des Betriebes wirkt ein Elektromagnet, der
Bremslüftmagnet, der Bremskraft entgegen und
gibt damit die Antriebwelle frei. Der Bremslüfter liegt
an den Klemmen des Antriebmotors, so daß mit dem
Motor zwangläufig der Bremslüfter abgeschaltet wird
und die Bremse anspricht.

Maschinenmontage.

73. Auspacken, Lagern, Transport. Beim Auspacken
müssen alle Teile sorgsam von den Umhüllungen befreit und die Maschinenteile wie die Packungen geordnet weggelegt werden. Die letzteren untersuche man
auf kleine Gegenstände, Schrauben usw., deren Verlust
unliebsame Störungen beim Zusammenbau der Maschine verursachen kann.

Die Aufbewahrungsräume dürfen nur geringen
Temperaturschwankungen unterworfen sein, damit das
Beschlagen (Schwitzen) vermieden wird. Blanke Ma-
schinenteile sind durch Einfetten oder Anstrich gegen
Rost zu schützen.

Die Maschine wird mit Hilfe von unterlegten
schmiedeisernen Gasrohren an ihren Platz gebracht,
nachdem sie erforderlichenfalls auf Bohlen gestellt ist,
oder man bedient sich eines Kranes unter Benutzung
der an der Maschine vorhandenen Transportösen. Die
Ösen dürfen nur auf Zug in ihrer Achsrichtung, nicht
seitlich, beansprucht werden. Sind zwei Ösen an der
Maschine (Abb. 54), so muß zum Zwecke richtiger Beanspruchung der Ösen eine Querabstützung eingelegt
werden; fehlerhaft wäre die gestrichelt angedeutete
Aufhängung. Ähnlich verfährt man beim Anheben eines
Ankers; man hüte sich, die Taue so einzuschlingen, wie
in Abb. 55 gestrichelt angedeutet ist, weil durch den
seitlichen Zug die Ankerwicklung bei x und der Kommutator bei y beschädigt würde. Sollen Läufer und
Ständer zusammen ohne Lager und Grundplatte gehoben werden, so muß in den Luftspalt Preßspan oder

Pappe eingelegt werden. Das Seil ist um die freien
Wellenenden des Läufers zu schlingen.

Hebevorrichtungen, Krane, Flaschenzüge, Taue
usw., die zum Aufstellen von Maschinen notwendig
sind, untersuche man vor dem Benutzen auf Haltbarkeit. Die Senkbremse ist durch Probebelastung auf
sicheres Halten und Absenken der Last zu prüfen.

 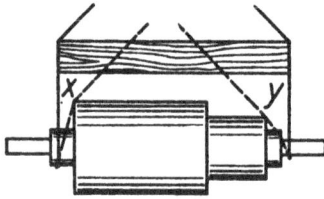

Abb. 54.   Abb. 55.

74. Maschinenraum. Der Standort der elektrischen
Maschinen soll trocken, möglichst staubfrei und auch
hell sein. Wenn eine Zerstörung der Maschinen und
Apparate durch Feuchtigkeitsniederschlag zu befürchten
ist, so kann durch Warmhalten der Räume, nötigenfalls
durch Heizen abgeholfen werden. Erhaltung gleichmäßiger Temperatur soll angestrebt werden, nicht unter
0^0 und nicht über 35^0 C. Ansammlung explosibler Gase
darf im Maschinenraum nicht vorkommen. Auch zum
Aufbewahren von elektrischen Maschinen und von
Ersatzteilen sind trockene Räume notwendig.

Durch Lüften des Maschinenraumes muß für
Abkühlung gesorgt werden können. Genügen die
Fenster nicht, so baut man einen Ventilator ein,
der entweder Frischluft ansaugt oder warme Luft
hinausdrückt. Die Lüftungsöffnungen sollen so angeordnet werden, daß die unten ein- und oben ausströ-
mende Luft möglichst den ganzen Raum durchzieht.
Die zugeführte Luft muß staubfrei sein.

Für die Maschinenkühlung im Fundamentkeller etwa
erforderliche Frischluftkanäle dürfen, zur Vermeidung
eines Anwärmens der Luft, nicht zu nahe an Dampf-
leitungen liegen.

75. Fundament. Vorbedingung für das Aufstellen
elektrischer Maschinen ist ein festes Fundament. Vor
dem Aufmauern des Fundaments müssen die Stellen für

die Fundamentbolzen aufgemessen werden. In kleine
Fundamente werden die Bolzen eingemauert; in große
Fundamente mauert man Ankerplatten ein; für die
Ankerbolzen läßt man dabei Aussparungen, indem man
runde oder quadratische Hölzer einmauert und hernach
herauszieht. Die Hölzer müssen oben etwas dicker sein
als unten, damit sie, trotz des Aufquellens durch
Feuchtigkeitsaufnahme, später herausgezogen werden
können. Vor dem vollständigen Erhärten des Mauerwerks, etwa 24 Stunden nach dem Errichten des Fundaments, zieht man die Hölzer heraus, weil sie andernfalls fest im Mauerwerk haften. Die Aussparungen für
die Fundamentbolzen dürfen nicht zu knapp bemessen
werden, damit nach dem Einsetzen der Bolzen kleine
Verschiebungen der Maschine oder der Spannschlitten
zum Ausrichten möglich sind.

a) Betonfundament: Es werden unter allmäh-
lichem Wasserzusatz innig gemischt 1 Teil Portlandzement, 3 Teile körniger, nicht lehmhaltiger Sand und
5 Teile Schotter. Der Beton wird schichtweise in den
durch Schalbretter begrenzten Fundamentraum einge-
stampft. Für das Binden des Betons rechnet man
14 Tage.

b) Ziegelsteinfundament: Es werden hartge-
brannte, hohlklingende Ziegelsteine, nachdem sie ge-
näßt sind, mit Mörtel aus 1 Teil Portlandzement und
3 Teilen körnigem, nicht lehmhaltigem Sand vermauert.
Das Binden des Mauerwerks erfordert mindestens
3 Tage.

c) Behelfsfundamente werden, wenn die für das
Abbinden der üblichen Fundamente nötige Zeit fehlt,
unter Zuhilfenahme von Gips oder Metallzement auf-
gemauert, oder man befestigt die Maschinen auf genügend starken, verankerten Balkenrahmen.

Zum Ausgießen der Bolzenlöcher und zum Unter-
gießen der Fundamentplatte nach vollendetem Ausrichten der Maschine dient dünnflüssiger Zementmörtel im Mischungsverhältnis von 1 Teil Zement auf
1 Teil feingesiebten Sand. Die Fundamentplatte wird
zu diesem Zwecke mit einem Lehmwulst umgeben.

Die Fundamente errichte man ohne Zusammenhang
mit der Gebäudemauer.

Die Oberfläche des Fundaments für eine elektrische
Maschine soll im allgemeinen mindestens 20 cm über
dem Fußboden liegen. Einesteils ermöglicht das
größere Reinlichkeit, andernteils werden dadurch die

bei kleinen Maschinen tief liegenden Lager zum Zwecke
leichter Bedienung höher gestellt.

Als Fußbodenbelag sind Platten zu empfehlen;
Ziegel- oder Zementfußboden ist wegen der damit ver-
bundenen Staubbildung unzweckmäßig. Das Pflaster im
Maschinenraum wird entweder von den Fundamenten
oder von der Gebäudemauer ferngehalten, indem man
an den Fundamenten oder an der Gebäudemauer einen
Streifen von 2 bis 4 cm Breite ohne Pflaster läßt. Die
Zwischenräume überdeckt man mit Leisten.

Läßt sich das Aufstellen der Maschinen in der
Nähe bewohnter Räume nicht vermeiden, so sorge
man dafür, daß das durch den Maschinenbetrieb verursachte Geräusch und die Erschütterungen nicht
übertragen werden. Die Maschinen stellt man auf schalldämpfende Unterlagen (Kork-, Filz- oder Gummiplatten)
oder es werden in die Fundamentmauer schalldämpfende
Zwischenlagen eingelegt.

Elektromotoren, abgesehen von sehr großen Maschinen, erhalten in der Regel kein eigentliches Fundament. Der Motor wird meist auf vorhandener Unterlage
oder am Gestell der anzutreibenden Arbeitsmaschine
festgeschraubt. Diese Unterlagen müssen genügend
standhaft sein, so daß sie durch den Motorbetrieb nicht
zittern. Auf dünne Fußbodenbretter dürfen Motoren,
abgesehen von ganz kleinen Maschinen, nicht geschraubt
werden.

76. Ausrichten. Die waagrechte Lage der Maschinenwelle wird durch Auflegen einer Wasserwaage geprüft.
Um Eichfehler der Wasserwaage aufzuheben, macht
man jedesmal eine zweite Ablesung nach Schwenkung
der Wasserwaage um 180°. Wenn die Luftblase in
beiden Stellungen an der gleichen Stelle ihrer Skala
steht, liegt die Welle waagrecht.

Der Luftspalt zwischen Anker und Maschinengestell
muß am ganzen Umfang gleich sein bei jeder Anker-
stellung. Zum Nachmessen dienen kalibrierte Meßbleche
(Spione).

Die Welle muß sich leicht in den Lagern drehen
lassen. Hierzu ist erforderlich, daß die Lager gut
passen und die Welle in der Längsrichtung etwas Spiel
zwischen den Lagern hat.

Die Lagerschalen dürfen während der Montage nie
offen stehen; sie sind mit Lappen oder Papier sorgfältig
abzudecken, um Verschmutzen zu verhindern.

a) Zwei zu kuppelnde Maschinen: Beim Ausrichten ist zu beachten, daß die Wellen von oben und von der Seite gesehen in einer Geraden, die Kupplungshälften parallel liegen und die Wellenmittelpunkte an der Kupplungstelle zusammenfallen. Durch Anwendung der in Abb. 56 dargestellten Vorrichtung erreicht man ein schnelles und sicheres Ausrichten. Auf jeder Kupplungshälfte wird ein entsprechend gebogenes Flacheisen mit genügender Länge l ange-
schellt und die En-
den bei x zusammen-
laufend ausgerichtet.
Dreht man beide Wel-
len um gleiche Win-
kel so darf sich bei
genauer Ausrichtung
die gegenseitige Lage
der Flacheisenenden
bei x nicht ändern.
Zur Vermeidung von
Fehlern durch das
Wellenspiel müssen
die Wellen an den
axialen Anschlag (siehe ←« »→ in Abb. 56) gedrückt werden.

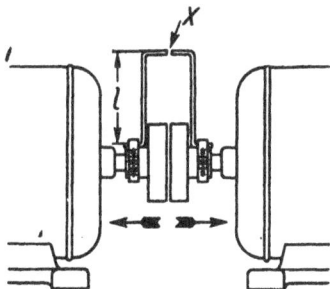

Abb. 56.

b) Maschinen für Riementrieb (vgl. 66): Beim Ausrichten müssen die Riemenscheiben in eine Flucht gebracht werden. Dies geschieht mit Hilfe einer Schnur, die man neben den Scheiben, nahe an den Maschinenwellen, vorbeiführt und so spannt, daß die überkreuzten Scheibenrandstellen der feststehenden Maschine gleichen Abstand von der Schnur haben. Die Scheibe der aufzustellenden Maschine muß dann auf diese Schnur eingerichtet werden. Größere Genauigkeit läßt sich erziele n, wenn man an jeder Scheibe einen Zeiger anbringt, der den Abstand des Scheibenrandes von der Schnur festlegt und beim Drehen der Scheiben um rd. 180° beide Male auf die Schnur treffen muß. Beim Drehen müssen die Scheiben gegen den Lageranlauf gedrückt werden, um einem Fehler durch das Wellenspiel vorzubeugen.

Sind Spannschlitten vorhanden, so wird die Maschine auf deren Mitte festgeschraubt und zusammen mit den Spannschlitten ausgerichtet. Nachdem diese unterkeilt und auf dem Fundament festgeschraubt sind,

wird die Maschine in die Endstellungen auf den Spannschlitten geschoben, um nachzusehen, ob sich auch dort
die Maschinenwelle leicht drehen läßt; dann wird die
Maschine wieder in die Mitte der Spannschlitten gebracht.

c) Fertig zusammengebaute Maschinen: Beim
Aufstellen ist dafür zu sorgen, daß nach kräftigem Anziehen der Fundamentanker das Maschinengestell nicht
verspannt wird, die Welle sich also leicht in den Lagern
drehen läßt. Auch anscheinend sehr starre und kräftige
Konstruktionsteile können wider Erwarten verhältnismäßig leicht verspannt werden.

Ist die Maschine ausgerichtet und mit dem Fundament fest verschraubt, so wird die Fundamentplatte
mit dünnflüssigem Zementmörtel (vgl. 75) untergossen.
Das Inbetriebnehmen der Maschine ist erst nach voll-
ständigem Erhärten des Zements zulässig.

77. Aufsetzen des Bürstenapparates. Richtiges Anliegen der Bürsten ist erste Bedingung für das Verhindern schädlicher Funkenbildung. Die Halter sollen
die Bürsten gut federnd gegen den Kommutator oder
die Schleifringe drücken. Zu starker Druck verursacht übermäßige Abnutzung; bei zu leichtem Aufliegen
kann der Kontakt zeitweise aufgehoben und dadurch
Funkenbildung verursacht werden. Der richtige Bürstendruck ist etwa 200 g auf 1 cm^2 der Bürstenlauffläche. Ist h die Länge und b die Breite der rechteckigen
Bürstenlauffläche in cm, so errechnet sich der für eine
Bürste erforderliche Andruck P in Gramm aus

$$P = 200 \cdot h \cdot b.$$

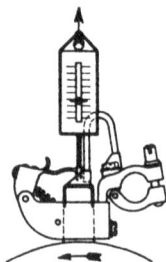

Mit Hilfe einer Federwaage läßt sich dieser von der
Halterfeder ausgeübte Andruck nach-
prüfen. Bei der Ausführung dieser
Messung muß die Federwaage in Richtung der Bürstenführung genau an
der Stelle angreifen, wo der Druck
auf die Bürste ausgeübt wird (Abb.57).

Die Berührungstellen der Bürsten
mit dem Kommutator müssen bei
zweipoligen Maschinen einander genau
gegenüberliegen, bei mehrpoligen Maschinen gleichen gegenseitigen Abstand haben. Um dies festzustellen,
zählt man die zu beiden Seiten zwischen den Bürsten liegenden Kommu-

Abb. 57.

tatorlamellen, oder man mißt besser den Abstand der
Bürsten mit einem über den Kommutatorumfang gelegten Papierstreifen.

Vor dem Einsetzen der Bürsten müssen die Bürstenhalter innen gereinigt werden. Zwischen Bürstenhalter
und Bolzen müssen die metallischen Berührungsflächen
rein sein, um gute Stromleitung zu ermöglichen.

Die Bürstenhalter werden so aufgesetzt, daß bei
der normalen (bevorzugten) Drehrichtung der Maschine
die Kommutatorlamellen erst den Bürstenbolzen und
dann die Bürstenlauffläche passieren. Der Halter muß
seinem sich nach dem Lösen der Klemmschraube leicht
auf Bolzen drehen und verschieben lassen, um genaues
Einstellen zu ermöglichen. Der Abstand zwischen der
Unterkante des Halterkastens und der Kommutator-
schleiffläche wird auf 1,5 bis 2 mm eingestellt. Die
Isolation zwischen Bolzen und Bürstenbrücke muß in
gutem Zustande sein.

Die Bürsten sollen den Kommutator gleichmäßig
abnutzen und daher in Richtung der Kommutatorachse
so verteilt sein, daß die an der einen Auflagestelle freien
Kommutatorteile von den folgenden Bürsten überdeckt
werden. Bei mehrpoligen Maschinen erhalten die
aufeinanderfolgenden Sätze der positiven und negativen Bürsten übereinstimmende Stellung auf ihren
Bolzen; erst die Bürsten der folgenden Bolzenpaare
werden versetzt. Damit wird die an den positiven und
negativen Bürsten auftretende ungleiche Kommutatorabnutzung berücksichtigt. Bei fehlerhafter Einstellung
der Bürsten bilden sich auf
dem Kommutator Rillen,
die ein Ecken der Bürsten
und dadurch Funkenbildung
verursachen. Staffelung
der Bürsten in der Um-
laufrichtung wird bei be-

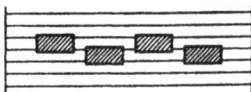

Abb. 58.

stimmten Maschinen in Anwendung gebracht; dies ist
gleichbedeutend mit einer Vergrößerung der Bürsten-
breite (Abb. 58).

Wird ein Abnehmen der Bürsten von der Maschine
notwendig, so sind die Bürsten, deren Halter und die
Bolzen zu numerieren, damit die ursprüngliche Bürsten-
einstellung wieder erreicht wird.

Über Einschleifen der Bürsten vgl. 86.

78. Montage der Riemenscheibe. Die Scheibe muß
so genau auf die Welle passen, daß sie mit leichten

Hammerschlägen, die man unter Zwischenlegen eines
Holzklotzes auf die Nabe führt, aufgetrieben werden
kann. Zuvor wird die Feder in die Wellennut eingelegt.
Während des Auftreibens der Scheibe muß ein Mann am
entgegengesetzten Wellenende mit einem Hammerstiel
o. dgl. kräftig gegenhalten, um einem Beschädigen der
Wellenlager vorzubeugen. Nach dem Auftreiben wird
die Schraube, die die Scheibe auf der Welle festhält,
angezogen.

Das Abziehen der Riemenscheibe von der Welle
geschieht mit Hilfe einer Abziehvorrichtung, bestehend
aus einer Schraubspindel mit Querbalken und zwei
Greiferarmen. Nachdem die Greifer hinter den Schei-
benrand gesetzt sind, wird die Schraubspindel durch
Anziehen der Schraube gegen das Wellenende gepreßt
und dadurch die Scheibe abgezogen. Zuvor muß die
Befestigungschraube der Scheibe gelöst werden.

Beim Auf- und Abziehen von Kupplungshälften
wird ähnlich verfahren.

79. Aufpassen der Riemen. Für den Antrieb
elektrischer Maschinen verwendet man in den meisten
Fällen Lederriemen erster Güte. Die beiden Enden des
Riemens werden durch ein Riemenschloß verbunden.
Rasch laufende Riemen werden besser endlos verleimt, weil sonst die Stoßstellen Erschütterungen verursachen, die die Maschinenlager stark abnutzen. Kann
der Riemen nicht endlos verleimt von der Fabrik bezogen werden, so wird das Leimen an Ort und Stelle
nach den Angaben der Riemenfabrik mit den von ihr
gelieferten Stoffen besorgt. Ist ein Spannschlitten vorhanden, so wird die Riemenlänge für den kürzesten
Achsabstand genommen.

Als günstigster Achsabstand gelten für schmale
Riemen etwa 5 m, für breite Riemen etwa 10 m. In
vielen Fällen muß aus Gründen der Anordnung dieses
Maß verringert werden, wodurch der Riemen an Durchzugkraft verliert.

Der Riemen muß mit der Fleischseite, das ist die
rauhe Seite, so auf die Scheiben gelegt werden, daß die
Enden der Stoßstellen nicht gegen die Scheiben laufen.

Neu in Betrieb genommene Riemen spanne man
allmählich nach, um übermäßiger Erwärmung der
Wellenlager vorzubeugen. An den Spannschlitten
muß auf beiden Seiten gleichmäßig nachgezogen werden; man nehme daher beiderseits gleich viele Drehun-

gen an den Spannschrauben. Fehlt ein Spannschlitten, so bemühe man sich, den Riemen zum Zwecke des Kürzens nicht zu häufig aufzuschneiden. Das Durchziehen des Riemens läßt sich durch Einfetten mit reinem Rindertalg fördern, wodurch eine Kürzung des Riemens bis zu 2% seiner Länge erreichbar ist. Im übrigen fördert zeitweises Einfetten die Dauerhaftigkeit des Riemens. Das Einfetten soll bei entlasteter Maschine vorsichtig geschehen, um ein Abfallen des Riemens bei dem anfangs auftretenden Gleiten zu vermeiden. Harz und andere Klebemittel verbessern das Riemendurchziehen nicht auf die Dauer und schädigen den Riemen ebenso wie Mineralöl.

Zu kleine Riemenscheiben bedingen übermäßigen Riemenzug und führen dadurch zu Lagererwärmung. Erforderlichenfalls nimmt man eine Holzscheibe, auf der der Riemen besser haftet als auf einer Eisenscheibe.

Die an den Riementrieben nötigen Schutzvorrichtungen müssen den Forderungen der Gewerbeordnung genügen.

Ähnliche Maßnahmen wie für Riemen gelten für Seile, die z. B. in Förderanlagen gebraucht werden. Sind die Seile zu stark gefettet, so tritt Seilrutsch ein. Die Seilschmiere wird in diesem Falle mit Hilfe von Benzol entfernt, oder man überstreicht die Seile mit einer Mischung von 90% Kohlenteer und 10% Sikkativ.

80. Inbetriebsetzen. Vor der Inbetriebnahme ist eine gründliche Reinigung der ganzen Maschine erforderlich. Teile, die zum Versand eingefettet waren, werden gründlich mit Benzin (nicht mit Petroleum) gereinigt; dies ist besonders notwendig bei Bürstenhaltern und Bürstenbolzen vor Einbau in die Maschine und vor dem Einsetzen der Bürsten.

Die Wicklungen müssen von Staub und Schmutz befreit werden. Die Lager müssen nochmals gründlich nachgesehen und unter wiederholtem Aufgießen von Petroleum gereinigt werden. An Maschinen mit Ringschmierlagern untersuche man, ob die Ölringe richtig liegen und nicht klemmen. Die Ölbehälter sollen bis zur Marke mit reinem, nicht zu dickflüssigem Öl gefüllt sein.

Die Schaltung ist an Hand des von der Fabrik gelieferten Schaltbildes nachzuprüfen.

Neue Maschinen und solche, die längere Zeit außer Betrieb waren, sind zu trocknen, und zwar auch

dann, wenn die Isolationsmessung (vgl. 292) hohen
Isolationswiderstand gegen Erde ergibt. Das Trocknen
kann erfolgen:

a) bei allen Maschinen durch äußere Heizung mit
   Glühlampen oder geschlossenen Öfen;
b) bei Generatoren im Kurzschluß.

Bei Synchronmaschinen werden die 3 Phasen kurzgeschlossen; die Erregung ist so zu wählen, daß ein
in eine Phase eingebauter Strommesser etwa den Nennstrom anzeigt.

Bei Gleichstrommaschinen wird ein Kurzschlußkreis
über die Wendepole, Strommesser und Sicherungen
gelegt und eine etwa vorhandene Kompoundwicklung
abgeschaltet; die Magnete werden gar nicht oder schwach
erregt. Man treibt die Maschine dann mit langsam
wachsender Drehzahl an und verschiebt die Bürsten
so lange gegen die Drehrichtung, bis der Nennstrom
erreicht ist. Dieses Trockenverfahren kann nur bei
Maschinen mit Wendepolen angewandt werden.

c) Bei Asynchronmotoren durch Kurzschließen des
Läufers und Anlegen einer so verminderten Spannung
an den Ständer, daß der Nennstrom nicht überschritten
wird. Der Läufer ist dabei festzubremsen.

Beim Trocknen darf die für die Maschine zulässige
Temperatur (vgl. 29) nicht überschritten werden.
Während des Trocknens ist der Isolationswert zu
kontrollieren. Er sinkt anfänglich, steigt später wieder
an. Beim Inbetriebsetzen soll bei warmer Wicklung
die Isolationsmessung 100 Ohm auf 1 Volt Nennspannung ergeben. Das Trocknen dauert je nach Maschinen-
größe mehrere Stunden bis zu einigen Tagen.

Beim ersten Inbetriebsetzen läßt man die Maschine
zunächst leer laufen unter Beobachtung der Lager-
temperatur und geht allmählich zu voller Belastung
über.

81. Abnahmeprüfung. Die Prüfung erstreckt sich
meist auf einen Dauerversuch bei Abgabe der vertrag-
lich festgelegten Leistung unter Beobachtung der Erwärmung der Maschinenteile und auf das Messen des
Isolationswiderstandes. Wird eine Nachprüfung des
Wirkungsgrades verlangt, so sollte diese Messung einem
erfahrenen Ingenieur überlassen werden.

Die Isolation muß nach dem unter 292 geschilderten
Verfahren vor und nach dem Dauerversuch gemessen
werden. Die Belastungsprobe führt man bei möglichst

konstant gehaltenem Nennbetrieb mehrere Stunden lang durch und schreibt viertelstündlich Stromstärke, Spannung, Leistung und Drehzahl auf. Die Versuchsdauer kann bei kleinen Maschinen kürzer und muß bei großen Maschinen entsprechend länger gewählt werden. Für die einfachen Messungen genügen die Schalttafelmeßgeräte; soll auch der Wirkungsgrad gemessen werden, so sind Präzisionsinstrumente erforderlich.

Während des Versuches wird die Erwärmung der Wicklungen und der Lager (vgl. 29) beobachtet und der Lauf der Bürsten auf Kommutator und Schleifringen geprüft.

Die erforderliche Belastung schafft man sich bei Generatoren durch Einschalten einer genügenden Anzahl Verbraucher oder, falls diese nicht vorhanden, durch Arbeiten auf Belastungswiderstände (vgl. 183). Bei Motoren genügt es in der Regel, die von ihnen angetriebene Arbeitsmaschine voll zu belasten.

Maschinenwartung.

82. Allgemeines. Vor jedesmaligem Ingangsetzen müssen Bürsten, Kommutator oder Schleifringe auf ihren Zustand untersucht werden. Die Ölgefäße sind, wenn nötig, nachzufüllen, verbrauchtes Öl abzulassen. Ist eine Maschine Erschütterungen ausgesetzt, so müssen die Schraubverbindungen nachgesehen und erforderlichenfalls nachgezogen werden.

Jedesmal nach dem Abstellen müssen die Maschinen von Staub und etwa anhaftendem Öl gereinigt werden. Mit besonderer Sorgfalt hat das zu geschehen, wenn sich von mangelhaft arbeitenden Kommutatoren und zugehörigen Bürsten Metall- oder Kohlestaub auf den Maschinenteilen festsetzt. Das Reinigen von Staub geschieht am besten mit Preßluft, in Ermangelung dieser mit Staubpinsel und Blasebalg. Mit Staubsaugern lassen sich nur die mit dem Saugrohr erreichbaren Stellen entstauben, bei Anwendung von Preßluft wird dagegen der Staub auch von versteckten Teilen entfernt. Gegen Spritzöl sind Schutzbleche notwendig, falls bessere Abhilfe nicht gefunden wird; vor allem achte man darauf, daß der Kommutator nicht mit Öl bespritzt wird. Das Abdichten ölspritzender Lager durch Filzscheiben ist nicht haltbar. Nötigenfalls muß der Kommutator häufig gereinigt werden, indem man einen trockenen Leinenlappen, der über ein in Form einer

Flachfeile geschnitztes Holzstück gewickelt ist, gegen
den umlaufenden Kommutator drückt. Dabei sollte
das Berühren der stromleitenden Teile der Maschine
auch bei Niederspannung vermieden werden. Ange-
sammeltes Tropföl muß beseitigt werden.

Das in feuchten Räumen auftretende Beschlagen
der erkalteten Wicklung abgeschalteter Maschinen wird
verhütet, wenn man die Erregerwicklung auf einen
Hilfstromkreis schalten und damit die Maschine
dauernd erwärmt lassen kann.

Hat eine Maschine künstliche Lüftung oder ist
Kühlung des Maschinenraumes durch einen Lüfter
eingerichtet, so sorge man dafür, daß nicht etwa Staub
angesaugt wird. Nötigenfalls muß ein Luftfilter eingebaut werden. Das Filter ist rechtzeitig zu reinigen.

83. Lager.

a) Lager mit Ringschmierung. Bei der meist
verwendeten Ringschmierung müssen die Ölbehälter
etwa allwöchentlich nachgefüllt und, falls das alte Öl
verdickt und verschmutzt ist, mit neuem Öl versehen
werden. Vor dem Ölnachfüllen öffne man die Ver-
schlußschraube des Ölüberlaufrohres; nach vollzogenem
Nachfüllen schließe man den Überlauf wieder. Zum
Zwecke des Reinigens werden die Lager nach dem Ablassen des Öles mit Petroleum gründlich gespült. Dann
gießt man frisches Öl nach und läßt es wieder abfließen,
bis es nicht mehr nach Petroleum riecht.

b) Lager mit Drucköölschmierung. Bei großen
Maschinen wird das Öl mittels Pumpe unter einem Druck
von 1 bis 2 at den Lagern zugeführt. Das zum Ölbehälter zurückfließende Öl muß gekühlt werden. Wird
Wasserkühlung angewendet, so achte man darauf, daß
kein Wasser in das Öl gelangt. Der Ölumlauf und die
Erwärmung der Lager müssen sorgfältig überwacht
werden. Läßt die Schmierfähigkeit des Öles nach, was
sich durch übermäßige Erwärmung der Lager trotz
guten Ölumlaufes zeigt, so muß man das Öl ablassen
und durch neues ersetzen. Das abgelassene Öl kann
man nach Anweisung der Fabrik unter Umständen
reinigen und wieder verwenden. Das Schmieröl soll
säurefrei sein, keine Neigung zum Schäumen haben
und auch bei hohen Temperaturen, 60 bis 70° C, gut
schmieren.

c) Kugellager. Bei Kugellagern muß der Zustand
der Kugeln zeitweise untersucht werden. Sind Kugeln

beschädigt, so wechsle man den ganzen Kugelsatz aus.
Das Auswechseln einzelner Kugeln genügt selten. Es
ist dafür Sorge zu tragen, daß immer genügend Staufferfett in den Kugellagern vorhanden ist.

d) Lagererwärmung. Die Erwärmung der Maschinenlager muß während des Betriebes überwacht
werden (vgl. 29). Steigt die Erwärmung über 80°, so
läßt das auf Beschädigung der Lager schließen. Läuft
ein Lager warm, so sollte nicht plötzlich abgestellt werden; man lasse, wenn möglich, mit geringer Drehzahl
weiterlaufen. Vor allem soll nicht plötzlich von außen
abgekühlt werden, weil sonst ein Festfressen stattfinden kann. Zu hohe Lagererwärmung entsteht durch
übermäßige Riemenspannung, Drängen der Achse nach
einer Seite bei ungenügend ausgerichteten Antriebscheiben, durch schlechte Schmiermittel, Festsitzen
der Ölringe oder auch durch Wärmeübertragung von
einem überhitzten Kommutator.

e) Lagerabnutzung. Beachtung schenke man
insbesondere der Lagerabnutzung bei Maschinen mit
geringem Luftabstand zwischen umlaufendem und
festem Teil, damit dem Streifen dieser Teile durch
rechtzeitiges Erneuern der Lagerschalen vorgebeugt
werden kann.

84. Kommutator. Dem Kommutator, einem der
empfindlichsten Teile der kommutierenden Maschine,
soll größte Sorgfalt zuteil werden; sein guter Zustand
ist unerläßliche Bedingung für gutes Arbeiten der Maschine. Der Kommutator muß genau zylindrisch und
auf der Oberfläche glatt sein. Ein nicht zylindrischer
und unebener Kommutator verhindert genügenden
Bürstenkontakt. Das Unrundlaufen wird am Wippen
und Zittern der Bürsten erkannt. Die dabei auftretenden Funken verursachen in kurzer Zeit weitgehende Beschädigung der Kommutatoroberfläche und der Bürsten.

Ob ein Feuern der Bürsten aus elektrischen oder
mechanischen Ursachen erfolgt, läßt sich durch Niederdrücken der Bürste mit einem (isolierten) Stab feststellen. Bei mechanischen Fehlern spürt man ein
Zittern und beobachtet ein Nachlassen des Feuerns.

Der Kommutator besteht aus Metallsegmenten, die
durch Isolationszwischenlagen, meist Glimmer, getrennt sind und unter Anwendung von isolierender
Zwischenlage auf der Kommutatorbuchse festgehalten
werden. Da sich diese Teile im Betrieb stark erwärmen,

ist es nicht ausgeschlossen, daß sie in der ersten Betriebszeit eine, wenn auch geringe, gegenseitige Verschiebung erleiden. An neuen Maschinen und solchen,
die lange außer Betrieb waren, ist daher genaues Beobachten des Kommutators notwendig.

a) Instandhalten des Kommutators. Ein
Kommutator, auf dem die Bürsten ruhig und funkenlos
laufen, glättet sich allmählich spiegelblank. Um einem
Verschmutzen vorzubeugen, wird er von Zeit zu Zeit
mit einem mit Benzin getränkten reinen Leinenlappen
(nicht Wolle) abgerieben und mit Vaseline in dünner
Schicht gefettet. Wird der Kommutator rauh, so versuche man zunächst, durch Abschleifen (vgl. b) eine
glatte Oberfläche wieder herzustellen.

Nach dem Abstellen der Maschine muß der Kommutator mit einem reinen, nicht fasernden, mit Petroleum getränkten Leinenlappen in der Achsrichtung
abgewischt werden.

b) Instandsetzen des Kommutators. Ein
unrunder Kommutator verursacht Hüpfen der Bürsten
und damit unzulässige Funkenbildung. Soll an einem
schadhaften Kommutator eine genau zylindrische
Oberfläche wiederhergestellt werden, so ist bei geringer
Beschädigung ein Abschleifen, andernfalls ein Abdrehen notwendig. Beides muß an Maschinen, die
nicht dauernd laufen, bei kaltem Kommutator geschehen; bei erwärmtem Kommutator sind die Metall-
segmente mehr ausgedehnt als die Isolationszwischenlagen, so daß beim Abschleifen oder Abdrehen von diesen
weniger weggenommen würde. An dem erkalteten
Kommutator würden dann die Isolationen, wenn auch
kaum merkbar, überstehen und den Bürstenkontakt
beeinträchtigen. Abfeilen des Kommutators ist unzulässig, weil er dadurch unrund wird.

Werden einzelne Kommutatorlamellen auf der
ablaufenden Seite fleckig, d. h. durch Funkenbildung
angegriffen, während der Kommutator sonst blank
bleibt, so sind meist die Verbindungen mit den Anker-
drähten schadhaft (vgl. 91 c).

Bei Kommutatoren mit Glimmerisolierung kommt
es vor, daß sich der Glimmer weniger abnutzt als das
Kommutatormetall, wobei der Bürstenkontakt verringert oder ganz aufgehoben wird. Ersteres hat Funkenbildung, letzteres Versagen der Maschine zur Folge. In
solchen Fällen werden die überstehenden Glimmerteile
mit Hilfe eines Spezialschabers herausgearbeitet, den

man an einem parallel zu den Kommutatorlamellen
eingespannten Lineal entlang führt. Nach dem Aus-
schaben des Glimmers muß man die Kanten der Kommutatorlamellen leicht brechen, um sanftes Übergleiten
der Bürsten zu ermöglichen.

Abschleifen. Kleine Unebenheiten auf dem Kommutator lassen sich mit dem Schleifklotz (Abb 59)
beseitigen. Er muß die Kommutatorrundung haben, an die sich zweckmäßig eine als Staubfänger wirkende
Rille x anschließt. Die Rille wird
durch eine Abschrägung des Schleifklotzes und eine den Staub abstrei-
chende Filzplatte gebildet. Der
Staubfänger muß, um wirksam zu
bleiben, rechtzeitig von angesammel-
tem Staub befreit werden. Der Schleifklotz wird mit
Schmirgel- oder besser mit Karborundumleinen belegt.
Die Arbeitsfläche des Schleifklotzes muß hart sein, weil
nur durch eine nicht nachgiebige Schleiffläche vorstehende Teile weggenommen werden; auch soll der
Belag mit Karborundumleinen nicht breiter sein als der
Schleifklotz. Ein Unterpolstern der Schleiffläche, ja
selbst das Aufeinanderlegen mehrerer Lagen Karborundumleinen ist fehlerhaft. Aus dem gleichen Grunde
ist das Anpressen von Karborundumleinen mit der Hand
wenig wirksam, bei fortgesetzter Anwendung wegen des
dadurch hervorgerufenen ungleichmäßigen Abschleifens des Kommutators sogar schädlich. Nur in dringenden Fällen behelfe man sich damit, daß man Karborundumleinen in einer Lage um ein Brettchen legt, das
man hochkant gegen den Kommutator drückt.

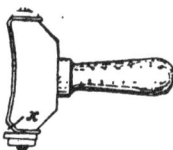

Zur Beseitigung kleiner Unebenheiten ist auch vorsichtiges Abschleifen mit Bimsstein geeignet. Die
hierbei auftretende Staubentwicklung kann durch geringes Anfeuchten des Steines mit Petroleum eingeschränkt werden.

Bei starker Kommutatorabnutzung wird Abschleifen mit einer motorisch angetriebenen Karborundum-
scheibe notwendig. Der Drehsinn der Schleifscheibe
und des Kommutators muß übereinstimmen, so daß die
in Berührung kommenden Flächen gegeneinander
laufen. Ferner stelle man die Schleifscheibe so auf, daß
der Schleifstaub nach unten fällt. Die Drehzahl der
Schleifscheibe darf das hierfür angegebene Maß wegen
der Gefahr des Zerspringens der Scheibe nicht über-

Abb. 59.

schreiten. Jedenfalls muß die Scheibe eine Schutzverkleidung haben.

Abdrehen. Das Abdrehen darf nur von geübten
Monteuren ausgeführt werden. Zu häufiges Abdrehen
schwächt die Kommutatorlamellen. Erforderlichenfalls
frage man bei der Fabrik an, bis zu welchem Durchmesser der Kommutator abgedreht werden darf. Zum
Zweck des Abdrehens bringt man kleine Anker auf
eine Drehbank, bei großen Maschinen wird ein Support
an das Maschinengestell geschraubt. In diesem Falle
beachte man, daß die Wellen der meisten Maschinen
etwas Spiel in Richtung der Achse haben. Um ein
Verschieben der Welle in der Achsrichtung während
des Abdrehens zu verhindern, wird an einem der Maschinenlager ein Bügel angebracht, der mit einer Stell-
schraube gegen den Körnerpunkt der Welle preßt. Steht
zum Antrieb des Ankers eine genügend langsam laufende Kraftmaschine nicht zur Verfügung, so muß auf
die Ankerwelle eine Kurbel geschraubt und die Welle
von Hand gedreht werden.

Sollten durch das Abdrehen an den Kommutatorlamellen Grate entstehen, die die Isolierung überbrücken,
so werden sie mit Hilfe eines Schabers oder scharfen
Messers beseitigt, wobei man sich vor dem Beschädigen
der Isolationen hüte. Gratbildung wird vermieden,
wenn man beim Abdrehen nur einen feinen Span weg-
nimmt.

Während des Abschleifens oder Abdrehens müssen
die Bürsten vom Kommutator abgehoben werden.

Nach dem Abschleifen oder Abdrehen des Kommutators muß die Maschine vom Metallstaub befreit
werden. Der Staub wird abgebürstet und an schwer
erreichbaren Stellen mit einem Blasebalg oder mit
Preßluft beseitigt. Zum Schluß wird der Kommutator
unter Zuhilfenahme von Benzin abgewischt.

Wiederherstellen der Verbindungen mit
den Kommutatorlamellen kann nach Überlastung
der Maschine und dabei eingetretenem Loslöten der Verbindungen notwendig werden. Die Verbindungen müssen sorgfältig nachgelötet werden, wobei man einem
durch abfließendes Lot möglichen Überbrücken der
Isolierungen vorbeugen muß.

Lockern des Kommutators, sei es der Kommutatorbuchse auf der Welle oder der Kommutatorlamellen, wie es durch Erschütterungen, z. B. bei nicht
genügend starken Fundamenten, vorkommen kann,

muß durch Nachziehen der zugehörigen Befestigungen umgehend behoben werden. Gelockerte Lamellen sind durch Abklopfen festzustellen und im Betrieb an heftigem Hüpfen der Bürsten erkennbar.

Auswechseln des Kommutators. Der Anker wird aus der Maschine genommen und durch Unterstützen der Wellenenden auf zwei Holzböcken gelagert. Falls sich die Lage der zum Kommutator führenden Ankerdrähte nach dem Abnehmen des Kommutators von der Welle ändern kann, bezeichnet man einen der Drähte, etwa durch Umwickeln mit Bindfaden, und vermerkt die Stellung der zugehörigen Kommutatorlamelle auf der Ankerwelle, um die gleiche Lage der Ankerdrähte zur Maschinenwelle nach dem Auswechseln des Kommutators beizubehalten. Ist das geschehen, so werden die Verbindungen der Ankerdrähte mit dem Kommutator gelöst, wonach die feste Verbindung des Kommutators mit der Ankerwelle beseitigt und der Kommutator von der Welle abgestreift wird. Zusammengehörige Ankerdrähte muß man zuvor zusammenbinden. Das freigelegte Wellenstück reinigt man mit einem geölten Lappen und versucht, ob sich der neue Kommutator gut passend über die Welle schieben läßt. Ist das der Fall, so befestigt man den Kommutator in der endgültigen Lage.

Die Ankerdrähte werden mittels Lötkolben freigelegt. Vor dem Aufbringen des neuen Kommutators müssen die Enden der Ankerdrähte und die Kontaktstellen am Kommutator verzinnt werden. Nachdem der Kommutator auf der Welle befestigt ist, werden die Ankerdrähte mittels Lötkolben eingelötet. Dabei muß für verlässiges Löten gesorgt und darauf geachtet werden, daß die Isolationen zwischen den Kommutatorlamellen durch die Hitze beim Löten nicht verkohlt oder durch abtropfendes Lot zerstört werden, ferner, daß das Lot die Isolationen nicht überbrückt und dadurch Kurzschluß zwischen den Lamellen herbeiführt.

85. Schleifringe. Die Anleitungen für das Behandeln des Kommutators gelten sinngemäß für Schleifringe. Die Schleifringe müssen von Zeit zu Zeit mit Vaseline leicht eingefettet werden; namentlich ist das notwendig, wenn sich bei nicht eingefetteten Schleifringen Metallstaub ablöst und benachbarte Maschinenteile verschmutzt. Zeigen sich Anfressungen, so empfiehlt sich Abschleifen mit Bimsstein. Zwischen den

Schleifringen sich sammelnder Bürstenstaub muß beseitigt werden.

An Synchronmaschinen werden bei nicht funkenlos laufenden Bürsten die Schleifringe auf der negativen Seite (Stromaustritt) mehr angegriffen als auf der positiven Seite (Stromeintritt). Läßt sich durch Ändern des Bürstendruckes, der Kohlensorte oder durch Einfetten der Ringe keine Besserung erzielen, so ändere man die Stromrichtung der Erregung öfters.

86. Bürsten. Es finden heute ausschließlich Kohlebürsten Verwendung. Die Kohlen werden meist radial zum Kommutator gestellt. Bei Maschinen mit unveränderlicher Drehrichtung, z. B. bei Einankerumformern, wendet man häufig auch Schrägstellung der Bürsten in sog. Schräg- oder Reaktionshaltern an.

Gewöhnlich unterscheidet man drei Härtegrade der Bürsten: »hart, mittelhart, weich«. Die harte Kohle wird aus amorpher Kohle hergestellt; sie ist weniger gut leitend als die weichere graphitische Kohle. Noch besser leitend ist die Metallkohle, bei der fein verteiltes Kupfer den Kohleteilchen beigemengt ist. Die Grenzen der Belastbarkeit sind für harte Kohlen 5—7 A auf 1 cm², leicht graphitische 8—9 A, hochgraphitische (weiche) 10—12 A, Metallkohle 15—30 A auf 1 cm². Der Bürstendruck betrage etwa 200 g auf 1 cm². Der Spannungsverlust beträgt bei Kohlebürsten rd. 1 V, bei Metallkohlen rd. 0,5 V je Bürste.

Die Kohlebürsten müssen auf dem Kommutator gut eingeschliffen sein. Um das zu erreichen, werden die Bürsten bei stillstehender Maschine möglichst stark gegen den Kommutator gepreßt, worauf man einen Streifen Schmirgel- oder Karborundumleinen, mit der rauhen Seite der Kohle zugewendet, in der Drehrichtung

Abb. 60.

des Kommutators so lange unter der Kohle durchzieht, bis sie die Kommutatorrundung angenommen hat (Abb. 60). Hin- und Herziehen des Schmirgelstreifens ist nur bei Maschinen mit wechselnder Drehrichtung zweckmäßig. Beim Einschleifen der Kohlen achte man darauf, daß der Schmirgelstreifen der Kommutatorrundung genau folgt, weil sonst die Kanten der Kohle abgerundet und die Bürsten weniger betriebsfähig werden. Nach dieser vorbereitenden Behandlung der Bürsten muß die Maschine zum weiteren Bürstenein-

schleifen einige Zeit leer laufen, worauf allmählich zur
vollen Belastung übergegangen wird. Auf der Bürsten-
schleiffläche festgesetzter Metallstaub muß abgewischt
werden.

Man betreibe jede Maschine mit der von der Lieferfirma hierfür empfohlenen Kohlensorte. Vor Versuchen
mit billigen Kohlen unbekannter Herkunft muß gewarnt werden.

An den gleichen Bürstenbolzen (bei mehrpoligen
Maschinen an gleichpoligen Bürstenbolzen) dürfen ab-
genutzte und unabgenutzte Kohlebürsten nicht gemeinsam eingesetzt werden. Ungleichartige Bürsten
verhalten sich verschieden in der Stromaufnahme und
würden, nebeneinander gereiht, ein Überlasten und
damit Überhitzen eines Teiles der Bürsten herbeiführen.

Ausgeglühte oder abgebrochene Kohlen müssen ausgewechselt werden. Wird im Betrieb an einzelnen
Kohlen auffälliges Feuern oder Glühen bemerkt, so
kennzeichne man diese Bürsten, um nach dem Abstellen der Maschine den Fehler zu beseitigen.
Über Aufsetzen der Bürsten vgl. 77.

87. Instandsetzungsarbeiten. Große Instandsetzungen müssen in der Fabrik ausgeführt werden, kleine
und dringende kann ein erfahrener Monteur an Ort
und Stelle vornehmen, wenn sie auch oft nur als Not-
behelf gelten können. Beschädigte Isolationen an den
Bürsten, Klemmen usw. werden möglichst nach dem
Muster der alten Isolation wiederhergestellt.

Die Arbeiten an Gleichstromankern und an Wechsel-
stromwicklungen bestehen im Beseitigen von Isolationsfehlern und im Erneuern einzelner Spulen. Bei der
meist üblichen Schablonenwicklung werden fertige
Spulen in die mit Isolierung ausgekleideten Anker-
nuten eingelegt. Vor dem Ausbauen der schadhaften
Spulen sind die Anschlüsse genau festzustellen, damit
die Schaltung der Ersatzspulen in derselben Weise
erfolgen kann. Bei dem Anschließen sind die Schaltbilder 18 bis 20 und 35 zu beachten.

Bei Gleichstromankern und Drehstromläufern müssen schadhafte oder lockere Bandagen erneuert werden.
Das Aufbringen des neuen Stahldrahtes muß mit der
nötigen Vorspannung geschehen, um festen Sitz und
gute Wirksamkeit der Bandagen zu erreichen. Ver-
lötungen sollen zuverlässig und ohne Beschädigung der
Isolation ausgeführt werden.

Treten an Spulenwicklungen (Erregerwicklung der Gleichstrom- und Synchronmaschinen) Isolationsfehler auf, so werden die schadhaften Stellen abgewickelt. Die ausgebaute Spule wird auf eine Drehbank gespannt und durch langsames Drehen der Draht von der Spule abgewickelt und auf einem Haspel verwahrt. Beim Neuwickeln achte man darauf, daß die ursprüngliche Wickelrichtung beibehalten bleibt. Die Ausführungen der Spulenenden und die Leitungsverbindungen müssen besonders sorgfältig hergestellt werden, weil eine Unterbrechung des Erregerstromes gefahrbringend werden kann.

Maschinenstörungen.

88. Eingrenzen des Fehlers. An einer zu untersuchenden Maschine wird zunächst nachgesehen, ob sie ordnungsmäßig aufgestellt und zusammengebaut ist und ob die Lager nicht ausgelaufen sind. Dann ist festzustellen, ob die Störungsursache außerhalb oder innerhalb der Maschine liegt. Die häufigste von außen verursachte Störung ist die Überlastung, die zu große Erwärmung der Maschine und starke Funkenbildung am Kommutator verursachen kann. Durch Messung des Ankerstromes und Vergleich mit der Angabe des Leistungsschildes ist dieser Zustand leicht festzustellen. Bei Generatoren entsteht die Überlastung durch Einschalten zu vieler Stromverbraucher oder durch Isolationsfehler im Netz, bei Motoren durch zu hohe mechanische Belastung.

89. Mechanische Fehler. Der umlaufende Teil der Maschine (Anker, Läufer) darf nicht schlagen. Bei unmittelbarer Kupplung von Maschinen müssen die Achsen und die Achskupplung genau ausgerichtet sein. Gleiches gilt bei Riemenantrieb für das Ausrichten der Antriebscheiben. Ob der Luftspalt zwischen umlaufendem und festem Teil der Maschine überall gleich groß ist, wird mit Meßblechen bei stillstehender Maschine geprüft. Zeigen sich bei Schnelläufern im Betrieb der Maschine Erschütterungen, so muß das Nachwuchten des Läufers oder Nachrichten der Welle durch die Fabrik besorgt werden.

90. Körperschluß. Wird ein Isolationsfehler vermutet, der eine leitende Verbindung zwischen einer Wicklung und dem Maschinengestell zur Folge hat, so kann dieser Fehler mit Hilfe der in Abb. 61 dargestellten Schaltung leicht aufgefunden werden. Man klemmt alle an der Maschine befindlichen Leitungen ab, legt die eine Kupferspitze der Prüfvorrichtung an das Maschinengestell und tastet mit der anderen Spitze die Enden der einzelnen Wicklungen ab. Aufleuchten der Lampen zeigt das Vorhandensein einer leitenden Verbindung an. Die Lampen müssen der zur Verfügung stehenden Spannung so angepaßt sein, daß sie beim Zusammenbringen der beiden Kupferspitzen nicht durchbrennen. Wenn möglich, ist die Meßspannung gleich der Maschinenspannung zu wählen. Ist der eine Pol

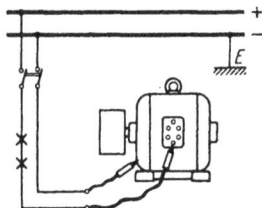

Abb. 61.

der Prüfspannung geerdet, dann muß dieser an das Gehäuse gelegt werden, während die vorgeschalteten Lampen in der Zuleitung des anderen Poles liegen müssen. Auch die Isolierung der einzelnen Wicklungen untereinander kann auf diese Weise schnell geprüft werden.

Handelt es sich um die Feststellung eines weniger groben Isolationsfehlers, so ist eine Isolationsmessung erforderlich, wie sie unter 292 für Leitungsanlagen beschrieben ist. Sinngemäß gilt hier das Maschinengestell als Erde.

Zeigt sich ein Fehler, so suche man ihn durch Abtrennen der einzelnen Wicklungsteile möglichst eng einzugrenzen. In erster Linie sind Fehler an Stellen zu vermuten, an denen die Wicklung in scharfem Knick gebogen ist oder die Isolierung an kantigen Maschinenteilen anliegt. Nur in dringenden Fällen kann bei einem den Betrieb nicht unbedingt behindernden Fehler vom sofortigen Instandsetzen abgesehen werden.

Beim Aufsuchen von Körperschluß messe man die Isolation, wenn möglich beim Stillstand und Lauf der Maschine, im kalten und warmen Zustand, da sich Fehler bei stillstehender und kalter Maschine oft nicht zeigen.

91. Anker der Gleichstrommaschine.

a) Prüfung des Ankers. Um auf Kurzschluß oder Unterbrechung in den Ankerwindungen zu untersuchen, schickt man durch den in der Maschine festgehaltenen Anker einen der zulässigen Belastung entsprechenden Strom. Hierzu verbindet man die Enden der zu einem Generator führenden Leitungen, in die Widerstand geschaltet wird, mit zwei nebeneinanderliegenden Bürstenbolzen, die über die Bürsten dem Anker den Meßstrom zuführen. Die dabei an den Kommutatorlamellen auftretenden Spannungen werden durch Anlegen von Kupferspitzen, die an einem Spannungsmesser liegen, gemessen und verglichen. Die Spannungen sind bei fehlerlosem Anker an seinem ganzen Umfang gleich groß; niedrigere Spannung weist auf Kurzschluß, höhere auf Unterbrechung oder schlechten Kontakt hin.

Wurde die Untersuchung ausgeführt, ohne den Kommutator vom Anker abzunehmen, so muß, wenn nötig, nach dem Entfernen des Kommutators nochmals untersucht werden, da der Fehler auch im Kommutator oder in den Verbindungen zwischen Kommutator und Anker liegen kann.

Die Untersuchung des Kommutators muß auf die Isolation der Lamellen gegen die Kommutatorbuchse und auf die gegenseitige Isolation der Lamellen ausgedehnt werden. Dabei beachte man, daß die Isolation gegen die Kommutatorbuchse die volle Betriebspannung auszuhalten hat, während es sich bei der gegenseitigen Isolation der Lamellen nur um wenige Volt handelt.

Körperschluß wird nach dem unter 90 beschriebenen Verfahren festgestellt.

b) Kurzschluß im Anker. Liegt z. B. zwischen den Enden der Ankerspule $abcd$ (Abb. 62) der gezeichnete Isolationsfehler f, so nimmt der eigentliche Ankerstrom seinen Weg hierüber. Die in sich geschlossene Spule $abcd$ führt hohe Kurzschlußströme, die in kurzer Zeit die Spule erwärmen und verbrennen. In der Regel wird der Brandgeruch so bald bemerkt, daß die Spule durch Abstellen der Maschine vor gänzlicher Zerstörung bewahrt werden kann.

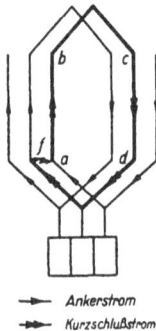

→ Ankerstrom
⇒ Kurzschlußstrom

Abb. 62.

Kurzschluß im Anker kann außer durch mechanische Einflüsse auch durch Feuchtigkeit entstehen, wenn die Maschine beim Versand naß geworden ist oder längere Zeit in einem feuchten Raum gestanden hat. Vor der Inbetriebnahme ist dann eine Trocknung erforderlich (vgl. 80).

c) Unterbrechung im Anker hat bei Generatoren das Ausbleiben der Spannung zur Folge. Soll auf diesen Fehler untersucht werden, so setzt man den Generator — Nebenschlußmaschinen durch Fremdstrom erregt, Reihenschlußmaschinen über einen Widerstand geschlossen — in Betrieb. Hierauf berührt man (vgl. Abb. 63) mit einem kurzen Draht xy eine Bürste und einen um einige Lamellenbreiten davon entfernten Punkt des Kommutators. Gibt die Maschine dann Strom, so nimmt er in Form eines Lichtbogens, der mit dem Kommutator umläuft, seinen Weg über die unterbrochene Stelle. Beim Auftreten dieser Erscheinung, die bei Motoren auch ohne dieses Prüfverfahren, sich zeigen kann, muß die Maschine abgestellt werden. Die fehlerhafte Spule ist an der zugehörigen verbrannten Stelle des Kommutators erkennbar. Der Fehler selbst kann in mangelhafter Lötung zwischen den Spulen, in schlechter Verbindung der Spulen mit dem Kommutator oder darin liegen, daß ein Ankerdraht abgerissen ist.

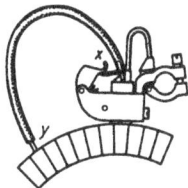

Abb. 63.

Häufiger als vollkommene Unterbrechung sind mangelhafte Kontakte im Anker selbst oder in den Verbindungen mit dem Kommutator. Das äußert sich durch Zerstörung von Kommutatorlamellen infolge der an diesen Stellen stärkeren Funken. Zeigen sich einzelne Lamellen angegriffen, so untersuche man die zugehörigen Verbindungen an Anker und Kommutator und erneuere, wenn nötig, die Lötverbindungen. Ragen am Kommutator die Glimmerisolierungen über die Kupferlauffläche heraus, so kann auch dies der Grund für die beobachtete Erscheinung sein. Der Kommutator wird durch Abschleifen (vgl. 84) instand gesetzt, nachdem vorher die geschwärzten Lamellen zur späteren Kontrolle angekörnt sind.

Bei Maschinen mit mehr als einem Polpaar können sich mangelhafte Verbindungen außer an den zugehörigen Kommutatorlamellen auch durch Brandstellen auf den Lamellen im doppelten Polabstand zeigen.

92. Erregerwicklung der Gleichstrommaschine.

a) Kurzschluß in der Erregerwicklung. Sind bei einem Generator alle Erregerspulen kurzgeschlossen,

7*

so kommt er nicht auf Spannung. Besteht der Kurzschluß nur an der Wicklung eines Poles oder an einem
Teil derselben, so gibt ein Generator bei normaler Drehzahl verminderte Spannung und zeigt Funkenbildung.

Ein belasteter Motor verursacht bei kurzgeschlossener Erregerwicklung Kurzschluß im Leitungsnetz und
Durchbrennen der Sicherungen. Brennen die Sicherungen nicht durch, so verbrennt der Anker. Ein unbelasteter oder wenig belasteter Motor nimmt erhöhte
Drehzahl an. In gleicher Weise wirkt verkehrte Schaltung von Erregerspulen.

b) Unterbrechung in der Erregerwicklung
bewirkt bei einem Generator das Ausbleiben der Spannung. Ein Hauptstrommotor läuft nicht an oder bleibt
stehen, wenn er im Betrieb ist. Ein belasteter Nebenschlußmotor verursacht Kurzschluß im Leitungsnetz;
unter Umständen verbrennt sein Anker. Ein unbelasteter Nebenschlußmotor geht durch, d. h. er nimmt
sehr hohe Drehzahl an, die explosionsartige Zerstörung
des Ankers zur Folge haben kann.

c) Aufsuchen eines Fehlers in der Erregerwicklung. Kurzschluß an den Erregerspulen besteht
meist in einem äußerlich sichtbaren Schluß der Klemmen-
verbindungen, sei es der Verbindungen untereinander
oder mit dem Maschinengestell. Ein Kurzschluß im
Innern einer Erregerspule ist im Betrieb daran erkennbar, daß ihre Erwärmung geringer ist als die der übrigen
Erregerspulen. Durch Messen der Spannungen an den
Spulenklemmen läßt sich der Fehler feststellen, wenn
man die Pole durch Fremdstrom erregt; dabei ergibt
sich für eine kurzgeschlossene Erregerspule geringere
Spannung als für die unbeschädigten Spulen.

Unterbrechung der Erregerwicklung wird meist
durch fehlende Verbindung der Erregerspulen untereinander oder durch Unterbrechung oder mangelhafte
Kontakte in den zugehörigen Leitungen und Apparaten
verursacht. Vor allem ist daher eingehende Untersuchung dieser Verbindungen notwendig. Unterbrechung in einer Erregerspule ist in der Regel an der
ein- oder ausführenden Leitung zu suchen.

Zeigen sich Störungen nur zeitweise, so können sie
im Betrieb durch Erschütterung oder Erwärmung der
Maschine und der zugehörigen Stromkreisteile verursacht sein; z. B. können abgebrochene Windungen
oder Leitungen in ruhendem und kaltem Zustand zur
Stromleitung noch genügen, im Betrieb aber versagen.

Die Untersuchungen sollen daher, wenn nötig, nach Erwärmung der Maschine und während der durch den Betrieb verursachten Erschütterungen wiederholt werden.

Nach dem Beseitigen eines Fehlers im Erregerstromkreis eines Generators muß die Polarität festgestellt werden (vgl. 94), bevor man die Maschine mit anderen parallelschaltet.

93. Ein Gleichstromgenerator kommt nicht auf Spannung. Die Ursachen können sein:

a) Gelöste Verbindungen.

b) Kurzschluß im Anker (vgl. 91 b), an der Bürstenbrücke oder der Erregerwicklung (vgl. 92 a), bei Nebenschlußgeneratoren auch an den Maschinenklemmen oder im äußeren Stromkreis. Der äußere Stromkreis muß daher, wenn nötig, abgeschaltet werden.

c) Unterbrechung im Anker (vgl. 91 c) oder in der Erregerwicklung (vgl. 92 b).

d) Vorstehen der Isolierungen zwischen den Kommutatorlamellen (vgl. 84).

e) Fehlerhafte Bürstenstellung (vgl. 39). Wird das vermutet, so schiebt man die Bürstenbrücke versuchsweise vor und zurück.

f) Falsche Schaltung der Erregerwicklung. Wird ein selbsterregter Generator mit einer für den anderen Drehsinn geschalteten Erregerwicklung (vgl. Abb. 18 bis 20) betrieben, so wirkt der Anker dem remanenten Magnetismus entgegen und bringt ihn zum Verschwinden. Wird darauf die Schaltung richtiggestellt, so kann immer noch der im folgenden behandelte Fehler bestehen bleiben.

g) Zu schwacher remanenter Magnetismus (vgl. 34). Um das Ansprechen der Maschine herbeizuführen, legt man die Erregung unter Beachtung der Polarität an eine Hilfstromquelle (vgl. 94). Bei Nebenschlußmaschinen kann es genügen, den äußeren Stromkreis auszuschalten, weil dann die magnetische Rückwirkung des Ankers auf die Pole am geringsten ist. Den Regelwiderstand schließt man kurz; die Maschine soll mit der Nenndrehzahl laufen.

94. Ein Gleichstromgenerator hat falsche Polarität. Ein selbsterregter Gleichstromgenerator muß an seinen Klemmen die nach den Schaltbildern 18 bis 20 für seine Drehrichtung vorgesehene Polarität aufweisen, d. h. die

im Schaltbild mit der positiven Sammelschiene (P)
muß positive, die mit der negativen Sammelschiene (N)
verbundene Klemme negative Polarität aufweisen.
Die Polarität bestimmt man am einfachsten mit Hilfe
eines gepolten Gleichstrom-Spannungsmessers, der an
die Maschinenklemmen gelegt wird. Bei richtigem
Ausschlag des Spannungsmessers sind die gleichpoligen
Maschinen- und Meßgerätklemmen miteinander verbunden.

Zeigt ein Gleichstromgenerator falsche Polarität so
kann dieser Fehler durch Vertauschen seiner Netzanschlüsse ausgeglichen werden. Da jedoch bei diesem
Verfahren die Klemmenbezeichnungen nicht mehr mit
dem Schaltbild übereinstimmen, nimmt man zweckmäßiger eine Umpolung vor. Man trennt hierzu die
Erregerwicklung ab und speist sie über einen Regelwiderstand aus einer fremden Stromquelle, wobei man
darauf achtet, daß die Stromrichtung in der Erregerwicklung der im Normalschaltbild angegebenen entspricht. Die Spannung an den Erregerklemmen C—D
wird unter Kontrolle der Wicklungserwärmung bis
auf die Nennspannung der Maschine erhöht. Die dabei
angetriebene Maschine muß jetzt die richtige Polarität
aufweisen. Nach Abschalten (Erregung erst herunterregeln und dann abschalten!) behält die Maschine den
richtigen remanenten Magnetismus.

95. Ein Gleichstrommotor läuft nicht an. Die Ursachen können sein:

a) Gelöste Verbindungen.

b) Kurzschluß an den Maschinenklemmen
oder am Anker (vgl. 91 b), desgleichen in der Erregerwicklung, wenn es sich um Anlauf unter Last handelt
(vgl. 92 a).

c) Unterbrechung im Anker (vgl. 91 c) oder
in der Erregerwicklung (vgl. 92 b).

d) Vorstehen der Isolierungen zwischen den
Kommutatorlamellen (vgl. 84).

e) Falsche Bürstenstellung (vgl. 39).

96. Ursachen für starke Funkenbildung. Die am
Kommutator auftretenden Funken sollen nie so groß
sein, daß sie über die Berührungsfläche der Bürsten
hervortreten oder gar glühende Bürstenteile mit sich
fortreißen. Zu starke Funken entstehen hauptsächlich
durch folgende Fehler:

a) Falsche Schaltung der Wendepolwicklung. Sind die Wendepole fälschlicherweise so ge-

schaltet, daß sie magnetisch im gleichen Sinne wirken
wie der Anker, so verursachen sie ein starkes Bürstenfeuer. Zur schnellen Feststellung, ob dieser Fall vorliegt, schließt man während des Betriebes die Wende-
polklemmen G—H kurz. Vermindert sich das Feuer, so
ist die Schaltung der Wendepolwicklung falsch, verstärkt sich das Feuer, so sind die Wendepole richtig
geschaltet. Die magnetisch richtige Wirkung der
Wendepole kann auch mit einer Magnetnadel geprüft
werden. In der Drehrichtung muß auf den Hauptpol
beim Motor der gleichnamige, beim Generator der un-
gleichnamige Wendepol folgen.

b) Schlechter Zustand des Kommutators
(vgl. 84).

c) Schlechter Zustand der Bürsten (vgl. 86).

d) Falsche Einstellung der Bürsten. Treten
beim Einstellen der Bürstenbrücke auf geringe Funkenbildung an einer Bürstenreihe größere Funken auf als
an der anderen, so liegt das meist daran, daß die
Schleifflächen der Kohlebürsten auf dem Kommutator
ungleich verteilt sind. Man kontrolliert die Bürsten-
abstände mit einem auf den Kommutator aufgelegten
Papierstreifen (vgl. 77).

e) Schadhafte Stellen in der Wicklung der
Maschine. Sind die Pole ungleich erregt, so zeigen
sich an der einen Bürstenreihe stärkere Funken als an
der anderen, ähnlich wie bei ungleicher Einstellung der
Bürsten (vgl. d). Das kann durch Kurzschluß an einzelnen Erregerspulen (vgl. 92 a) verursacht werden,
oder es sind bei Maschinen mit parallelgeschalteten
Erregerwicklungen die Kontakte an den Klemmen
einer oder mehrerer Erregerspulen mangelhaft, so daß
die Wicklungen von ungleich starkem Strom durchflossen werden.

f) Überlastung der Maschine (vgl. 88).

97. Fehler an Wechselstrommaschinen. Die Mehrzahl der vorstehend beschriebenen Fehler tritt auch
an Wechselstrommaschinen auf. Ihre Feststellung und
Beseitigung erfolgt sinngemäß. Im allgemeinen äußern
sich Fehler an Wechselstrommaschinen in starker Erwärmung von Spulen auch bei unbelasteten, normal
erregten Maschinen, in außergewöhnlich hohem Erregerstrom, durch große Leerlaufarbeit, ferner durch starkes
Brummen. Kurzschluß in der Wicklung entsteht durch
schlechte Isolierung der Windungen gegeneinander oder

durch Überspannungen, wie sie bei unsachgemäßem
Schalten auftreten können. Erkennbar sind derartige
Überschläge von Windung zu Windung meist durch
Schmelzperlen an den Drähten. Sind an Maschinen
Bleche lose, so können sie infolge der wechselnden Magnetisierung in Schwingung geraten und dadurch brummen; dies wird durch Verkeilen der Bleche beseitigt. An
den Schleifringen für die Erregung auftretende Funken
sind meist auf mangelhafte Unterhaltung, Unrundlaufen oder Verschmutzen der Schleifringe zurückzuführen. Ein Versagen von Synchronmaschinen ist auch
durch Ausbleiben der Erregung möglich, sei es daß die
Erregermaschine nicht auf Spannung kommt oder daß
die Erregerwicklung der Synchronmaschine unterbrochen ist.

Hat bei einem Drehstrommotor mit Schleifringen
eine Bürste unsicheren Kontakt, so macht sich das bei
kleinen Anlagen durch Flimmern der an den gleichen
Stromkreis angeschlossenen Glühlampen bemerkbar;
hat eine Bürste überhaupt keinen Kontakt, so kippt
(vgl. 50) der Motor schon bei niedriger Belastung.
Kurzschluß im Läufer eines mit Schleifringen ausgerüsteten Asynchronmotors kann man daran erkennen,
daß der Motor auch bei offenem Läuferstromkreis (ohne
aufgelegte Bürsten) mit erheblichem Drehmoment anläuft. Kurzschluß im Ständer zeigt sich dadurch, daß
der Motor aus offenem Ständerstromkreis anläuft, wenn
man den Läufer über die Schleifringe unter Vorschaltung
eines dreiphasigen Widerstandes ans Netz legt (Vorsicht, Läuferspannung nicht überschreiten!).

Bei Drehstromgeneratoren kann sich ein Fehler
auch dadurch äußern, daß bei unbelasteter oder in den
drei Stromzweigen gleichmäßig belasteter Maschine die
drei Spannungen verschieden sind; bei Motoren dadurch, daß der Anlaufstrom groß und die Zugkraft
gering ist und daß die Stromstärken in den drei Leitungen verschieden sind. Bei Drehstrommotoren mißt
man bei abgehobenen Bürsten, also stillstehendem
Motor, aber erregtem Ständer, die Spannungen zwischen
den drei Schleifringen. Die Spannungen sind bei fehler-
loser Maschine in allen Stellungen des Ankers nahezu
gleich. Bei Motoren mit Kurzschlußanker ist dies Verfahren nicht brauchbar. Läuft ein Drehstrommotor nicht
von selbst an, läuft er aber weiter, wenn er von Hand
in beliebiger Richtung angetrieben wird, so ist eine
Leitung unterbrochen (zweiphasiger Lauf). Wird die

Zuführung einer Phase während des Laufes unterbrochen, so besteht die Gefahr der Überlastung für die beiden noch angeschlossenen Phasen.

Ist bei Hochspannungsgeneratoren die Wicklung in isolierende Hüllen, z. B. Glimmerhülsen, derart eingeschlossen, daß innen Lufträume bleiben, so bildet sich durch Glimmentladung in der dünnen Luftschicht salpetrige Säure, die die Isolation zerstört, so daß schließlich ein vollkommener Überschlag zum Eisen eintritt. Bei dem dann notwendigen Auswechseln der Wicklung müssen die Hohlräume in den Hülsen mit Isoliermasse ausgefüllt werden, indem man die Wicklung z. B. asphaltiert. Damit erreicht man gleichzeitig Schutz der Wicklung gegen ätzende Dünste, was namentlich bei Motoren von Wert sein kann.

Wechselstrommotoren erhalten zur Erzielung eines günstigen Leistungsfaktors geringen Luftspalt zwischen feststehendem und umlaufendem Teil. Durch das Auslaufen der Lager kommt es vor, daß diese Teile aufeinander schleifen. Daher muß für rechtzeitiges Nachstellen oder Erneuern der Lagerschalen gesorgt werden.

Transformatoren.

98. Aufbau und Wirkungsweise. Der Transformator formt elektrische Wechselstromenergie einer Spannung in Wechselstromenergie einer anderen Spannung um. Er hat einen aus Schenkel und Joch bestehenden Eisenkörper, der den magnetischen Kraftlinien als Weg dient und zur Herabsetzung von Verlusten aus einzelnen Blechen zusammengesetzt ist. Zwei gegeneinander isolierte Wicklungen sind um die Schenkel derart herumgeführt, daß der magnetische Fluß die Wicklungen durchsetzt. Wird die eine der beiden Wicklungen an eine Wechselspannung gelegt, so fließt in dieser Wicklung ein Magnetisierungstrom und es entsteht im Eisen ein Wechselfluß, der auch durch die zweite Wicklung hindurchgeht und in ihr eine Wechselspannung induziert. Diese zweite Wicklung kann dann Wechselstromleistung abgeben, wobei die erste die entsprechende Leistung aufnimmt.

Nach der Energierichtung unterscheidet man daher am Transformator die Primärwicklung, durch die die Energieaufnahme des Transformators stattfindet, und die Sekundärwicklung, durch die die Energie-

abgabe erfolgt. Grundsätzlich kann bei einem Transformator jede der beiden Wicklungen als Primär- oder
Sekundärwicklung arbeiten, auch kann ein Transformator mehrere Primärwicklungen oder mehrere Sekundärwicklungen besitzen.

Nach den Spannungen, die die Wicklungen führen,
unterscheidet man die Oberspannungswicklung
mit großer Windungszahl bei kleinem Drahtquerschnitt
und die Unterspannungswicklung mit kleiner
Windungszahl bei großem Drahtquerschnitt. Die
Klemmen der Oberspannungswicklung werden mit
großen $(U—X; V—Y, W—Z)$, die der Unterspannungswicklung mit kleinen Buchstaben $(u—x; v—y; w—z)$
bezeichnet. Entsprechend lautet die Bezeichnung für
das Oberspannungsnetz RST und für das Unterspan-
nungsnetz rst.

Das Verhältnis der Oberspannung U_o zur Unterspannung U_u bei Leerlauf ist, gleiche Schaltart vorausgesetzt, gleich dem Verhältnis der Windungszahlen
$w_o:w_u$ und wird mit Übersetzung $ü$ des Transformators bezeichnet. Die Stromstärken in der Oberspannungswicklung I_o und in der Unterspannungswicklung
I_u verhalten sich ungefähr umgekehrt wie die Spannungen.

Für überschlägige Rechnungen kann man die folgende Formel benutzen:

$$ü = \frac{U_o}{U_u} = \frac{I_u}{I_o} = \frac{w_o}{w_u}$$

Beim Einphasentransformator ist die Ober-
spannungs- und die Unterspannungswicklung auf einem
oder zwei Eisenkernen so angebracht, daß entweder
beide Wicklungen zusammen ganz auf einem Schenkel
oder beide Wicklungen geteilt zur Hälfte auf dem einen,
zur Hälfte auf dem anderen Schenkel sitzen. Der Drehstromtransformator (Dreiphasentransformator) hat
drei nebeneinander angeordnete Schenkelkerne, die
durch zwei Joche verbunden sind. Jeder Schenkel trägt
je einen Strang der Oberspannungs- und der Unterspannungswicklung. Die drei Oberspannungs- und Unter-
spannungstränge können in verschiedenen Schaltungen
(vgl. 100) verbunden werden.

Kurzschlußspannung, auf dem Leistungschild
mit u_k bezeichnet, ist die Spannung, die bei kurzgeschlossener Sekundärwicklung an die Primärwicklung

angelegt werden muß, damit diese den Nennprimärstrom aufnimmt. Die Kurzschlußspannung wird in Prozent der Nennprimärspannung angegeben. Sie ist bestimmend für das Verhalten des Transformators bei Parallelarbeit und bei Kurzschlußstörungen; sie beträgt bei normalen Bauarten zwischen 2 und 10%. Hohe Kurzschlußspannung bedeutet einen »weich« arbeitenden Transformator mit geringem Kurzschlußstrom bei Netzstörungen.

Bei Belastung tritt im Innern des Transformators ein Spannungsabfall auf, der die Sekundärspannung bei gleichbleibender Primärspannung herabsetzt und damit das im Leerlauf durch die Übersetzung gegebene Verhältnis der Oberspannung zur Unterspannung ändert. Ist die Oberspannungseite die Primärseite (Heruntertransformieren), so wird das Spannungsverhältnis vergrößert, ist die Unterspannungseite die Primärseite (Herauftransformieren), so wird es verkleinert. Beim Wechsel der Energierichtung muß sich also die Spannung in einem der beiden Netze, die der Transformator verbindet, um einige Prozente ändern. Die Größe dieses Spannungsabfalles ist von der Kurzschlußspannung des Transformators und von dem Leistungsfaktor der Belastung abhängig. Hohe Kurzschlußspannung bedeutet großen Spannungsabfall; Glühlampenbelastung verursacht bei gleichem Strom geringeren Spannungsabfall als Belastung durch Asynchronmotoren.

Transformatoren kleiner Leistung und nicht zu hoher Spannung werden als Trockentransformatoren gebaut. Die Kühlung erfolgt durch die umgebende Luft; durch einen Lüfter kann die Kühlwirkung erhöht werden. Mittlere und große Transformatoren werden zur Verbesserung der Isolation und der Kühlung als Öltransformatoren ausgeführt. Eisen und Wicklung des Transformators liegen vollkommen unter Öl. Die Anschlüsse werden in Porzellan- oder Repelitdurchführungen durch den Deckel des Ölkessels geführt. Ein aufgebauter Ölkonservator gleicht das Schwanken des Ölspiegels bei Erwärmung aus und verhindert Feuchtigkeitsaufnahme des Öles (vgl. 108). Zur Verbesserung der Kühlung wird bei Transformatoren großer Leistung ein Ölumlauf angebracht. Das Öl wird von einer Pumpe durch eine an den Transformatorkessel angeschlossene Kühlschlange hindurchgedrückt, die durch ein Kühlwasserbecken geführt ist; sie muß gegen das Wasser gut abgedichtet sein.

Ein ans Netz angeschlossener Transformator erwärmt sich bereits bei Leerlauf; die Kühlvorrichtungen müssen daher so lange in Betrieb sein wie der Transformator unter Spannung steht. An wesentlich höhere Spannung, als auf dem Leistungschild angegeben ist, dürfen Transformatoren nicht angeschlossen werden, weil sonst schon im Leerlauf zu große Erwärmung auftritt.

Die Transformatoren werden in der Regel für Aufstellung in Betriebsräumen gebaut; für Maststationen und in sehr großen Einheiten werden sie für Aufstellung im Freien ausgeführt.

99. Normen, Vorschriften und Leitsätze. Für die Prüfung und Bewertung von Transformatoren gelten die vom Verband Deutscher Elektrotechniker (VDE) aufgestellten Regeln, kurz R. E. T genannt. Auch für die Ölbeschaffenheit und Ölprüfung bestehen vom Verband erlassene »Vorschriften für Transformatoren- und Schalteröle«.

Die gebräuchlichen kleineren Transformatoren bis zu einer Leistung von 100 kVA und einer Oberspannung bis 20 kV sind in ihren Leistungen, Spannungen und den übrigen elektrischen Größen sowie in ihren äußeren Abmessungen genormt. Man unterscheidet eine Hauptreihe der Einheitstransformatoren (H. E. T), die vornehmlich für Dauerbetrieb in industriellen Betrieben geeignet ist, und eine den Bedürfnissen der Landwirtschaft angepaßte Sonderreihe (S. E. T). Die Transformatoren der Sonderreihe sind stark überlastbar gebaut und eignen sich für Betriebe, in denen sie zwar dauernd unter Spannung stehen, aber nur in wenigen Tagesstunden oder in bestimmten Jahreszeiten stark beansprucht werden.

Nach den R.E.T muß an jedem Transformator ein Leistungschild angebracht sein, das wie bei den Maschinen die Daten des Nennbetriebes aufweist.

Als Betriebsarten werden auch hier wie bei den Maschinen Dauerbetrieb, aussetzender Betrieb und kurzzeitiger Betrieb unterschieden.

100. Schaltung. Die einzelnen Wicklungsträng der Drehstromtransformatoren können entweder in Stern- oder Dreieckschaltung wie die Maschinenwicklungen oder in Zickzackschaltung verkettet werden. In Abb. 64 ist oben die Wicklungsanordnung auf den drei Schenkeln, unten das Vektorbild zur Ver-

anschaulichung der Phasenlage der einzelnen induzierten
Spannungen dargestellt. Bei unsymmetrischer Belastung des Systems (Lichtbetrieb) bevorzugt man die
Zickzackschaltung, weil diese dadurch ausgleichend
wirkt, daß ein Strang auf zwei Schenkel verteilt angeordnet ist.

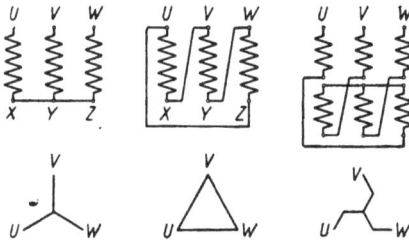

Abb. 64.

Die Schaltarten der Ober- und Unterspannungswicklung können unabhängig voneinander gewählt
werden, doch ist zu beachten, daß nur Transformatoren
bestimmter Schaltgruppen miteinander parallel arbeiten
können (vgl. 101). Die R.E.T unterscheiden vier Schaltgruppen, die in der folgenden Tabelle (S. 110) wiedergegeben sind.

Neben den Netzanschlußpunkten *U V W* oberspannungseitig und *u v w* unterspannungseitig wird bei Stern-
und Zickzackschaltung auf der Unterspannungseite
meist der Sternpunkt aus dem Kessel
herausgeführt und an die Niederspan-
nungserde (vgl. 106) angeschlossen.

Die Sparschaltung findet Anwendung, wenn das Übersetzungsverhältnis nicht stark von eins ab-
weicht und eine vollkommene Trennung der beiden Stromkreise nicht
notwendig ist. Ein Teil der Oberspannungswicklung *U V W* ist in *u v w*
angezapft und wird dadurch gleichzeitig als Unterspannungswicklung
verwendet (Abb. 65). Der Spartrans-
formator erhält dadurch kleine Abmessungen.

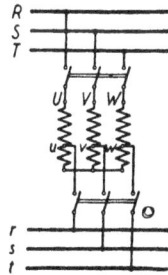

Abb. 65.

Schaltungen und Schaltgruppen.

	Vektorbild Ober- | Unterspannung	Schaltungsbild Ober- | Unterspannungen
I. Dreiphasen-transformatoren:		
Schaltgruppe A — A_1		
Schaltgruppe A — A_2		
Schaltgruppe A — A_3		
Schaltgruppe B — B_1		
Schaltgruppe B — B_2		
Schaltgruppe B — B_3		
Schaltgruppe C — C_1		
Schaltgruppe C — C_2		
Schaltgruppe C — C_3		
Schaltgruppe D — D_1		
Schaltgruppe D — D_2		
Schaltgruppe D — D_3		
II. Einphasen-transformatoren: Schaltgruppe E		

Dreiwicklungstransformatoren haben drei voneinander getrennte, für verschiedene Spannungen bestimmte Wicklungen, verbinden also drei verschiedene Netze miteinander. Im Betriebe arbeitet entweder eine Wicklung als Primärwicklung und die zwei anderen als Sekundärwicklungen oder umgekehrt.

101. Parallelbetrieb. Bei der Prüfung der Bedingungen für den Parallellauf unterscheidet man Parallelarbeiten im Netz und Sammelschienen-Parallellauf. Im ersten Falle liegen zwischen den Transformatoren größere Netzteile, die etwa auftretende Ausgleichströme abdämpfen, im zweiten Falle liegen die Transformatorklemmen direkt parallel an den Sammelschienen.

Die für Parallellauf bestimmten Transformatoren müssen in jedem Falle in der Übersetzung übereinstimmen und gleichen Schaltgruppen angehören. Sind diese beiden Bedingungen erfüllt, so kann bei Leerlauf ohne weiteres parallelgeschaltet werden. Bei Belastung stellt sich eine richtige Lastverteilung nur dann ein, wenn die Kurzschlußspannungen übereinstimmen. Bei Sammelschienen-Parallellauf dürfen die Kurzschlußspannungen nicht um mehr als ein Zehntel ihres Wertes voneinander verschieden sein. Bei Parallelarbeiten im Netz darf die Abweichung bedeutend größer sein, falls genügend lange Netzteile zwischen den Transformatoren liegen. Der Transformator mit der kleineren Kurzschlußspannung übernimmt bei gleicher Nennleistung den größeren Leistungsanteil. Durch vorgeschaltete Drosselspulen kann die Kurzschlußspannung erhöht werden. Führt also von parallel arbeitenden Transformatoren der eine Überlast, der andere Unterlast, so kann durch Einschalten einer Drosselspule in den Primär- oder Sekundärkreis des überlasteten Transformators erzielt werden, daß beide Transformatoren mit Vollast arbeiten.

Im Dauerbetrieb sollen nur Transformatoren parallel arbeiten, deren Nennleistungsverhältnis nicht größer als 3:1 ist. Einheitstransformatoren der gleichen Reihe eignen sich gut zum Parallellauf.

Beim Anschluß parallel zu schaltender Transformatoren dürfen nur phasengleiche Klemmen verbunden werden. Wenn auch gewöhnlich von der Fabrik die Transformatorklemmen entsprechend bezeichnet werden, so empfiehlt es sich doch, vor dem ersten Parallelschalten eine Nachprüfung vorzunehmen, um bei falscher Bezeichnung Kurzschlüsse zu vermeiden. Bei zugänglicher Wicklung kann man Einphasentransformatoren durch Verfolgung des Wicklungsverlaufes nachprüfen. Die Bezeichnungen U—V und u—v sind dann richtig, wenn man den Wicklungszug von U nach V und u nach v verfolgend auf der Oberspannungsseite im gleichen Umlaufsinn das Eisen umkreist wie auf der Unterspannungseite (Abb. 66).

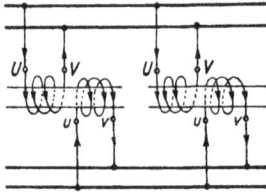

Abb. 66.

Zuverlässiger und besonders bei Drehstromtransformatoren einfacher ist die Prüfung durch Versuch nach Abb. 67 und 68.

Gibt bei Einphasentransformatoren der nach Abb. 67 geschaltete Spannungsmesser keinen Ausschlag, so ist der Anschluß richtig; zeigt er die doppelte Nennspannung,

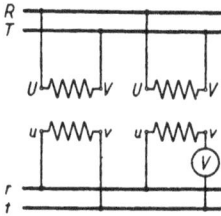

Abb. 67.

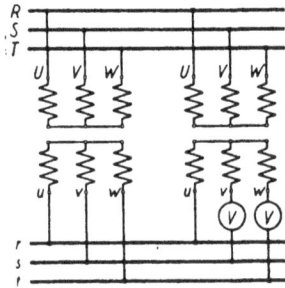

Abb. 68.

so sind entweder die primären oder die sekundären Leitungsanschlüsse bei dem zuzuschaltenden Transformator zu vertauschen.

Bei Drehstromtransformatoren müssen zwei Spannungsmesser eingebaut werden (Abb. 68), die bei richtigem Anschluß beide die Spannung Null anzeigen müssen. Bei falschen Anschlüssen können auch hier Ausschläge bis zum doppelten Wert der Transformatornennspannung auftreten, was bei der Wahl des Meßbereiches zu berücksichtigen ist. In diesem Falle kann

versucht werden, durch Vertauschen von Klemmen auf
der Primär- oder Sekundärseite des zuzuschaltenden
Transformators die erforderliche Nullspannung zu erhalten. Läßt sich dies nicht erreichen, so stimmt entweder die Schaltgruppe oder die Übersetzung nicht
überein. An Stelle der Spannungsmesser können auch
Glühlampen für doppelte Transformatorspannung verwendet werden. Bei Drehstromtransformatoren genügt
auch ein Spannungsmesser, wenn er entsprechend um-
schaltbar angeordnet wird.

102. Spannungsreglung durch Anzapfungen. Jeder
normal gebaute Transformator hat auf der Ober- oder
Unterspannungseite meist drei Anzapfungen, durch die
die Übersetzung in Grenzen von 4 bis 10% geändert
werden kann. Mit den Anzapfungen ist entweder ein
Umschalter verbunden oder die Netzleitungen werden
unmittelbar angeschlossen. Auf diese Weise können im
Netz auftretende, durch Spannungsabfälle hervorgerufene Spannungsunterschiede ausgeglichen werden.
Eine Schaltungsänderung ist nur bei vollkommen abge-
trenntem Transformator möglich.

Soll zur laufenden Spannungsreglung das Übersetzungsverhältnis in mehreren Stufen unter Last einstellbar sein, so kann man einen mit entsprechenden
Anzapfungen versehenen Transformator mit einem aufgebauten Lastschalter verwenden. Dieser ist nach Art
des Zellenschalters (vgl. 122) gebaut und ermöglicht es,
unter Last Teile der Wicklung zu- oder abzuschalten.
Bei Ausrüstung mit motorischem Antrieb ist es möglich, durch Druckknöpfe mit der Bezeichnung »Spannung höher« und »Spannung tiefer« von der Schalttafel
aus zu regeln.

103. Zusatztransformatoren. Um die Spannung auf
einer Leitung um kleine Beträge (bis etwa 10%) zu
erhöhen oder herabzusetzen, benutzt man Zusatztransformatoren. Die Primärwicklung liegt abschaltbar
mit Kurzschluß- und Vorkontakt an der Netzspannung
(Abb. 69). Die Sekundärwicklung ist bei Drehstrom
als offene Dreiphasenwicklung ausgeführt und liegt im
Zuge der zu beeinflußenden Leitung. Der z. B. aus einer
langen Überlandleitung ankommenden Spannung U an
den Sammelschienen RST wird durch die Sekundärwicklung eine Zusatzspannung U_z aufgedrückt, so daß
bei $R'S'T'$ eine höhere Spannung vom Betrage $U' =
U + U_z$ herrscht. Verändert man den Wicklungsinn

dadurch, daß man den primären Sternpunkt durch UVW bildet und den Netzanschluß an $X\overset{\cdot}{Y}Z$ legt, so ist die Spannung $U' = U - U_z$, also kleiner als U; der Transformator setzt ab. Bei abgeschalteter und in sich kurzgeschlossener Primärwicklung bleibt die Sekundärwicklung praktisch unwirksam, es ist dann $U = U'$.

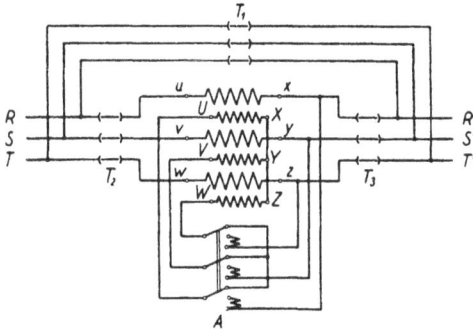

Abb. 69.

Soll ein Zusatztransformator zu- oder abgeschaltet werden, ohne daß dabei die Leitung, in der er liegt, stromlos gemacht wird, so sind besondere Schaltmaßnahmen notwendig. Zunächst werde das Verbrauchernetz $R'S'T'$ von der Überlandleitung RST über den Umgehungstrenner T_1 gespeist (Abb. 69). Beim Zuschalten muß die Primärwicklung durch den Schalter A kurzgeschlossen sein, dann wird der Transformator über die Trennschalter T_2 und T_3 ans Netz gelegt und T_1 geöffnet. Durch den Schalter A wird die Primärwicklung zunächst über Schutzwiderstände und dann direkt an Spannung gelegt.

Beim Ausschalten legt man zunächst den Schalter A auf den Kurzschlußkontakt zurück, dann schließt man den Umgehungstrennschalter T_1 und trennt den Transformator durch T_2 und T_3 vom Netz ab. Hat der Schalter A keine Kurzschlußkontakte, so tritt an der Sekundärwicklung auch bei ausgeschalteter Primärwicklung eine Spannung auf und der Trennschalter T_1 ist durch einen Ölschalter zu ersetzen.

Bringt man an Stelle des Schalters A eine Schaltwalze oder einen Stufenschalter an, mit dem der Zusatztransformator auf Zusatz-, Null- und Absatzstellung während des Betriebes geschaltet werden kann, so erhält man eine dreistufige Spannungsreglung. Durch Anzapfung oder Stern-Dreieckschaltung der Primärwicklung kann die zur Verfügung stehende Stufenzahl erhöht werden. Diese Anordnung ermöglicht z. B. die Spannung $R'S'T'$ am Verbraucher annähernd konstant zu halten, wenn an dem Netz RST Spannungsschwankungen auftreten.

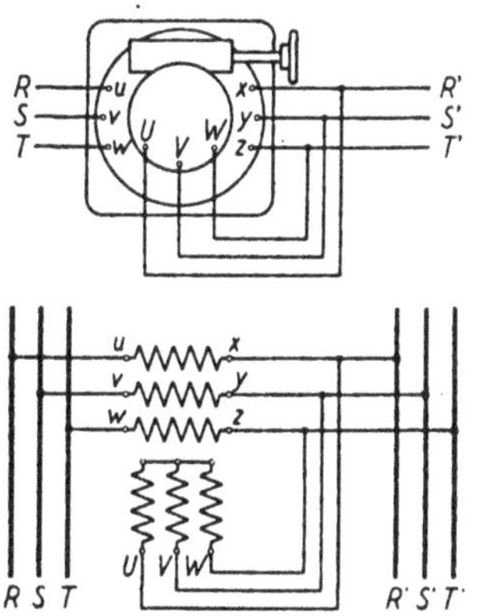

104. Drehregler (Drehtransformatoren, Induktionsregler). Die Schaltung des Drehreglers (Abb. 70) entspricht genau der des Zusatztransformators (Abb. 69). Im Aufbau ist er einem Drehstrom - Asynchronmotor ähnlich; der Läufer trägt die Primärwicklung, der Ständer die offene Sekundärwicklung. In dieser wird wie beim Zusatztransformator eine Zusatzspannung erzeugt, deren Phase sich durch Verdrehen des Läufers gegen den Ständer verändern läßt. Zu diesem Zweck ist auf der Läuferwelle ein Schneckentrieb angebracht, der durch ein Handrad oder bei größeren Ausführungen durch einen Hilfsmotor betätigt wird.

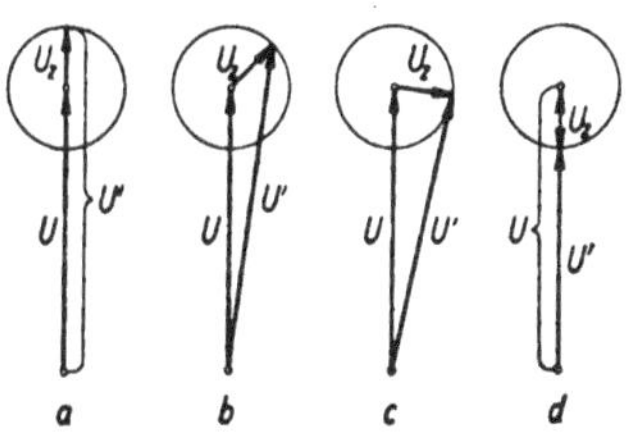

Abb. 70.

Abb. 71.

Abb. 71 zeigt die Wirkungsweise des Drehreglers an einem einfachen Diagramm. Im Falle a ist die ankommende Spannung U und die Zusatzspannung U_z in Phase; es herrscht reiner Zusatzbetrieb:

$$U' = U + U_z$$

8*

Bei Verdrehen des Läufers erhält man den Fall b, die Phase zwischen U und U_z stimmt nicht mehr überein, U' ist noch größer als U. Bei c ist die Verdrehung soweit erfolgt, daß die Größe von U und U' übereinstimmt, und bei d ist U_z in Gegenphase zu U, also reiner Absatzbetrieb:

$$U' = U - U_z$$

Der Drehregler wirkt wie der Zusatztransformator, jedoch geschieht hier die Spannungsreglung stetig, während dort nur sprungweise einige Stufen einstellbar sind.

Der Drehregler wird bei kleineren Leistungen und Spannungen als Trockentransformator mit Handradantrieb, bei größeren Leistungen als Öltransformator mit motorischem Fernantrieb ausgebildet. Bei sehr hohen Spannungen wird zwischen Netz und Primärwicklung ein Isoliertransformator eingeschaltet, um die Isolierung im Drehregler selbst einfacher und zuverlässiger zu gestalten. Gelegentlich kann auch noch auf der Sekundärseite ein Isoliertransformator eingebaut werden.

Der Drehregler eignet sich in Verbindung mit einer selbsttätigen Spannungsreglung zur Konstanthaltung der Verbraucherspannung bei schwankender ankommender Spannung. Bei Einankerumformern und Gleichrichtern wird er viel zur Reglung der abgegebenen Gleichspannung verwendet.

Wie aus Abb. 71 ersichtlich, ist in den Stellungen b und c die geregelte Spannung U' gegenüber der ankommenden Spannung U in der Phase etwas verschieden. Aus diesem Grunde ist es unstatthaft, eine Überbrückung der Sammelschienen RST und $R'S'T'$ (Abb. 70) durch einen Trennschalter den herzustellen, ohne daß die Zusatzspannung U_z durch Abschalten und Kurzschließen auf Null gebracht ist. Es ergibt sich somit das genau gleiche Zu- und Abschaltverfahren wie bei dem Zusatztransformator.

Wegen der verschiedenen Phasenlage von U und U' darf von dem Netz RST keine Parallelverbindung zum Netz $R'S'T'$ bestehen. Verbinden zwei vollkommen gleiche Drehregler das Netz RST mit dem Netz $R'S'T'$, so müssen beide derart mechanisch gekuppelt werden, daß sie stets auf derselben Stellung stehen und damit die gleiche Phasenlage bedingen. Parallelarbeiten von Gleichrichtern und Einankerumformern, die drehstromseitig über verschiedene Drehregler an demselben Netz liegen, ist auf der Gleichstromseite ohne weiteres möglich.

Soll die Phasenverschiedenheit zwischen den beiden Netzen vermieden und ein Parallelarbeiten auch in anderen Fällen ermöglicht werden, so benutzt man einen aus zwei sekundärseitig hintereinandergeschalteten Drehreglern bestehenden Doppeldrehregler. Beide Teilregler sind so gekuppelt, daß der eine den vom anderen erzeugten Phasenunterschied wieder aufhebt, so daß die Spannungen U und U' wohl in der Größe verschieden, aber stets gleichphasig sind.

105. Besondere Transformatoren. Zur elektrischen Wechselstromschweißung dienen die Schweißtransformatoren, deren Oberspannungseite an das Niederspannungsnetz angeschlossen wird. In der Unterspannungswicklung wird hohe Stromstärke bei einer Spannung von nur wenigen Volt erzeugt. Die zu verschweißenden, gegeneinander gepreßten Teile verbindet man durch Spannbacken mit der Unterspannungswicklung, wobei die Stoßstelle infolge der hohen Stromstärke auf Schweißhitze gebracht wird.

Um verschiedene Metallstärken zu verschweißen, muß die Spannung geändert werden. Zu diesem Zweck erhalten die Transformatoren auf der Oberspannungseite meistens Steckumschalter, so daß man die an das Leitungsnetz anzuschließende Zahl der Windungen je nach Bedarf wechseln kann.

Schutztransformatoren dienen im Anschluß an Wechselstrom-Niederspannungsnetze zum Herabsetzen der Spannung auf Kleinspannung (24 oder 42 V), wie es in feuchten Räumen, z. B. für die beim Kesselreinigen benutzten, roher Behandlung ausgesetzten Handleuchter zum Personenschutz notwendig ist. Dem Übertritt von Oberspannung auf die Unterspannungseite muß mit größer Sorgfalt vorgebeugt werden. Sparschaltung (vgl. 100) ist für diese Transformatoren unzulässig. Die Leitungen der Unterspannungseite müssen von denen der Oberspannung unterscheidbar, in angemessenem Abstand von ihnen, geführt werden. Anschlußkontakte für ortsveränderliche Einrichtungen dürfen in die üblichen Starkstrom-Anschlußdosen nicht passen. Auch die Leitungen für die Unterspannung werden in derartigen Fällen, schon wegen der verlangten Dauerhaftigkeit, nach den Regeln für Starkstromeinrichtungen ausgeführt.

Transformatoren für einzelne Lampen werden hinter den zugehörigen Schalter eingebaut, so daß sie nur während der Benutzung des Stromverbrauches eingeschaltet sind. Für ausgedehntere Versorgung kann man Drehstromtransformatoren verwenden, etwa mit einer verketteten Spannung von 42 V und einer Spannung gegen den geerdeten vierten, zum Lampenanschluß bestimmten Leiter von 24 V.

Klingeltransformatoren werden zum Betrieb von Fernmeldeeinrichtungen (Klingelanlagen) gebraucht. Dabei müssen die Ober- und Unterspannungswicklung gegenseitig so sicher isoliert sein, daß auf der Unterspannungseite die üblichen mit Fernmeldeleitungen ausgeführten Klingelanlagen usw. angeschlossen werden können. Die Unterspannungseite hat in der Regel Anzapfungen für die Entnahme von etwa 6, 8 und 16 V. Das Schaltbild einer für Klingelbetrieb bestimmten Transformatoranlage zeigt Abb. 72. Der Transformator T wird doppelpolig gesichert nach den Regeln für Starkstromanlage vom Leitungsnetz abgezweigt. Die Klingelanlage kann als Schwachstromeinrichtung ausgeführt werden. Die Leitungsführung ist von der Starkstromanlage streng getrennt anzuordnen; gemeinsame Schutzrohre sind unzulässig. Der Verbrauch eines Transformators, wie er für kleine Hausanlagen (Betrieb einiger Klingeln und etwa eines Türöffners) ausreicht, beträgt im Leerlauf 0,5 bis 0,8 W.

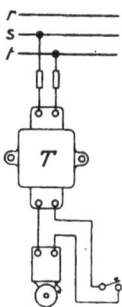

Abb. 72.

Schutz- und Klingeltransformatoren müssen so gebaut sein, daß sie bei unterspannungseitigem Dauerkurzschluß nicht verbrennen.

Zum Anschluß von Meßgeräten und Relaisschaltungen an hohe Spannungen und hohe Ströme dienen Spannungswandler und Stromwandler, die Transformatoren besonderer Bauart darstellen. Der Spannungswandler ist ein stets leerlaufender, der Stromwandler ein stets im Kurzschluß arbeitender Transformator. Näheres über die Ausführung der Meßwandler vgl. 136 und 138.

106. Aufstellen der Transformatoren. Der Aufstellungsort von Transformatoren muß nach Möglichkeit so gewählt werden, daß die Zuleitungen zu den hauptsächlichen an der Niederspannung liegenden Verbrauchern möglichst kurz sind. Die Transformatorstation wird entweder in dazu hergerichteten Räumen eines Gebäudes des Versorgungsgebietes untergebracht oder es wird ein der Größe der Station entsprechendes Haus errichtet. Größere Stationen erhalten zweckmäßig mehrere Transformatoren, die mit Rücksicht auf den Parallelbetrieb und auf die einfache Betriebsreserve sämtlich für die gleiche Nennlast gebaut sind. Man kann auch einen großen und einen kleinen Transformator in einer Station aufstellen. Bei geringer Belastung ist nur der kleine Transformator eingeschaltet, weil er dabei mit besserem Wirkungsgrad arbeitet; die große Last übernimmt allein der große Transformator. Auf einen dauernden Parallelbetrieb der beiden ungleichen Transformatoren wird zweckmäßig verzichtet.

Die Transformatorenräume oder -häuser müssen eine gute Entlüftung haben. Bei Öltransformatoren muß ein Abfluß für auslaufendes Öl vorgesehen werden. Die Aufstellung der Transformatoren muß so geschehen, daß sie zur Auswechslung und Instandsetzung bequem herausgefahren werden können. In größeren Anlagen erhält jeder Transformator und Ölschalter eine Zelle für sich, die am besten vom Freien aus direkt zugänglich und gegen die Schalträume luftdicht abgeschlossen sein soll, um bei Ölbränden der Verbreitung des Feuers vorzubeugen. Sämtliche Hochspannung führenden Teile müssen der Berührung entzogen und Unberufenen unzugänglich sein.

Steht für die Station nur wenig Raum zur Verfügung, so kann sie als gußgekapselte Hochspannungs-Schaltanlage (vgl. 199) ausgeführt werden, wobei die Hochspannungszellen für Schalt- und Meßapparate fortfallen.

Die Erdung der Apparate und Transformatorengehäuse muß nach den bestehenden Vorschriften (vgl. 204) durch eine Erdungschiene zuverlässig hergestellt sein (Schutzerdung). Der Sternpunkt der Niederspannung wird an eine besondere Erdplatte gelegt (Betriebserde). Wird das Niederspannungsnetz· ungeerdet betrieben, so muß der Transformator-Sternpunkt oder der Anfang eines Stranges der Niederspannungswicklung nach Erde hin mit einer Durchschlagsicherung (vgl. 189) gegen Übertreten von Hochspannung gesichert werden.

Beim Einschalten großer Transformatoren vermeidet
man starke Einschaltstöße durch Anwendung von
Schutzschaltern. Hochspannungs-Drehstromtransfor-
matoren dürfen nie einphasig am Netz angeschlossen
bleiben, weil sonst gefährliche Überspannungen entstehen. Die Schalter müssen daher in allen Phasen
gleichzeitig unterbrechen.

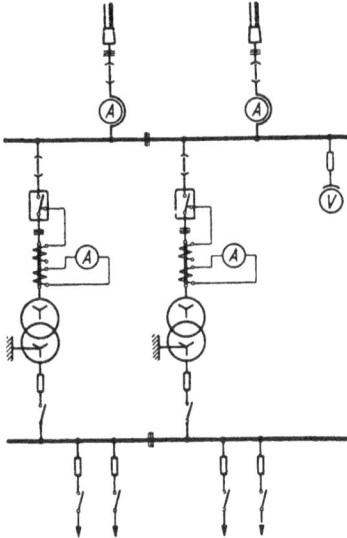

Abb. 73.

Abb. 73 zeigt das Schaltbild einer Umspannstation
mit zwei Transformatoren in einpoliger Schaltzeichen-
darstellung. Über Trennschalter und an Wandler angeschlossene Strommesser führen die Speisekabel an
die Hochspannungssammelschienen, woran die Transformatoren und über Hochspannungssicherungen eine
Spannungsmeßeinrichtung, am besten verbunden mit
Erdschlußkontrolle, angeschlossen sind. Bei Hoch-
spannungsfreileitungen wird auch zweckmäßig ein
Überspannungschutz (vgl. 190) aufgestellt.
   Die Transformatoren sind durch einen Ölschalter
mit davor liegendem Trennschalter von der Ober-

spannungsseite abtrennbar. Der Ölschalter ist mit einer
über Stabwandler (vgl. 136) wirkenden Überstromauslösung (Sekundärauslösung) versehen, die in dieser
Anordnung unbedingt kurzschlußsicher ist. Im Gegensatz hierzu werden bei aufgebauten, direkt wirkenden
Auslösern (vgl. 167) die Spulen durch Kurzschlüsse
häufig zerstört, so daß man diese Bauart nur noch in
kleineren, weit vom Kraftwerk entfernten Stationen
verwendet.

Auf der Unterspannungseite werden zweckmäßig
Zähler, Sicherungen und Schalter auf einer Tafel untergebracht; es können auch automatische Schalter mit
Überstromauslösung Verwendung finden. Treten hohe
Stromstärken auf, so müssen die Leitungschienen
gegen Zusammenschlagen bei Kurzschluß gut versteift
sein.

Transformatorstationen arbeiten meist ohne dauernde
Aufsicht, weshalb die Überwachung möglichst selbsttätig geschehen muß. Man baut z. B. eine automatische Prüfvorrichtung für die Öltemperatur ein,
die bei zu großer Erwärmung den Transformator abschaltet. Um nach einem Kurzschluß im Netz unnötig
lange Betriebsunterbrechungen zu vermeiden, ordnet
man eine selbsttätige Wiedereinschaltung an, die nach
einer kurzen Zeitspanne die Station wieder in Betrieb
zu nehmen versucht. Ist die Störung dann noch nicht
behoben, so unterbleibt eine
weitere Einschaltung.

In Überlandnetzen führt
man kleine Transformatorstationen als Maststationen aus.
Der Transformator T (Abb. 74)
befindet sich auf einer Plattform, die zum Zweck der Bedienung mit Schutzgeländer
versehen sein muß. Die Hochspannungsleitungen erhalten
auf einem benachbarten Mast
Trennschalter, so daß man
nach dem Öffnen der Schalter
die Plattform ohne Gefahr betreten kann. Hinter den Abspannisolatoren J für die Hochspannungsleitungen sind die
Sicherungen S, bei dem meist
verwendeten Drehstromsystem

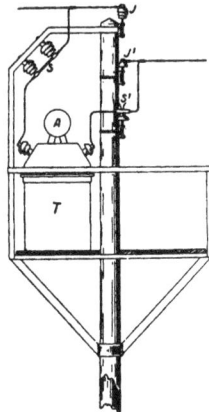

Abb. 74.

drei Sicherungen, eingebaut. Die Niederspannungsleitungen werden vom Transformator aus zu den Sicherungen S' und dann den Abspannisolatoren J' zugeführt. Der Transformator selbst muß seiner Bauart
nach für Aufstellugn im Freien geeignet sein.

107. Störungen an Transformatoren. Bei allen Arbeiten und Untersuchungen in den Zellen der Hoch-
spannungstransformatoren ist mit größter Vorsicht
zu verfahren unter Beachtung der in 331 aufgeführten
Vorschriften. Es genügt nicht, den Transformator hoch-
spannungseitig abzutrennen, sondern die Abtrennung
der Niederspannungseite ist ebenso wichtig, weil der
Transformator sonst von der Niederspannung erregt
wird.

Die hauptsächlichsten Störungsarten sind:

    a) Starkes Geräusch,
    b) Elektrische Fehler,
    c) Starke Erwärmung,
    d) Undichtigkeit.

Durch den Wechselfluß herrschen im Transformator-
eisen wechselnde magnetische Kräfte, die ein Brummen
des Transformators zur Folge haben. So lange der Ton
nicht sehr stark wird, ist dies nicht bedenklich. Durch
die ständigen kleinen Schwingungen können sich
Schrauben lockern und Bolzen dehnen, was dann durch
verstärktes Geräusch erkennbar ist. In diesem Falle
ist der eingeschaltete Transformator abzuhorchen.
Lockerungen an äußeren Teilen lassen sich leicht durch
Nachziehen oder Verkeilen beheben. Muß der Ölkessel geöffnet werden, so ist auf die unter 108 angegebenen Vorschriften zu achten.

Bei elektrischen Störungen, d. h. beim Ausbleiben
einzelner Phasenspannungen oder Ansprechen der Überstromauslösung muß zunächst durch Abtrennen festgestellt werden, ob der Fehler nicht etwa im Netz liegt.
Dann ist auf Überschlag gegen Gehäuse oder auf Unterbrechung zu prüfen. Das erste geschieht durch Speisen
des Transformators von der Unterspannungseite bei
abgeklemmter Oberspannung. Man erdet dabei nacheinander die einzelnen Oberspannungsphasen (Vorsicht,
beim Umlegen der Erdung abschalten!) und erkennt
die nach Erde durchgeschlagene daran, daß bei Erdung
der gesunden Phase ein hoher Strom auftritt. Unterbrechungen werden zweckmäßig mit dem Galvano-
meter festgestellt. Liegt der so ermittelte Fehler an

einer Durchführungsklemme, so kann durch Auswechseln Abhilfe geschaffen werden. Ist dagegen die Fehlerstelle in der Wicklung selbst zu suchen, so handelt es sich meist um eine umfangreichere Reparatur, die in der Regel nur im Lieferwerk ausgeführt werden kann.

Tritt trotz richtiger Kühlung, ohne daß die Nennlast überschritten wird, eine zu hohe Erwärmung des Transformatoröles oder sogar Überkochen auf, so sind meist Kurzschlußwindungen im Kupfer oder Eisen vorhanden. Auch diese Störung ist nur vom Lieferwerk zu beheben.

Undichtigkeiten, durch die Öl austritt, lassen sich durch Auswechseln von Dichtungen beseitigen. Nur bei schlechten Schweißstellen am Kessel muß das Öl abgelassen und der Kessel nachgeschweißt werden. Auskochen des Öles ist dann nicht zu vermeiden.

Das Auftreten kleiner Fehlerquellen im Innern des Transformators hat durch die örtliche Erwärmung Blasenbildung zur Folge. Man benutzt diese Tatsache zur Überwachung, indem man in einer besonders ausgebildeten Anzeigevorrichtung, dem Buchholzschutz, die Blasenbildung zur Störungsmeldung benutzt. Als Schutz gegen Überlastung wird häufig durch eine Temperaturmeßvorrichtung die Öltemperatur überwacht und bei Überschreitung eines bestimmten Höchstwertes im Warnzeichen gegeben.

108. Transformatoröl. Das Öl soll wasser- und säurefrei sein und hohen Entflammungs- und Siedepunkt haben, auch muß seine Durchschlagfestigkeit erprobt sein. Damit das Öl kühlend umlaufen kann, soll es dünnflüssig sein. Stehen die Transformatoren zeitweise ohne Erregung in kalten Räumen, so muß verlangt werden, daß das Öl erst bei niedriger Temperatur (Stockpunkt unter —20°C) erstarrt. Metall, Baumwolle und Papier dürfen vom Öl nicht angegriffen werden. Bestimmungen über die Beschaffenheit und Prüfung des Öles sind vom VDE festgesetzt. Bei Luftzutritt zersetzt sich erhitztes Öl und ist dann für Transformatoren wie für Schalter unbrauchbar. Säurehaltiges Öl neigt zu Schlammbildung. Will man das Öl dauernd brauchbar erhalten, so muß Luftzutritt möglichst gehindert, der Deckel des Transformatorgefäßes daher abgedichtet werden.

Um das Eindringen von Feuchtigkeit in den Ölkessel zu verhindern und die Luft vom Öl abzuschließen,

verbindet man diesen mit einem darüber angebrachten
Ölausdehngefäß, sog. Ölkonservator (*A* in Abb. 74). Es
ist das ein kleines Ölgefäß, das durch einen Rohrstutzen
mit dem Ölbehälter verbunden ist. Da die Außenluft
nur zum Öl im kleinen Gefäß gelangt, so kann sich nur
in diesem Feuchtigkeit niederschlagen. Zum Ablassen
von Öl und Schlamm befindet sich an der tiefsten Stelle
des Kessels eine Ölablaßschraube.

Nach dem Einfüllen und Nachfüllen von Öl empfiehlt es sich, so lange auf rd. 110° C zu erhitzen, bis
keine Blasen mehr aufsteigen, damit alles Wasser beseitigt wird. Diese Arbeiten dürfen nur erfahrene Techniker ausführen. Ist ein Transformator mit der Ölfüllung versandt worden, so darf er ohne zwingenden
Grund nicht aus dem Öl herausgenommen werden, weil
sonst Feuchtigkeit in die Wicklung gelangen kann.
Nach dem Herausnehmen des Transformators aus dem
Öl, zur Instandsetzung o. dgl., muß das Öl wieder aus-
gekocht oder gefiltert werden, wenn nicht das Herausnehmen des Transformators ganz kurz, d. h. wenige
Minuten gedauert hat. Zum Nachfüllen darf nur von
der Fabrik geliefertes oder von ihr als geeignet bezeich-
netes Öl benutzt werden. Zum Auskochen des Öles für
große Transformatoren verwendet man besondere Öl-
kochvorrichtungen, für deren Bedienung die von der
Fabrik angegebene Anleitung maßgebend ist.

109. Prüfen des Öles. Die zuverlässigste Prüfung
auf Brauchbarkeit eines Öles ist die Untersuchung auf
Durchschlagfestigkeit, wofür einige Apparate hergestellt werden. Die sog. Spratzmethode zum Untersuchen auf Trockenheit des Öles, bei der durch Erhitzen der Ölprobe in einem Reagenzglas oder auf einem
Löffel beobachtet wird, kann bei raffinierten Ölen Anhalt über den Feuchtigkeitszustand geben. Wassergehalt
macht sich durch knisterndes Geräusch bemerkbar.

Beim Entnehmen von Ölproben zum Untersuchen
auf Trockenheit berücksichtige man, daß das Öl in
den unteren Schichten höheren Feuchtigkeitsgehalt
haben kann als in den oberen. Genauere Prüfung erfolgt durch chemische Untersuchung für die etwa 1 l
Öl erforderlich ist. Das Gefäß für die Ölprobe muß vor
dem Einfüllen des Öles sorgfältig gereinigt und getrocknet werden.

110. Reinigen des gebrauchten Öles. Ist das Öl
feucht geworden, hat es durch Erwärmung im Betrieb

unter Luftzutritt Schlamm abgesetzt, ist es durch ein-
gedrungenen Staub verdickt oder bei Ölschaltern durch
häufiges Schalten verrußt, so bedient man sich zum
Reinigen und Entfeuchten einer Ölpresse oder Ölschleuder (Ölzentrifuge). Bewährt haben sich Pressen, bei
denen das Öl unter hohem Druck durch mehrere Lagen
von gutem, trockenem, weißem Löschpapier getrieben
wird, wobei Wasser, Schlammteilchen und sonstige im
Öl nicht gelöste Bestandteile zurückbleiben. Unvoll-
ständiges Reinigen durch behelfmäßig aufgestellte Filter
genügt nicht.

Das Ölreinigen mittels Filterpresse oder Ölschleuder
wird dem Auskochen häufig vorgezogen, zumal das Öl
durch wiederholtes Filtern genügend wasserfrei werden
kann. Beim Auskochen ist große Vorsicht geboten; das
Öl sollte an keiner Stelle über 120° C erhitzt werden;
beim Abkühlen muß durch Abdecken dafür gesorgt
werden, daß Feuchtigkeitsniederschlag verhindert wird.

Das Auskochen des Öles nach dem Einfüllen in den
Transformator wird durch das Filtern nicht entbehrlich, weil auch allen nicht feuchtigkeitbeständigen
Teilen der Transformatorspulen die Feuchtigkeit entzogen werden muß.

Gleichrichter.

111. Aufbau und Wirkungsweise. Der Quecksilberdampf-Gleichrichter dient zur Umformung von ein-
phasigem oder mehrphasigem Wechselstrom in Gleichstrom. Seine Wirkung beruht auf der Eigenschaft des
Quecksilberlichtbogens, den Strom nur in einer bestimmten Richtung hindurchzulassen (Ventilwirkung).
Der Gleichrichter besteht aus einem luftleer gepump-
ten Gefäß, in das die Wechselstromzuführungen
(Anoden) und die Gleichstromabführung (Kathode)
isoliert und luftdicht eingesetzt sind. Die Anoden bestehen aus Eisen oder Graphit, die Kathode aus Quecksilber. Das Gefäß selbst ist entweder aus Glas oder aus
hochwertigem Stahlblech, und zwar verwendet man bis
zu Gleichstrom von etwa 400 A Glasgefäße (Glasgleichrichter) und darüber hinaus Eisengefäße (Großgleichrichter).

Im Gleichrichter muß vollkommene Luftleere
herrschen, weil dies Vorbedingung für den einwandfreien Betrieb ist. Glasgefäße werden nach gründ-

lichem Auspumpen zugeschmolzen und behalten das
Vakuum und damit die Betriebsfähigkeit einige Jahre
lang. Beim Eisengleichrichter läßt das Vakuum so stark
nach, daß ein Pumpensatz angebaut und zu häufigem
Nachpumpen benutzt werden muß.

Wie beim Einankerumformer ist auch beim Gleichrichter auf der Wechselstromseite eine große Phasenzahl erwünscht. Man löst daher bei größeren Leistungen
durch den vor dem Gleichrichter liegenden Transformator das Drehstromsystem in ein Sechs- oder gar
Zwölfphasensystem auf. Der Gleichrichter muß dann
eine entsprechende Anzahl Anoden erhalten. Der
abgegebene Strom ist kein vollkommener Gleichstrom,
sondern seiner Herkunft gemäß wellenförmig. Je mehr
Phasen angelegt werden, desto kleiner werden die im
Takt der Wechselspannung verlaufenden Wellen.
Durch in den Stromkreis eingeschaltete Drosselspulen
können diese Wellen noch »geglättet« werden, so daß
man praktisch zu allen Zwecken verwendbaren Gleichstrom erhält.

Die Größe der abgenommenen Gleichspannung ist
durch die Größe der angelegten Wechselspannung bedingt; der Transformator muß also für die jeweiligen
Spannungsverhältnisse bemessen sein. Eine Reglung
der Gleichspannung ist nur durch Verändern der
Wechselspannung möglich und wird durch Stufenschalter mit Anzapfungen am Transformator bewirkt.
Bei großen Leistungen wird meist zur Spannungsreglung ein Drehregler in den Wechselstromkreis eingeschaltet.

Zur Inbetriebsetzung des Gleichrichters muß der
Quecksilberlichtbogen gezündet werden, was ein durch
die Zündvorrichtung erzeugter Abreißfunke bewirkt.
Zur Aufrechterhaltung des Lichtbogens muß eine kleine
Gleichstromlast, die Erregung, dauernd eingeschaltet
sein. Zur Ersparung von Verlusten wird der Erregerstromkreis über Hilfsanoden geführt.

Die gefährlichste Störung am Gleichrichter ist
die Rückzündung; sie entsteht, wenn der Lichtbogen seine Ventilwirkung verliert und eine oder
mehrere Anoden die Wirkung der Kathode annehmen.
Über die Anoden wird dann ein Kurzschlußkreis für
den Transformator geschlossen. Der auftretende Kurzschlußstrom beschädigt die Anoden und kann Zerstörung des Gleichrichters zur Folge haben.

Die Verwendung eines Quecksilberdampf-Gleich-
richters hat gegenüber umlaufenden Umformern folgende Vorteile:

a) Guter Wirkungsgrad auch bei Teilbelastungen;
b) Leichte Inbetriebsetzung, die für Ausführung von
   automatischen Schaltungen und Fernsteuerung
   geeignet ist;
c) Aufstellung ohne besondere Fundamentarbeiten;
d) Erschütterungsfreier, geräuschloser Betrieb.

Diese Vorteile begründen die große Verbreitung, die
der Quecksilberdampf-Gleichrichter besonders beim
Bahnbetrieb in neuerer Zeit gefunden hat.

112. Glasgleichrichter. Die meisten Glasgefäße sind
für **Kippzündung** gebaut. Durch Ankippen des Gefäßes schließt das Queck-
silber den Zündstromkreis
über einen Zündstutzen.
Beim Rückkippen entsteht
ein Öffnungsfunke, der die
Zündung bewirkt. Das Kip-
pen kann von Hand oder
elektrisch durch einen Kipp-
magneten erfolgen.

Bei der **Spritzzün-
dung** wird durch einen
elektromagnetisch betätig-
ten Kolben ein Quecksilber-
strahl zum Schließen des
Zündstromkreises benutzt.

Abb. 75 zeigt das Schalt-
bild einer kleinen Glasgleich-
richteranlage. An dem Drehstrom Niederspannungsnetz
RST liegt der Transformator *T*, der zur Spannungsreglung mit Anzapfungen
versehen ist. Das verhältnismäßig kleine Gefäß ist
entsprechend den drei Ano-
denarmen nur dreiphasig
ausgeführt. Die Anoden-
drosselspulen *D* dienen zur
Glättung des Gleichstromes,

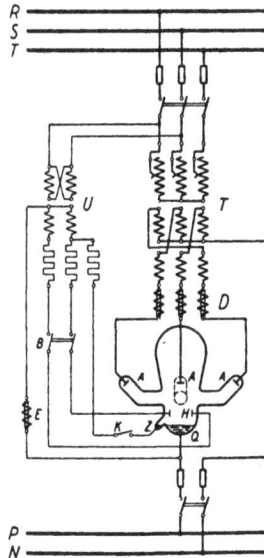

Abb. 75.

der an den Sammelschienen *PN* abgenommen werden
kann. Vom Hilfstransformator *U* wird über Wider-

stände der Zündstromkreis der Kippzündung Z geschlossen und in der Ruhestellung durch den Schalter K
unterbrochen. Ebenso speist der Hilfstransformator U
über die Drossel E die Hilfsanoden H, die zur Erregung
dienen; bei Dauerlast im Hauptstromkreis kann die
Erregung durch den Schalter B abgeschaltet werden.

Sämtliche Hilfsapparate sind zusammen mit dem
Gefäßträger zu einem Schalttafelfeld zusammengebaut,
das sich als Ganzes leicht transportieren läßt. Große
Vorsicht ist beim Transport des Glasgefäßes erforderlich, das in entsprechender Verpackung ohne Ankippen
befördert werden muß. Beim Auspacken und Einsetzen
ist darauf zu achten, daß die Quecksilberfüllung nur
ganz allmählich verlagert werden darf, weil bei schneller
Bewegung das schwere Quecksilber den Glaskolben
zerschlägt.

Größere Glasgleichrichter werden meist durch einen
darunter angebrachten Lüfter gekühlt.

Reglung der Spannung und das Zu- und Abschalten
von parallel arbeitenden Gefäßen bei Belastungs-
änderungen kann durch entsprechende Schaltungen
selbsttätig bewirkt werden.

Gibt der Gleichrichter aus irgendeinem Grunde
keinen Gleichstrom ab, so ist zunächst mit einem Spannungsmesser für Wechselstrom zu prüfen, ob zwischen
Anoden und Kathode eine Spannung herrscht, die ungefähr die Größe der Gleichspannung hat. Zeigt sich
hier eine Störung, so ist der Fehler auf der Wechselstromseite zu suchen. Weiter ist der Zündvorgang
genau zu prüfen. Beim Vorkippen muß der Zündstromkreis geschlossen sein, was erforderlichenfalls mit einem
Strommesser geprüft werden kann. Beim Rückkippen
muß zuerst im Glasgefäß der Stromkreis unterbrochen
werden, wobei ein kleiner Funke am Quecksilber entsteht. Zuletzt muß Unterbrechung durch einen äußeren
Schalter bewirkt werden.

Zündet der Gleichrichter nach Durchprüfung aller
äußeren Fehlerquellen noch nicht oder zeigen sich
Schmorstellen an den Anoden, so muß das Glasgefäß
gegen das Reservegefäß ausgewechselt werden. Ver-
brauchte Gefäße erkennt man am schlechten Zünden,
besonders bei kaltem Wetter.

113. Großgleichrichter. Großgleichrichter bestehen
aus einem Gefäß aus hochwertigem Stahlblech, an das
die Anoden und die Kathode isoliert mit genau ausge-

führten Dichtungen angeschraubt sind. Das Gefäß
stellt sich auf eine bestimmte Spannung ein und darf
nicht geerdet werden. Der Fußboden in der Umgebung
des Gefäßes muß zum Schutz gegen elektrische Schläge
bei Berührung aus isolierendem Material bestehen.

Die Zündung erfolgt durch eine Zündnadel, die
magnetisch in den Quecksilberspiegel der Kathode hin-
eingedrückt wird und wieder zurückschnellt. Die Er-

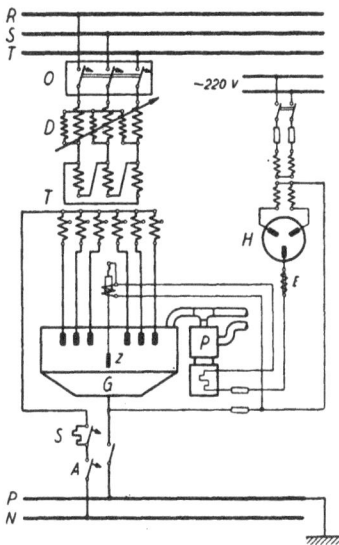

Abb. 76.

regung kann in der gleichen Weise wie beim Glasgleichrichter durch Hilfsanoden erfolgen, die von einem Hilfstransformator gespeist werden. Der in Abb. 76 dargestellte Gleichrichter arbeitet mit einer Gleichstromerregung, die von einem Hilfs-Glasgleichrichter H geliefert wird. Ist die Hilfsgleichspannung eingeschaltet,
so erfolgt die Zündung selbsttätig, der Lichtbogen
bleibt zwischen Zündnadel Z und Kathode stehen und
wirkt als Erregung. Durch den Hilfsgleichrichter spart
man die Hilfsanoden.

Gefäß, Kathode und Pumpe werden durch Wasser-umlauf gekühlt; die Anoden haben Luft- oder Öl-kühlung. Die Wasserkühlung wird nach der Belastung eingestellt; eine Temperatur- und Kühlwasserzufluß-Überwachung meldet eingetretene Fehler selbsttätig.

Der angebaute Pumpensatz besteht aus einer um-laufenden Vorpumpe und einer mit Quecksilberdampf betriebenen Hochvakuumpumpe P. Diese hat keine umlaufenden Teile und benötigt nur eine Widerstand-heizung, die im Betriebe vom Strom der Gleichstrom-erregung gespeist wird. In der Vakuumleitung liegt ein Dreiwegehahn, der die Verbindung zwischen Gefäß, Pumpe und einer Vakuummeßvorrichtung herstellt. Mit diesem Gerät kann der Grad der Luftleere durch Probeentnahme des Luftrestes festgestellt werden. Eine laufende, weniger genaue Kontrolle gibt das elektrische Vakuumanzeigegerät, das direkt im Gefäß eingebaut ist.

Im Betriebe des Großgleichrichters darf der Druck des Restgases im Gefäß nicht über $1/_{100}$ mm Queck-silbersäule steigen. Läßt sich trotz Einschalten der Pumpen dieser Wert nicht halten, so liegt eine Störung vor und der Gleichrichter muß abgeschaltet werden.

Man bringt dann in betriebslosem Zustand den Gleichrichter durch dauerndes Pumpen auf möglichst gutes Vakuum, schließt den Vakuumhahn und läßt das Gefäß etwa 24 Stunden stehen. Dadurch kann man feststellen, ob die Undichtigkeit am Gefäß selbst oder an der Rohrleitung und Pumpe aufgetreten ist. Die Leitungsdichtungen kann ein erfahrener Monteur aus-wechseln, bei den Dichtungen am Gefäß beschränke man sich auf ein Nachziehen. Sind die Quecksilber-vorlagen an den Hahn- und Pumpendichtungen einge-zogen, so ist dies ein Zeichen für Undichtheit der be-treffenden Stelle.

Läßt sich die Reparatur nicht ausführen, ohne in das Gefäß Luft eintreten zu lassen, so muß ein Fach-mann zugezogen werden.

Häufiges Auslösen der selbttätigen Schalter kann durch Rückzündungen hervorgerufen werden, wenn nicht äußere Störungen der Grund sind. Stellt man die Überstromauslösung des Ölschalters O (Abb. 76) auf der Drehstromseite unter Berücksichtigung des Übersetzungsverhältnisses höher ein als den Automat A der Gleichstromseite, so fallen bei äußerer Störung nur die Schalter der Gleichstromseite; bei Rückzündungen löst auch der drehstromseitige Ölschalter aus. Außerdem machen sich Rückzündungen durch Absinken des Vakuums bemerkbar. Bei festgestellter Rückzündung ist Öffnen des Gefäßes durch einen Spezialisten erforderlich. Soll ein geöffneter Eisengleichrichter wieder in Betrieb genommen werden, so ist nach vorsichtiger Abdichtung zunächst ein Betrieb mit ganz geringer Spannung bei dauerndem Laufen der Pumpen erforderlich, um durch Erwärmung die im Gefäß festsitzenden Restgase herauszuholen (Entgasen, Formieren). Am Transformator befinden sich für diesen Entgasungsbetrieb Anzapfungen (Abb. 76) und auf der Gleichstromseite werden entsprechende Widerstände eingeschaltet. Mit langsamer Steigerung der Stromstärke wird das Entgasen unter ständiger Beobachtung des Vakuums etwa 2 bis 3 Tage fortgesetzt, bis das Vakuum auch bei Nennstrom gut bleibt. Darauf kann unter Beachtung der nötigen Vorsichtsmaßregeln mit langsam steigender Stromstärke auf Betrieb übergegangen werden.

114. Besondere Gleichrichter. Für kleinere Stromstärken werden auch Gleichrichter mit Edelgasfüllung verwendet (Argonalgleichrichter). Die Zündung erfolgt hierbei durch Anlegen einer Spannung von etwa 500 V an entsprechende Anoden. Der Zünd- und Erregungsvorgang ist damit wesentlich vereinfacht.

Trockengleichrichter werden vorzugsweise für kleine Stromstärken verwendet, da sie ohne Glasgefäß und ohne Flüssigkeit arbeiten. Sie bestehen aus aufeinandergeschichteten Kupferplatten mit Oxydschicht, die gleichrichtende Wirkung hat. Ein wichtiges Anwendungsgebiet der Trockengleichrichter ist die Aufladung von kleineren Akkumulatorenbatterien. Die Schaltung wird dann meist so ausgeführt, daß die Batterie durch den Gleichrichter mit geringem Strom dauernd nachgeladen wird (Tropfenladung).

Akkumulatoren.

115. Allgemeines. Die Akkumulatoren (Sammler) dienen zum Aufspeichern elektrischer Arbeit. Durch den beim Laden zugeführten Strom wird in der Akkumulatorzelle eine chemische Umwandlung hervorgerufen; beim Entladen findet ein umgekehrter chemischer Vor-

gang statt. Gebraucht werden der Bleiakkumulator
und seltener der Edisonakkumulator.

116. Verwendung. Am meisten angewendet wird der
Bleiakkumulator in Elektrizitätswerken als Moment-
reserve im Fall von Störungen und als Pufferbatterie
zur Spitzendeckung, besonders dann, wenn Motoren
mit stark wechselnder Belastung, z. B. Bahnbetriebe, an
das Werk angeschlossen sind. Häufig genügt hier nicht
einfaches Parallelschalten zum Netz; es werden vielmehr zur Verbesserung der Pufferung selbsttätige Zusatzmaschinen notwendig. Weiterhin wird der Akkumulator als Betätigungsstromquelle für Schaltapparate,
im Telephon- und Telegraphenwesen und zum Antrieb
von Fahrzeugen verschiedener Art verwendet. Kleinakkumulatoren werden für Handlampen, Funkgeräte,
als Autobatterien, als Stromquellen für Scheinwerfer
usw. benutzt.

117. Bleiakkumulator. Die aus Blei hergestellten
Platten tragen die aus Bleiverbindungen bestehende
wirksame Masse. Die positiven Platten haben als wirk-

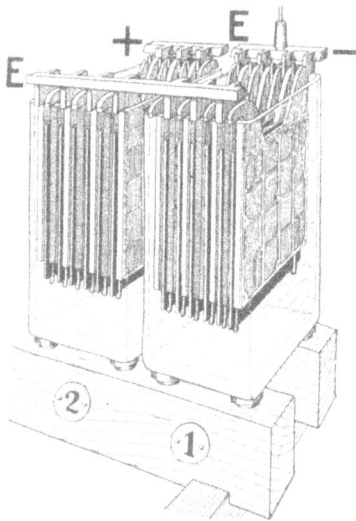

Abb. 77.

same Masse Bleisuperoxyd, die negativen fein verteilten
Bleischwamm. Die positiven Platten hängen jeweils
zwischen zwei negativen Platten. Sie haben braune
Färbung, während die negativen Platten grau sind.
118. Ortsfester Akkumulator (Abb. 77). Für ortsfeste Anlagen wird als positive Platte die sog. Groß-
oberflächenplatte verwendet. Sie ist eine ge-
gossene Bleiplatte, deren Oberfläche durch zahlreiche
feine Lamellen vergrößert ist. Als negative Gegen-
platte dient die Kastenplatte, die aus einem groß-
feldrigen Hartbleigitter zur Aufnahme der Masse besteht. Die gleichnamigen Platten einer Zelle sind durch
Bleileisten *E* leitend miteinander verbunden. Der
Plattenabstand ist durch nichtleitende Zwischenlagen,
meist dünne Brettchen mit Hartgummistäben, gesichert. Die Akkumulatorkasten müssen in ihrer inneren
Auskleidung säurebeständig sein; man verwendet für
kleine Typen Glasgefäße, für größere Typen hölzerne,
mit Blei ausgekleidete Tröge. Die Platten hängen in
verdünnter Schwefelsäure, bei Glasgefäßen auf dem
Gefäßrand, bei Holzkasten auf Glasstützscheiben. Abdecken der Akkumulatorkasten mit Glasplatten verringert das Verdampfen der Flüssigkeit und das Fortreißen von Säureteilchen beim Laden; es bietet ferner
Schutz gegen das Hi-
neinfallen von Fremd-
körpern. Die in einem
Gefäß untergebrachte
Einheit von positiven
und negativen Platten
bildet zusammen mit
dem Behälter und der
Säure eine Zelle. Meh-
rere Zellen werden
durch Reihenschal-
tung zu einer Batte-
rie verbunden.

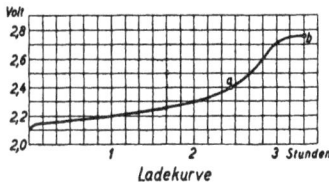

Ladekurve

Abb. 78 a.

**119. Klemmenspan-
nung.** Die Spannung
einer Akkumulator-
zelle schwankt mit dem
Ladezustand, indem
sie beim Laden von et-

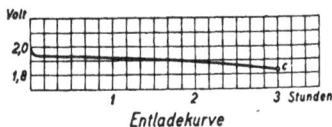

Entladekurve

Abb. 78 b.

wa 2,13 V auf 2,75 V steigt (Abb. 78 a) und beim Entladen von 1,97 V auf 1,83 V fällt (Abb. 78 b). Für
die den abgebildeten Spannungskurven zugrunde lie-

gende Lade- und Entladedauer sind normale Stromstärken angenommen.

120. Kapazität. Als Kapazität eines Akkumulators
bezeichnet man die Elektrizitätsmenge, die man in ihm
aufspeichern kann. Einheit ist die Amperestunde
(= Ampere × Stunden, Ah). Die Kapazität eines Blei-
akkumulators hängt in hohem Maße von der Größe
des Entladestromes ab; bei einer bestimmten Zellen-
größe entspricht z. B. einem Entladestrom von 36 A
eine Kapazität von 108 Ah, einem Entladestrom von
14,5 A eine Kapazität von 145 Ah.

121. Wirkungsgrad. Ist beim Laden eine Spannung
von 2,4 V erreicht, so setzt die Gasentwicklung ein.
Zum Ausgleich des dadurch entstehenden Verlustes
muß beim Laden ein Überschuß an elektrischer Arbeit
(kWh) zugeführt werden. Das Verhältnis der vom
Akkumulator beim Entladen abgegebenen elektrischen
Arbeit zu der beim Laden aufgenommenen Arbeit stellt
den Wirkungsgrad dar. Dieser beträgt rd. 75%.

122. Zellenschalter. Da die Zellenspannung während
der Entladung abnimmt, muß, namentlich für Lichtbetrieb, die Zahl der in Reihe geschalteten Zellen geregelt werden, um die Netzspannung dauernd auf nahezu gleicher Höhe zu halten. Zu diesem Zweck werden
einzelne Zellen, die sog. Schaltzellen, mit Hilfe des
Zellenschalters je nach Bedarf zu- oder abgeschaltet.
Der Zellenschalter besteht aus nebeneinander angeord-
neten, mit den Zellen durch Leitungen verbundenen
Kontakten, auf denen die Kontaktschlitten — beim
Doppelzellenschalter einer für Laden und einer für
Entladen — verschoben werden. Die Kontaktschlitten
müssen so gebaut sein, daß bei ihrem Verschieben weder
Kurzschluß noch Unterbrechung des Stromkreises
stattfindet. Zu dem Zweck sind zwei gegenseitig iso-
lierte Bürsten B' und B'' (Abb. 79) vorhanden, die die
Verbindung der Zellenkontakte mit den Gleitschienen
S' und S'' vermitteln. Die Schiene S' ist mit der zugehörigen Sammelschiene unmittelbar verbunden; an
die Schiene S'' ist der Widerstand R angeschlossen.
Die Zellen sind durch Nummern bezeichnet. Beim
Zuschalten einer Zelle, etwa Zelle 58, wird nach dem
Abwärtsbewegen der Bürsten zunächst die Zelle 58
durch den Widerstand überbrückt, bei Weiterbewegung
ist die Zelle 58 zugeschaltet. Die Betätigung des Ent-
ladeschalters geschieht häufig selbsttätig durch ein von
der Netzspannung beeinflußtes Relais.

Eine an Zellenschalterleitungen sparende
Anordnung ist in Abb. 80 dargestellt. Dabei ist nur
jede zweite Zelle mit dem Zellenschalter verbunden und

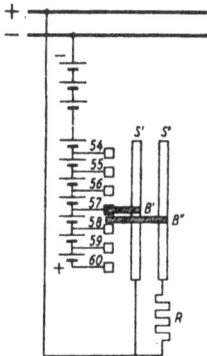

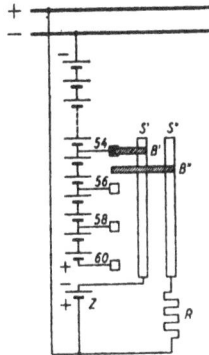

Abb. 79. Abb. 80.

eine einzelne Zelle Z (Sparzelle) zwischen die Gleit-
schiene S' und die Sammelschiene geschaltet. Verschiebt man den Kontaktschlitten aus der im Schaltbild angegebenen Stellung so weit, daß die Bürste B''
auf den Kontakt 56 kommt, so werden zwei Zellen zugeschaltet, dagegen die Zelle Z abgeschaltet, so daß sich die Gesamtspannung nur um die Spannung
einer Zelle erhöht. Beim Verschieben des Kontaktschlittens um eine
weitere Stufe (Bürste B' auf Kontakt 56) wird die Zelle Z wieder
zugeschaltet, die Spannung also
wieder um den Betrag einer Zelle
erhöht. Beim Ausschalten von
Zellen wird umgekehrt verfahren.

123. Hilfsfunkenstrecke. Große
Zellenschalter erhalten in der Regel Hilfsfunkenstrecken (Funken-
entzieher), bei denen die Funken
beim Zu- und Abschalten von Zellen auf auswechselbare Kontaktteile übertragen werden. Zu dem
Zweck sind die Bürsten B' und

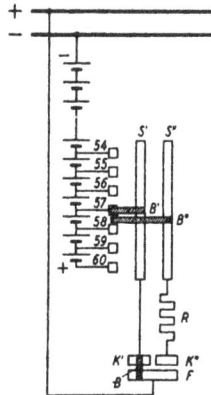

Abb. 81.

B'' (Abb. 81) mit der über die Kontaktplatten der Hilfsfunkenstrecke F gleitenden Bürste B derart mechanisch
gekuppelt, daß die beim Schalten auftretenden Funken
zwischen den Kontaktplatten K' K'' und der Bürste B,
nicht aber an den eigentlichen Zellenschalterkontakten
entstehen.

124. Maschinen zum Laden von Akkumulatoren.
Hierfür sind nur Nebenschlußmaschinen geeignet, weil
sie durch zurückfließenden Akkumulatorstrom unter
normalen Verhältnissen nicht umgepolt werden. Am
besten wird die Nebenschlußwicklung der Maschine unmittelbar an die Batterie angeschlossen, so daß eine
Umkehr des Stromes in der Erregerwicklung ausgeschlossen ist.

Die für das zeitweise Überladen der Batterie verlangte Höchstspannung in Volt ist gleich dem 2,7fachen
der Zellenzahl. Gewöhnlich genügt es aber, als Höchstspannung für jede Zelle 2,4 V zu rechnen, weil man gegen Ende des Ladens die weniger beanspruchten Zellen
abschaltet und die Ladestromstärke verringert.

Um die für das Laden der Batterie erforderliche
höhere Spannung zu erhalten, wird die Maschine stärker
erregt oder auf höhere Drehzahl gebracht, wenn nicht
Zusatzmaschinen zur Erhöhung der Spannung angewendet werden.

125. Laden der Akkumulatoren. Vor dem ersten
Laden muß untersucht werden, ob die Maschinenklemmen richtig bezeichnet (vgl. 33 und 49) und mit den
Batterieklemmen richtig verbunden sind (vgl. 117).
Für das Einschalten der Batterie in den Ladestromkreis
und das Abschalten die gleichen Regeln wie für
das Parallelschalten von Maschinen (vgl. 42).

Die Stromstärke wird während des Ladens auf der
vorgeschriebenen Höhe gehalten; nie darf mit zu hoher
Stromstärke geladen werden. Gegen Ende des Ladens
läßt man die Stromstärke zur Vermeidung zu starker
Gasentwicklung um rd. 50% sinken.

Im regelrechten Betrieb gilt das Laden als beendet,
wenn in allen Zellen die Platten beider Pole gleichmäßig lebhaft gasen und Säuredichte sowie Spannung
nicht mehr steigen.

Beim Beginn der Gasentwicklung (2,4 V je Zelle,
Punkt a in Abb. 78a) sehe man nach, ob sie in allen
Zellen gleich stark auftritt. Zeigt eine Zelle keine oder
nur geringe Gasentwicklung, so ist baldige Abhilfe

notwendig (vgl. 129). Nach beendetem Laden soll sich die gleichmäßige dunkelbraune Färbung der positiven Platten gegen die graue Farbe der negativen Platten abheben.

Waren während des Entladens einzelne Zellen kürzer in Betrieb, so werden beim Beginn des Ladens alle Zellen eingeschaltet und die weniger erschöpften Zellen bei eintretender Sättigung abgeschaltet. Eine erschöpfte Batterie muß innerhalb 24 Stunden wieder geladen werden.

Während des Ladens muß der Batterieraum gut gelüftet werden.

Weitergehendes Laden, als vorstehend beschrieben, ist notwendig bei neu aufgestellten Batterien, alsbald nach dem Einfüllen der Säure, und im regelrechten Betrieb alle drei Monate. Dabei wird unter Zwischenlegung von Ruhepausen geladen, indem man das Laden nach dem Eintreten der lebhaften Gasentwicklung einstellt und die Batterie mindestens eine Stunde lang ruhen läßt, ohne zu entladen. Dann wird abermals bis zu lebhafter Gasentwicklung geladen und wieder eine Stunde lang abgeschaltet, was man so oft wiederholt, bis sofort nach Beginn des Ladens die Gasentwicklung an den Platten beider Pole eintritt. Das wiederholte Laden geschieht mit verminderter Stromstärke, wie gegen Ende des regelmäßigen Ladens.

Beim Laden ortsbeweglicher Akkumulatorenbatterien, deren Zellenzahl der Spannung des vorhandenen Netzes angepaßt ist, z. B. 40 Zellen (Ladespannung je 2,75 V) bei einer Netzspannung von 110 V, muß ein Widerstand vorgeschaltet werden, damit die Ladestromstärke am Anfang nicht zu groß wird. Hierzu können Regelwiderstände benutzt werden; es genügt jedoch meist ein konstanter Widerstand, der während der gesamten Ladedauer vorgeschaltet bleibt. Die Größe dieses Widerstandes ist unter Angabe der Batterietype, Zellenzahl und der Ladeverhältnisse bei der Lieferfirma zu erfragen. Die Dauer des Ladens beträgt bei ortsbeweglichen Batterien mit Großoberflächenplatten bei Verwendung eines konstanten Vorwiderstandes 6 bis 7 Stunden, bei Gitterplattenbatterien 8 Stunden und länger, je nach der vorhandenen Anschlußspannung. Kommt es darauf an, die Ladedauer zu verkürzen, was meist bei Gitterplatten erwünscht ist, so kommen zwei parallel geschaltete Widerstände zur

Anwendung, von denen der eine bei Eintritt der Gasentwicklung abzuschalten ist.

Das Laden von Batterien mit unveränderlicher Zellenzahl geschieht vorteilhaft mit einem selbsttätigen Ladeschalter, »System Pöhler«. In der kurzen Zeitspanne des raschesten Spannungsanstieges ab 2,4 V je Zelle wird hierbei der Anker einer Schaltuhr durch ein Relais freigegeben, die nach Ablauf der bis zur Volladung der Batterie notwendigen konstanten Zeit die Abschaltung des Stromes bewirkt. Die Bedienung des Schalters besteht im Anschließen der Batterie, Aufziehen der Uhr und Betätigung des Dreheinschalters. Auch in Verbindung mit zwei parallel geschalteten Widerständen für das abgekürzte Laden, mit Umformern und Gleichrichtern kann der Ladeschalter angewendet werden; er besitzt Kontakte, die nach beendeter Ladung ein Stillsetzen der Lademaschine und der sonstigen Apparate bewirken.

Das Laden von Kleinakkumulatoren erfolgt beim Vorhandensein einer großen ortsfesten Batterie am besten im Anschluß an die Schaltzellen. Vor dem Anschluß ist darauf zu achten, daß der positive Pol des Akkumulators mit dem positiven Pol der Ladeleitung verbunden wird. In Zweifelsfällen ist die Polarität durch Polreagenzpapier festzustellen; der positive Pol des angefeuchteten Papiers färbt sich rot. Verschlußstöpsel und -schrauben müssen geöffnet werden, damit die Gase freien Abzug haben. Für das Laden von Kleinakkumulatoren aus Gleichstromnetzen können als Vor- und Regelwiderstände Glühlampen verwendet werden. Es ist zu empfehlen, den Ladestrom durch einen Strommesser zu prüfen. Der Säurestand ist etwa 1 cm über Plattenoberkante zu halten.

126. Entladen der Akkumulatoren. Die Spannung bei Beginn des Entladens beträgt je Zelle rd. 2 V (Abb. 78 b); sie nimmt im Verlauf der Entladung allmählich und bei beginnender Erschöpfung rasch ab. Zu weit gehendes Entladen schädigt die Batterie. Die Grenze liegt für ortsfeste Batterien bei einer Zellenspannung von rd. 1,83 V.

Um die Klemmenspannung einer Batterie während der Entladung gleich hoch zu halten, werden mittels eines Zellenschalters nach und nach Zellen zugeschaltet. Bei 110 V Sammelschienenspannung werden z. B. zu Beginn des Entladens 56 Zellen in Reihe geschaltet; bei fortschreitender Entladung wird deren Zahl auf 60 gesteigert, so daß dann rd. 1,83 V auf jede Zelle treffen und damit die Grenze für die Entladung erreicht ist.

Es liegt nichts im Wege, die Entladestromstärke vorübergehend beträchtlich zu steigern; doch beschränken sich die Garantien der Lieferfirmen meist auf eine Grenze, die von Fall zu Fall angegeben wird.

127. Aufstellen der Akkumulatoren. Unter Hinweis auf die Sondervorschriften der Fabriken folgen allgemein gültige Regeln:

Die Isolierung der Batterie wird erreicht, indem man sowohl Gestelle als auch Batteriekasten auf Porzellan- oder Glasisolatoren stellt. Zwischen den nebeneinander stehenden Zellen läßt man einen Raum von mindestens 3 cm. Die Zellenreihen sollen so aufgestellt sein, daß sie von beiden Seiten für das Besichtigen der Platten zugänglich sind.

Hohe Holzkastenzellen sollen zum Erleichtern der Bedienung von einer Laufbühne umgeben sein. In Hochspannungsanlagen (vgl. 130) muß die Batterie einen isolierten Bedienungsgang erhalten.

Die in die gut gereinigten Gefäße eingesetzten Platten müssen gleichen Abstand haben. Die Fahnen der Platten werden durch Wasserstoffgebläse mit den Bleileisten verlötet. Zur Trennung der Platten werden Brettchen, durch Stäbchen verstärkt, oder Glasstäbe eingeführt.

Die Flüssigkeit darf erst kurz vor dem ersten Laden eingefüllt werden. Die verdünnte Schwefelsäure, die am besten fertig gemischt bezogen wird, besteht aus ungefähr 9 Raumteilen destilliertem Wasser und 1 Raumteil konzentrierter Schwefelsäure. Will man die Flüssigkeit selbst mischen, so beziehe man die chemisch reine Schwefelsäure ausdrücklich unter dieser Bedingung von einer durch die Akkumulatorenfabrik empfohlenen Firma. Destilliertes Wasser und Säure müssen frei sein von jeglichen Verunreinigungen, wie Chlor, Arsen, Antimon, Kupfer, Zink, Eisen und organischen Verbindungen. Beim Mischen der Flüssigkeiten wird die Schwefelsäure langsam zum Wasser gegossen, indem man die Flüssigkeit mit einem Glasstab umrührt. Nie darf umgekehrt das Wasser auf die Schwefelsäure gegossen werden. Die beim Mischen sich erwärmende Flüssigkeit muß vor dem Einfüllen in die Zellen erkalten. Das Mischverhältnis wird durch Messen der Dichte mit Hilfe eines Aräometers bestimmt.

Die Leitungen im Batterieraum werden in der Regel blank verlegt, da die üblichen Drahtisolierungen den Säuredämpfen nicht standhalten. Soweit Festbinden der Leitungen notwendig ist, muß Kupferdraht verwendet werden. Alle im Batterieraum befindlichen Kupfer- und Messingteile werden zum Schutz gegen die Säure mit Zylinderöl eingerieben oder mit säurefestem Emaillelack angestrichen; letzterem muß Grundieren mit Bessemerfarbe vorausgehen. Da der Emaillelack auf die Dauer an scharfen Kanten schlecht hält, empfiehlt sich Abrunden der Kanten. Eiserne Stützen und Isolatorträger erhalten Emaillefarbanstrich. Die Lackfarben sind leicht brennbar, auch enthält der Luftraum von nicht ganz mit Farbe gefüllten Gefäßen häufig explosible Gase. Offene Flammen müssen daher bei den Anstricharbeiten ferngehalten werden.

128. Batterieraum. Der Akkumulatorenraum gilt gemäß den Vorschriften des VDE als »abgeschlossener Betriebsraum«, d. h. als Raum, der nur durch Befugte betreten werden darf, sonst unter Verschluß zu halten ist. Der Batterieraum soll trocken, kühl, gut zu lüften und von Erschütterungen frei sein. Künstliche Lüftung ist nicht erforderlich, wenn durch Öffnen der Fenster gut gelüftet werden kann. Die Wände und Metallteile des Raumes versieht man mit säurebeständigem Anstrich, der namentlich an den Metallteilen rechtzeitig zu erneuern ist. Der Fußbodenbelag muß säurebeständig sein. Hierfür ist guter Asphalt (Gemisch aus reinem Trinidadasphalt und Quarzsand) oder das Einbetten säurebeständiger Fliesen (Eisenklinker) in solchen Asphalt zu empfehlen. Zum Erleichtern des Abspülens gebe man dem Fußboden eine kleine Neigung und Wasserablauf.

In den Batterieraum darf keine offene Flamme gebracht werden, solange starke Gasentwicklung beim Laden auftritt und die Gase nicht abgezogen sind. Zur Beleuchtung sind daher elektrische Glühlampen vorgeschrieben. In schlecht gelüfteten Batterieräumen müssen Anschlußkontakte, die beim Herausziehen des Steckers Funken geben, vermieden werden.

129. Unterhalten der Akkumulatoren. Große Sorgfalt muß auf das Reinhalten der Zellen und auf sicheren Kontakt an den Verbindungsklemmen verwendet werden. Die Flüssigkeit in den Zellen soll klar sein. Die allmählich auftretende Abnahme der Flüssigkeit ist

einesteils auf Verdunsten, andernteils auf die gegen
Ende des Ladens auftretende Gasentwicklung und das
damit verbundene Mitreißen von Flüssigkeitsteilchen
zurückzuführen. Die Flüssigkeit soll mindestens 1 cm
hoch über den Platten stehen. Zum zeitweisen Nachfüllen der Flüssigkeit dient destilliertes Wasser oder
Säure in der von Anfang an für die Batterie bestimmten
Zusammensetzung, indem man damit derart abwechselt,
daß die Dichte der Flüssigkeit unverändert bleibt. Mit
destilliertem Wasser wird nachgefüllt, wenn bei ge-
ladener Batterie die Säuredichte über 1,2 spez. Gewicht
gestiegen ist, mit verdünnter Schwefelsäure, wenn die
Säuredichte unter 1,2 spez. Gewicht gesunken ist. Mit
konzentrierter Schwefelsäure oder mit nicht destilliertem Wasser darf nicht nachgefüllt werden. Verteilt
sich bei parallelgeschalteten, fehlerfreien Batterien
der Strom nicht gleichmäßig auf die Batterien, so ver-
dünnt man die Flüssigkeit derjenigen Batterie, die mehr
Strom abgibt. Sind Gefäße undicht, so müssen sie alsbald ausgewechselt werden.

Zum Messen des spez. Gewichtes dient das Aräo-
meter (Senkwaage), eine in der Flüssigkeit senkrecht
schwimmende, mit Teilung versehene Glasröhre. Abgelesen wird an dem Teilstrich, der mit der Flüssig-
keitsoberfläche übereinstimmt.

Alle Zellen sollen sich in gleich gutem Zustand
befinden. Das ist der Fall, wenn die Gasentwicklung
an allen Zellen, die beim Laden und Entladen gleich
behandelt waren, gleichzeitig und gleichmäßig auftritt
und diese Zellen gleiche Spannung und Säuredichte
haben. Die Spannungen an den einzelnen Zellen müssen
daher bei belasteter Batterie zeitweise gemessen werden,
am besten gegen Ende des Entladens.

Zeigt eine Zelle ungewöhnliche Abnahme der Klemmenspannung, so muß ungesäumt nachgesehen werden,
ob sich zwischen den Platten leitende Körper festgesetzt
haben.

Mindestens einmal im Monat sollte jede Zelle untersucht werden. Zeigt die Säure einer Zelle ungewöhnliche
Abnahme der Dichte, so deutet das auf einen Kurzschluß hin, der nach beendeter Ladung zu entfernen ist.
Das Auffinden geschieht mittels eines von der Akkumulatorenfabrik gelieferten Kurzschlußsuchers. Kurzschlüsse können hervorgerufen werden durch leitende
Teilchen, die zwischen die Platten geraten sind, durch
Anwachsen der Schlammassen bis zur Unterkante der

Platten oder durch Krümmen der Platten. Ist bei
Reparaturen das Herausnehmen von negativen Platten
erforderlich, so sind diese sofort unter Säure oder
destilliertes Wasser zu setzen. Mängel müssen umgehend behoben werden durch Beseitigen der etwa
zwischen die Platten geratenen leitenden Teile, durch
Zwischenschieben von Glasstäben oder Brettchen-
streifen, wenn sich Platten geworfen haben usw.

Etwa alle drei Monate empfiehlt sich das Nachladen
der Batterie mit Ruhepausen (vgl. 125). Gleiches Nachladen ist notwendig, wenn eine Batterie zu weit er-
schöpft wurde.

Sollen Akkumulatoren lange Zeit unbenutzt stehen,
so müssen sie vollständig geladen und alle vier Wochen
zwei Stunden lang überladen werden. Das gleiche be-
folge man bei wenig benutzten Reservezellen.

Unbenutzt stehende Batterien, bei denen das Nachladen versäumt worden ist, sind meist sulfatiert. Vielfach wird die Sulfatation auch dadurch hervorgerufen,
daß die Ladungen ungenügend waren und das spez.
Gewicht der Flüssigkeit nicht auf der vorgeschriebenen
Höhe gehalten wurde. In all diesen Fällen bekommen
die Platten ein hellrotes Aussehen; bei stärkerer Sulfatation zeigen sich helle Flecken an beiden Platten.
Zellen mit diesem Fehler ergeben beim Einschalten zum
Laden, wenn sie genügend Säure und keine Kurzschlüsse
zwischen den Platten haben, Spannungen von 3 bis 5 V.
Dieser Zustand kann dadurch beseitigt werden, daß die
Zellen mit ganz dünner Säure oder destilliertem Wasser
gefüllt und mit etwa $\frac{1}{3}$ der normal vorgeschriebenen
Stromstärke 36 bis 38 Stunden geladen werden. Danach wird Säure von richtigem spez. Gewicht eingefüllt
und eine Entladeprobe gemacht.

Alle der Einwirkung von Säure ausgesetzten Teile
müssen von Zeit zu Zeit nachgesehen werden und, wenn
erforderlich, mit neuem Anstrich versehen oder einge-
ölt werden.

Um die Isolation in gutem Zustand zu halten, ist
verschüttete Säure sofort mit einem Lappen abzu-
wischen.

Der auf dem Boden der Gefäße sich sammelnde
Schlamm muß in Zeitabschnitten von mehreren Jahren,
ehe er an die Platten heranreicht, beseitigt werden.
Das geschieht mit Schlammpumpen, ohne die Gefäße zu
leeren, oder durch Ausschöpfen des Schlammes, nachdem
einige Platten herausgenommen sind und die reine

Flüssigkeit mit einer Pumpe oder einem Heber entfernt ist. Das mit dem Herausnehmen der Platten verbundene Reinigen übertrage man Monteuren der Akkumulatorenfabrik.

Die Gefäße und ihre Holzgestelle sowie der Fußboden und etwa vorhandene Laufbühnen müssen rein und trocken gehalten werden. Empfehlenswert ist zeitweises Einölen der Holzteile mit doppelt gekochtem Leinöl oder Asphaltlack. Die Isolatoren, auf denen die Gefäße und Holzgestelle stehen, wasche man von Zeit zu Zeit mit Sodawasser ab.

130. Vorsichtsmaßregeln für die Bedienung. Bei Arbeiten an den Akkumulatorenplatten muß man sich gegen Bleierkrankung schützen. Insbesondere dürfen Speisen nicht mit ungereinigten Händen angefaßt werden. Zu den Mahlzeiten muß der Arbeitsanzug abgelegt werden; die Hände sind mit Bürste und Seife gründlich zu reinigen. Man nehme sich dazu mindestens 10 Minuten Zeit.

Zum Schutz der Kleidung gegen die Einwirkung der Säure dienen Schürzen und Kleidungsstücke aus Schafwolle; diese ist gegen Säure unempfindlich. Auf die Kleidung getropfte Säure muß sofort durch Anfeuchten mit Ammoniak unschädlich gemacht werden, um das Einfressen von Löchern in den Stoff zu verhüten. Nach dem Anfeuchten mit Ammoniak wäscht man die Stellen mit reinem Wasser aus.

Auf den Fußboden des Akkumulatorraumes ausgelaufene Säure läßt man durch Sägespäne aufsaugen.

Müssen Lötarbeiten während der gegen Ende des Ladens auftretenden Knallgasentwicklung ausgeführt werden, so veranlasse man durch Öffnen von Türen oder Fenstern genügenden Luftzug, um der Ansammlung explosibler Gasgemische vorzubeugen. Auch beim Laden der nachstehend beschriebenen Edisonakkumulatoren entstehen explosible Gase, so daß gute Lüftung nötig ist.

In Hochspannungsanlagen sind bei Arbeiten an Akkumulatoren Gummischuhe und Gummihandschuhe notwendig. Batterien für Spannungen über 1000 V müssen bei Arbeiten an den Zellen durch Trennschalter unterteilt werden.

131. Ortsbeweglicher Akkumulator. Die Bauart der Fahrzeugakkumulatoren ist je nach ihrer Verwendung verschieden. Spielt das Gewicht keine allzugroße Rolle,

wie bei Schienenfahrzeugen, so unterscheidet sie sich
nur wenig von der der ortsfesten Akkumulatoren; nur
ist der Einbau wesentlich gedrungener. Als Positive
werden Großoberflächenplatten, als negative Kasten-
platten benutzt. Die Trennung der Platten wird durch
Brettchen mit Hartgummistäben erreicht; die Platten-
sätze ruhen auf Glasstützscheiben in Hartgummi-
gefäßen.

Wo es neben Platzersparnis auf besonders geringes
Gewicht ankommt, z. B. beim Elektromobil, verwendet
man für die Positive und Negative eine leichte Gitter-
platte, in die die wirksame Masse eingeschmiert ist. Die
Platten ruhen auf Prismen in einem Hartgummigefäß,
sind in sehr engem Abstand zusammengebaut und voneinander durch dünne Brettchen an der Negativen und
gewellte, gelochte Hartgummibleche an der Positiven
getrennt.

Die Verbindung der Elemente untereinander geschieht durch verbleite Kupferstreifen, die durch Pol-
kopfschrauben festgezogen sind, oder durch Einzel-
lötung. Mehrere Elemente werden zusammen in einem
mit säurebeständiger Pappe ausgekleideten Holztrog
untergebracht.

132. Edisonakkumulator. Der Edisonakkumulator
ist vornehmlich für ortsveränderliche Anlagen bestimmt. Das Verhältnis zwischen Gewicht, aufgespei-
cherter Arbeit und Wirkungsgrad ist ungefähr das gleiche
wie beim Bleiakkumulator.

Gefäß, Platten und Polbolzen des Edisonakkumu-
lators bestehen aus vernickeltem Stahl. Die Positiven
und Negativen sind gegeneinander und gegen das Gefäß
durch Hartgummi isoliert. Die wirksame Masse ist bei
den positiven Platten in Röhrchen oder Taschen, bei
den negativen Platten stets in Taschen aus fein gelochtem, vernickeltem Stahlblech eingepreßt. Wesent-
liche Bestandteile der wirksamen Masse sind in den
positiven Platten Nickelhydroxydul und in den negativen Platten eine Eisen-Stickstoff-Verbindung. Die
Füllflüssigkeit besteht in der Hauptsache aus chemisch
reiner Kalilauge vom spez. Gewicht 1,2.

Ortsfeste Batterien müssen in einem trockenen,
staubfreien und gut lüftbaren Raum, der dem Frost nicht
ausgesetzt ist, aufgestellt werden. Das Aufstellen im
gleichen Raum mit Bleiakkumulatoren ist wegen der
schädlichen Wirkung der Schwefelsäuredämpfe unzulässig.

Zellen, die ungefüllt zum Versand gekommen sind, werden mit der von der Fabrik gelieferten Kalilauge gefüllt. Die Lauge soll etwa 1 cm hoch über den Platten stehen. Nach dem Einfüllen der Lauge mit Hilfe eines Glastrichters (nicht Metalltrichter) verschließt man die Füllöffnung, um Verunreinigung der Lauge durch Staub und durch Kohlensäureaufnahme aus der Luft zu verhüten.

Das Nachfüllen erfolgt nur mit reinem destillierten Wasser. Kalilauge wird nur nachgefüllt zum Ausgleich des spez. Gewichtes, dessen Messung immer bald nach der Ladung erfolgen soll. Neufüllung mit frischer Kalilauge ist etwa alle 12 bis 18 Monate erforderlich.

Die erste Ladung einer ungefüllt oder tief entladen gelieferten Batterie muß 15 Stunden mit dem vorgeschriebenen Ladestrom erfolgen. Ladungsunterbrechungen schaden nicht. Für Ladung mit gleichbleibender Stromstärke muß eine regelbare Ladespannung von 1,5 bis 1,82 V je Zelle vorhanden sein. Geladen ist eine Batterie, wenn die Ladespannung auf etwa 1,82 V je Zelle gestiegen ist, nicht mehr weiter steigt und dann noch etwa 15 Minuten weitergeladen wird. Da das spez. Gewicht der Kalilauge sich bei Ladung und Entladung nur wenig ändert, so gibt es keinen Anhalt für den Ladeszustand der Zellen. Die normalen Ladezeiten sind 4 bis 7 Stunden, je nach Zellentyp; es sind jedoch verkürzte Ladungen zulässig. In jedem Falle müssen mindestens 140% der entnommenen Amperestunden wieder geladen werden. Die Temperatur der Kalilauge in den Zellen soll 50° nicht übersteigen. Um den Abzug der beim Laden entstehenden Gase zu ermöglichen, müssen die Verschlußdeckel Luftlöcher haben.

Die sich entwickelnden Gase sind explosibel. Offene Flammen müssen daher ferngehalten werden.

Bei der normalen Entladung sinkt die Zellenspannung von 1,5 auf 1 V. Die mittlere Zellenspannung bei regelrechtem Entladen beträgt 1,2 V.

Die Batterie muß rein und trocken gehalten werden. Durch die Gasentwicklung beim Laden werden kleine Mengen Kalilauge aus den Luftlöchern mitgerissen und setzen sich nach dem Verdunsten ihres Wassergehaltes als weißes Salz (Kali) am Gefäßdeckel fest. Sie beeinträchtigen das Arbeiten der Batterie nicht und sind leicht mit feuchtem Lappen abwischbar.

Der Edisonakkumulator ist unempfindlich gegen rauhe elektrische und mechanische Behandlung, Über-

ladung, tiefe Entladung, verkehrtes Laden und auch
gegen gelegentlichen Kurzschluß. Er kann längere
Zeit, geladen oder teilweise geladen, unbenutzt stehen,
ohne Schaden zu nehmen; die Laugefüllung muß jedoch
die richtige Höhe haben.

Meßgeräte.

133. Allgemeines. Elektrische Meßgeräte dienen zur
Bestimmung der elektrischen Größen, z. B. Stromstärke, Spannung, Leistung, die zahlenmäßig in den
Maßeinheiten ausgedrückt werden (vgl. 1). Die
Arbeitsweise sämtlicher Meßgeräte beruht auf den
magnetischen, thermischen, elektrostatischen und
elektrolytischen Wirkungen der Elektrizität. Man
unterscheidet Laboratoriumsmeßgeräte (zu wissenschaft-
lichen Untersuchungen) und Betriebsmeßgeräte. Betriebsmeßgeräte werden tragbar oder zum Einbau in
Schaltanlagen ausgeführt. Man unterscheidet im
wesentlichen zwei Ausführungsformen: 1. Das runde
Instrument zum Aufbau und versenkten Einbau in
Schalttafeln sowie zum Aufsetzen auf Wandarme,
Schaltsäulen, Schaltkästen usw. und 2. das sog. Profil-
instrument mit gewölbter oder gerader Skala, das versenkt in Schalttafeln eingebaut wird. Versenkt eingebaute und auf Schaltsäulen oder Wandarmen angeordnete Meßgeräte sind besonders übersichtlich, Profil-
instrumente beanspruchen wenig Platz.

134. Anbringen der Meßgeräte. Die Meßgeräte
müssen so angeordnet werden, daß sie beim Bedienen
der zugehörigen Apparate, z. B. Reglerwiderstände,
bequem beobachtet werden können. Meist sind Instrumente für senkrechte Anordnung vorgesehen. In der
Ruhelage muß der Zeiger auf den Skalen-Nullpunkt
einspielen. Die Nulleinstellung wird bei Meßwerken
mit Gewichten als Gegenkraft durch Drehung des Instrumentes und bei Systemen mit Federgegenkraft
durch Betätigung der Nullstellvorrichtung erreicht. Der
Anschluß der Meßgeräte hat nach dem vom Lieferwerk
beigegebenen Schaltbild zu erfolgen. Sind bei Gleichstrom die Meßgerätklemmen mit Polzeichen versehen,
so müssen die Pole der Leitungen, an die angeschlossen
werden soll, zuvor bestimmt werden (vgl. 94 und 125).
Zeigen sich Meßgeräte gegen benachbarte elektrische Maschinen und starke Ströme in den Leitungen

empfindlich, so müssen sie in genügendem Abstand von
diesen angebracht werden. Die zu den Meßgeräten
führenden Stromleitungen lege man nebeneinander,
damit sich ihre Wirkungen gegenseitig aufheben.

135. Strommesser. Die gebräuchlichsten Strommesser sind als Dreheisen- (Weicheisen-) oder als Drehspulinstrumente ausgebildet und
werden unmittelbar in den Stromkreis eingebaut (A in Abb. 82). Die
Dreheiseninstrumente haben eine
feststehende stromdurchflossene Spule, in die der bewegliche Weicheisen-
kern hineingezogen wird. Bei den Drehspulinstrumen-
ten dreht sich eine stromdurchflossene Spule zwischen
den Polen eines ruhenden Dauermagneten. Weich-
eisenstrommesser sind sowohl für Wechselstrom als
auch für Gleichstrom verwendbar, während sich Drehspulinstrumente nur für Gleichstrom eignen.

Abb. 82.

In Betrieben, in denen kurzzeitig starke Überlastungen vorkommen, wie z. B. Motoren- und Licht-
bogenofenanlagen, benutzt man Dreheisenstrommesser
mit nach oben zusammengedrängter Skala, deren Endpunkt für den doppelten oder dreifachen Normalstrom
ausreicht. Bei Gleichstrom verwendet man für die
Messung hoher Stromstärken oder für die Feststellung
der Stromrichtung, z. B. bei Akkumulatorenbetrieb,
Drehspulinstrumente. Diese haben einen Nebenwiderstand, auch Shunt genannt (Abb. 83). Der Nebenwiderstand besteht aus einer Metallegierung, deren
Widerstand sich bei wechselnder
Temperatur nicht ändert, z. B. Man-
ganin und Konstantan. Der Widerstand der Verbindungsleitungen zwischen Nebenwiderstand und Instrument muß zu dem Meßgerät passen.
Die Länge der von der Fabrik mit-
gelieferten Leitungen darf daher
nicht verändert werden. Überflüs-

Abb. 83.

sige Längen wickelt man auf eine Trommel oder legt
sie als Schleife.

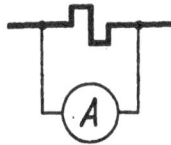

Die Hitzdrahtstrommesser sind wie Dreheisenstrommesser für Gleich- und Wechselstrom verwendbar.
Bei ihnen überträgt sich die Ausdehnung eines durch
den Stromdurchgang erhitzten Drahtes auf ein Zeiger-
system.

136. Stromwandler. In Wechselstrom- und Drehstromnetzen gebraucht man zum Messen hoher Stromstärken Stromwandler. Dies sind Meßtransformatoren, in deren Sekundärkreis der Strommesser A geschaltet ist (Abb. 84). In Hochspannungsanlagen werden für jede Stromstärke Stromwandler benutzt, um Hochspannung von den Meßinstrumenten fernzuhalten. Das Übersetzungsverhältnis der Stromwandler wird derart gewählt, daß sich bei primärem Nennstrom durchweg 5 Ampere auf der Sekundärseite ergeben.

Die gebräuchlichste Form des Stromwandlers ist der Topfwandler (Abb. 85). Er besteht aus einem eisernen Topf, dem Einführungsisolator und der im Innern untergebrachten Primär und Sekundärwicklung mit gemeinsamem Eisenkern. Die Isolierung im Innern wird durch eine Masse- oder Ölfüllung erreicht.

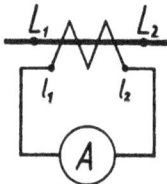

Abb. 84.

Abb. 85.

Beim Stabwandler besteht die Primärwicklung aus einem Kupferstab, der mit einem nicht brennbaren mechanisch festen Isolierzylinder umgeben ist, und aus einem darüber geschobenen Eisenring, der die Sekundärwicklung trägt. Vorteile des Stabwandlers sind unbedingte Kurzschlußfestigkeit sowie geringer Raumbedarf (Verwendung als Durchführung). Selbst sehr hoher Kurzschlußstrom kann bei der gestreckten Form des Primärleiters keine deformierende Kraft auf ihn ausüben, was beim Topfwandler, dessen Ein- und Ausführung im Isolator nebeneinander liegen, durchaus möglich ist, da die entgegengesetzt fließenden Ströme eine abstoßende Kraft aufeinander ausüben. Der Stabwandler erhält auch keine Masse- oder Ölfüllung, die beim Topfwandler infolge Stromwärme zum Zersprengen des Gefäßes führen kann. Der Nachteil des Stabwandlers ist, daß bei kleinen primären Stromstärken die sekundäre Leistung nicht ausreicht, um Instrumente noch genau genug zu betätigen. Man benutzt in diesem Falle Schleifenwandler (Mehrfachwandler), bei denen die Primärwicklung in einer oder mehreren Schleifen durch zwei nebeneinander angeordnete Isolierrohre gelegt ist. Der Schleifenwandler ist nicht ganz so kurz-

schlußfest wie der Stabwandler; er wird ebenfalls als
Durchführung benutzt. Bei Anlagen mit Spannungen
bis etwa 2 kV werden Stromwandler mit Luftisolation
wegen des geringeren Preises und des kleineren Platzbedarfes bevorzugt. Eisenkern und Wicklungen sind
meist nicht von einem Schutzgehäuse umgeben. Sowohl Topf- wie Durchführungswandler werden häufig
als Querlochwandler ausgeführt (Abb. 86). Die
beiden Wicklungen sind hierbei in einem Porzellangehäuse so geführt, daß eine hohe Kurzschlußfestigkeit
erreicht wird. Eine brennbare Masse- oder Ölfüllung
ist nicht vorhanden.

Um die durch Schaltvorgänge auftretenden oder anderweitig verursachten Überspannungen (Wanderwellen)
für den Stromwandler unschädlich zu
machen, überbrückt man im allgemeinen die Primärwicklung durch einen
platten- oder stabförmigen Silitwider-
stand, der für den Betriebsstrom einen
sehr hohen Widerstand hat, also die Genauigkeit des Wandlers nur wenig vermindert. Unter dem Einfluß einer
Wanderwelle sinkt der Widerstand des
Silits bis auf etwa 1 % des normalen

Abb. 86.

Wertes, so daß die Wanderwelle ihren Weg nicht über
den Wandler, sondern über den Widerstand nimmt.
Stabstromwandler werden durch Wanderwellen nicht
gefährdet, da die gerade Primärwicklung den Wanderwellen einen bequemen Weg bietet.

Die Klemme L_1 der Primärwicklung (Abb. 84) legt
man stets auf die Seite des Generators, die Klemme
l_1 der Sekundärwicklung verbindet man mit dem Gehäuse, das gut geerdet sein muß. Die Erdleitungen
dürfen nicht zur Führung der Meßströme benutzt
werden. Der Mindestquerschnitt der Sekundärleitungen
des Wandlers soll 2,5 mm² betragen.

An die Stromwandler schließt man auch die Stromwicklungen von Leistungsmessern, Zählern, Relais usw.
an. Es ist darauf zu achten, daß die Leistung des
Wandlers nicht überschritten wird, da sonst Ungenauig-
keiten in der Messung entstehen. Vielfach besitzen
Stromwandler für den Anschluß von Relais auch eine
getrennte Wicklung.

Die Stromwandler dürfen nie mit geöffnetem Stromkreis, d. h. ohne Anschluß der Meßgeräte, in Betrieb

sein, weil sich sonst ihr Eisen zu stark erwärmen und
gefährliche Spannung an den Sekundärklemmen auftreten kann. Muß das Meßgerät abgeschaltet werden,
so sind zuvor die Klemmen des Stromwandlers kurzzu-
schließen. Die Kurzschließung darf erst nach dem Einschalten des Meßgerätes wieder aufgehoben werden.

Bei dem sog. kurzschlußfesten Strommesser ist das
Meßinstrument unmittelbar mit einem den Sekundär-
strom liefernden Stabwandler verbunden und wird in
den Zug der Leitungen, z. B. vor Ölschaltern, eingebaut. Da keine nennenswerte Isolation zwischen In-
strumentgehäuse und Primärstromleiter vorhanden
ist, nimmt das Gehäuse Hochspannung an. Es muß
daher der Berührung entzogen werden. Die Sicherheit
dieses Instrumentes gegen stärkste Kurzschlüsse beruht darauf, daß der Wandlereisenkern im Gegensatz
zu anderen Stromwandlern mit hoher Sättigung arbeitet und ein Anwachsen des Primärstromes über den
Normalwert stark gedämpft weitergibt.

137. Spannungsmesser. Die Spannungsmesser, vorwiegend Dreheisen- und Drehspulinstrumente, haben
ähnliche Wirkungsweise wie Strom-
messer. Sie werden in den Nebenschluß zu dem Stromkreis geschaltet (Abb. 87), dessen Spannung gemessen werden soll. Das Meßwerk
wird im Gegensatz zum Strommesser
mit sehr hohem Widerstand ausgeführt. Bei hoher Gleichspannung
schaltet man Widerstand vor den
Spannungsmesser. In Laboratorien sind zur Messung
hoher Spannungen elektrostatische Instrumente im
Gebrauch. Ihre Wirkung beruht darauf, daß mit Elektrizität geladene Metallteile sich abstoßen oder anziehen.

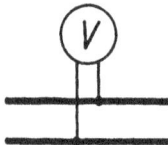

Abb. 87.

138. Spannungswandler. Um in Wechselstrom- und
Drehstromanlagen hohe Spannungen messen zu können,
verwendet man einen Meßtransformator (Spannungswandler), der auf niedrige Spannung transformiert.
Auf der Hochspannungseite wird der Spannungswandler allpolig durch 2 Ampere-Hochspannungsicherungen
(zweckmäßig Röhrensicherungen) geschützt, damit eine
Beschädigung im Wandler nicht zu einem Kurzschluß
in der Anlage führen kann. In Anlagen mit großer
Kurzschlußleistung schaltet man vor die Sicherungen

Dämpfungswiderstände, die meist in Emaille einge-
bettet liegen und bei Beschädigung des Wandlers die
Kurzschlußströme begrenzen. Auf der Niederspannungseite angeordnete Sicherungen für 2 Ampere sollen
den Wandler vor grober Überlastung und Kurzschluß
im Meßkreis schützen. Die Niederspannungsicherungen
sollen möglichst nahe am Wandler liegen und ohne Hoch-
spannungsgefahr bedient werden können.

Die Spannungswandler werden 1- und 3phasig her-
gestellt. Wie bei Stromwandlern begnügt man sich bei
kleinen Leistungen und kleinen Primärspannungen mit
Luftisolierung zwischen Primär- und Sekundärwicklung.
Bei höheren Spannungen jedoch ist nur Masse- oder
Ölisolation unter Verwendung eines Gehäuses angängig.

In Drehstromanlagen genügt
zum Messen aller drei Spannungen die Verwendung von nur zwei
Wandlern (oft in gemeinsamem
Gehäuse) in der sog. V-Schaltung
(Abb. 88). *R* ist der Dämp-
fungswiderstand, *S* die Hoch-
spannungsröhrensicherung, *s* die
Niederspannungsicherung. *U* und
V bezeichnen die Hochspannungs-
klemmen, *u* und *v* die Nieder-
spannungsklemmen des Wandlers. Die V-Schaltung ist besonders zur Leistungsmessung in
Drehstromanlagen mit ungleich
belasteten Phasen zu empfehlen.

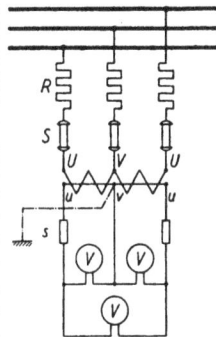

Abb. 88.

Als normale Sekundärspan-
nung gelten neuerdings 100 Volt;
Wandler mit dritter Klemme für 110 Volt werden
noch hergestellt, da ältere Anlagen eine Meßspannung
von 110 Volt haben. Die Skalen der anzuschließenden
Spannungsmesser sind für direkte Ablesung der Hochspannung geeicht.

Um zu vermeiden, daß die Sekundärwicklung oder
das Gehäuse Hochspannung annimmt, muß ein Punkt
der Niederspannungswicklung mit dem Gehäuse verbunden und dieses gut geerdet werden. Bei Dreiphasen-
wandlern erdet man den Sternpunkt. Die geerdeten
Leitungen erhalten keine Sicherungen.

Wie bei Stromwandlern muß auch bei Spannungswandlern streng darauf geachtet werden, daß durch

die angeschlossenen Instrumente die Nennleistung des
Wandlers in Volt-Ampere nicht überschritten wird.

Bei Platzmangel kann man auf den Einbau von
Spannungswandlern verzichten und hochempfindliche
Weicheisenspannungsmesser, meist unter Zwischenschaltung kleiner Meßtransformatoren, an die Belege
einer Kondensatordurchführung anschließen.

139. Leistungsmesser. Leistungsmesser zeigen die
elektrische Leistung in Gleich-, Wechsel- oder Drehstromanlagen in kW an. Sie werden als Drehfeldinstrumente oder als elektrodynamische Instrumente
gebaut. Drehfeldinstrumente sind nur für Wechsel-
oder Drehstromanlagen brauchbar, während sich elektrodynamische Instrumente für alle Stromarten eignen.
Bei Drehfeldinstrumenten werden Strom und Spannung
zwei feststehenden um 90⁰ versetzten Spulensystemen
zugeführt. Durch eine Kunstschaltung wird ein Drehfeld erzeugt, das ähnlich wie beim Kurzschlußläufermotor einer drehbaren Metalltrommel ein Drehmoment
gibt. Das elektrodynamische Meßwerk dagegen arbeitet
durch Kraftwirkung zwischen der feststehenden äußeren
Stromspule und der beweglichen inneren Spannungspule. Die elektrodynamischen Leistungsmesser werden
vor Drehfeldinstrumenten in Wechsel- und Drehstromanlagen bevorzugt, weil sie sich weit unabhängiger von
Frequenzschwankungen zeigen und auch durch Vorschaltung von äußeren Vorwiderständen ohne weiteres
eine Vergrößerung des Meßbereiches zulassen.

Leistungsmesser versieht man bei Gleich- und
Wechselstrom und bei Drehstrom mit gleichmäßig
belasteten Phasen mit einem Meßwerk, bei Drehstrom
mit unsymmetrisch belasteten Phasen mit zwei mechanisch miteinander gekuppelten Meßwerken. Drei
Meßwerke werden nur für Drehstromanlagen mit
4 Leitern verwendet.

In Abb. 89 ist die Schaltung des Leistungsmessers *L*
für Einphasenstromanlagen angegeben. Das Meßgerät
hat zwei Klemmen für die Stromwicklung und zwei
für die Spannungswicklung. Bei verkehrtem Zeiger-
ausschlag werden die Spannungsanschlüsse vertauscht.
Ein etwa vorhandener Widerstand *R* muß so geschaltet
werden, daß die Spannungswicklung unmittelbar von
der zur Stromwicklung gehörenden Phasenleitung ab-
zweigt, um gefährdende Spannungen zwischen beiden
Wicklungen zu vermeiden. Abb. 89 zeigt die richtige,
Abb. 90 die falsche Schaltung.

Bei hohen Stromstärken sind Stromwandler, in Hochspannungsanlagen Strom- und Spannungswandler (vgl. 136 und 138) gebräuchlich.

Eine Abart des Leistungsmessers (= Wirkleistungs- messers) ist der Blindleistungsmesser (über Blind- leistung vgl. 13). Der Blindleistungsmesser gestattet

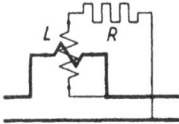   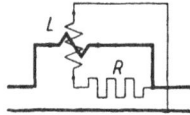

Abb. 89.   Abb. 90. Falsch!

dem Stromlieferanten die unmittelbare Kontrolle über die seine Anlagekosten so verteuernde Blindleistung, auch ist er wertvoll für den Stromabnehmer, der für die Blindlast mit aufkommen muß.

140. Leistungsfaktormesser. Der Leistungsfaktor- oder Phasenmesser zeigt den Leistungsfaktor an und läßt damit die Phasenverschiebung des Stromes gegen- über der Spannung erkennen (vgl. 9). Gleich den elektrodynamischen Leistungsmessern hat der Phasen- messer eine feststehende Stromwicklung und eine dreh- bare Spannungswicklung. Die Spannungswicklung be- steht aus zwei aufeinander senkrechten Einzelspulen (Kreuzspule). Der Leistungsfaktormesser hat im strom- losen Zustand keine Richtkraft. Der Ausschlag im Betriebe hängt nicht von der Stromstärke, sondern nur von der Größe der Phasenverschiebung ab, jedoch ist ein Mindeststrom zum Ansprechen erforderlich. Der Leistungsfaktormesser gelangt durchweg an Strom- und Spannungswandler zum Anschluß und wird mit 90°- oder 360°-Skala ausgebildet. Der Punkt für cos φ = 1 liegt bei 90°-Skala entweder an der Seite oder in der Mitte. Letztere Anordnung ermöglicht die Fest- stellung, ob induktive oder kapazitive Belastung vor- liegt. Die Instrumente mit 360°-Skala lassen erkennen, welche Leistungsrichtung vorliegt, d. h. ob eine Anlage Strom aufnimmt oder Strom abgibt, außerdem, ob induktive oder kapazitive Last besteht.

Der Phasenmesser ist namentlich beim Parallel- arbeiten von Maschinen und beim Betrieb von Synchron- motoren und Einankerumformern im Gebrauch. An

Hand des Phasenmessers kann die Erregung von parallelgeschalteten Maschinen und von Synchronmotoren derart geregelt werden, daß der Leistungsfaktor 1 erreicht
wird.

Der Phasenmesser mit 360⁰-Skala eignet sich besonders für Kupplungsleitungen zwischen Kraft-
werken.

Für die Blindleistungskontrolle hat der Phasenmesser die gleiche Bedeutung wie der Blindleistungsmesser.

141. Synchronoskop. Das Synchronoskop zeigt an,
ob eine angelassene, auf Spannung gebrachte, aber noch
nicht an das Netz angeschlossene Wechselstrom-
maschine zu schnell oder zu langsam läuft, indem der
Zeiger nach rechts oder links umläuft. Bei Phasengleichheit ist das Instrument in Ruhe.

142. Phasenvoltmeter. Das Phasenvoltmeter hat
denselben Aufbau wie das normale Voltmeter, es muß
für die doppelte Maschinenspannung ausreichen. Neben
den sog. Phasenlampen dient es zum Parallelschalten
von Maschinen. Es wird als Null- und als Summenspannungsmesser ausgebildet. Der Nullspannungsmesser findet Verwendung für die Dunkelschaltung
(vgl. 46) und besitzt eine am Anfang weit auseinander
gezogene Skala. Der Summenspannungsmesser ist dagegen bei Hellschaltung zu verwenden; der genaue An-
zeigebereich liegt am Ende der Skala.

143. Frequenzmesser. Aus dünnem Stahlband hergestellte, auf verschiedene Schwingungszahl abge-
stimmte Federn liegen kammartig nebeneinander.
Durch die rhythmischen Stöße eines wechselstrom-
durchflossenen Elektromagneten kommt diejenige Feder in Schwingung, deren Eigenschwingung mit der
durch den Magneten erzeugten Schwingung übereinstimmt. Der Federausschlag wird durch den farbig
emaillierten Federkopf sichtbar gemacht. Der Elektromagnet wird meist zum Anschluß an Spannungen bis
500 Volt gebaut. Die Nennspannung des Frequenz-
messers braucht nicht genau mit der Betriebsspannung
übereinzustimmen, da mechanische Einstellvorrich-
tungen die Kraftwirkungen des Magneten zu verändern
gestatten.

144. Drehzahlmesser mit Zungenmeßgerät. Diese
Drehzahlmesser sind aufgebaut wie Frequenzmesser
und werden für Nah- und Fernanzeige hergestellt.

Die erste Gruppe wird mechanisch mit der Maschine
verbunden, deren Drehzahl zu messen ist. Die rhythmischen Stöße übertragen sich durch die Erschütterungen der Maschine direkt auf die Zungen. Die Instrumente für Fernanzeige haben einen Elektromagneten, der seine Stromimpulse von einer kleinen,
auf der Welle der Maschine angebrachten Schwach-
stromdynamo mit Naturmagneten empfängt.

145. Erdschlußprüfer. Ein Spannungsmesser von
hohem Eigenwiderstand wird mit der einen Klemme geerdet und mit der anderen nacheinander an die einzelnen Leitungspole oder -phasen gelegt. Dabei zeigt
das Meßgerät die Spannung zwischen den Leitungen
und Erde. Ist eine dieser Spannungen auffallend klein,
so hat die betreffende Leitung einen Isolationsfehler
(Erdschluß). Für eine konstante Spannung kann die
Skala des Meßgerätes zum Ablesen des Isolationswiderstandes geeicht sein.

146. Anleger. Der Anleger ermöglicht das Wahrnehmen und Messen von Wechselströmen in Einfach-
leitungen ohne Auftrennen der Leitung. Er besteht
aus einem kleinen Stromwandler mit geteiltem Eisenkern. Der Kern kann nach Art einer Zange geöffnet
und um die zu untersuchende Leitung gelegt werden.
Die Leitung stellt die Primärwicklung des Stromwandlers dar, die Sekundärwicklung ist durch die in den Anleger eingebaute Spule gebildet. Man verbindet die
Spulenklemmen mit einem Meßgerät oder einem Fern-
sprecher zum Wahrnehmen der Ströme durch Abhören.

Mit Hilfe der Anleger werden Fehler in den Leitungen aufgesucht. In Hochspannungsanlagen müssen
gegen die Leitungen genügend isolierte Anleger benutzt
werden.

147. Temperaturmeßgeräte. In Niederspannungsanlagen nimmt man für Temperaturmessungen am einfachsten Thermometer. Für Messungen an Stellen mit
pulsierenden magnetischen Feldern, z. B. an elektrischen
Maschinen, sind Thermometer mit nicht leitender
Flüssigkeit angebracht. Quecksilberthermometer können infolge Erhitzung durch Wirbelströme zu hoch
zeigen. Zur besseren Wärmeübertragung umhüllt man
die Kugel des z. B. auf eine Erregerspule zu bindenden
Thermometers mit Stanniol. Der Abkühlung durch die
umgebende Luft wird durch Abdecken mit Putzwolle
vorgebeugt. Auch das Auflegen von kleinen Stückchen

Paraffin oder Wachs (Schmelzpunkt bei etwa 50°) auf
die zu überwachenden Kontakte kann unter Umständen
zum Beurteilen der Temperatur genügen.

Zur Messung höherer Temperaturen benutzt man
Thermoelemente, die mit einem Meßgerät verbunden
sind. Die Thermoelemente können an den auf Erwärmung zu prüfenden Teilen eingebaut und zweckmäßig
mit Alarmvorrichtungen verbunden werden, oder sie
sind am Ende von Isolierstangen (Temperatur-Meß-
stangen) befestigt, mit denen man die auf Erwärmung
zu prüfenden Teile abtastet.

Zur Temperaturkontrolle von Öl enthaltenden Apparaten benutzt man unter Öl eingebaute Quecksilberthermometer oder Bimetallstreifen mit Alarmkontakten.
Der Kontaktschluß erfolgt bei bestimmter Temperatur-
höhe durch den sich ausdehnenden Quecksilberfaden
oder den sich mit zunehmender Temperatur biegenden
Bimetallstreifen.

Das Quarzglas-Widerstandsthermometer eignet sich
zur Messung höherer Temperaturen. Der Wert des in
dem Quarzglas eingebauten Widerstandes ändert sich
entsprechend der Temperatur. In Verbindung mit
Stromquelle und Meßgerät läßt sich die Temperatur
unmittelbar ablesen.

148. Registrierende Meßgeräte. Zur Feststellung
der Schwankungen im Betriebe oder zur dauernden
Überwachung von Meßgrößen wie Stromstärke, Spannung, Leistung, Drehzahl, Temperatur usw. werden
selbstschreibende Meßgeräte benutzt. Die Schaltung
entspricht der der gewöhnlichen Meßgeräte. Das Auf-
zeichnen der Meßgrößen geschieht auf einem laufenden
Papierstreifen. Das Meßgerät muß gut gedämpft sein,
damit die Schreibfeder nicht übergroße Schwingungen
macht. Der Papierstreifen wird durch ein Uhrwerk mit
mehrtägigem Gang fortbewegt. Die Schreibfeder füllt
man mittels Pipette mit der vom Hersteller des Meßgerätes zu beziehenden Tinte.

149. Elektrizitätszähler. Die Elektrizitätszähler dienen zum Ermitteln der elektrischen Arbeit. Die
Messung erfolgt in Kilowattstunden (kWh).

Das Gesetz verlangt, daß bei gewerbsmäßiger Abgabe von Strom eine öffentliche Stelle (die Physikalisch-
Technische Reichsanstalt in Deutschland) über die Zu-
lassung einer Zählerart entscheidet und die Beglaubi-
gungsfähigkeit ausspricht. Amtliche Prüfstellen für

beglaubigungsfähige Zählerarten sind außer der Physi-
kalisch-Technischen Reichsanstalt die Prüfämter in
Bremen, Chemnitz, Frankfurt a. M., Hamburg, Ilmenau,
München, Nürnberg und Ravensburg.

Die Gruppeneinteilung der Zähler erfolgt:

1. nach der Stromart, ob Gleich-, Wechsel- oder
   Drehstrom;
2. nach der Messungsart, ob der Amperestunden-
   oder Wattstundenverbrauch gemessen wird;
3. nach dem bestehenden oder vereinbarten Tarif.

Gleichstromzähler unterscheiden sich grundsätzlich
von Wechsel- und Drehstromzählern. Die Gleichstromzähler enthalten ein stromdurchflossenes Triebwerk mit
Kommutator und Bürsten. Die Wechsel- und Drehstrom-
zähler arbeiten nach dem Ferraris-Prinzip, d. h. 2 Kraft-
linienfelder wirken auf einen aus einer dünnen Metall-
scheibe bestehenden Anker ein. Das eine Feld wird vom
Spannungstrom, das andere vom Verbrauchstrom erzeugt. Der Anker treibt mittels Zahnradübersetzung
das Zählwerk an. Der Eigenverbrauch der Zähler ist
vernachlässigbar klein. Über die zulässige Größe der
Abweichungen der Zählerangaben vom wirklichen
Stromverbrauch entscheiden die vorher erwähnten
öffentlichen Prüfstellen.

In Gleichstromanlagen ohne dritten Leiter sowie in
Einphasen-Wechselstromanlagen benutzt man Zähler
mit einem Triebwerk, in Drehstromanlagen mit ungleich belasteten Phasen, ferner in Gleichstrom-Dreileiteranlagen zwei gekuppelte Triebwerke (im Dreh-
stromfall Aronschaltung, analog der Wattmeterschal-
tung, vgl. 139) und in Drehstrom-Vierleiteranlagen drei
gekuppelte Triebwerke. Bei höheren Spannungen und
Stromstärken werden Spannungs- und Stromwandler
benutzt, auf deren richtigen Anschluß zu achten ist.
Man achte darauf, daß z. B. die hochvoltseitigen Klemmen der dreiphasigen Spannungswandler in der Reihenfolge UVW an die Leitungen RST angeschlossen werden, und daß auf der Sekundärseite die Stromwandler-
klemmen mit gleichen Zahlenindices miteinander verbunden werden. Die Sekundärseiten der Strom- und
Spannungswandler müssen geerdet werden.

Man unterscheidet Ampere- und Wattstundenzähler.
Die Wattstundenzähler haben Strom- und Spannung-
spule, sie messen also den Leistungsverbrauch, d. h. das
Produkt aus Stromstärke, Spannung und Zeit. Die

Amperestundenzähler besitzen keine Spannungswicklung; sie stellen nur -den Stromverbrauch fest, also das Produkt aus Stromstärke und Zeit. Spannungschwankungen haben auf die Zählerangabe keinen Einfluß. Bei der Eichung der Amperestundenzähler wird eine mittlere Spannung zugrunde gelegt; die Angabe erfolgt in kWh.

Elektrochemische Amperestundenzähler sind nur in Gleichstromanlagen verwendbar. Durch Elektrolyse wird entsprechend der durchfließenden Strommenge Quecksilber bzw. Wasserstoffgas ausgeschieden und in einer mit Skala versehenen Glasröhre aufgefangen.

Die Amperestundenzähler haben gegenüber den Wattstundenzählern den Vorteil der Billigkeit und des geringeren Platzbedarfes. Sie kommen hauptsächlich für Abnehmer kleiner Elektrizitätsmengen in Frage.

Zähler für verschiedene Tarife haben in den letzten Jahren große Bedeutung gewonnen, weil die Elektrizitätswerke gezwungen sind, die Größe ihrer Anlagen nach dem Maximal- oder Spitzenverbrauch zu bestimmen, der nur zu gewissen Tagesstunden auftritt. Stromverbrauch außerhalb der Spitzenzeit soll durch niedere Tarife begünstigt, Strombezug in der Spitzenzeit durch höhere Strompreise möglichst eingeschränkt werden.

Man unterscheidet:

1. Mehrfachtarifzähler für Doppel-, Dreifach- und Vierfachtarif,
2. Zähler mit Höchstverbrauchanzeiger,
3. Spitzenzähler,
4. Zähler zur Verrechnung des Blindstromes.

Die Mehrfachtarifzähler besitzen ein normales Triebsystem und je nach Anzahl der Tarife mehrere Zählwerke. Eine zugehörige Schaltuhr kuppelt zu verschiedenen Tagesstunden elektrisch oder mechanisch das Triebwerk mit einem der Zählwerke.

Die Höchstverbrauch- oder Maximumzähler erhalten ebenfalls eine Schaltuhr. Durch einen Zeiger mit Mitnehmer, der nach 15, 30 oder 60 Minuten in seine Anfangslage zurückgeht, während der Mitnehmer die äußerste Stellung beibehält, wird die in einem bestimmten Zeitraum im Mittel zur Verfügung gestellte Leistung angezeigt, nach der sich der kWh-Preis richtet.

Der Spitzenzähler findet Anwendung bei Pauschalzahlung für den Stromverbrauch unterhalb einer vereinbarten Belastungshöhe. Bei Erreichung der Belastungsgrenze schaltet sich das Zählwerk ein und zählt den Mehrverbrauch, der besonders verrechnet wird. Diese Zähler erhalten durchweg eine Schaltuhr (Maximalrelais). Spitzenzähler für größere Stromverbraucher haben zwei Zählwerke, von denen das eine dauernd, das zweite nur bei Überschreitung der vereinbarten Belastungshöhe arbeitet. Bei Spitzenzählern für Kleinabnehmer verzichtet man zuweilen auf die Schaltuhr durch entsprechende Ausbildung des Triebwerks.

Da die üblichen Zähler nur Wirkleistungsverbrauch anzeigen, sind bei Sonderverrechnung des Blindverbrauches neben den Wirkverbrauchs- auch Blindverbrauchszähler erforderlich (reine Blindstromzähler). Die Verwendungsmöglichkeit von Scheinleistungszählern an Stelle zweier Zähler ist begrenzt, da ihre Anzeige nur für bestimmte Bereiche des Leistungsfaktors als Bewertungsgrundlage dienen kann. Verrechnungsarten des Blindverbrauches:

1. Der gesamte Blindverbrauch wird angerechnet,
2. nur derjenige Blindverbrauch wird angerechnet, der einen gewissen Prozentsatz des Wirkverbrauchs überschreitet,
3. der mittlere Leistungsfaktor ist Verrechnungsgrundlage.

Nur der nacheilende Blindstrom, der zur Magnetisierung von Maschinen und Transformatoren notwendig ist, wird berechnet. Ein Stromabnehmer dagegen, der selbst Magnetisierungsstrom ans Netz abgibt, erhält eine Vergütung, indem der Blindverbrauchszähler rückwärts läuft. Oft werden bei solchen Abnehmern zwei Blindstromzähler mit Rücklaufhemmung aufgestellt, wobei der eine Zähler den empfangenen, der andere den abgegebenen Blindstrom zählt.

150. Zählerautomaten. Die Zählerautomaten lassen nur dann Stromentnahme zu, wenn durch Einwerfen von Münzen eine Vorauszahlung des Stromverbrauchs stattgefunden hat.

. Sämtliche Zählerarten werden ebenso wie Meßgeräte auch als schreibende Apparate ausgeführt. Sie dienen zur genaueren Betriebsüberwachung.

151. Aufstellen des Zählers. Der Zähler wird in einem trockenen, großen Temperaturschwankungen nicht ausgesetztem Raum an erschütterungsfreiem Platz aufgestellt. Er soll bequem zugänglich angebracht

werden, so daß das Ablesen ohne Benutzen eines
Trittes oder einer Leiter möglich ist. Die Zähler für
die Stromabnehmer der Elektrizitätswerke sollen möglichst nahe an den Leitungseinführungen in Haus oder
Wohnung aufgestellt und die Stromzuführungen
geschützt ober übersichtlich verlegt werden, um das
Anschließen von Leitungen vor dem Zähler zu verhindern oder leicht erkennbar zu machen. Klemmen, die widerrechtliche Stromentnahme vor dem
Zähler ermöglichen, müssen verkleidet und die Verkleidungen nötigenfalls plombiert werden. In Miethäusern sollen Zähler außerhalb der Räume der Mieter
Namenschilder erhalten, damit Verwechslungen vermieden werden.

Da die meisten Zähler nur in bestimmten Grenzen
zuverlässig messen, muß die Zählergröße zur Belastung
passen. Zähler für Lichtbetrieb, wo selten alle Lampen
eingeschaltet sind, können knapp bemessen sein (für
80 % der vorhandenen Lampen). Dagegen nimmt man
Zähler für Motorbetrieb wegen der vorkommenden
Überlastungen besser für höhere als die normale Betriebstromstärke.

Verbieten Tarifabmachungen das Überschreiten
einer bestimmten Höchststromstärke, so baut man
Strombegrenzer ein.

152. Zählerschaltungen. Die Zähler müsssen vorschriftsmäßig angeschlossen werden. Montagevorschrift
mit Schaltbild wird von der Fabrik jedem Zähler bei-
gelegt. In der Regel wird das Schaltbild am Klemmen-
deckel befestigt. Die Schaltungen sind abhängig von
der Art der Zähler, von der Stromart, vom Anschluß
an Zwei- oder Mehrleiteranlage mit oder ohne Nulleiter,
an Niederspannungskreis oder an Hochspannungskreis
mit Strom- und Spannungswandlern sowie von der Art
der Belastung.

Abb. 91 zeigt die Schaltung eines Dreileiterzählers
mit Anschluß der Spannungspule zwischen den beiden
Außenleitern (+ —). Der Strom im Plusleiter geht
durch die Spule an den Klemmen *1* und *3*, der im Minus-
leiter durch die Spule an den Klemmen *4* und *6*. An
den Klemmen *1* und *4* ist die Spannungspule angeschlossen. Soll der Strom für den Spannungskreis
zwischen einem Außenleiter und dem Nulleiter angeschlossen werden, etwa zwischen + und *O*, so ist der
Bügel an Klemme *4* zu lösen und die freigewordene

mittlere Klemme zwischen *4* und *6* mit dem Nullieter zu verbinden.

Abb. 92 zeigt die Schaltung eines Niederspannungs-Drehstromzählers mit Nulleiter (z. B. für verkettete Spannung 380 V, Nullpunktspannung 220 V) mit Stromwandlern. Die drei Sekundärströme der Stromwandler treten untereinander verbunden in *1*, *4* und *7* ein, bei *3*, *6* und *9* getrennt aus. Die drei Sekundärkreise sind vorschriftsmäßig geerdet. Würden bei Anschluß an höhere Spannungen auch Spannungswandler nötig, so könnten diese zwischen *R* und *O*, *S* und *O*, *T* und *O* angeschlossen werden. Die Sekundärkreise auch dieser Wandler müßten geerdet werden.

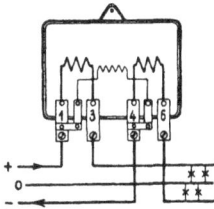

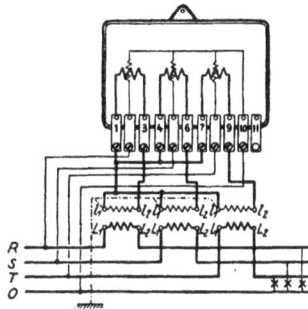

Abb. 91.   Abb. 92.

Apparate.

Schalter.

153. Allgemeines. Schalter haben den Zweck, den Stromkreis zu schließen oder zu öffnen oder auch einen bestimmten Leitungszweig mit einem beliebigen anderen zu verbinden. Im ersten Falle spricht man von Ausschaltern, während man die letzteren als Umschalter bezeichnet. Sie werden ein- oder mehrpolig ausgeführt. Je nachdem, ob die Unterbrechung des Stromkreises in Luft oder in Öl erfolgt, unterscheidet man Luftschalter und Ölschalter. Die Größe der Schalter richtet sich nach der Spannung, für die sie isoliert sein müssen, und nach der Stärke des Stromes, die sie dauernd im Betrieb führen können (Nennstromstärke).

Bei Schaltern für hohe Stromstärken sind zur Schonung der Hauptkontakte parallel zu diesen Abreiß-

kontakte angeordnet, um die Hauptkontakte vor Verschmoren durch den beim Abschalten auftretenden
Lichtbogen zu schützen.

Für Schalter, die durch Gestänge betätigt werden
und an der Bedienungstelle nicht erkennen lassen, ob
der Stromkreis geöffnet oder geschlossen ist, sind Anzeigevorrichtungen notwendig. Diese Anzeigevorrichtungen bestehen aus drehbaren Scheiben oder Walzen,
die mit der Schalterwelle gekuppelt sind und durch rote
(Ein) oder grüne (Aus) Aufschrift die Schalterstellung
anzeigen; rote und grüne Signallampen dienen dem
gleichen Zwecke.

Alle Schalter mit Ausnahme der Schalter für kleine
Glühlampengruppen (mit 6 A gesichert) und der Schalter
in elektrischen Betriebsräumen müssen in geöffnetem
Zustand ihren Stromkreis spannungslos machen. Sie
müssen daher im allgemeinen mehrpolig sein; in Zweileiteranlagen mit geerdetem Leiter oder Nulleiter sind
auch einpolige Schalter zulässig.

154. Hebelschalter werden als Luftschalter hergestellt. Bei Gleichstrom haben sie meist Schnellunterbrechung, damit beim Ausschalten die Bewegung der
Kontakte von der Einschalt- zur Ausschaltstellung so
rasch erfolgt, daß ein Stehenbleiben des Lichtbogens
ausgeschlossen ist. Die Schaltmesser werden hierbei
durch eine Feder, die beim Zurücknehmen des Schalthebels gespannt wird, aus den festen Kontakten herausgerissen. Beim Ausschalten von Wechselstrom ist
langsames Schalten erforderlich.

Für Gleichstromkreise, in denen Magnetwicklungen
(Erregerwicklungen) eingeschaltet sind, ist rasches Ausschalten wegen der dabei auftretenden, die Isolation
gefährdenden hohen Spannung unzulässig.

Hebelschalter für hohe Stromstärken sind im allgemeinen nicht für das Unterbrechen der vollen Stromstärke und Spannung geeignet, das Öffnen und Schlie
ßen dieser Schalter ist daher nur bei entlastetem Stromkreis zulässig.

Hebelschalter sollen so mit den zu- und abführenden
Leitungen verbunden werden, daß die kontaktgebenden
Hebel (Kontaktmesser) bei geöffnetem Stromkreis
spannungslos sind. Beim Zusammenbau von Schaltern
und Schmelzsicherungen werden die Schalter zwischen
den Sicherungen und der Stromquelle angeordnet, um
spannungsfreies Auswechseln der Sicherung zu ermöglichen.

155. Trennschalter werden bei Hochspannung angewendet, um einzelne Teile von Leitungsanlagen erkennbar spannungslos zu machen. Das Öffnen oder
Schließen der Trennschalter darf nur im stromlosen
Zustande stattfinden.

Die Strombahn des Trennschalters besteht aus zwei
feststehenden Schaltstücken, die auf Stützen aufgebaut
sind, und dem beweglichen Schaltmesser. Nach der
Art der Trennung unterscheidet man Hebeltrennschalter
und Drehtrennschalter. Der Hebeltrennschalter
entspricht im Aufbau dem Hebelschalter, er hat also
nur eine Unterbrechungstelle. Die Betätigung erfolgt
in der Regel durch Isolierstangen (Schaltstange). Die
Trennschalter sind so anzubringen, daß sie nicht durch
das Gewicht der Schaltmesser selbst einschalten können;
sie werden so eingebaut, daß die geöffneten Schaltmesser
spannungslos werden. Beim Drehtrennschalter ist
das Schaltmesser drehbar auf einem Mittelstützer angeordnet; im Gegensatz zum Hebeltrennschalter besitzt
er zwei Unterbrechungstellen. Die in den einzelnen
Phasen liegenden Trennmesser werden einzeln betätigt
oder gemeinsam durch Kupplungsgestänge. Die Trennschalter werden nach den genormten Nennspannungen
für Hochspannungsgeräte nach Reihen eingeteilt
(vgl. 162), entsprechend sind die Trennschalterstützer
bemessen.

In Freileitungen, die durch Ortschaften führen oder
ein Bahngelände kreuzen, sind Masttrennschalter
notwendig, mit denen bei Gefahr, z. B. bei einem
Brande, die Leitungen streckenweise abgeschaltet und
spannungslos gemacht werden können. Diese Schalter
werden meist an der Mastspitze angebracht und von
unten durch Seilwinden oder Kurbeltriebe bedient, die
geerdet sein müssen. Bei Holzmasten muß in das An-
triebsgestänge zwischen den Trennschalter und den
Antrieb ein Isolator eingebaut werden.

156. Selbstschalter (Automaten) dienen dem Schutze
von Gleich-, Wechsel- und Drehstromanlagen; sie
werden als Luftschalter und sowohl ein- als auch mehrpolig ausgeführt. Die Selbstschalter haben in der Regel
eine Freilaufkupplung. Diese ist eine durch Magnet-
wirkung beeinflußte Klinkensperre, die zwischen dem
Handgriff und der Schalterachse eingebaut ist. Sobald
die zulässige Stromstärke überschritten wird, löst der
Magnet die Freilaufkupplung aus, so daß der Schalter
frei in die Ausschaltstellung zurückfällt. Die Freilauf-

kupplung verhindert ferner ein Wiedereinschalten oder
Festhalten des Schalters in geschlossenem Zustande, so
lange Überstrom besteht. Nach der Arbeitsweise ihrer
Auslöseeinrichtungen unterscheidet man die nachstehend beschriebenen Schalterausführungen:

157. Überstromschalter werden zum Schutz gegen
Überlastung für abgehende Leitungszweige verwendet,
wenn es sich um das Abschalten großer Leistungen
handelt, die durch normale Schmelzsicherungen nicht
mehr bewältigt werden können. Sie werden ferner verwendet, wenn präzises Abschalten verlangt wird, was
mit Schmelzsicherungen nicht zu erreichen ist, und
wenn mit häufigen Überlastungen zu rechnen ist, da
dann das Einsetzen neuer Schmelzstreifen unnötig
lange Betriebstörungen hervorrufen würde.

158. Überstrom- und Rückstromschalter verwendet
man, wenn zwei Stromquellen auf eine Verbrauchstelle
oder ein Schienensystem arbeiten. Sie schalten nicht
nur bei Überlast ab, sondern auch sobald eine Stromquelle auf eine andere zu arbeiten beginnt. Dies tritt z. B.
ein, wenn beim Parallelbetrieb von Batterie und Motorgenerator die Motorspannung ausbleibt, der Generator
also als Motor läuft. Ferner sind diese Schalter wichtig für
Einanker-Umformer, die zu hohe Drehzahl annehmen
können, wenn die Wechselstromzuführung unterbrochen
wird, während die Gleichspannung von der Batterie
aus bestehen bleibt.

Die Überstrom- und Rückstromschalter
unterscheiden sich von den Überstromschaltern dadurch, daß sie außer den Überstromauslösern noch einen
Differentialmagneten besitzen. Dieser trägt zwei
Wicklungen, eine Stromwicklung und eine Spannungswicklung,
die so geschaltet sind, daß im Normalbetriebe der Magnet
nicht erregt wird. Tritt Rückstrom ein, so unterstützen
sich beide Wicklungen, und der Auslöseanker wird angezogen, die Auslösung erfolgt. Das Ansprechen geschieht bei einem Rückstrom, der etwa 5 bis 10% des
Nennstromes der Magnetwicklung beträgt.

159. Spannungsrückgangschalter, auch Nullspan-
nungschalter genannt, dienen für Motoren. Sie bewirken, daß der Motor beim Versagen der Stromlieferung selbsttätig abgeschaltet wird, um nicht bei Wieder-
eintreten der Stromlieferung Schaden zu leiden. Sie
müssen im eingeschalteten Zustande verbleiben, wenn
die Spannung noch 70% der Auslösernennspannung

beträgt. Das Auslösen muß erfolgen, wenn die Spannung unter 35% der Auslösernennspannung sinkt.

160. Motorschutzschalter werden zum Schutze von Drehstrommotoren benutzt. Gegen Kurzschluß schützen diese Schalter den Motor durch Überstromauslöser mit Schnellauslösung, während gegen Überlastung bzw. Ausbleiben einer Phase, was ebenfalls einer Überlastung gleichkommt, Wärmeauslöser vorgesehen sind.

Wärmeauslöser besitzen die Eigenschaft, sich der Überlastung des Motors so anzupassen, daß je nach der Höhe des Überstromes der Motor nach kürzerer bzw. längerer Überlastungsdauer vom Netz getrennt wird.

Für das Abschalten bei Spannungsrückgang und zur Fernausschaltung sind in die Motorschutzschalter meist noch Spannungsauslöser eingebaut.

Ein vollkommener Motorschutz, wie er durch Motorschutzschalter gegeben ist, läßt sich durch Überstromschalter oder Sicherungen nicht erreichen, da diese für die Anlaufstromstärke des Motors, also den 6- bis 7fachen Betriebstrom, bemessen sein müßten, der Motor jedoch nur mit etwa 10% auf längere Zeit überlastet werden darf.

161. Schnellschalter sind dadurch gekennzeichnet, daß sie beim Auftreten eines Kurzschlusses den Stromkreis öffnen, bevor der Kurzschlußstrom seinen Höchstwert erreicht. Die Schnellschaltung wird durch besondere Auslösevorrichtungen herbeigeführt, z.B. durch magnetische Lamellenkupplungen.

Durch das rasche Abschalten vermeiden die Schnellschalter das gefürchtete Kommutatorrundfeuer an Gleichstrommaschinen und Einankerumformern.

In Gleichrichteranlagen werden die Schnellschalter als Über- und Rückstromschalter eingebaut; sie verhindern die schädliche Wirkung von Rückzündungen im Gleichrichter.

162. Ölschalter. Für hochgespannten Wechselstrom verwendet man Schaltgeräte, bei denen die Trennung der Strombahn unter Öl erfolgt. Für Gleichstrom werden diese Schalter nicht benutzt, da die beim Ausschalten entstehenden Überspannungen die Wicklungen der Maschinen und Apparate gefährden.

Die Ölschalter sind entsprechend den genormten Nennspannungen für Hochspannungsgeräte nach Reihen eingeteilt. Aus nachstehender Tabelle können die den

Nennspannungen entsprechenden Reihen entnommen
werden.

Reihe	Nenn-spannung kV	Reihe	Nenn-spannung kV
1	1	20	20
3	3	30	30
6*)	6	45	45
10	6	60	60
10	10	80	80
20	15	100	100

*) Reihe 6 gilt nur für gekapseltes Schaltmaterial.

An den Ölschaltern muß die Schaltstellung äußerlich erkennbar sein. Vor und hinter den Ölschaltern
sollen sichtbare Trennstellen (Trennschalter) angebracht werden, damit man beim Arbeiten an den Ölschaltern und Zuleitungen mit Sicherheit erkennen kann,
daß sie spannungslos sind. Die Betätigung der Ölschalter erfolgt von Hand oder mittels Fernantrieb
(vgl. 169).

Die bewegliche Schaltbrücke, die über Hebel und
Welle mit einer Klinkensperre (vgl. 156) verbunden
ist, auf welche die Auslöser wirken, schließt und öffnet
über die festen Schaltstücke
den Stromkreis. Wird bei
eingeschaltetem Schalter die
Klinkensperre gelöst, so wird
die Schaltbrücke durch Aus-
schaltfedern, die beim Ein-
schaltvorgang gespannt wurden, mit großer Geschwin-
digkeit in die Ausschaltstellung bewegt; hierdurch wird
der Stromkreis unterbro-
chen. Bei Ölschaltern für hohe Abschaltleistungen verwendet man Löschkammern.

Normalerweise werden
Ölschalter so ausgeführt, daß
man die drei Phasen einer
Drehstromleitung in einem
Kessel unterbringt; man

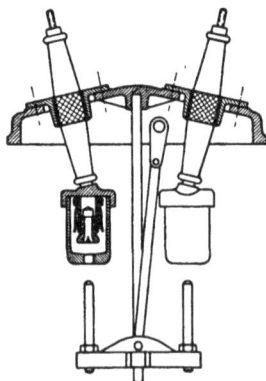

Abb. 93.

spricht dann von einem dreipoligen **Einkesselschal-**
ter. Bei hohen Spannungen, 60, 100 oder 200 kV, erhält meistens jede Phase ein Ölgefäß. Für ein Drehstromsystem bedingt dies drei Ölgefäße, d. h. einen
Dreikesselschalter. Die einzelnen Kessel werden
hierbei durch Zuggestänge oder besondere Kupplungen
miteinander verbunden.

Abb. 93 zeigt das Innere eines mit Löschkammern
ausgerüsteten Ölschalters.

163. Ölschutzschalter sind Ölschalter mit einem
parallel zur Schaltbrücke liegenden Schutzwiderstand,
der während der Schaltbewegung kurzzeitig eingeschaltet wird. Bei geschlossenem Schalter ist der Widerstand durch die Hauptschaltstücke überbrückt. Gegen
Überlastung ist er entweder durch vorgeschaltete Über-
stromsicherungen oder durch **Temperatursicherun-**
gen geschützt. Die Temperatursicherungen bestehen
aus leicht schmelzbarem Metall, dessen Schmelzpunkt
bei der Temperatur liegt, die das Öl höchstens annehmen
darf. Hat das Öl aus irgendeinem Grunde diese Temperatur erreicht, so schmilzt die Sicherung und unterbricht den Stromkreis.

Die Ölschutzschalter vermeiden den bei gewöhnlichen Ölschaltern beim Schalten von langen Leitungen,
Kabeln oder Transformatoren auftretenden Einschaltstromstoß sowie hohe Überspannungen beim Schaltvorgang.

164. Ölfreie Schalter. In neuerer Zeit werden wegen
der Brandgefahr bei Ölschaltern auch ölfreie Hoch-
spannungsschalter gebaut.

Beim **Druckluftschalter** wird zwischen die sich
öffnenden Schaltstücke zur Löschung des entstehenden
Lichtbogens unter Druck stehende Luft geblasen.

Beim **Expansionschalter** stehen die Schaltstücke in einer mit Wasser gefüllten Kammer, die Licht-
bogenlöschung erfolgt durch die Ausdehnung (Expan-
sion) des durch den Lichtbogen beim Trennen der
Schaltstücke erzeugten Wasserdampfes.

165. Schalterdurchführungen. Bei den niederen
Schalterreihen bestehen die Durchführungen aus
Porzellanhohlkörpern, durch welche der Durchfüh-
rungsbolzen geführt ist. Bei höheren Reihen verwendet
man Durchführungen aus Faserstoffen (Hartpapier)
oder gleichfalls Porzellandurchführungen, deren Hohlraum jedoch mit Isoliermasse oder Öl gefüllt wird.

Werden Hartpapierdurchführungen für Freiluftschalter
verwendet, so wird der aus dem Schalterdeckel heraus-
ragende Teil mit einem Wetterschutz aus Porzellan
oder Steingut überzogen. Die Befestigung der Durchführungen im Deckel geschieht entweder durch Auf-
schrauben mittels Flansch oder durch Einkitten in die
Deckelfassung. Als Kitt wird Bleiglätte oder Marmor-
kitt benutzt. Kittanweisungen sind beim Lieferwerk
anzufordern.

166. Schaltschloß. Das Schaltschloß, auch Klinkensperre oder Freilaufkupplung genannt, kuppelt die
Schalterwelle mit dem Antrieb. Es soll nach Möglichkeit unmittelbar am Schalter angebaut sein, damit bei
entklinktem Schaltschloß die Bewegung der Schaltbrücke in ihre Ausschaltstellung nicht durch die Mit-
nahme von Übertragungsgestängen verzögert wird.

Die Einstellung der Freilaufkupplungen wird in den
Fabriken mit größter Sorgfalt vorgenommen. Aus
diesem Grunde ist es ratsam, bevor man Eingriffe an
den Kupplungen vornimmt, sich genau zu überzeugen,
ob der Fehler nicht doch am Schalter selbst, am Antrieb oder an dessen Übertragungsgestänge liegt. Nacharbeiten an Klinken oder Gelenken nehme man möglichst nicht vor.

167. Überstromauslöser. Die Überstromauslöser bewirken das selbsttätige Auslösen der Schalter bei Überstrom oder Kurzschluß durch unmittelbare Betätigung
des Schaltschlosses. Überstromauslöser, deren Wicklungen direkt im Schalterstromkreis liegen, also vom Haupt-
strom durchflossen werden, nennt man Primärauslöser.
Sind die Wicklungen der Auslöser an Stromwandler angeschlossen, so spricht man von Sekundärauslösern. Beide
Arten werden sowohl bei Ölschaltern als auch bei Selbstschaltern benutzt. Man unterscheidet Wärmeauslöser
und Magnetauslöser. Über Wärmeauslöser vgl. 160.
Bei den Magnetauslösern wird ein Elektromagnet erregt,
der einen Anker einzieht und dadurch den Schalter zum
Auslösen bringt.

Soll die Auslösung erst erfolgen, nachdem der Überstrom eine bestimmte Zeit geflossen ist, so muß mit dem
Anker ein Uhrwerk, auch Zeithemmwerk genannt, gekuppelt sein. Nach der Arbeitsweise dieser Auslöser
unterscheidet man unabhängig verzögerte Auslösung,
abhängig verzögerte Auslösung und gemischt verzögerte
Auslösung. Bei Reihenschaltung müssen alle Schalter
mit gleichartiger Auslösung versehen sein.

168. Spannungsauslöser. Die Spannungsauslöser
bewirken ebenfalls das selbsttätige Auslösen der
Schalter, jedoch in Abhängigkeit von der Spannung.
Man unterscheidet hierbei solche, die durch Anziehen
ihres Ankers auslösen (Arbeitstromauslöser), und
solche, die dauernd an Spannung liegen und beim
Ausbleiben derselben ihren Anker loslassen, der dann
die Auslösung bewirkt (Ruhestromauslöser). Spannungsauslöser für Arbeitstrom werden meist zur
Fernauslösung von Schaltern benutzt, während Ruhe-
stromauslösung angewendet wird, wenn man durch
Wiederkehr der Spannung ein unerwünschtes Inbetriebsetzen von Apparaten und Maschinen vermeiden will.

169. Schalterantriebe. Schalter können von Hand
und auch automatisch betätigt werden.

Die Antriebe werden unmittelbar an den Schalter
oder die Bedienungswand angebaut und über Zuggestänge, Seile oder Ketten mit dem Schalter verbunden.
Beim Anbau der Antriebe sind lange Gestänge, Seile
oder Ketten sowie Umlenkungen derselben zu vermeiden, da sie viel Kraft verzehren. Außerdem besteht bei
langen Seilen und Ketten die Gefahr, daß sie sich dehnen,
was unvollkommenes Einschalten und damit Zerstörung der Schalter zur Folge haben kann.

a) **Handantrieb.** Man unterscheidet Handhebel-,
Steigbügel- und Handradantrieb. Die Handantriebe
sollen nicht zu hoch über dem Fußboden angebracht
werden; für Hebel- und Steigbügelantriebe wählt man
zweckmäßig rd. 80 cm, für Handradan-
triebe rd. 1 m über dem Fußboden.

b) **Hubmagnetantrieb.** Beim Hub-
magnet- oder Solenoidantrieb (Abb. 94) erfolgt das Einschalten durch einen Elektromagneten, dessen Spule *a* erregt wird und
einen beweglichen Eisenkern *b* einzieht.
Der Vorteil dieses Antriebes liegt in seinem
einfachen Aufbau; er wird nur für Gleichstrom verwendet.

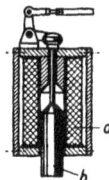
Abb. 94.

c) **Schaltmotorantrieb.** Die Betäti-
gung des Schalters erfolgt bei diesem Antrieb durch einen
Motor, der über ein Stirnrad oder Schneckenvorgelege
mit der Antriebachse gekuppelt ist. Zum Abfangen der
Schläge in den Endstellungen ist zwischen Motor und
Vorgelege eine Gleitkupplung eingebaut. Schaltmotor-
antriebe haben geringen Leistungsbedarf und können
für Gleich- und Wechselstrom verwendet werden.

d) Schaltfederantrieb. Die zum Einschalten des Schalters notwendige Energie wird in einem Federpaket aufgespeichert. Das Spannen der Federn kann von Hand erfolgen, wobei man von einer Hilfstromquelle unabhängig ist, oder durch Aufzugmotoren für Gleich- oder Wechselstrom, die von der Hilfstromquelle gespeist werden.

e) Druckluftantrieb. Durch ein von Hand oder elektrisch betätigtes Ventil wird die Druckluft in einen Zylinder geleitet. Ein über Gestänge oder Ritzel mit der Schalterwelle verbundener Kolben bewirkt die Einschaltung. Die Rückführung des Kolbens geschieht nach beendigtem »Ein«-Kommando durch Federkraft oder Ausgleichluft.

Zwischen Drucklufterzeuger (Kompressor) und Druckluftverbraucher (Antrieb) ist ein Luftbehälter zum Vermeiden von Druckschwankungen eingebaut. Die Rohrleitungen müssen nach dem Luftbehälter zu abfallend verlegt werden, damit das Kondenswasser in den Luftbehälter läuft und nicht in den Leitungen stehen bleibt oder in den Kompressor und in den Antrieb gelangt. Bei Freiluftanlagen bringen Wasseransammlungen in den Rohrleitungen die Gefahr des Einfrierens und damit die Außerbetriebsetzung der Anlage mit sich. Die beste Rohrverbindung wird durch Verschweißen erzielt. Verwendet man Muffen, so sind solche mit Gegenverschraubung (Dichtungsmuffen) am Platze. Vor der Inbetriebnahme prüft man die ganze Anlage mit höherem als dem Betriebsdruck auf Dichtigkeit. Dabei sind sämtliche Verbindungstellen durch Abseifen zu überprüfen.

170. Einbau der Ölschalter. Beim Zelleneinbau werden die auf Fahrgerüsten montierten Schalter in der Schalterzelle aufgestellt.

Beim Halleneinbau werden die Schalter in den Fußboden eingelassen, der Kessel hängt frei in einem Raum, der unmittelbar ins Freie führt.

In Freiluftstationen werden die Schalter ohne schützendes Dach aufgestellt; da sie dauernd der Witterung ausgesetzt sind, muß auf gutes Abdichten besonderer Wert gelegt werden.

Beim Zusammenbau von Schalter und Antrieb ist genau nach der Montagezeichnung zu verfahren. Durch mehrmaliges Ein- und Ausschalten bei abgesenktem Kessel überzeugt man sich, daß die Schalt-

brücke einwandfrei fällt und das Einklinken der Freilaufkupplung richtig erfolgt. Bei mehrpoligen Schaltern
wird bei langsamem Einschalten das gleichzeitige
Schließen der Schaltstücke in den drei Phasen unmittelbar beobachtet oder durch Prüflampen festgestellt.
Alle Schraub- und Bolzenverbindungen müssen auf einwandfreie Sicherung nachgesehen werden. Bei Schaltern mit Schutzwiderständen sind die vorgeschalteten
Sicherungen zu überprüfen.

Vor dem Füllen der Schalter sind sämtliche in das
Öl tauchenden Isolierteile durch Abreiben mit einem
möglichst wenig fasernden Lappen zu reinigen. Das
Innere des Schalters wird hierauf mehrere Stunden
mittels heißer Luft getrocknet. Das verwendete Öl
muß den Vorschriften des VDE für Transformatoren-
Schalteröl entsprechen. Beim Einfüllen des Isolieröles
ist zu beachten, daß das Öl keine höhere Temperatur
als 40° C haben darf, wenn der Schalter Isolierteile aus
Hartpapier enthält. Nach dem Hochwinden und Feststellen des Kessels prüft man, ob der Ölstand mit der
Ölstandmarke übereinstimmt. Bei fahrbaren Ölschaltern muß das Fahrgestell an den Fahrschienen ver-
ankert werden.

Nach Anschließen der Steuerleitungen überzeugt
man sich, ob Schalter und Antrieb einwandfrei arbeiten,
die Auslöser richtig ansprechen und die mechanischen
und elektrischen Anzeige- und Signaleinrichtungen in
Ordnung sind. Das Ansprechen und Ablaufen der Überstromauslöser prüft man mittels Eicheinrichtung, die
Spannungsauslöser durch Fernbetätigung.

Zum Schluß werden die Anschlüsse an den Durchführungen und Auslösern festgezogen. Hierbei muß
mit einem Schraubenschlüssel die Gegenmutter festgehalten werden, während man mit einem zweiten die
Schraubverbindungen festzieht. Von den Anschluß-
schienen dürfen keinerlei Zugspannungen auf Durchführungen oder Auslöser ausgeübt werden, damit bei
Kurzschluß Isolatorenbrüche oder Versagen der Überstromauslöser vermieden wird.

171. Wartung der Schalter. Die Wartung der Schalter richtet sich nach ihrer Beanspruchung im Betriebe.
Die mechanisch beanspruchten Teile, wie Antrieb,
Übertragungsgestänge, Schaltschloß und Schaltbrücke,
sind von Zeit zu Zeit in spannungsfreiem Zustande auf
richtiges Arbeiten zu prüfen und in längeren Zeitabstän-
den zu reinigen und zu fetten. Bei Freiluftschaltern

dürfen nur Fette verwendet werden, die erst bei — 40°C fest werden.

Nach dem Abschalten von Kurzschlüssen sind die Schaltstücke nachzusehen und etwaige Schmelzperlen zu entfernen (vgl. 172).

Die unter Öl liegenden Isolierteile sind hin und wieder, hauptsächlich nach häufigen schweren Abschaltungen, durch Abwischen mit weißem Löschpapier auf Schlammablagerungen zu untersuchen. Wird Schlamm festgestellt, so sind sämtliche Isolierteile zu reinigen.

172. Behandlung der Kontakte. Um unzulässig hohe Erwärmungen zu vermeiden, sind bei Schaltern, insbesondere solchen für hohe Nennstromstärken, die selten betätigt werden, die Schaltstücke von der ihnen anhaftenden Oxydhaut zu befreien. In besonderem Maße ist dies bei Schaltstücken von Luft- und Trennschaltern erforderlich, die ätzenden Dünsten, z. B. in chemischen Betrieben, ausgesetzt sind; nach Reinigung sind diese Schaltstücke leicht mit Vaseline einzufetten.

Die Entfernung der Oxydhaut geschieht am besten durch Abreiben der Schaltstücke mit feinem Schmirgelleinen, bei Bürstenschaltern durch mehrmaliges stromloses Ein- und Ausschalten. Keinesfalls darf man bei der Reinigung von Bürstenschaltstücken Schmirgelleinen zwischen Kontaktplatte und Bürste hindurchziehen, weil sich sonst Schmirgel zwischen die Blätter setzt und diese ihre Federung einbüßen.

173. Ölbehandlung. Öl untersucht man auf Schlammablagerung durch Probenentnahme am Ölprobierhahn. Sind Rußschwaden sichtbar, so muß das Öl filtriert oder geschleudert werden.

Die Spratzprobe dient zum Nachweis von Feuchtigkeit im Öl. Man füllt ein sauberes und trockenes Probierglas zu einem Drittel mit dem zur Probe entnommenen Schalteröl und erhitzt es über einer Spiritus- oder Gasflamme. Machen sich bei längerer Erhitzung des Öles knackende Geräusche (Spratzen) bemerkbar, so enthält das Öl Feuchtigkeit und muß, wie oben angegeben, behandelt werden. Um ein sicheres Ergebnis zu erhalten, führt man die Spratzprobe in einem lärmfreien Raum mehrere Male durch.

Vor dem Wiedereinfüllen des gereinigten Öles muß die Durchschlagfestigkeit geprüft werden. Wenigstens einmal im Jahre soll das Öl gereinigt werden, weil es bei öfteren Abschaltungen an Isolierfähigkeit einbüßt. Über die Behandlung von Transformatoröl vgl. 108.

Anlasser, Regler und Steuergeräte.

174. Anlaß- und Reglerwiderstände. Anlaß- und
Reglerwiderstände sind zum Ingangsetzen der Motoren
nötig, um zu verhüten, daß ein Motor, ehe er die regel-
rechte Drehzahl erreicht, von zu starkem Strom durchflossen wird. Nur bei kleinen Motoren, bis zu etwa
$1/_3$ kW Leistung können im allgemeinen Anlasser entbehrt werden. Die Größe des Anlassers ist nicht nur
von der Leistung des Motors, sondern auch von der Belastung beim Anlauf und der Anlaufzeit abhängig. Bei
kleinen Motoren beträgt die Anlaufzeit nur wenige
Sekunden, während große Motoren, besonders wenn sie
unter Last angelassen werden oder wenn große Schwungmassen zu beschleunigen sind, eine oder mehrere Minuten
Anlaßzeit erfordern. Sie verursachen dabei eine in Rechnung zu ziehende Erwärmung der Anlaßwiderstände.
Die Anlasser müssen entsprechend größer bemessen
werden. Zum Regeln der Drehzahl der Motoren sind die
gewöhnlichen Anlasser nicht bestimmt. Hierfür sind
besondere, für Dauerleistung gebaute Widerstände notwendig.

Anlaß- und Reglerwiderstände werden als Metall-
oder Flüssigkeitswiderstände ausgeführt. Je nach ihrem
Aufstellungsort verwendet man die Metall-Anlaßwider-
stände mit Luft- oder Ölkühlung, in offener oder ge-
kapselter Form.

Alle Spannung führenden Teile müssen in üblicher
Weise dem Berühren entzogen werden.

175. Metallwiderstände. Für kleine Stromstärken
verwendet man Widerstandsdraht aus einer Nickel-
oder Kupferlegierung. Die Drähte werden auf Porzellanrollen oder auf Metallrahmen, die durch Porzellan-
reiter isoliert sind, aufgewickelt. Als Widerstands-
material für stärkere Ströme ist die Verwendung von
Gußeisen üblich, das zum Schutze gegen Rost verzinkt
wird. Die einzelnen Elemente werden auf sog. Wider-
standsträger aufgehängt und entsprechend geschaltet.
Der Widerstand wird durch den beim Anlassen
durchfließenden Strom erwärmt. Für gute Kühlung
ist daher zu sorgen. Aus diesem Grunde sind Boden-
und Seitenbleche der Anlasser aus gelochtem Blech
hergestellt. In Räumen, in denen ätzende oder säure-
haltige Dämpfe auftreten, müssen gekapselte Widerstände eingebaut werden. Diese werden zwecks
Kühlung in einen Behälter mit Ölfüllung eingesetzt.

Für die Ölfüllung muß Isolieröl benutzt werden, das aber nicht dem hochwertigen Öl für Transformatoren oder Schalter gleich zu sein braucht. Wird das Öl im Laufe der Betriebszeit schwarz oder dickflüssig, so ist nach Säubern des Behälters neues Öl einzufüllen.

176. Flüssigkeitswiderstände. Flüssigkeitswiderstände sind insbesondere als Flüssigkeitsanlasser für Motoren im Gebrauch. In Gefäße mit Sodalösung werden Eisenplatten, der Drehzahlzunahme des Motors folgend, allmählich eingesenkt. Nach dem vollständigen Einsenken der Platten wird der Widerstand durch einen an der Anlaßvorrichtung vorhandenen metallischen Kontakt überbrückt.

Die Sodalösung für Motoranlasser wird so gewählt, daß der Motor bei ungefähr $^1/_5$ der Eintauchtiefe der Widerstandsplatten anläuft. Die Leitfähigkeit der Lösung wächst mit dem Sodazusatz zum Wasser. Erwärmt sich die Flüssigkeit, so nimmt der Widerstand ab, bei 100^0 ist der Widerstand etwa halb so groß wie bei 20^0. Bei zu großer Sättigung der Lauge, wenn nur die Spitzen der Widerstandsplatten eintauchen, kann Wasserstoffentwicklung eintreten, die mit Explosionsgefahr verbunden ist. Bis zum Kochen dürfen Sodalösungen nicht erwärmt werden, weil sie dann zu stark schäumen. Nach dem Verdunsten von Flüssigkeit wird Wasser nachgefüllt.

Werden die Widerstände nicht frostfrei aufgestellt, so muß Glyzerin zugesetzt werden. Auf 1 l Wasser nimmt man etwa 150 g entwässerte oder geglühte Soda und 300 cm³ Glyzerin vom spezifischen Gewicht 1,25. Diese Mischung kann bis — 15⁰ C gebraucht werden, erst bei etwa — 20⁰ wird die Mischung gallertartig.

Andere Salze als Soda neigen in der Lösung mit Wasser zu Schlammbildung und sind daher für Flüssigkeitswiderstände ungeeignet. Säurehaltiges Wasser, wie es in Bergwerkgruben vorkommt, darf für Flüssigkeitswiderstände nicht benutzt werden, weil die Eintauchbleche und die eisernen Gefäße durch Anfressung zerstört würden.

Will man für das Anlassen großer Motoren mit verhältnismäßig kleinen Anlassern auskommen, so benutzt man sog. Heißwasseranlasser, bei denen die elektrische Arbeit in Verdampfungswärme des Wassers umgesetzt wird.

Flüssigkeitswiderstände erfordern beim Instandsetzen größere Aufmerksamkeit als Metallwiderstände, weil mit dem Abnehmen der Flüssigkeit durch Verdunsten mit Verschmutzen der Flüssigkeit usw. gerechnet werden muß. Der Gefäßrand der Widerstände kann zum Hintanhalten des Auskristallisierens der Soda mit Vaseline eingefettet werden.

177. Anlasser mit Nullspannungs- und Überstromauslösung. Beim Durchschmelzen der Sicherungen im Motorstromkreis und bei anderweitiger Stromunterbrechung im Leitungsnetz kann es geschehen, daß die Motoren mit kurzgeschlossenem Anlaßwiderstand stehenbleiben. Dadurch entsteht die Gefahr, daß Strom wieder zugeführt wird, solange der Anlasser kurz geschlossen ist, und dann nicht nur der Motor durch Stromüberlastung Schaden leidet, sondern auch die Zuleitungen überlastet werden. Um dies zu verhindern, verwendet man Anlasser mit Nullspannungsauslöser, die selbsttätiges Ausschalten herbeiführen, wenn die Stromzufuhr aufhört. Soll auch bei zu hoher Stromstärke selbsttätig abgeschaltet werden, so werden außerdem Überstromauslöser verwendet. Vielfach wird der Anlasser auch nur mit einem Hilfskontakt versehen. Dafür erhält dann der zugehörige Schalter Nullspannungs- und Überstromauslösung. Die Schaltung ist derart, daß der Schalter nur eingelegt werden kann, wenn der Anlasser sich in der Nullstellung befindet (vgl. 167).

178. Handhaben der Anlasser. Beim Ingangsetzen eines Motors soll der Anlasser langsam geschlossen werden, um dem Motor Zeit zu lassen, sich in Bewegung zu setzen. Andernfalls würde die Stromstärke zu stark anwachsen und den Motor gefährden sowie zu große Spannungsschwankungen im Netz verursachen. Die Ausschaltbewegung soll dagegen rasch ausgeführt werden. Beim Anlassen darf nicht ohne zwingenden Grund alsbald wieder abgestellt werden, bevor der Anlaßwiderstand ganz abgeschaltet ist und der Motor regelrecht läuft. Würde während des Anlaßvorgangs abgeschaltet werden, so würden zufolge der noch bestehenden hohen Stromstärke die Schaltkontakte durch heftige Lichtbogenbildung zerstört werden. Beim Ausschalten schiebt man den Anlasserhebel in die dem vollen Widerstand entsprechende Stellung und unterbricht dann den Stromkreis. Auf keinen Fall darf der Erregerstromkreis vor dem Ankerstromkreis abgeschaltet werden. Wäh-

rend des Betriebes muß aller Anlaßwiderstand abgeschaltet sein, wenn nicht für dauernde Einschaltung
gebaute Reglerwiderstände benutzt werden. Ließe
man die Anlasserkurbel versehentlich auf einer Zwi-
schenstellung, so würden die Anlasserwiderstände verbrennen; bei Ölanlassern würde das Öl überkochen.
Wird das Leitungsnetz spannungslos oder steht der
Motor still, weil die Sicherung geschmolzen ist oder der
selbsttätige, nicht auf den Anlasser wirkende Schalter
den Strom unterbrochen hat, so muß der Anlasser sofort
ausgerückt werden. Erst wenn die normale Spannung
wieder zugeführt werden kann, darf der Motor wieder
in Gang gesetzt werden. Die meist offen eingebauten,
sich beim Anlassen erhitzenden Widerstandskörper
müssen durch die vorbeistreichende Luft gekühlt werden, was beim Einbau der Widerstände zu berücksichtigen ist. Bei den Ölanlassern wird die sich ent-
wickelnde Wärme vom Öl aufgenommen. Sie sind nicht
für schnell aufeinanderfolgendes Anlassen geeignet und
dürfen erst nach gehöriger Abkühlung wieder benutzt
werden. Bei Heißwasseranlassern (große Anlasser) wird
die Wärme zum Verdampfen des Wassers benutzt.
Das verdampfte Wasser muß durch Nachfüllen ergänzt
werden.

179. Drehzahlregler. Um die Drehzahl von Motoren
zu verändern, benutzt man Reglerwiderstände (Regelanlasser), die wie Motoranlasser aufgebaut sind. Die
Drehzahlregler unterscheiden sich von den Anlassern
dadurch, daß der eingebaute Widerstand für Dauerbelastung bemessen ist.
Über Drehzahlregelung vgl. 37.

180. Spannungsregler. Wie die Drehzahl bei Motoren, so kann auch die Spannung bei Generatoren
durch Einschalten eines Reglerwiderstandes in den
Erregerstromkreis, geändert werden. Da jedoch kurze
Spannungschwankungen von Hand nicht schnell genug
nachgeregelt werden können, verwendet man selbsttätige Regler, sog. Schnellregler. Bei diesen wird durch
einen nach Art des Wagnerschen Hammers wirkenden
Unterbrecherkontakt der Reglerwiderstand einer Erregermaschine zeitweise kurzgeschlossen. Die Kurz-
schlußdauer wird durch ein Spannungsrelais geregelt.
Hierdurch läßt sich so schnell wirkende Regelung erreichen, daß auch bei stark wechselnder Belastung ein
gleichmäßiger Lichtbetrieb möglich wird. Die Unter-

brecherkontakte müssen häufig nachgesehen, gereinigt
oder ausgewechselt werden. Nutzen sich gegenüber-
liegende Kontakte ungleich ab, so empfiehlt es sich, mit
Hilfe eines Umschalters die Stromrichtung zeitweise zu
wechseln. Unebenheiten, wie Spitzenbildung an den
Relaiskontakten, glätte man vorsichtig. Nutzen sich
die Zitterkontakte an den Zwischenrelais unter Krater-
bildung stark ab, so ist Änderung der Vorschaltkonden-
satoren nötig.

Bei parallel arbeitenden Generatoren wird in der
Regel einer davon durch den Schnellregler beeinflußt, während man die Regelung der anderen zeitweise von Hand nachstellt. Dabei geschieht die Regelung unter Beachtung der Leistungs-, Strom- und
Phasenmesser, um die Abgabe der Generatoren so ein-
zustellen, daß keine wattlosen Ströme auftreten.

181. Aufstellen der Widerstände. Reglerwiderstände
und Anlasser müssen so aufgestellt werden, daß sich
die Schalteinrichtungen (Kurbeln und Handräder) in
einer für das Bedienen bequem erreichbaren Höhe
befinden. Zugehörige Meßgeräte ordne man so an,
daß sie beim Bedienen der Schalteinrichtungen beobachtet werden können. Motoranlasser sollen möglichst
neben den Motoren stehen oder mit ihnen zusammengebaut sein, einerseits um den Motor beim Anlaufen
beobachten zu können, andrerseits um an Verbindungsleitungen zu sparen und den durch die Leitungen zum
Anlasser dem Motor vorgeschalteten Widerstand zu
verringern. Bei Fernbetätigung des Anlassers muß der
Strommesser des anzulassenden Motors von dem Bedienenden beobachtet werden können. Die Ausschläge
des Strommessers geben ihm das Einschalten der
nächsten Widerstandstufe an. Widerstände, die
dauernde Bedienung n i c h t erfordern, werden zweckmäßig so hoch an der Wand angebracht, daß sie dem
Berühren entzogen sind. Im übrigen muß verlangt
werden, daß die Widerstände möglichst trocken und
von Erschütterungen frei aufgestellt werden. Entzündbare Gase und leicht brennbare oder explosiver Staub
dürfen sich in der Nähe der Widerstände nicht ansammeln können. Erforderlichenfalls müssen die Widerstände gegen Staubansammlung, Tropfwasser u. dgl.
geschützt werden. Läßt die Bauart der Widerstände
hohe, im Betrieb vorkommende Erwärmungen zu, so
muß darauf geachtet werden, daß kein Feuerschaden

entstehen kann. Über 300° sollten sich offene Widerstände nicht erwärmen.

Zum Zweck der Abkühlung der Widerstände muß
für Luftzufuhr gesorgt werden. Von brennbaren Gegenständen müssen die Widerstände grundsätzlich
ferngehalten werden, so daß auch bei einer unter Umständen vorkommenden Überhitzung Feuergefahr vermieden wird. Läßt sich das Anbringen der Widerstände
auf Holzunterlage nicht umgehen, so unterlegt man
die Apparate mit Blechtafeln. Diesen oder den ent-
entsprechend ummantelten Apparaten gibt man einen
zur Lüftung dienenden Abstand von mindestens 2 cm
von der Holzunterlage, indem man an den Befestigungs-
stellen Isolierscheiben o. dgl. einlegt. Walzenwider-
stände werden lotrecht, mit Leitungszuführung von
unten befestigt. An Leitungen, die von oben zugeführt sind, könnte die Isolierung bei Überhitzung der
Widerstände verkohlen und in Brand geraten. Schutzkasten für die Widerstände müssen aus unverbrenn-
lichem Baustoff hergestellt oder mindestens mit solchem
ausgekleidet werden und zwecks guter Lüftung unten
und oben Öffnungen haben. An der Wand befestigte
Widerstände verursachen infolge des aufsteigenden Luft-
stromes ein Schwärzen der Wandfläche. Dies läßt sich
vermeiden, wenn man die Widerstände in eine mit
Abzug nach einem Schornstein versehene Mauernische
einbauen kann.

Nach dem Einbauen prüfe man die Wirksamkeit
der Widerstände. Bei Reglerwiderständen muß untersucht werden, ob die Klemmenspannung der Maschinen,
die Drehzahl der Motoren usw. in den gewünschten
Grenzen verändert oder bei auftretenden Belastung-
schwankungen gleichgehalten werden kann.

182. Instandhalten der Widerstände. Für das Behandeln der Kontaktflächen gilt das unter 172 Gesagte. Beschädigte Widerständsdrähte müssen erneuert
werden, ehe sie brechen, um einer Betriebstörung und
gefährlicher Funkenbildung vorzubeugen. An den
Widerständen zufolge der Erwärmung auftretende Verschiebungen, die gegenseitiges Berühren der Wider-
standsdrähte zur Folge haben können, verhindert man
durch Zwischenschieben hitzebeständiger Isolierungen
(Porzellanrollen, Glasperlen, Asbest). Zur Verhütung von
Staubansammlung auf den Widerständen und daraus
folgender Feuergefahr ist zeitweises Reinigen notwendig.

183. Behelf - Belastungswiderstände. Behelf - Belastungswiderstände zu Probebetrieben werden für kleine Maschinen und niedere Spannung aus parallelgeschalteten Glühlampen hergestellt. Für große Maschinen kann man Eisendrähte verwenden, die sich beim Befestigen auf Isolierrollen unter Benutzung eines aus Winkeleisen hergestellten Rahmens weitgehend belasten lassen. Zwecks guter Kühlung spannt man die Drähte lotrecht. Es empfiehlt sich, die Widerstände gruppenweise mit Schaltern zu versehen, um durch allmähliches Einschalten Überlastungen zu vermeiden; solange die Drähte kalt sind, treten erheblich höhere Stromstärken auf. Unter Umständen kühlt man die Drähte durch Einlegen in fließendes Wasser.

Als Flüssigkeitswiderstand kann eine mit Wasser gefüllte Tonne oder ein ausgepichter Holztrog dienen. Die Gefäße müssen isoliert aufgestellt werden, wenn nicht Erdung zulässig ist. Die Belastung der Widerstände wird durch Sodazusatz zum Wasser, durch die Eintauchtiefe und den Plattenabstand geregelt. Für Eisenplatten in Wasserkasten rechnet man etwa 8 bis 10 A/dm² Plattenfläche. Die Spannung beträgt bei Leitungswasser auf 1 cm Plattenabstand angenähert 150 V. Leitet das Wasser zu gut, so erhöht man den Widerstand durch Einwerfen nichtleitender Körper, z. B. von ausgewaschenem Kies. Länger dauernde Belastungen erfordern Wasserumlauf und Ersatz des verdampfenden Wassers. Der an den Eisenplatten sich bildende Schlamm und Rost muß zeitweise beseitigt werden.

Für Messungen warte man den nach genügender Erwärmung der Widerstände eintretenden Beharrungszustand ab.

184. Steuergeräte. Für häufiges Anlassen und Abstellen von Motoren sowie Wechseln der Drehrichtung ohne Umklemmen der Leitungen verwendet man Steuergeräte. Je nachdem, ob das Steuern der Motoren von Hand oder selbsttätig erfolgt, werden hand- oder fernbetätigte Steuereinrichtungen benutzt. Das einfachste Steuergerät ist der doppelpolige Umschalter. Neben diesem werden Schaltwalzen benutzt, die außer der Umsteuerung des Motors auch das Anlassen der Motoren gestatten. Die selbsttätige oder Fernsteuerung wird durch Schutzschaltungen bewirkt.

185. Druckknopfsteuerung. Druckknopfsteuerung wird angewendet, wenn das Anlassen und Abstellen

12*

sowie das Regeln der Drehzahl eines Motors von einer
Stelle aus geschehen soll, an der für einen Anlasser der
Platz fehlt. Die mit Schützsteuerung (vgl. 187) oder
Selbstanlasser ausgestattete Schaltung wird dann durch
Fernübertragung mit Druckknöpfen betätigt. Die
Druckknöpfe werden an den zugehörigen Arbeitsmaschinen, in Fahrstühlen usw. entweder fest oder
in Verbindung mit Schnurleitungen angebracht. Die
letztgenannte, mehr Instandhaltung erfordernde Ausführung ist notwendig, wenn mit der Bedienungstelle
gewechselt werden soll.

186. Schaltwalze. Bei häufigem An- und Abstellen
der Motoren, meist verbunden mit Drehrichtungs-

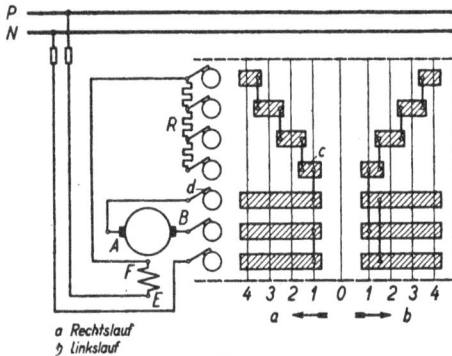

a Rechtslauf
b Linkslauf

Abb. 95.

wechsel wird in zwangläufiger Reihenfolge durch Schaltwalzen umgesteuert, z. B. bei Aufzug-, Kranmotoren
usw. Die Schaltwalze für einen Reihenschlußmotor
ist durch Abb. 95 im Schaltbild dargestellt. Zuweilen
wird die Schaltwalze mit dem Motorgestell zusammengebaut. Die aus Isolierstoff hergestellte Walze trägt
die in Abb. 95 in eine ebene Fläche abgewickelt ge-
dachten metallischen Belagteile c (Kontaktringe, Kon-
taktsegmente), die leitend verbunden sind. Gegen den
Belag drücken die auf der Kontaktfingerleiste isoliert
befestigten federnden Kontaktfinger d und bewirken
die Verbindung zwischen Motor, Netz und Widerständen. Die beim Schalten zwischen den Kontakt-
segmenten und den Kontaktfingern entstehenden Ab-

reißfunken werden durch elektromagnetische Funkenlöscher verringert. Die Funkenlöscher müssen so gebaut und geschaltet sein, daß der Lichtbogen nicht
auf andere Metallteile geblasen wird; notfalls werden
die Kontaktteile zwischen isolierende und feuerbeständige Schutzwände eingebaut. Bei falscher Blasrichtung
schaltet man die Stromrichtung in den Magnetspulen
um. Das aus Metall bestehende Apparatgehäuse muß
einschließlich der Schaltkurbel geerdet werden.

In der Mittelstellung *0* der Schaltwalze berühren
die Kontaktfinger keinen Belagteil der Walze, so daß
der Motor keinen Strom erhält. Wird die Walze rechts
gedreht, so rücken die Kontaktfinger in die Stellung *1*
und der Motor läuft mit vorgeschalteten Widerständen
an. Beim Weiterdrehen der Walze werden die Widerstandstufen *R* nach und nach überbrückt, bis sich der
Motor bei der Walzenstellung *4* im normalen Betriebe
befindet. Das Abstellen des Motors geschieht durch
Zurückdrehen der Walze. Wird aus der *0*-Stellung
nach links gedreht, so ergibt sich das gleiche Spiel,
mit dem Unterschiede, daß infolge der Schaltverbin-
dungen auf der Walze der Motoranker in entgegengesetzter Richtung Strom erhält, somit mit entgegenge-
setztem Drehsinn läuft.

Beim Zusammenbauen und Instandhalten der
Schaltwalze muß darauf geachtet werden, daß die
Kontaktfinger gut federnd, mit mäßigem Druck auf
den leitenden Belagteilen der Walze ruhen. Bei zu
starkem Druck der Kontaktfinger würden die Gleit-
flächen rasch abgenutzt, auch würde das Betätigen der
Walze beeinträchtigt werden.

187. Schützsteuerung. Da die Steuerwalze bei
großen Antrieben zu umfangreiche Abmessungen erhalten würde, verwendet man in solchen Fällen Schütze;
das sind Schalter, die elektromagnetisch betätigt werden. Es werden dabei in einer Schaltwalze (Meisterwalze) nur die schwachen, zum Betätigen der Magnete
erforderlichen Hilfströme geschaltet. Das Öffnen der
Schütze geschieht in der Regel nach Ausschalten des
Hilfstromes durch das eigene Gewicht des Magnet-
ankers oder auch durch Federkraft.

In Abb. 96 ist eine Schaltwalze (Meisterwalze) mit
dem zu einem Hauptschlußmotor gehörigen Schaltbild
in der Steuerstellung »1 Rückwärts« dargestellt. Der
Hilfstrom verläuft von der Schaltschiene *P* nach der
ersten Kontaktbürste (links), die in der Steuerstellung *1*

auf den ersten Belagteil der Walze gerückt ist, von
hier fließt der Strom durch die Verbindungstege der
Walze zum letzten Belagteil und von diesem durch den
Elektromagnet Md und den **Abhängigkeitskontakt**
e_1 zur Schaltschiene N. Der Elektromagnet M d öffnet
den Abhängigkeitskontakt d_1 und schließt die Haupt-
stromschalter d' und d''. Demzufolge fließt Haupt-

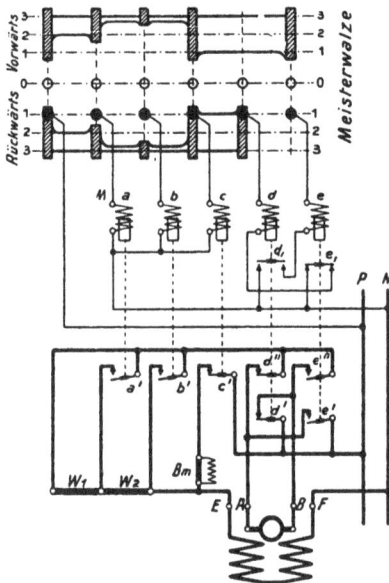

Abb. 96.

strom von der Schaltschiene P über den Schalter d'
zur Motorklemme B, von hier durch den Motoranker
zur Klemme A, dann durch den Schalter d'' und die
Anlaßwiderstände W_1 und W_2 zur Klemme E der Erregerwicklung und von der anderen Erregerklemme F
zur Schiene N zurück. Ferner fließt Hilfstrom vom
vorletzten Belagteil der Walze durch den Elektromagnet M c zur Schaltschiene N. Durch den Elektromagnet M c wird der Schalter c' für den Bremsmagnet Bm
(vgl. 72 Abs. 2) geschlossen, die Bremse damit ge-

lüftet und der Motor freigelassen. Der Motor läuft jetzt
an. Beim Weiterdrehen der Walze wird das Schütz Ma
erregt und durch Schließen des Kontaktes a' der Anlaßwiderstand W_1 kurz geschlossen. Bei der Walzenstellung 3 betätigt sich endlich das den Elektromagnet Mb
enthaltende Schütz, wobei der Kontakt b' den Anlaßwiderstand W_2 überbrückt. Das Abstellen des Motors
geschieht durch Zurückdrehen der Schaltwalze und
daraus folgenden entgegengesetzten Schaltvorgänge.
　　Dreht man die Meisterwalze aus der Nullstellung
in der anderen Richtung auf »Vorwärts«, so ist der
Schaltverlauf ähnlich. Der Abhängigkeitskontakt d_1
bleibt geschlossen, und der Kontakt e_1 öffnet sich.
Durch die Abhängigkeitskontakte wird verhindert, daß
bei schnellem Umsteuern der doppelpolige Hauptschalter für die eine Drehrichtung geschlossen wird,
bevor der Hauptschalter für die andere Drehrichtung
die sich öffnet, da sonst Kurzschluß entstehen könnte.

Überspannungsableiter.

188. Allgemeines. Überspannungsableiter haben die
Aufgabe, die in Nieder- und Hochspannungsnetzen auf-
tretenden und für die Anlage und die Bedienenden ge-
fährlichen Überspannungen zur Erde abzuleiten.
　　Überspannungen entstehen durch atmosphärische
Ladungen, durch Schaltvorgänge, z. B. Ein- und Ausschalten langer Leitungen oder Kabel ohne Schutzwiderstand (vgl. 167), ungleichzeitiges Schließen oder
Öffnen der Phasen durch mehrpolige Schalter bei langen
Leitungen usw. und bei intermittierendem Erdschluß.
Für Niederspannungsanlagen kommt außerdem noch
der Übertritt von Hochspannung, z. B. bei fehlerhaften
Transformatoren oder nicht richtig arbeitenden Über-
spannungsableitern im Hochspannungsnetz, hinzu. Ein
vollkommener Schutz gegen die Wirkung der selten
vorkommenden unmittelbaren Blitzschläge in die Leitungen läßt sich nicht erreichen.
　　Für den Einbau und die Auswahl der Ableiter sind
die örtlichen Verhältnisse, die Höhe der Betriebspannung, die Größe der erzeugten elektrischen Leistung, die Länge der Leitungen usw. maßgebend. Da
die Betriebsicherheit einer Anlage von der Auswahl
und Anordnung der Apparate wesentlich abhängt, sind
von zuverlässigen Fabriken Ratschläge einzuholen.

189. Ableiter für Niederspannungsanlagen.
a) Durchschlagsicherungen bestehen aus zwei
Metallplatten, die durch ein gelochtes Glimmerplättchen isoliert sind; die eine Platte ist mit der zu schützenden Leitung, die andere mit der Erde verbunden.

Treten Überspannungen auf, so wird der Luftraum
an der durchlochten Stelle des Glimmerplättchens
durchschlagen und die Niederspannungsleitung geerdet, ist also für eine sie berührende Person ungefährlich.

Nach jedem Wirken der Durchschlagsicherung ist
ein etwa bestehender Isolationsfehler zu beseitigen.
Die Sicherung ist nachzuprüfen und instandzusetzen.
Stellen, die durch Schmelzperlen beschädigt sind,
glättet man mit Hilfe eines Schabers oder einer Feile.
Das Glimmerplättchen muß notfalls ausgewechselt
werden.

Durchschlagsicherungen werden zwischen den Null-
punkt der Transformatoren und Erde geschaltet. Ist
im Niederspannungstromkreis der Null- oder Mittelleiter geerdet, so sind Durchschlagsicherungen entbehrlich. Werden trotzdem Durchschlagsicherungen eingebaut, so müssen in die Ableitungen zur Erde Widerstände eingeschaltet werden, um Kurzschluß beim Ansprechen der Sicherung zu vermeiden. Die Widerstände
müssen so bemessen werden, daß an ihnen keine gefährliche Spannung auftreten kann.

b) Kathodenfallableiter. Kathodenfallableiter
sind für Wechselstrom-Niederspannungsnetze bestimmt.
Der Ableiter besteht aus einer Anzahl Widerstandscheiben, die durch Glimmerringe gegenseitig isoliert in
einem Porzellangehäuse untergebracht sind. Infolge
der Eigentümlichkeit dieser Widerstandscheiben erfolgt
ein Ausgleich der Spannung zwischen den Platten nicht
durch Funküberschlag, sondern durch Glimmentladung.
Der Ableiter vermag kurzzeitig sehr hohe Ströme abzuleiten und verhindert ein Nachfließen des Betrieb-
stromes. Deshalb ist es auch nicht nötig, Widerstände
zwischen Ableiter und Erde einzubauen.

Infolge der Lichtbogenfreiheit des Ableiters ist eine
regelmäßige Wartung nicht erforderlich.

190. Ableiter für Hochspannungsanlagen. Im allgemeinen werden für Hochspannungsanlagen Hörnerableiter verwendet, die so eingerichtet sind, daß der
durch den Überschlag zwischen den Hörnern entstan-

dene Lichtbogen selbsttätig unterbricht. Der beim
Wirken der Ableiter auftretende Strom muß durch vorgeschaltete Widerstände gedämpft werden, um zu verhüten, daß das Ansprechen der Ableiter Überspannungen auslöst. Für die Widerstände, die induktionsfrei
sein müssen, werden Metallgewebe in Asbestfaser, Silit-
und Karborundstäbe oder metallische Widerstände verwendet. In vielen Fällen sind zur besseren Kühlung die
Widerstände in ölgefüllte Kessel gebaut. Um bei häufigem Ansprechen eine unzulässig hohe Erwärmung des
Öles zu vermeiden, sind Temperatursicherungen
(vgl. 163) eingebaut. Eine Kennmarke außen am Ölkessel zeigt durch Abschmelzen an, wenn das Öl zu
warm geworden ist, worauf der Widerstand kontrolliert
und Schmelzsicherungen und Kennmarke erneuert
werden müssen.

191. Schaltung der Ableiter. Überspannungsableiter
werden beim Übergang von Freileitungen auf Innen-
leitungen und auf Kabel, ferner für ausgedehnte Netze
an Knotenpunkten angewen-
det. Stellen, die häufigen
Blitzschlägen ausgesetzt sind,
müssen Stangenblitzableiter
mit guten Erdleitungen erhalten.

In Abb. 97 ist ein Bei-
spiel für die Schaltung von
Hörnerableitern gegeben. An
die Freileitungen, von denen
die Verbraucherleitungen abgezweigt sind, werden zum
Schutze derselben die Hörnerableiter H angeschlossen. Vor

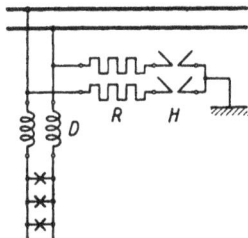

Abb. 97.

die zu schützenden Stromkreise, also zwischen Frei-
leitung und Stromverbraucher oder zwischen Sammelschienen und Maschinenklemmen, werden Schutz-
drosselspulen D eingebaut, um auftreffende Überspannungen zu reflektieren, den Übertritt auf die Stromverbraucher also zu erschweren. R sind die induktions-
freien Dämpfungswiderstände. Fehlerhaft wäre es,
diese Widerstände zwischen die Überspannungsableiter
und Erde zu schalten, weil dann die an den Ableiter-
hörnern auftretenden Lichtbögen, wenn sie an geerdete
Gerüstteile überschlagen sollten, Kurzschluß zwischen
den Leitungen und den Gerüstteilen verursachen
würden.

Die in Abb. 97 dargestellte Schaltung ist für Dreh-
stromleitungen ohne weiteres anwendbar. Die Hörner-
ableitungen sind hierfür in Stern zu schalten und der
Sternpunkt selbst an Erde zu legen. Zu beachten ist
bei dieser Schaltung, daß sich die Überströme der
Phasen nicht gegeneinander,
sondern nur gegen Erde ausgleichen.

In Abb. 98 ist ein Schaltbild für einen Drehstrom-
Hörnerschutz dargestellt, bei
dem sich die zwischen den
Phasen auftretenden Über-
spannungen ausgleichen sollen. Die Hörnerableiter sind
hier in Dreieck geschaltet.

Da für den Ausgleich der
Überspannungen beide Schaltungen erforderlich sind, die
Aufstellung der sechs Hörnerableiter und Widerstände
aber viel Platz erfordert, wird
die ganze Einrichtung häufig in einem Apparat, als
Stern-Dreieck-Schutz, vereinigt. Durch diese Maß-
nahme wird an Raum gespart und die Übersichtlichkeit der Anlage erhöht.

192. Aufstellen der Ableiter. Überspannungsableiter
werden für Aufstellung im Freien und in gedeckten
Räumen gebaut. Man beachte bei der Aufstellung, daß
durch die betriebsmäßig auftretenden Lichtbogen in
der Nähe befindliche brennbare Stoffe nicht entzündet
werden können. Ferner ist dafür zu sorgen, daß geerdete Eisenteile nicht vom Lichtbogen erreicht werden
können. Der freie Raum über den Ableitern soll etwa
das 2—3fache der Hörnerspitzenentfernung sein. Der
Abstand der Hörnerableiter richtet sich nach der Aufstellung. Er muß bei Aufstellung im Freien mit Rücksicht auf die den Lichtbogen seitlich abtreibende Zug-
luft größer gehalten werden als in gedeckten Räumen.
Bei letzteren wird der gegenseitige Abstand gleich dem
oberen Abstand der Hörnerenden eines Ableiters genommen. Wenn nötig, baut man Trennwände aus
Duro, Xylolith, Asbestschiefer oder ähnlichem licht-
bogenbeständigem Stoff ein.

Die Einstellung der Funkenstrecken nehme man
nach Angabe der Fabrik. Liegen keine Angaben vor,

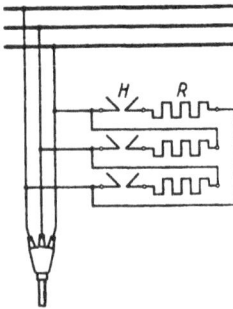

Abb. 98.

so rechnet man 1 kV für 1 mm Abstand. Dabei ist jedoch zu beachten, daß man unter 3 mm bei offener Aufstellung nicht einstellen darf, weil sonst eine Überbrückung durch Staub oder Insekten leicht eintreten kann und der Ableiter anspricht.

In Anlagen, die dauernd unter Spannung stehen, sind vor den Ableitern Trennschalter einzubauen, damit man die Apparate zur Kontrolle spannungsfrei machen kann.

Beim Anbringen von Ableitern auf freier Strecke ist zu beachten, daß die Ableiter verschiedener Phasen eine gemeinsame Erdleitung erhalten müssen. Würden für die Apparate benachbarte Streckenmaste und demzufolge gesonderte Erdleitungen genommen, so könnten bei gleichzeitigem Ansprechen von zwei Ableitern Spannungen in der Erde entstehen und dadurch Menschen und Tiere gefährdet werden. Werden Ableiter dennoch auf getrennten Masten angebracht, so sind die Erdleitungen metallisch zu verbinden.

Für die Anschlußleitungen nimmt man Rundkupfer nicht unter 25 mm², für die Erdleitungen nicht unter 50 mm². Die Verbindungen sollen ohne scharfe Biegungen gelegt werden.

193. Instandhalten der Ableiter. Nach Gewittern oder sonstigem öfteren Ansprechen der Ableiter ist Besichtigen notwendig. Bei Ableitern mit Ölwiderständen kontrolliere man die Kennmarke für die Öltemperatur. Die Hörner müssen frei von Schmutz und Unebenheiten (Schmorperlen) sein. Durch Anbringen von Seidenpapierfähnchen an den Hörnern kann man das Ansprechen kontrollieren. Auf guten und festen Anschluß der Zu- und Erdleitungen ist zu achten.

Schaltanlagen.

194. Allgemeines. Einen wichtigen Bestandteil der Stromerzeuger- und Stromverbraucheranlagen bilden die Schaltanlagen. Sie dienen dazu, die für die Messung und Verteilung des elektrischen Stromes nötigen Apparate und Leitungen aufzunehmen.

Man unterscheidet Niederspannung- und Hochspannungschaltanlagen. Nach den Vorschriften des VDE ist für Niederspannungsanlagen eine effektive Gebrauchspannung von 250 V zwischen beliebigen Leitern zugelassen. Herrscht diese Spannung zwischen

Nulleiter und Außenleiter, so muß der Nulleiter geerdet sein. Für Anlagen mit höheren Spannungen sind
die Vorschriften für Hochspannungschaltanlagen zu
beachten.

**195. Offene Niederspannungschaltanlagen für Ar-
beitsräume.** Die Schalt- und Verteilungstafeln, Schaltgerüste und Schaltapparate müssen aus feuersicherem
Isolierstoff oder Metall bestehen. Betriebsmäßig auf
der Rückseite zugängliche Schalttafeln und Gerüste
müssen hinreichend breite und hohe Gänge aufweisen
und stets freigehalten werden. Ungeschützte, Spannung
gegen Erde führende Teile der Schalttafel müssen eine
Entfernung von 1 m zur gegenüberliegenden Wand
aufweisen. .

Für die Schalttafeleinrichtungen in Maschinen-
räumen nimmt man für Niederspannung zweckmäßig
Schalter mit freiliegenden Kontakten, so daß man sich
vom guten Zustand und von der richtigen Stellung der
Kontakte stets überzeugen kann. Dagegen sind für das
Handhaben durch Nichtfachkundige, namentlich für
die zu beleuchtenden Räume, Schalter erforderlich, bei
denen die Kontakt-Endstellungen zwangläufig eingehalten werden und alle spannungführenden Teile dem
Berühren entzogen sind. Nicht geerdete Gehäuse und
Griffe der Schalter müssen aus nichtleitendem Baustoff
bestehen oder mit Isolierstoff ausgekleidet oder überzogen sein. Für feuchte Räume und im Freien werden
wasserdichte Schalter verlangt; dabei müssen die
Schutzrohre wasserdicht in die Schalter eingeführt
werden, auch muß dafür gesorgt werden, daß im Rohr
sich etwa niederschlagendes Wasser nicht in das Schal-
tergehäuse gelangt.

In erster Linie kommt für das Anbringen der Schalter
bequemes Handhaben in Betracht. In Maschinen-
räumen werden die Schalter an den Schalttafeln übersichtlich angeordnet. Für die Hauptschalter in Gebäuden wählt man Stellen, die Unberufenen nicht zugänglich sind; notfalls nimmt man verschließbare Schränke.
In den zu beleuchtenden Räumen werden die Schalter
meist am Eingang angebracht. Für feuchte Räume
und Räume, in denen sich explosible Gase ansammeln
können, bringt man die Schalter außerhalb an, es sei
denn, daß für den jeweiligen Zweck gebaute Schalter
zur Verfügung stehen.

Freiliegende Selbstschalter müssen so eingebaut
werden, daß der beim Ausschalten sich bildende

Flammenbogen unschädlich verläuft. Die Schaltapparate werden daher in der Regel hinter der Schalttafel und nur die isolierten und geerdeten Bedienungs-
hebel vor der Schalttafel angebracht. An mehrpoligen
Schaltern sind unter Umständen isolierende Wände
zwischen den zu verschiedenen Polen gehörigen Kontakten erforderlich, um zu verhüten, daß die Lichtbögen, die beim Öffnen des Schalters entstehen, sich
vereinigen und Kurzschluß verursachen.

In der Schaltanlage verwendete mechanische Über-
tragungen, wie Ketten- und Seilantriebe für Anlasser
und Schalter, müssen Schutzverkleidungen erhalten,
die beim Reißen der Übertragungsorgane die Berührung derselben mit spannungführenden Metallteilen verhindern.

196. Eisengekapselte Niederspannungschaltanlagen.
Diese Anlagen haben den Vorteil, daß sie an einer beliebigen Stelle des Betriebes, z. B. im Kesselhaus, in
der Pumpenanlage oder in der Werkstatt, aufgestellt
werden können. Ein besonderer Raum ist dafür nicht
erforderlich. Durch diesen Vorzug werden umständliche
Leitungsführung und lange Kabel vermieden. Die
Schaltanlage kann direkt an der Wand montiert werden,
wodurch sich ein besonderer Bedienungsgang erübrigt.
Eine Berührung spannungführender Teile ist durch
die Eisenkapselung ausgeschlossen. Ferner sind die
Türen zu den Schaltern verriegelt, so daß sie nur in
ausgeschaltetem Zustande geöffnet werden können.

Die Schaltanlage besteht aus einer Anzahl Sammelschienenkasten, die durch Flansche aneinandergereiht
werden (Abb. 99). Die oberhalb und unterhalb der
Sammelschienenkasten angebrachten Flansche dienen
zum Aufsetzen der Schalt- bzw. Sicherungs- und Kabel-
endkasten. Die Leitungen in den Kasten sind auf
Isolierkörpern fest verlegt. Durch die Aneinander-
reihung lassen sich Anlagen beliebiger Größe herstellen.
Deckel, Bedienungstüren und Trennstangen sind durch
Dichtungschnüre abgedichtet, so daß die stromführenden Teile und Apparate gegen Schmutz, Staub und
Feuchtigkeit geschützt sind.

197. Hochspannungschaltanlagen. Sie dienen dazu,
die zur Stromverteilung nötigen Apparate, wie Ölschalter, Trennschalter und Transformatoren, aufzunehmen. Nach dem Einbau der Schaltapparate wird
die Bauweise der Schaltanlage bezeichnet (vgl. 198).

Von den Niederspannungschaltanlagen unterscheiden
sich außer durch die für die entsprechende Betriebspannung gewählte Isolation der Leitungen und Apparate, die Hochspannungschaltanlagen dadurch, daß die
zum Bedienen der Schalter und zum Messen der Energie
nötigen Apparate meist in einem besonderen Raum, der
Schaltwarte, untergebracht sind. Strom- und Spannung-
messer sowie Zähler sind über Wandler mit der Hoch-
spannungsanlage verbunden. Auf der Schalttafel der
Schaltwarte sind nur Niederspannungsapparate.

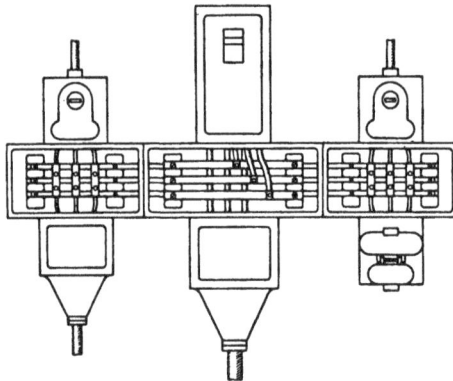

Abb. 99.

198. Gekapselte Schalteinrichtungen. Zum Schutze
gegen Feuchtigkeit, Eindringen von Staub, und in
solchen Betrieben, in denen die Schaltanlage infolge
Veränderung des Verbraucherkonsums ihren Standort
oft wechseln muß, verwendet man gekapselte Schalteinrichtungen.

Bei diesen werden Kabelendverschlüsse, Sammelschienen, Trennschalter, Wandler, Schalter und Instrumente in Schutzgehäuse aus Eisenblech eingebaut.

Eine derart gekapselte Schalteinrichtung wird
durch Abb. 100 in der Ansicht und teilweise im Schnitt
und durch Abb. 101 im Schaltbild gezeigt. Die Pfeile
an den Kabelendverschlüssen deuten an, ob die Leitungen als zu- oder abführend gedacht sind. Die zugeführten Leitungen mit ihren Endverschlüssen *E*

liegen in einem Kanal im Fußboden; der Endverschluß der abgehenden Leitung E^1 ist an der Rückwand befestigt. Die zum Ölschalter S (Abb. 100) gehörigen Schutzwiderstände befinden sich in einem gesonderten Behälter W. Das Schaltbild zeigt die Stromwandler X

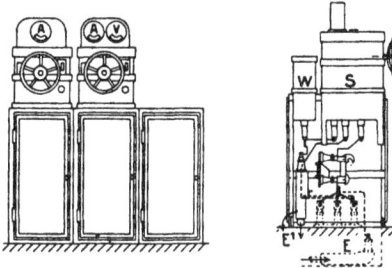

Abb. 100.

so eingebaut, daß sie nach dem Öffnen der Schalter spannunglos sind. Bei Z sind die Windungen der Stromauslöser angedeutet, Y stellt den Spannungswandler für das Meßgerät dar. E und E^1 bezeichnen wieder die Kabelendverschlüsse.

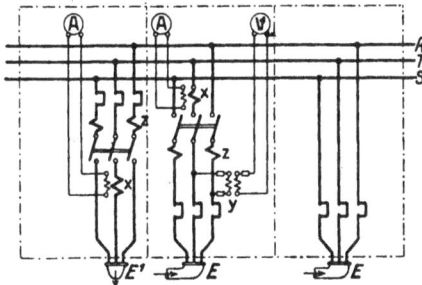

Abb. 101.

199. Gußgekapselte Hochspannungschaltanlagen.
Durch Kapselung der Schaltapparate in Gußgehäusen unter Verwendung hochwertiger Isoliermasse lassen sich Schaltanlagen auf geringsten Raum beschränken. Die Sammelschienen liegen in gußeisernen

mit Isoliermasse ausgefüllten Kästen. Die Ölschalter
mit den unter Masse liegenden Zuleitungen und Wandlern sind fahrbar auf Lagerböcken angeordnet. Gleichzeitig sind auch Meßgeräte eingebaut. Die Trennschalter sind durch Steckvorrichtungen ersetzt, die selbsttätig beim Ausfahren der Ölschalter betätigt werden
und dabei automatisch die spannungführenden Stecker
verschließen und dadurch Berührung vermeiden. Das
Ausfahren der Schalter ist außerdem nur bei ausgeschal-
teten Ölschaltern möglich.

Solche Anlagen bieten gute Übersichtlichkeit, haben
geringen Platzbedarf und gestatten durch Aneinander-
reihen einzelner Felder das Herstellen größerer Schaltanlagen.

200. Verlegen der Leitungen. Das Verlegen blanker
und isolierter Leitungen und Kabel ist im Abschnitt
»Leitungen« erläutert.

In Hochspannungsanlagen ist die Verwendung von
blankem Kupfer in Rundmetall und Flachschienen
üblich. Kupfer ist als Rundmetall im Vergleich zu
Schienen in der Beschaffung und im Aufbau billiger
und von gefälligerem Aussehen. Für hohe Spannungen,
6 kV und darüber, kommt zur Verminderung der elektrischen Strahlung (Korona) nur Rundmetall in Betracht.
Das Verbinden der Leiter untereinander erfolgt durch
Klemmen, die als Doppelklemmen für gerade verlaufende Leitungen und als Winkel-, T- oder Kreuzungs-
klemmen ausgebildet sind.

In Schaltanlagen, in denen hohe Ströme auftreten,
kommt man mit Rundkupfer nicht mehr aus; es muß
daher Flachkupferprofil gewählt werden. Bei der Verlegung von Flachkupferschienen sind Kröpfungen auf
ein Mindestmaß zu beschränken. Die Schienen dürfen
nicht hochkant gebogen und nur ausnahmsweise verdreht werden. Anschlüsse und Verbindungsstellen sind
durch Überlappung herzustellen. Alle Verbindungstellen sind zu verzinnen. Bei längeren Leitungen
müssen Ausdehnungstücke vorgesehen werden.

201. Kennfarben für blanke Leitungen. Blanke Leitungen werden durch Farbanstrich gekennzeichnet.
Vom VDE sind folgende Kennfarben vorgeschrieben:

a) Gleichstrom:
Positive Leitung: Rot.
Negative Leitung: Blau.

b) Drehstrom:
   Phase *R*: Gelb.
   Phase *S*: Grün.
   Phase *T*: Violett.

c) Wechselstrom:
   Phase *R*: Gelb.
   Phase *T*: Violett.

Bildet eine Wechselstromleitung einen Teil eines Drehstromsystems, dann bleiben die entsprechenden Kennzeichnungen für Drehstrom bestehen.

Für geerdete positive und negative Leitungen bei Gleichstrom, geerdete Phasenleitungen bei Wechsel- und Drehstrom sowie für geerdete Nulleiter bei allen Stromarten ist weiße, hellgraue oder schwarze Kennfarbe mit grünen Querstrichen zu wählen; und zwar so, daß sich die Kennfarbe von der Farbe der angrenzenden Wände, Verkleidungen, Schaltgerüste usw. abhebt.

Ungeerdete Nulleiter erhalten die gleiche Kennfarbe wie geerdete Nulleiter, aber rote Querstriche.

Es sind möglichst haltbare Farben zu nehmen. Der Anstrich ist auf der ganzen Leitungslänge innerhalb des betriebsmäßig zugänglichen Bereiches der Schaltanlage, mindestens auf der dem Beschauer zugewendeten Seite anzubringen. Die roten Querstriche bei ungeerdeten Nulleitern und die grünen bei allen Erdzuleitungen sind in angemessenen Abständen aufzutragen, so daß der Leitungsverlauf ohne Mühe verfolgt werden kann.

Nicht strom- und spannungführende Teile einer Schaltanlage, wie Wände, Gerüste usw., dürfen nur mit Farben gestrichen werden, die sich von den Kennfarben der Leitungen deutlich abheben.

Für Umformer- und Gleichrichteranlagen sind drehstrom- wie gleichstromseitig die für diese Stromarten festgelegten Farben zu verwenden. Sechs- und Mehrphasenbetrieb kann durch aufgemalte Kennbuchstaben gekennzeichnet werden.

Das Schaltbild muß neben der Schaltanlage an gut sichtbarer Stelle befestigt werden. Geerdete Leiter sind im Schaltbild schwarz gestrichelt, ungeerdete Nulleiter schwarz-rot gestrichelt.

Erdung.

202. Allgemeines. Unter E r d u n g versteht man die
metallische Verbindung eines Leiters mit dem Erdreich.
Tritt diese Verbindung unbeabsichtigt zwischen einem
im normalen Betrieb unter Spannung stehenden Leiter
und dem Erdreich auf, so spricht man von E r d s c h l u ß.
Den wesentlichen Teil einer Erdung bilden die
E r d e r, metallische Leiter in Form von Platten,
Röhren, Bändern usw., die mit dem Erdreich in unmittelbarer Verbindung stehen.
E r d z u l e i t u n g ist die zum Erder führende Leitung,
soweit sie über der Erdoberfläche liegt. Zuleitungen,
die unisoliert im Erdreich liegen, sind Teile des Erders.

203. Schutzerdung. Durch die Schutzerdung soll
verhütet werden, daß durch Berührung leitender Gegenstände, die nicht zum Betriebstromkreis gehören,
Menschen oder andere Lebewesen gefährdet werden.
Treten Ströme aus dem Betriebstromkreis zu metallischen Leitern aus, so sollen durch die Erdung gefährliche Spannungen zwischen diesen Leitern und dem
feuchten Erdreich oder Mauerwerk usw. verhindert
werden. Zwischen zwei Stellen, die gleichzeitig von
einem Menschen berührt werden können, soll keine
höhere Spannung als 125 V auftreten (B e r ü h r u n g -
s p a n n u n g). Bei Berührung in chemischen Betrieben,
Stallungen usw. können schon geringere Spannungen
Gefahr bringen. Die Berührungspannung darf hier
höchstens.40 V betragen.
Alle für Lebewesen in Wohnräumen, Fabriken,
Stallungen, in Betriebsräumen und im Freien der Berührung zugänglichen Teile, die betriebsmäßig keine
Spannung führen, aber infolge Isolationsfehler, in
Hochspannungsanlagen auch infolge Kapazitätswir-
kung, Spannung gegen Erde erhalten können, müssen
daher geerdet werden. Der Erdungschutz ist hiernach
sowohl in Hochspannungsanlagen wie in Niederspannungsanlagen nötig. Schutzerdungen für Hochspan-
nungsapparate sind getrennt von den Niederspannungs-
erdungen zu verlegen.

204. Schutzerdung in gedeckten Räumen. In gedeckten Räumen werden die nicht spannungführenden
Metallteile von Maschinen, Transformatoren, Apparaten,
die Metallgehäuse oder Frontringe aller unmittelbar
an Netzspannung angeschlossenen Meßgeräte und Zähler, soweit sie nicht gut isoliert und gegen Berührung

geschützt sind, geerdet, ferner die Niederspannungswicklungen aller Meßwandler und deren Gehäuse. Sind die Meßwandler in dieser Weise geerdet, so brauchen die daran angeschlossenen Geräte nicht geerdet zu werden. In Schaltanlagen sind die Gerüste, der Berührung zugängliche Kabelendverschlüsse und Kabelmäntel, Flanschen von Durchführungen, Isolatorenstützen sowie Metallteile, die im Betriebe berührt werden, wie Handräder, Hebel, Schutzgitter usw. zu erden, falls sich nicht bereits eine zuverlässige Erdung an den zugehörigen Apparaten befindet. Die Apparate haben vorschriftsmäßig genügend starke E r d u n g s c h r a u b e n mit der Bezeichnung »E r d e«, an die die Erdzuleitungen anzuschließen sind, so an den Deckeln von Ölschaltern, an Gehäusen von Schaltkästen usw. Die Betätigungsteile von Anlassern, Reglern, Schaltern usw. sind zu erden, falls sie nicht schon metallische Verbindung mit geerdeten Leiterteilen haben. Werden Schaltstangen oder Schaltzangen geerdet, so ist darauf zu achten, daß die Erdungschnur nicht mit spannungführenden Teilen in Berührung kommt.

Ein gefährlicher Stromübergang zum menschlichen Körper ist in Küchen, insbesondere in Waschküchen, zu befürchten. In elektrisch eingerichteten Küchen sollen die Kochgefäße und der Eisenbelag des Kochtisches geerdet werden. Große Sorgfalt erfordern Anlagen in landwirtschaftlichen Betrieben wegen des meist gut leitenden Bodens und der hohen Empfindlichkeit der Tiere (Stallerdung). In Fabriken und Anlagen, in denen durch gut leitenden Fußboden (Fliesenbelag) der menschliche Körper mit diesem leitend verbunden ist, muß sorgfältig geerdet werden. In Anlagen mit gut geerdetem Nulleiter sind die den spannungführenden Leitungen nahen Metallteile mit dem Nulleiter zu verbinden (N u l l u n g).

In H o c h s p a n n u n g s a n l a g e n sind für Überspannungsicherungen (vgl. 190) Erdungen erforderlich zum Ableiten der auftretenden Entladungen. Damit keine zu hohen Ströme entstehen, schaltet man in die Erdzuleitungen Dämpfungswiderstände. Die Nullpunkte von Hochspannungsmaschinen und Transformatoren werden unter Zwischenschaltung von Widerständen oder Drosselspulen geerdet (Erdungsdrossel, Löschtransformator).

205. Schutzerdung im Freien. Im Leitungsnetz sind an Holzmasten an verkehrsreichen Wegen die Querträger und Stützen zu erden, von Mastschaltern die

Schaltergriffe. Einzelne Eisenmaste sind zu erden,
wenn Stützenisolatoren, keine Hängeisolatoren (mit
mindestens zwei Gliedern) verwendet werden. Eisenmaste an verkehrsreichen Wegen sind zu erden, wenn
kein besonderer Schutz gegen Überschlag der Ketten-
isolatoren und Herabfallen der Leitungen vorhanden ist.
Ankerseile sind gleichfalls zu erden; über Reichhöhe
müssen Isolatoren in die Ankerseile eingefügt werden.
Von Streckenschaltern an Holzmasten sind die Eisenteile mit dem Erdungseil zu verbinden, wenn ein
solches auf den Mastspitzen angebracht ist. Isolatorenträger und Stützen an Mauerwerk sind bei Verwendung
von Stützenisolatoren zu erden. Eisenmaste in Eisen-
maststrecken sind entweder einzeln zu erden oder,
wenn dies unwirtschaftlich ist, mit einem Erdungseil leitend zu verbinden, das oberhalb der Leitungsdrähte an den Masten geführt oder in die Erde gelegt
sein kann. Auch Eisenmaste mit Hängeisolatoren müssen
geerdet werden, wenn sie nicht ein die vorschriftsmäßige
Anzahl von Gliedern übersteigendes Glied haben und
der untere Querträger länger als der obere ist. Für
Betonmaste gilt das Gleiche wie für Eisenmaste.

Die Betriebserdung (Nullpunkterdung) wird bei
Niederspannungsanlagen, die als Mehrleiteranla-
gen mit einer Gesamtspannung von mehr als 250 V be-
trieben werden, angewendet, um die Anlage nach den
Niederspannungsvorschriften behandeln zu können.
Durch Erdung des Nullpunktes wird die Spannung der
Außenleiter gegen Erde auf 250 V beschränkt, obwohl
die Gesamtspannung höher ist. Für die Ableitung von
Überspannungen eingebaute Überspannungschutz-Ap-
parate sind zu erden, bei Nullung im Netz auch zu nullen.

206. Herstellen der Erdungen. Als Erder werden mit
Vorteil Erdplatten verwendet, wenn der Grund-
wasserstand wenig schwankt und nicht tiefer als 2—3 m
liegt. Man benutzt feuerverzinkte Eisenplatten oder
Wellblech, mindestens 3 mm stark, 0,5 m² einseitige
Fläche, die senkrecht ins feuchte Erdreich gebettet
werden. An Stelle von Platten können auch alte Eisen-
bahnschienen, Kesselbleche usw. verwendet werden.
Ist das Grundwasser schwer zu erreichen oder der Boden
nicht sehr feucht, so eignen sich besser Rohrerder.
Hierfür werden feuerverzinkte zweizöllige Gasrohre verwendet, die etwa 2—3 m tief in die Erde getrieben werden. 2—3 solcher Rohre, vorteilhaft gelocht oder ge-
schlitzt, in etwa 3 m Entfernung ins Erdreich getrieben,

genügen meist. Die Umgebung der Rohre kann nötigenfalls durch Einlagern von Viehsalz und öfteres Übergießen genügend leitend gemacht werden. Für Oberflächenerdung eignen sich Banderder·aus feuerverzinktem oder verbleitem Eisenband, mindetens 3 mm stark, oder Eisendraht von etwa 50 mm² Querschnitt. Die Banderder werden mindestens 30 cm unter der Erdoberfläche weit ausladend ausgelegt.

Die Erdzuleitungen müssen den bei einem Erdschluß auftretenden Strom aushalten. Für die Haupt-Erdzuleitungen ist verzinktes Eisen von etwa 100 mm² (z. B. Flacheisen 26 × 6 mm²) oder Kupfer von 50 mm² Querschnitt, für Anschlußleitungen Eisen von etwa 35 mm² (z. B. Flacheisen 20 × 2 mm²) oder Kupfer von 16 mm² Querschnitt zu wählen. Die Erdzuleitungen sind, ausgenommen die Anschluß- und Verbindungstellen, durch schwarzen Anstrich kenntlich zu machen (vgl. 201). Sie müssen gegen mechanische und chemische Beschädigung geschützt sein. Die Anschlußleitungen werden unisoliert in 1 cm Entfernung an der Wand verlegt. Unterbrechungstellen in der Erdleitung durch Schalter oder Sicherungen sind unzulässig. Verbindungen sind sicher durch Verlöten, Verschweißen, Verschrauben oder Vernieten herzustellen. Die Kontaktstellen müssen vor dem Anschließen metallisch blank gemacht werden. Für das Anschließen der Maschinengestelle, Transformatorengehäuse, Ölschaltergefäße, Isolatorenträger usw. an die ununterbrochen durchlaufende Haupt-Erdzuleitung wird Parallelschaltung verlangt. Fehlerhaft wäre es, die zu erdenden Teile hintereinander zu schalten, d. h. untereinander zu verbinden und das Ende der Verbindungsleitung zu erden.

207. Instandhalten der Erdungen. Von dauernd guten Erdungen hängt die Betriebsicherheit der Anlage und ein zuverlässiger Berührungschutz ab. Die Erdzuleitungen und Leitungsverbindungen sind mindestens alljährlich nachzusehen. Lötstellen sollen so angeordnet sein, daß sie der Nachprüfung zugänglich sind.

Leitungen.
Betriebspannungen.
208. Einteilung nach der Spannung. Für das Errichten, Bedienen und Instandhalten der Leitungsanlagen gelten in Deutschland die Vorschriften, Regeln

und Leitsätze in dem vom Verband Deutscher Elektrotechniker (VDE) herausgegebenen »Vorschriftenbuch
des Verbandes Deutscher Elektrotechniker[1]).«

Starkstromanlagen mit Betriebsspannungen unter 1000 V sind auf Grund der Vorschriften
Anlagen, deren Betriebspannung zwischen beliebigen
Leitern unter 1000 V bleibt. Bei Akkumulatoren ist
die Entladespannung maßgebend.

Leitungsanlagen mit höheren Spannungen fallen
unter die Errichtungsvorschriften für Starkstromanlagen mit Betriebsspannungen von 1000 V
und darüber.

Als Niederspannungsanlagen gelten Anlagen
mit Betriebsspannungen bis 250 V zwischen beliebigen
Leitern oder Mehrleiteranlagen mit geerdetem Null-
leiter bei Spannungen bis 250 V zwischen Nulleiter und
einem beliebigen Außenleiter.

Hochspannungsanlagen sind alle Starkstromanlagen, bei denen die vorbezeichnete Grenze überschritten ist.

209. Genormte Betriebsspannungen.
a) Gleichstrom: **110, 220, 440** V für alle Fälle.
550, 750, 1100, 1500, 2200, 3000 V für Bahnen.

b) Drehstrom von 50 Perioden in der Sekunde:
125 V bei Neuanlagen nur, wenn die Anwendung von
220 V, z. B. in feuchten Räumen, bedenklich ist. **220,
380, 6000, 15000, 30000, 60000, 100000** V für alle Fälle.
500, 3000, 5000, 10000, 25000, 50000 V bei Neuanlagen
nur, wenn die Anwendung eines der fettgedruckten
Spannungswerte Nachteile hat.

Die vorstehend angegebenen Betriebsspannungen
entsprechen den vom VDE angenommenen »Normen
für Betriebsspannungen elektrischer Anlagen über 100 V«.
Die fettgedruckten Spannungen werden in erster Linie
empfohlen, sowohl für Neuanlagen als auch für umfangreiche Erweiterungen.

Damit ist nicht gesagt, daß andere als die angegebenen Betriebsspannungen nicht mehr angewendet
werden dürfen. Andere Betriebsspannungen können in
bestehenden Anlagen beibehalten werden, bis sich Gelegenheit zu Änderungen bietet.

Berechnen der Leitungen.

210. Widerstand der Leitungen. Der spezifische
Widerstand, gleich dem Widerstand in Ohm bei 1 m

---

[1]) Im Verlag des Verbandes Deutscher Elektrotechniker, Berlin.

Leitungen. 199

Länge und 1 mm² Querschnitt des Leiters, beträgt
für:

    Kupfer . . . . 0,0178 (vgl. Tabelle)
    Aluminium 0,030
    Eisen . . . . 0,143.

Setzt man die Leitfähigkeit (vgl. 6) für
    Kupfer 1,

so ist in runden Zahlen die Leitfähigkeit für
    Aluminium . . . . $\frac{1}{2}$
    Eisen . . . . $\frac{1}{8}$

Widerstand und Gewicht der Kupferleitungen.

Spezifischer Widerstand = 0,0178. Spez. Gewicht = 8,89.

q Querschnitt mm²	d Durchmesser mm	R Widerstand bei 100 m Länge Ohm	G Gewicht auf 100 m kg
0,5	0,8[1]	3,57	0,445
0,75	1,0	2,38	0,666
1	1,1	1,78	0,889
1,5	1,4	1,19	1,33
2,5	1,8	0,71	2,22
4	2,3	0,45	3,56
6	2,8	0,30	5,33
10	3,6	0,18	8,89
16	5,1[2]	0,11	14,2
25	6,3	0,071	22,2
35	7,5	0,051	31,1
50	9,0	0,036	44,5
70	10,5	0,026	62,2
95	12,5	0,019	84,5
120	14,0	0,015	106,8
150	15,8	0,012	133,2
185	17,5	0,0097	164,4
240	20,3	0,0074	211,5
300	22,5	0,0060	266,0
400	26,3	0,0045	355,5
500	29,4	0,0036	444,5
625	32,9	0,0029	555,0
800	37,2	0,0022	711,0
1000	41,6	0,0018	889,0

Gewicht von Leitungen aus anderen Metallen:
Man sucht das Gewicht der Kupferleitung gleichen
Querschnittes in obiger Tabelle, multipliziert mit dem

---

[1]) Durchmesser des Leiters mit Vollquerschnitt. — [2]) Angenäherter Durchmesser der von hier ab meist verwendeten
Drahtseile.

spez. Gewicht des anderen Metalles und dividiert durch
das spez. Gewicht des Kupfers (8,89). Das spez. Gewicht beträgt in runden Zahlen für Aluminium 2,7, für
Eisen 7,7.

211. Grundsätze für die Querschnittbestimmung.
Die Leiterquerschnitte müssen so bemessen werden,
daß

die Strombelastung eine ins Gewicht fallende
Erwärmung der Leitungen nicht verursacht,

die mechanische Festigkeit der Leitungen den
jeweiligen Anforderungen genügt,

der Spannungsverlust in den Leitungen eine gegebene Grenze nicht überschreitet.

a) Strombelastung. Bei der Querschnittwahl mit
Rücksicht auf die Erwärmung durch den Strom beachte
man, daß sich dicke Leitungen bei gleichem Strom auf
1 mm² des Querschnittes mehr erwärmen als dünne
Leitungen. Die höchstzulässigen dauernden Strombelastungen für isolierte Kupferleitungen (ausgeschlossen sind unterirdisch verlegte Kabel) sind in der folgenden Tabelle A unter I angegeben.

Unter II der Tabelle A sind die Nennstromstärken
der für die Leitungen zulässigen stärksten Schmelzsicherungen (vgl. 272) verzeichnet. Diese Stromstärken sind niedriger als die für Dauerbelastung der
Leitungen unter I angegebenen Stromstärken, weil die
üblichen Sicherungen einen Strom bis zum 1¼ fachen
Nennstrom noch dauernd vertragen, ohne durchzu-
schmelzen.

Beim Anschließen von Stromverbrauchern, die wie
Motoren kurzzeitige Stromstöße verursachen, muß die
zugehörige Sicherung so bemessen werden, daß sie das
1½ fache des regelrechten Nennstromes der Stromverbraucher vertragen kann. Der Leiterquerschnitt muß
mindestens so groß sein, daß er durch die Sicherung vor
Überhitzung geschützt wird.

Blanke Kupferleitungen in Gebäuden können bis
50 mm² Querschnitt nach den Angaben der Tabelle A
belastet werden. Bei Querschnitten über 50 mm² und
unter 1000 mm² sind Belastungen bis 2 A auf 1 mm² zulässig. Ferner dürfen alle Freileitungen über die in
Tabelle A unter I angegebenen Werte hinaus belastet
werden.

Tabelle A.

Höchste dauernd zulässige Strombelastungen und Nennstromstärken der zugehörigen Schmelzsicherungen für isolierte Kupferleitungen.

Querschnitte der Leitungen	I Dauernd zulässige Stromstärke	II Nennstromstärke der Schmelzsicher.	III Höchstzul. Vollast-Stromstärke bei aussetzend. Betr.	Querschnitte der Leitungen	I Dauernd zulässige Stromstärke	II Nennstromstärke der Schmelzsicher.	III Höchstzul. Vollast-Stromstärke bei aussetzend. Betr.
mm²	Ampere			mm²	Ampere		
0,5	7,5	6	7,5	70	200	160	280
0,75	9	6	9	95	240	200	335
1	11	6	11	120	280	225	400
1,5	14	10	14	150	325	260	460
2,5	20	15	20	185	380	300	530
4	25	20	25	240	450	350	630
6	31	25	31	300	525	430	730
10	43	35	60	400	640	500	900
16	75	60	105	500	760	600	—
25	100	80	140	625	880	700	—
35	125	100	175	800	1050	850	—
50	160	125	225	1000	1250	1000	—

Für Lichtanschlüsse an Freileitungsnetze mit 220 V Phasenspannung kann man die Hausanschlußleitungen (Kupfer) etwa wie folgt bemessen:

Anschlußwert		Hausanschluß-Sicherungen	Erforderliche Kupfer-Leitungsquerschnitte von Netz bis Hausanschluß		Mindestquerschnitte d. Leitg. von Hausanschluß bis Zähler
Zahl der Stromkreise	kW	Amp.	Außenleiter mm²	Nulleiter mm²	mm²
1—2	0,0—1,0	15	1 × 10	1 × 10	2,5
3—4	1,0—2,0	15	2 × 10	1 × 10	2,5
5—6	2,0—3,0	15	3 × 10	1 × 10	2,5
7—9	3,0—4,5	20	3 × 10	1 × 10	4,0
10—12	4,5—6,0	25	3 × 10	1 × 10	6,0

Bei kleineren Kraftanschlüssen kommen in solchen Netzen etwa folgende Querschnitte für die Hausanschlußleitungen in Frage:

Motorleistung		Verbrauch des Motors		Sicherungen am			Erforderliche Kupfer-Leitungsquerschnitte von Netz bis Hausanschluß		Mindestquerschnitte der Leitung von Hausanschluß bis Zähler
				Hausanschluß	Zähler		3 Außenleiter je	Nullleiter	
PS	kW	kW	Amp.	Amp.	Amp.		mm²	mm²	mm²
0,5	0,37	0,5	1,0	15	6		10	10	4
1,0	0,74	0,95	1,8	15	6		10	10	4
2,0	1,45	1,9	3,5	15	10		10	10	4
3,0	2,2	2,7	5,0	15	10		10	10	4
4,0	3,0	3,6	6,5	15	10		10	10	4
5,0	3,7	4,4	8,0	20	15		10	10	6
6,0	4,4	5,3	9,5	25	20		10	10	6
7,0	5,2	6,1	11,0	25	20		16	16	6
8,0	5,9	6,8	12,2	25	20		16	16	6
9,0	6,6	7,7	14,0	25	20		16	16	6
10,0	7,4	8,5	15,0	35	25		16	16	10
12,0	8,8	10,2	18,0	35	25		16	16	10
13,0	9,6	11,1	19,7	50	35		25	16	16
15,0	11,0	12,8	23,0	60	35		25	16	16

Sammelschienen für Gleichstrom-Schaltanlagen sollen in der Regel nicht über 2 bis 3 W auf 1 dm² ihrer Oberfläche belastet werden. Für Wechselstrom muß die Belastung wegen der Stromverdrängung von den inneren Schichten nach der Oberfläche des Leiters (Hautwirkung) niedriger genommen werden.

Als Beispiel für das Berechnen der auf 1 dm² entfallenden elektrischen Belastung sei eine Kupferschiene mit Abmessungen von 60 mm × 10 mm = 600 mm² angenommen, die mit 1000 A belastet werden soll. Die Leitfähigkeit des Kupfers wird mit 56 eingesetzt. Leistungsverlust für 1 m Länge der Schiene (= Quadrat der Stromstärke mal Widerstand = $I^2 \cdot R$):

$$1000 \cdot 1000 \cdot \frac{1}{56 \cdot 600} = \text{rd. } 30 \text{ Watt.}$$

Oberfläche eines 1 m langen Schienenstückes: Umfang der Schiene mal Länge in dm =

$$2 (0,6 + 0,1) \cdot 10 = 14 \text{ dm}^2; \quad \frac{\text{Watt}}{\text{Oberfläche}} = \frac{30}{14} = 2 \text{ W,}$$

d. h. die Schiene ist auf 1 dm² Fläche mit 2 W belastet. Bei dieser Wattbelastung entsteht eine Erwärmung von etwa 25° über die umgebende Luft.

Für sehr hohe Spannungen, 60 kV und darüber, sollen dünne Leitungen, etwa unter 35 mm² Querschnitt, wegen der Strahlungsverluste nicht benutzt werden. In Gebäuden verwendet man für so hohe Spannungen zweckmäßig Rohre zur Stromleitung unter Vermeidung scharfer Kanten und Spitzen.

b) **Mechanische Festigkeit.** Für isolierte Kupferleiter, wenn sie in Rohr und auf Isolierkörpern (Abstand der letzteren nicht über 1 m) verlegt sind, ist als Mindestquerschnitt 1,5 mm² zulässig. An und in Lampenträgern kann der Querschnitt bis auf 0,75 mm² verringert werden. Bei Schnurleitungen für ortsveränderliche Stromverbraucher soll jede Drahtlitze nicht unter 1 mm² stark sein.

Blanke Kupferleitungen in Gebäuden sowie isolierte Leitungen in Gebäuden und im Freien, bei denen die Befestigungen mehr als 1 m Abstand haben, dürfen nicht unter 4 mm², Freileitungen mit Spannweiten bis 35 m nicht unter 6 mm², in allen anderen Fällen nicht unter 10 mm² genommen werden.

c) **Spannungsverlust.** Der Spannungsverlust in den zum Anschluß von Lampen, Motoren usw. nicht bestimmten Speiseleitungen wird, den jeweiligen Umständen entsprechend, selten höher als 10% der Netzspannung genommen. Dabei ist vorausgesetzt, daß die Spannung an den Speisepunkten wenig schwankt.

Im Verteilungsnetz darf der Spannungsverlust 3 bis 4% der Netzspannung nicht übersteigen, wenn die Lampen nicht zu große Unterschiede in der Lichtstärke aufweisen sollen. Z. B. darf bei 110 V Spannung, wenn sämtliche Lampen eingeschaltet sind, der Unterschied zwischen den Spannungen an den voneinander entferntesten Stromentnahmestellen nicht mehr als 4 V betragen.

In die **Motor-Anschlußleitungen** darf etwas mehr Verlust gelegt werden als in Lichtleitungen; der Verlust sollte jedoch 6% nicht überschreiten. Durch zu großen Spannungsverlust in den Zuleitungen würden die Zugkraft und die Leistung der Motoren erheblich vermindert; insbesondere würde das beim Anlassen der Motoren unter Last nachteilig wirken.

212. Berechnen der Leitungen. Der zulässige Spannungsverlust in den zu den Stromverbrauchern, den Lampen, Motoren usw. führenden Leitungen bedingt meist größere Leiterquerschnitte, als zum Verhüten übermäßiger Stromwärme (211 a) und zur Erlangung genügender mechanischer Festigkeit (211 b) notwendig

ist. Die Leiterquerschnitte, soweit sie über die durch
Erwärmung und Festigkeit der Leitungen gesteckten
Grenzen hinausgehen müssen, ermittelt man durch
Rechnung. Die dazu notwendigen Formeln sind für
Kupferleitungen in nachstehender Tabelle *A* zusammen-
gestellt. Für Leitungsnetze mit Phasenverschiebung
ergeben die Formeln angenäherte Werte, die für das
Berechnen der kleinen Spannungsverluste in den Haus-
leitungen ausreichen; über die Bedeutung des in die
Formeln eingeführten Wertes »cos φ« vgl. 13.

Die nach den angegebenen Formeln für den Spannungsabfall *e* und den Leitungsquerschnitt *q* errechneten Werte lassen bei Wechsel- und Drehstromlei-
tungen den induktiven Widerstand unberücksichtigt.
Dieser kann bei Installationsleitungen in Gebäuden,
die fast immer mit geringem Abstand voneinander verlegt sind, sowie bei Leitungen in gemeinsamen Rohren
und Kabeln vernachlässigt werden.

Bei Freileitungen, die meist erheblichen Abstand
voneinander haben, ist der induktive Widerstand zu
berücksichtigen durch Multiplikation der errechneten
Werte für *e* und *q* mit der für die betreffenden Verhältnisse in Tabelle *B* angegebenen Zahl.

Tabelle A.

**Formeln für die Berechnung des Spannungsabfalles und
des Querschnittes.**

Stromart	Spannungsabfall *e* Volt	Querschnitt *q* mm^2
Gleichstrom und Zweileiter- Wechselstrom (bei induktions- freier Belastung)	wenn die Stromstärke bekannt ist $$e = \frac{2\,L \cdot I}{k \cdot q}$$ wenn die Leistung bekannt ist $$e = \frac{2\,L \cdot N}{k \cdot q \cdot E}$$	$$q = \frac{2\,L \cdot I}{k \cdot e}$$ $$q = \frac{2\,L \cdot N}{k \cdot e \cdot E}$$
Drehstrom (Über Berück- sichtigung des indukt. Widerstandes siehe Tabelle B)	wenn die Stromstärke bekannt ist $$e = \frac{1{,}73\,L \cdot I \cdot \cos\varphi}{k \cdot q}$$ wenn die Leistung bekannt ist $$e = \frac{L \cdot N}{k \cdot q \cdot E}$$	$$q = \frac{1{,}73\,L \cdot I \cdot \cos\varphi}{k \cdot e}$$ $$q = \frac{L \cdot N}{k \cdot e \cdot E}$$

Tabelle B.
Berücksichtigung des induktiven Widerstandes
von Freileitungen bei Berechnung auf Spannungsabfall
durch Multiplikation der für e und q errechneten Werte
mit nachstehenden Zahlen:

Querschnitt	Leiterabstand 40—60 cm			
mm²	$\cos\varphi = 0,9$	$\cos\varphi = 0,8$	$\cos\varphi = 0,7$	$\cos\varphi = 0,6$
10	1,10	1,16	1,21	1,28
16	1,15	1,24	1,32	1,43
25	1,23	1,36	1,49	1,63
35	1,31	1,49	1,66	1,86
50	1,43	1,67	1,91	2,19
70	1,58	1,90	2,23	2,61
95	1,77	2,19	2.61	3,12

Neben dem Spannungsverlust kann der Leistungsverlust für die Bemessung der Leiterquerschnitte aus-
schlaggebend sein. Er wird meist in Prozenten der übertragenen Leistung angegeben und berechnet sich nach
den in Tabelle C angegebenen Formeln.

Tabelle C.
Formeln für die Berechnung des Leistungsverlustes.

Stromart	Leistungsverlust %	Querschnitt mm²
Gleich-strom	$p = \dfrac{200\,L \cdot N}{k \cdot q \cdot E \cdot E}$	$q = \dfrac{200\,L \cdot N}{k \cdot p \cdot E \cdot E}$
Dreh-strom	$p = \dfrac{100\,L \cdot N}{k \cdot q \cdot E \cdot E \cdot \cos\varphi \cdot \cos\varphi}$	$q = \dfrac{100\,L \cdot N}{k \cdot p \cdot E \cdot E \cdot \cos\varphi \cdot \cos\varphi}$

In den Formeln bedeuten:
E die Betriebsspannung,
  in Zweileiteranlagen zwischen beiden Leitungen,
  in Gleichstrom-Dreileiteranlagen zwischen den beiden
    Außenleitungen,
  in Drehstromanlagen die sog. verkettete Spannung
    zwischen je zwei der Zuleitungen (nicht zwischen
    Zuleitung und Nulleitung).
L die einfache Länge der zu betrachtenden Leitungs-
  strecke in m.
N die übertragene Leistung in W.
I die Stromstärke in einer Leitung.

e den Spannungsabfall in V vom Anfang bis zum Ende
der Leitung.

q den Querschnitt der Leitung in mm².

p den Leistungsverlust in % der übertragenen Leistung
vom Anfang bis zum Ende der Leitung.

k die Leitfähigkeit; für Kupfer: $k = 56$.

Die Benutzung der Formeln zum Leitungsberechnen
wird durch die folgenden Beispiele erläutert.

213. Berechnungsbeispiele. Von den Drehstrom-
leitungen *RST* (Abb. 102) mit einer Spannung zwischen zwei Phasen von 380 V (verkettete Spannung)

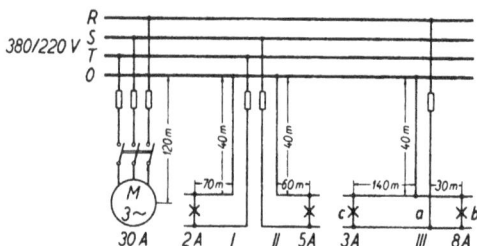

Abb. 102.

und einer Phasenspannung (Spannung gegen den Null-
leiter bzw. gegen Erde) von 220 V seien ein 15 kW-
(20 PS-)Elektromotor und drei Lichtleitungen abgezweigt.

a) Die Leitungen für den Motor sollen zur Erlangung genügender Zugkraft so bemessen werden, daß
die Spannung an den Klemmen des Motors nicht unter
360 V sinkt. Der zulässige Spannungsabfall *e* in den
Leitungen ist demnach $380 - 360 = 20$ V. Die Nennstromstärke des Motors, angegeben am Leistungsschild, ist $I = 30$ A.

Der Mindestquerschnitt für die zum Motor führenden Leitungen ergibt sich bei einer Länge der Leitung
von $L = 120$ m und bei einem Leistungsfaktor cos φ
$= 0{,}87$ nach der Formel in Tabelle A:

$$q = \frac{1{,}73 \cdot L \cdot I \cdot \cos\varphi}{k \cdot e} = \frac{1{,}73 \cdot 120 \cdot 30 \cdot 0{,}87}{56 \cdot 20} = \text{rd. } 4{,}8 \text{ mm}^2.$$

Zur Verfügung steht nach Tabelle A in Abschnitt 211
$q = 6$ mm². Dieser Querschnitt genügt bis zu 31 A.

b) Die Lichtleitungen seien zwischen Phase und Nulleiter gelegt, jeder Abzweig ist also als Einphasenleitung zu betrachten; demnach gilt die Formel der Tabelle A, Einphasenstrom, induktionsfreie Belastung (Glühlampen).

Der für die Lampen zulässige gesamte Spannungsabfall betrage 4 V. Es ergibt sich für Abzweig *I* (Abb. 102) nach Tabelle A ein Querschnitt von

$$q = \frac{2 \cdot L \cdot I}{k \cdot e} = \frac{2\,(40 + 70) \cdot 2}{56 \cdot 4} = 1,96 \text{ mm}^2.$$

Nach Tabelle A in Abschnitt 211 ist der nächst verfügbare größere Querschnitt zu nehmen: $q = 2,5 \text{ mm}^2$. Bei Verwendung dieses größeren Querschnittes beträgt der Spannungsabfall nicht 4 V, sondern er wird im Verhältnis der Querschnitte kleiner:

$$e = 4 \cdot \frac{1,96}{2,5} = 3,14 \text{ V}.$$

In gleicher Weise ergibt sich der Querschnitt des Abzweiges II:

$$q = \frac{2\,(40 + 60) \cdot 5}{56 \cdot 4} = 4,45 \text{ mm}^2.$$

Der nächste normale Querschnitt für diesen Wert ist nach Tabelle A in Abschnitt 211 $q = 6 \text{ mm}^2$.

Der Spannungsabfall beträgt bei 6 mm²:

$$e = 4 \cdot \frac{4,45}{6} = 2,97 \text{ V}.$$

Bei Abzweig III sei die Annahme getroffen, daß der Spannungsabfall bis zum Punkt *a* 2 V nicht überschreite, damit für die beiden Seitenabzweige dann noch ein Spannungsabfall von je 2 V zur Verfügung steht.

Der Querschnitt bis *a* errechnet sich demnach zu

$$q = \frac{2 \cdot 40 \cdot 11}{56 \cdot 2} = 7,9 \text{ mm}^2.$$

Bei Verwendung des nächst höheren normalen Querschnittes von 10 mm² ergibt sich ein Spannungsabfall von $2 \cdot \frac{7,9}{10} = 1,58$ V, so daß für die beiden Zweige ein Spannungsabfall von $4 - 1,58 = 2,42$ V bleibt.

Für die Strecke a—b errechnet sich

$$q = \frac{2 \cdot 30 \cdot 8}{56 \cdot 2,42} = 3,54 \text{ mm}^2,$$

wobei als nächster normaler Querschnitt 4 mm² zu verlegen ist.

Für die Strecke a—c errechnet sich

$$q = \frac{2 \cdot 140 \cdot 3}{56 \cdot 2,42} = 6,2 \text{ mm}^2;$$

als nächster normaler Querschnitt kommt hier 10 mm² in Betracht.

Der Gesamtspannungsabfall im Abzweig III bis zu den Lampen bei c setzt sich zusammen aus dem Spannungsabfall bis a und dem Spannungsabfall der Strecke a—c:

$$1,58 + 2,42 \cdot \frac{6,2}{10} \quad 1,58 + 1,50 = 3,08 \text{ V.}$$

Eine Übertragungsleitung für eine Wasserpumpe wäre wie folgt zu bemessen:

Einfache Länge der Leitung 800 m.

Zu übertragende Leistung 10 kW (= 10000 W).

Betriebsspannung 380 V.

Zulässiger Spannungsabfall $e = 20$ V.

$$q = \frac{L \cdot N}{k \cdot e \cdot E} = \frac{800 \cdot 10000}{56 \cdot 20 \cdot 380} = 18,8 \text{ mm}^2.$$

Als nächster normaler Querschnitt kommt $q = 25$ mm² in Betracht, wobei der Spannungsabfall $e = 20 \cdot \frac{18,8}{25} = 15,1$ V beträgt.

Bei Berechnung auf Spannungabfall ist zu beachten, daß bei Angabe der Leistung in kW für Drehstrom der $\cos \varphi$ in diesem Wert bereits berücksichtigt ist, da die Leistung bei Drehstrom $E \cdot I \cdot 1,73 \cdot \cos \varphi$ beträgt.

Will man für vorstehende Leitung von 25 mm² den prozentualen Leistungsverlust errechnen, so ergibt sich unter der Annahme eines Leistungsfaktors $\cos \varphi = 0,85$ nach Tabelle C:

$$p = \frac{100 \cdot L \cdot N}{k \cdot q \cdot E \cdot E \cdot \cos \varphi \cdot \cos \varphi} =$$

$$= \frac{100 \cdot 800 \cdot 10000}{56 \cdot 25 \cdot 380 \cdot 380 \cdot 0,85 \cdot 0,85} = 5,45 \text{ }^0/_0;$$

der Leistungsverlust in kW beträgt also

$$\frac{5,45}{100} \cdot 10 = 0,545 \text{ kW}.$$

Freileitungen.

214. Freileitungen im Sinne der VDE-Vorschriften
sind außerhalb von Gebäuden geführte oberirdische
Leitungsanlagen, bei denen die Leitungen keine Schutzverkleidung haben, einschließlich der Isolatoren und
Träger (Maste, Dachständer usw.) sowie der zugehörigen Hausanschlußleitungen (vgl. 237).

215. Leiter. Für Freileitungen verwendet man vorwiegend hartgezogene einfache oder verseilte Kupfer-
drähte oder Aluminiumseile. Stahlleitungen verursachen große Übertragungsverluste.

Die zugelassenen Mindestquerschnitte bei Hochspannungsleitungen betragen:

für Kupfer und Bronze . . . 10 mm²
für Stahl . . . . 16 »
für Aluminium und seine
    Legierungen . . . . . 25 »

Bei Fernleitungen verwendet man hart gezogenes
Kupfer mit einer Bruchfestigkeit von etwa 40 kg/mm²,
bei Ortsnetzen das weniger starre, halbhart gezogene
Kupfer mit einer Bruchfestigkeit von etwa 35 kg/mm².
Die Bruchfestigkeit des Aluminiums darf nicht unter
18 kg/mm² liegen.

Eindrähtige Leitungen sind bei Kupfer bis zu
einem Querschnitt von 16 mm² und einer Spannweite
von 80 m zugelassen; eindrähtige Leitungen aus Aluminium sind unzulässig, solche aus Stahl nur zugelassen
bei Betriebspannungen unter 1 kV und Spannweiten
bis 80 m.

Bei Höchstspannungsleitungen (220 kV und darüber)
verwendet man statt Vollseilen Hohlseile, durch
deren größeren Außendurchmesser die Strahlungsverluste (Koronaverluste) gering gehalten werden.

216. Isolatoren.

Niederspannungsisolatoren. Für Spannungen
bis 500 V dienen die genormten Stützenisolatoren der
N-Type (Abb. 103), sowie die ebenfalls genormten
Schäkelisolatoren (Abb. 104). Von der N-Reihe sind
drei Typen in Gebrauch:

der Isolator N 60 für Querschnitte bis 10 mm²
»   »   N 80 »   »   » 35 »
»   »   N 95 »   »   » 150 »

Der Schäkelisolator
reicht für Querschnitte
bis 120 mm² aus.

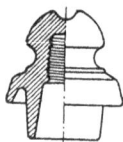

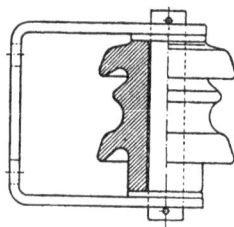

Abb. 103.   Abb. 104.

Hochspannungsisolatoren.

a) Stützenisolatoren. Isolatoren der Deltatype
(Abb. 105) sind für die normalen Betriebsspannungen
von 0,5 kV bis 30 kV (vgl. 209) ge-
normt. Isolatoren der Weitschirm-
type (Abb. 106) werden in der sog.
durchschlagsicheren Ausführung mit
verstärkten Wandungen bevorzugt.

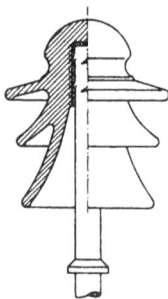

Die Isolatoren werden, je nach
Größe, einteilig
oder mehrteilig
hergestellt. Für
die Durchschlag-
festigkeit ist
nicht nur die
Bauart, Form
und Anzahl der
Mantelflächen
usw., sondern

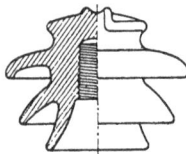

Abb. 105.   Abb. 106.

auch die Güte des Porzellankörpers maßgebend. Risse,
auch kaum sichtbare, in Porzellan und Glasur sowie
Porosität des Porzellans machen den Isolator unbrauchbar, während kleine Schönheitsfehler in der Glasur
ohne merkbaren Einfluß auf die Güte der Isolation
sind.

b) Hängeisolatoren zeichnen sich durch hohe
Betriebsicherheit aus; sie werden daher an Stelle von
Stützenisolatoren auch schon für Spannungen unter
30 kV verwendet (Kleinhängeisolatoren).

Die gebräuchlichsten Typen sind Kappenisolatoren
(Abb. 107) und Doppelkappenisolatoren (Motorisolatoren) (Abb. 108), während Schlingenisolatoren (Hew-

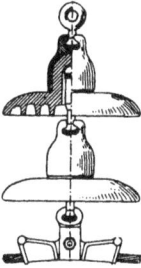
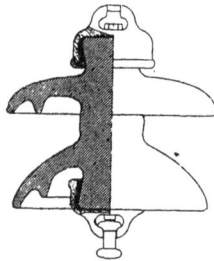

Abb. 107.   Abb. 108.

lettisolatoren) (Abb. 109) wegen ihrer geringen mechanischen Festigkeit in Deutschland überholt sind. Die
Isolatoren werden zu Ketten zusammengebaut, deren
Gliederzahl von der Höhe
der zu isolierenden Spannung abhängt. Bei Kappenisolatoren rechnet man
für 15 kV mit 2, für 60 kV
mit 4—5, für 100 kV mit
6—8 Gliedern. Für Trag-
und Abspannketten verwendet man meist die
gleiche Isolatorentype. Das
Befestigen der Leitungen
an den Tragketten erfolgt

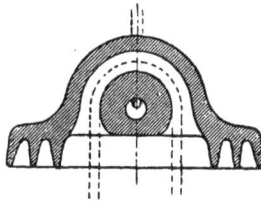

Abb. 109.

oft mit Spezialklemmen (Gleitklemmen, Auslöseklemmen), die bei einseitigem Seilbruch das Leiterseil
freigeben und unzulässige Beanspruchungen des Tragmastes vermeiden.

217. Isolatorstützen. Als Tragorgane für die Stützenisolatoren dienen eiserne Stützen, die zum Schutz gegen
Rosten gestrichen, asphaltiert oder verzinkt sind.
Isolatorstützen sind nach zulässigen Zugbelastungen
genormt.

Das Befestigen des Isolators auf der eisernen Stütze
erfolgt am besten mit Hanf, den man, mit Schellack
oder Leinöl getränkt, in nicht zu dicker Schicht um

14*

das durch Meißelhiebe aufgerauhte Ende der Stütze wickelt. Der innen mit Gewinde versehene Isolator wird kräftig bis zum Kopfende aufgeschraubt. Auf den Grund des Isolatorkopfes legt man ein nachgiebiges, ½—1 cm starkes Polster aus einer Filzscheibe, einem Korkabschnitt oder Hanfpfropfen zum Schutz gegen Abspringen des Kopfes bei zu hohem Druck. Der obere Stützenrand soll abgerundet sein, da durch scharfe Kanten das Porzellan beim Einschrauben gefährdet wird. Bei Spannungen über 15 kV empfiehlt es sich, die Hanfwicklung durch Zugabe von Mennige o. dgl. leitend zu machen, um dem Auftreten von Entladungen zwischen Porzellanwand und Stütze und damit einer Zerstörung der Isolatorbefestigung entgegenzuarbeiten.

Stützenisolatoren müssen in senkrechter Stellung angebracht werden, wenn sie nicht ausdrücklich auch für das Befestigen in anderer Lage hergestellt sind.

Die Isolatorstützen müssen so geformt sein und so auf ihren Trägern sitzen, daß der Abstand des Isolators vom Träger an keiner Stelle kleiner ist als der Abstand des inneren Glockenrandes von der Stütze.

Bei gebogenen Stützen muß der Isolatorhals, an dem die Leitung festgebunden wird, in gleicher waagrechter Ebene mit der Stützenbefestigung liegen, wie in Abb. 110 durch die strichpunktierte Linie angegeben ist. Andernfalls würde der Isolator durch den seitlichen Zug der Leitung verdreht werden. Das Holzschraubengewinde der Stütze muß so tief in den Holzmast geschraubt werden,

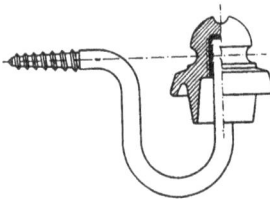

Abb. 110.

daß der nicht mit Gewinde versehene Bolzenteil noch etwas in das Holz eindringt. Stützen zum Befestigen an Mauerwerk erhalten Steinschrauben; sie werden mit Zementmörtel (1 Teil Portlandzement und 1 Teil feingesiebter Sand) in das Bohrloch eingesetzt. Gips, der nur in trockenen Mauern richtig bindet, gibt geringe Festigkeit.

218. Befestigen der Leitungen auf Stützenisolatoren. Auf gerader Strecke legt man die Leitung auf die dem Mast zugewandte Seite des Isolators, so daß die Leitung beim Brechen des Bindedrahtes auf die Isolatorstütze

bzw. Mastkonsole fällt. In Kurven legt man die Leitung
derart an den Isolatorhals, daß der seitliche Zug auf den
Isolator wirkt und der Bindedraht entlastet bleibt. Auf
gerader Strecke kann die Leitung auch auf den Kopf
des Isolators gelegt werden.

Der Bindedraht zum Befestigen der Leitung auf
den Isolatoren muß aus dem gleichen Metall bestehen
wie die Leitung. Für Kupferleitungen dient weicher
Kupferdraht, der für Leiterquerschnitte von 10 bis
35 mm² etwa 4 mm² stark und darüber 6 bis 10 mm²
stark genommen wird. Leitungen mit Querschnitten
von mehr als 50 mm² erhalten zweckmäßig zwei Bunde
auf jedem Isolator.

Die Bindedrähte sollen in abgepaßten Längen und
abgezählt zur Arbeitstelle geliefert werden. Die jeweils
nötige Bindedrahtlänge bestimmt man durch Herstellen
eines Probebundes.

Zum Festbinden der Leitungen gebräuchliche Bunde
werden nachstehend beschrieben:

Halsbund: Man legt die Mitte des Bindedrahtes
um den Isolatorhals, schlingt die Drahtenden, das eine
von oben, das andere von unten, um die Leitung. Die
Drahtenden werden dann nochmals um den Isolator-

Abb. 111 a.   Abb. 111 b.

hals geschlungen, wobei sie sich kreuzen (Abb. 111 a).
Nach 3 bis 4 Windungen um den Isolatorhals werden die
Enden nach Abb. 111 b in 6 bis 8 Windungen zu beiden
Seiten des Isolators um die Leitung gewickelt.

Ein einfacherer Halsbund, der für geringe Spannweiten und schwache Leitungen genügt, ist in Abb. 112 a
dargestellt. Der Bindedraht wird in seiner Mitte um
die von der Leitung abgewandte Seite des Isolatorhalses
gelegt (Abb. 112 a), wobei man die Drahtenden über
die Leitung hinweg nach unten abbiegt. Darauf
schlingt man den Bindedraht beiderseits einmal um die
Leitung und führt die Drahtenden nach rückwärts, um
sie durch Zusammenwürgen zu vereinigen. Zum Zusammenwürgen benutzt man eine Beißzange, die nicht

zu stark zusammengepreßt wird, so daß der Bindedraht während des Würgens durch die Backen der Zange gleitet. Erst wenn die Würgung vollendet ist, wird die

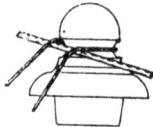  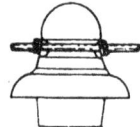

Abb. 112a.   Abb. 112b.   Abb. 112c.

Zange kräftig zusammengepreßt, um die überstehenden Drahtenden abzuzwicken. Nach dem Vollenden des Bundes wird die Würgestelle nach abwärts gedrückt. Abb. 112b und c zeigen den fertigen Bund von der Seite und von vorn.

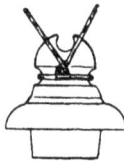 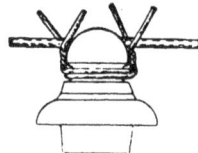

Abb. 113a.   Abb. 113b.

Kopfbund: Er eignet sich nur für gerade Strecke. Zwei etwa 50 cm lange Bindedrähte werden mit ungleichen Überständen um den Isolatorhals geschlungen (Abb. 113a) und bis zur Höhe der Kopfrille des Isolators zusammengewürgt (Abb. 113b). Die kürzeren Draht-

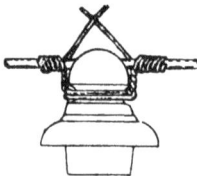 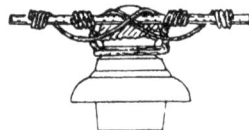

Abb. 113c.   Abb. 113d.

enden werden um die Leitung gewunden (Abb. 113c), die längeren kreuzt man über dem Isolatorkopf und wickelt sie dann in 4 bis 5 Windungen um die Leitung (Abb. 113d).

Eine rasche und zuverlässige Befestigung der Leitung am Isolator ermöglicht der fabrikationsmäßig hergestellte Hakenbügelbund (Abb. 114).

219. Leitungsmaste. Die Maste werden nach Zahl und Stärke dem Querschnitt der Leitungen angepaßt. Verwendet werden je nach Örtlichkeit und Zweck Holzmaste, Stahlgittermaste, Rohrmaste und Betonmaste.

Als Mindestmaß für einfache Holzmaste, die aus entrindeten und imprägnierten Kiefern oder Fichten hergestellt werden, gilt für Niederspannung eine Zopfstärke von 10—12 cm, für Hochspannung von 15 cm. Zum Schutz gegen Fäulnis werden die Maste mit Teer, Teeröl oder Karbolineum getränkt, von denen Teeröl die größte Haltbarkeit gibt. Ferner empfiehlt es sich, den dem Wechsel der Bodenfeuchtigkeit am meisten ausgesetzten Teil des Mastes, d. i. etwa 25 cm unter und ebensoviel über der Erde, mit Steinkohlenteer oder Karbolineum anzustreichen oder mit Spezialschutzmasse (Stockschutz) zu versehen. Die Haltbarkeit der Maste kann man durch wiederholtes Tränken der Mastschafte unmittelbar über dem Erdboden erhöhen, indem man die Tränkflüssigkeit durch seitliche Bohrungen einpreßt (Cobra-Verfahren) oder die Maste an dieser Stelle mit imprägnierten Binden umwickelt. Längere Lebensdauer der Maste erreicht man durch Eisenbetonfüße, in deren Stahlgerüst der Holzmast oberhalb des Erdbodens eingesetzt wird. Am oberen Ende werden die Maste zugespitzt oder sattelförmig abgeschrägt. Vor der Verwendung müssen die Maste gut austrocknen. Das Holz darf nicht drehwüchsig sein.

Stahlmaste erhalten Anstrich mit Rostschutzfarbe, der in Zeitabschnitten von 3 bis 5 Jahren erneuert werden muß. Der unter Erde liegende Teil der Maste muß, soweit kein Schutz durch Beton vorhanden ist, durch Anstrich mit säurefreiem Asphaltteer oder einem anderen Rostschutzmittel gesichert werden.

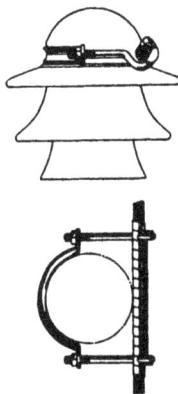

Abb. 114.

Für Maste an Straßen wählt man möglichst die der
vorherrschenden Windrichtung abgewandte Straßen-
seite. Auf Strecken, die starken Stürmen ausgesetzt
sind, verstärkt man jeden fünften Leitungstützpunkt,
z. B. durch eine Strebe oder durch Aufstellen eines
Doppelmastes. Auf gerader Strecke erhalten die Maste
eine kleine Neigung gegen die vorherrschende Windrichtung, in Kurven wird Neigung nach auswärts ge-

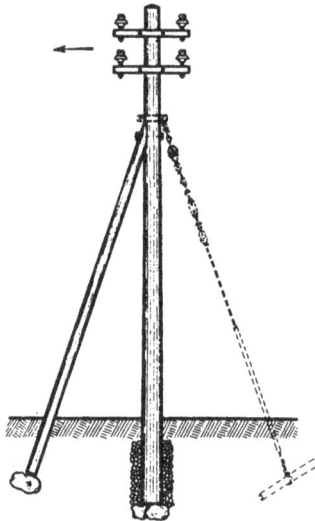

Abb. 115.

geben. Bieten einfache Maste dem Zuge in Kurven
nicht genügend Widerstand, so wendet man Streben
oder bei Niederspannung auch Mastanker an, die
über Reichhöhe mit Abspannisolatoren für die volle
Betriebspannung zu versehen sind. Bei Hochspannung
sind Mastanker unzulässig. Die Streben und Mastanker
müssen in der Halbierung des durch die Leitungen gebildeten Winkels stehen und den Mast in etwa $2/_3$ seiner
Höhe stützen. Das etwa 1 m tief in den Boden einzu-
lassende Ende der Strebe stützt man gegen einen flachen
Stein oder einen Holzklotz. Mastanker werden aus
etwa 5 mm starken verzinkten Stahldrähten herge-

stellt. In Abb. 115 sind beide Ausführungsarten dargestellt, der Mastanker in gestrichelten Linien.

Über das bei Hochspannung notwendige Erden der Stahlmaste und der Eisenbetonmaste vgl. 205.

Maste und Schutzverkleidungen für Leitungen mit Betriebsspannungen von 1 kV und darüber müssen durch roten Blitzpfeil gekennzeichnet werden (Abb. 116). Alle Maste sollen Nummern erhalten. Haltbare Farbe für die Mastbezeichnung wird zusammengesetzt aus Leinölfirnis, Bleimennige und Eisenoxyd (Berlinerrot). Zum Schutz gegen unbefugtes Besteigen werden Stachelkränze angebracht.

Hochspannung.
Vorsicht!
Lebensgefahr.

Abb. 116.

220. Fundierung. Die Maste sind derart im Boden zu befestigen, daß bei den vorhandenen Bodenverhältnissen die Standsicherheit ausreicht und unzulässige Bewegungen des Mastes vermieden werden.

Holzmaste werden bei Boden mittlerer Beschaffenheit mindestens mit $1/8$ ihrer Gesamtlänge, jedoch nicht weniger als 1,6 m eingegraben und schichtweise gut verrammt. Unmittelbares Einbetonieren von Holzmasten ist unzulässig. In weichem Boden ist eine besondere Befestigung durch vorgelegte Schwellen, Plattenfüße oder Steine unerläßlich. Einige Zeit nach Auflegen der Leitungen ist das Erdreich nachzustampfen.

Stahlmaste erhalten Schwellen, Platten oder Betonfundamente. Der Beton soll aus gutem Zement, reinem Sand und reinem Kies oder Schotter hergestellt und sorgfältig gemischt sein. Auf 1 Raumteil Zement sollen höchstens 9 Raumteile sandiger Kies oder 4 Raumteile Sand und 8 Raumteile Kies oder Schotter kommen. Es ist zu beachten, daß die Baustoffe keine erdigen Bestandteile enthalten, was durch den Grad der Trübung bei Schwenken einer Probe in klarem Wasser festgestellt werden kann.

Können Betonfundamente nicht in einem Arbeitsgang fertiggestellt werden, so ist die obere Schicht sorgfältig mit nassen Tüchern abzudecken und am nächsten Tage aufzurauhen und mit Zementmilch einzuschlämmen. Ebenso ist das fertige Fundament über Erdoberfläche bis zum Erhärten mit nassen Tüchern abzudecken und vor greller Sonne zu schützen. Auf sorg-

fältiges Einstampfen des Betons, besonders in die Ecken
der Profileisen, ist zu achten.

Betonieren bei Kälte ist nur unter besonderen Vorsichtsmaßregeln zulässig, sonst erreicht der Beton keine
Festigkeit.

Mit dem Auflegen der Leitungen darf vor Erhärten
des Betons, was normal 10 bis 12 Tage dauert, nicht be-
gonnen werden. Die Maste müssen während dieser
Zeit in den Ankern gelassen werden. Abkürzung dieses
Zeitraums durch Verwendung von schnellbindendem
Zement ist möglich.

221. Spannweite. Für Leitungen auf Holzmasten
nimmt man im allgemeinen bei Niederspannung innerhalb von Ortschaften Spannweiten von 30 bis 50 m, bei
Hochspannung je nach Höhe der Spannung und Querschnitt der Leiter solche von 50 bis 80 m. Bei Stahl-
masten können Spannweiten bis 350 m und mehr genommen werden. Über die zugelassenen Grenzspannweiten gibt nachstehende Tabelle Aufschluß:

**Grenzspannweiten von Freileitungen für Spannungen
über 1 kV.**

Nenn-Quer-schnitt	Kupfer		Bronze Bz II		Alu-minium	Stahl-Alu-minium
	Draht	Seil	Draht	Seil	Seil	Seil
mm²	m	m	m	m	m	m
6	unzul.	unzul.	unzul.	unzul.	unzul.	—
10	80	260	80	420	,,	—
16	80	350	80	550	,,	—
25	—	430	—	690	60	—
35	—	510	—	810	80	160
50	—	590	—	950	110	210
70	—	670	—	1080	140	280
95	—	760	—	1220	190	370
120	—	810	—	1310	230	470

Bei Spannungen unter 1 kV sind außerdem Kupferleitungen (Draht und Seil) mit einem Querschnitt von
6 mm² sowie Aluminiumseile mit einem Querschnitt
von 16 mm² für Spannweiten bis 35 m zugelassen.

222. Abstand der Leitungen. Die spannungführen-
den Leitungen müssen voneinander und von anderen
Leitungen des gleichen Spannfeldes (z. B. von Erd-
leitungen) einen solchen Abstand erhalten, daß ein
Zusammenschlagen oder eine Annäherung bis zum
Überschlag nicht zu befürchten ist.

Für Spannweiten von 50 bis 60 m können für hartgezogene Kupferleitungen folgende Mindestabstände
genommen werden:

```
bis   500 V  . . . . . 25 cm Leiterabstand
500—1000 V  . . . . . 30  »        »
1000—3000 V  . . . . . 40  »        »
über 3000 V  . . . . . 80  »        »
```

Bei Spannungen von 3 kV aufwärts darf bei Aluminium und seinen Legierungen der Abstand nicht
kleiner als 1 m, bei anderen Werkstoffen nicht kleiner
als 80 cm sein. Der Mindestabstand bei Niederspannungsleitungen beträgt 35 cm.

Bei Leitungen über 1 kV ist genügend Abstand vorhanden, wenn die Entfernung in m beträgt:

bei Aluminium und seinen Legierungen

$$\text{mindestens } \sqrt{f} + \frac{U}{150}$$

bei Leitungen aus anderen Werkstoffen

$$\text{mindestens } 0,75 \sqrt{f} + \frac{U}{150}.$$

Hierbei ist f der Durchhang der Leitungen bei $+ 40^0$
in m und U die Betriebspannung in kV.

In durch Eislast besonders gefährdeten Gegenden
muß in erhöhtem Maße der Gefahr des Zusammenschlagens übereinanderliegender Leitungen Rechnung
getragen werden..

223. Legen der Leitungen. Die Leitungen müssen
so geführt werden, daß sie weder vom Fußboden noch
von Fenstern oder Dächern ohne besondere Hilfsmittel
erreichbar sind. Die Entfernung ungeschützter Leitungen vom Erdboden soll in ihrem tiefsten Punkt mindestens betragen: bei Niederspannungsanlagen normal
5 m, bei Wegüberkreuzungen 6 m; bei Hochspannungsanlagen normal 6 m, bei Überführung an Fahrwegen
7 m.

Die Größe des Durchhangs wird an den Masten
angezeichnet und über diese Marken die Sehlinie genommen; der tiefste Punkt der Leitung muß dabei in
der Sehlinie liegen. Das Spannen der Leitungen mit
zu geringem Durchhang, insbesondere in warmer
Jahreszeit, gefährdet die Sicherheit der Anlage, weil
das bei Kälte eintretende Verkürzen der Leitung so
große Zugspannung hervorrufen kann, daß die Leitungen reißen.

Eindrähtige Kupferleitungen dürfen nur mit maximal 12 kg/mm² gespannt werden.

Das Abnehmen der Leitung vom Drahtring zum Zweck des Aufbringens auf die Maste beginnt man mit dem am äußeren Umfang des Ringes liegenden Leiterende, den Ring senkrecht haltend. Die Leitung wird dann abgerollt, indem man den Ring um seine Achse dreht. Schwere Ringe oder die Trommeln mit aufgespulten Leitungen bringt man auf ein mit Drehzapfen versehenes Gestell, das in der Richtung des Leitunglegens verschoben oder verfahren wird. Es wäre fehlerhaft, die Leitungen vom festliegenden Ring abzuheben, weil dadurch die Leitung verwunden und ihr Spannen erschwert würde. Knickstellen in den Leitungen sind herauszuschneiden, weil sie zu Leitungsbruch führen.

Zum Spannen der Leitungen dient ein Flaschenzug mit einer den Leiter ohne Beschädigung festhaltenden Froschklemme oder einer sog. Bahnklemme mit Keil oder Schraube zum Anpressen des Leiters; für Draht oder kleine Seilquerschnitte verwendet man oft eine Schraubspindel, deren Muttern mit Drahtklemmen ausgerüstet sind (Drahtspanner System Ruppert). Scharfkantige Klemmvorrichtungen sind unzulässig, weil sie die Leitungen verletzen und dadurch die Bruchsicherheit vermindern. Die Klemmvorrichtungen müssen Backen mit Parallelführung und abgerundeten Kanten haben.

Bäume in der Nähe der Leitungen äste man so weit aus, daß auch bei starkem Wind das Zusammenschlagen der Zweige mit den Leitungen ausgeschlossen ist. Das Ausästen muß so reichlich geschehen, daß es auf Jahre hinaus wirksam bleibt.

224. Legen von Aluminiumleitungen. Für Freileitungen sind nur Seile zugelassen (vgl. 215). Um mechanischer Beschädigung des weichen Metalls vorzubeugen, müssen Aluminiumleitungen sorgfältig behandelt werden. Beim Strecken und Anfassen der Leitungen, beim Ziehen und Biegen vermeide man die üblichen Froschklemmen usw. Alle Werkzeuge, mit denen die Leitungen gefaßt werden, müssen mit Aluminium ausgekleidet sein oder Holzbacken haben. Das Schleifen der Leitungen auf dem Boden ist unzulässig. Beim Ablaufenlassen des Seiles von der Trommel wird die Geschwindigkeit mit Hilfe einer Bremse geregelt. Dabei läßt man das Seil durch die Hand gleiten, um Knickstellen und andere Fehler zu finden und zu beseitigen.

Die Leitung legt man zunächst auf Rollen, die für
das Aufbringen der Leitung unter die Isolatorstützen
gehängt werden. Das vorläufige Legen der Leitung auf
die Isolatorstützen ist unzulässig. Die Maste müssen
besonders standfest sein, weil verhältnismäßig kleine
Verschiebungen der Stützpunkte den Durchhang der
Leitungen stark beeinflussen.

Der Durchhang muß der Temperatur genau angepaßt werden, wenn man Sicherheit gegen Drahtbruch
haben will.

Wegen der Gefahr des Zusammenschlagens der
stark durchhängenden Aluminiumleitungen verteilt
man sie derart auf dem Mast, daß sie nicht in gleicher
Höhe liegen. Demnach werden drei Leitungen, die bei
Drehstrom in den Ecken eines
gleichseitigen Dreiecks liegen
sollen, so angeordnet, daß die
eine Seite des Dreiecks senkrecht
steht (Abb. 117a), nicht wie in
Abb. 117b gezeigt ist.

Zum Befestigen der Leitungen
auf den Isolatoren können die in
Abb. 111 und 113 angegebenen

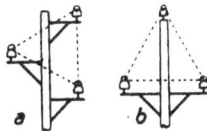

Abb. 117.

Drahtbunde nur für die kleinen Spannweiten bei Leitungsanlagen im Freien (vgl. 237) angewendet werden. Dabei nimmt man den Aluminiumbindedraht länger als
beim Bund für Kupferleiter, so daß sich die Drahtum-
windungen zu beiden Seiten des Isolators weiter erstrecken. Hart gezogene Aluminiumleiter werden mit
hartem, weiche Aluminiumleiter mit weichem Alu-
miniumdraht gebunden. Für Freileitungen sind von
den Fabriken angegebene stärkere Bunde notwendig.
In der Regel wird ein Aluminiumbügel um den Isolatorkopf gelegt, dessen Schenkel durch Bunde mit dem
Aluminiumseil vereinigt werden, nachdem das Seil mit
Aluminiumband schützend umwunden ist.

225. Erhöhte Sicherheit. An Wegübergängen, längs
begangener Straßen usw. ist für Hochspannungsleitungen erhöhte Sicherheit erforderlich, die bei Stützenisolatoren meist durch Sicherheitsbügel nach Abb. 118
und 119 oder Isolatoren für höhere Betriebspannung,
bei Hängeisolatoren durch Einbau eines weiteren Ketten-
gliedes oder einer Doppelkette erreicht wird.

Die Leitungen dürfen bei erhöhter Sicherheit nur
als Seil ausgeführt werden mit einem Mindestquer-

schnitt von 16 mm² für Kupfer und von 35 mm² für Aluminium und seine Legierungen.

Verbindungstellen in Kreuzungsfeldern sind unzulässig. Bei einfachen Holzmasten darf die Spannweite nicht mehr als 50 m betragen. Stahl-, Beton-

Abb. 118.

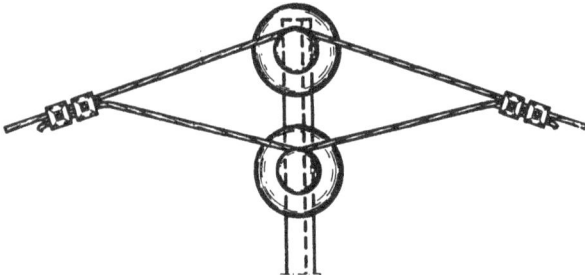

Abb. 119.

und Rohrmaste müssen besondere Sicherheit gegen Verdrehungsbeanspruchungen aufweisen.

Fangbügel und Schutznetze, die gut geerdet sein müssen, werden nur noch bei Kreuzungen oder parallel verlaufenden Leitungen verschiedener Spannung verwendet. Bei Kreuzungen mit Eisenbahnen, Reichs-

wasserstraßen und Fernmeldeleitungen der Deutschen
Reichspost sind die einschlägigen Vorschriften zu
beachten.

226. Vogelschutz ist nicht nur wegen der Schonung
des Vogelbestandes, sondern auch wegen der Betriebstörungen notwendig, die beim Verbrennen von Vögeln
an den Leitungen eintreten können. Die Leitungs-
träger, Stützen usw. sind möglichst so auszubilden,
daß den Vögeln eine Sitzgelegenheit in gefahrbringen-
der Nähe der Leitungen nicht gegeben wird. Der waage-
rechte Abstand der Leitungen von geerdeten Eisen-
teilen soll aus diesem Grunde mindestens 30 cm betragen.

**227. Kreuzungen von Fernmelde- und Starkstrom-
leitungen.** Soweit sich oberirdische Kreuzungen von
Fernmelde- und Starkstromleitungen nicht vermeiden
lassen, darf bei Hochspannung der Abstand der beiderseitigen Bauteile in senkrechter Richtung nicht unter
2 m betragen, bei Niederspannung nicht unter 1,5 m.
Beim Kreuzen der Leitungen, möglichst unter rechtem
Winkel, werden die Starkstromleitungen, für die erhöhte
Sicherheit vorgeschrieben ist, besser über die Fern-
meldeleitungen gelegt. Müssen die Fernmeldeleitungen
über die Starkstromleitungen hinweggeführt werden,
so ist durch Anbringung eines oder mehrerer geerdeter
Schutzdrähte sicherzustellen, daß ein herabfallender
Leiter geerdet wird, bevor er eine spannungführende
Leitung berühren kann. Der Nulleiter darf nicht als
Schutzleitung verwendet werden.

Für Kreuzungen mit Postleitungen gelten die Bestimmungen der Deutschen Reichspost.

Bei Kreuzungen von Starkstromleitungen verschiedener Spannung muß, falls keine Schutznetze oder
Fangdrähte verwendet werden, die oben liegende Leitung mit erhöhter Sicherheit ausgeführt sein. Bezüglich
der Abstände gilt das über Kreuzungen von Fernmeldeleitungen Gesagte.

228. Verbinden von Freileitungen. Das Verbinden
der Leitungen untereinander und mit zugehörigen
Apparaten muß mit dauerhaftem Kontakt geschehen
und erfolgt meist durch Klemmverbindungen.

Vor jedem Verbinden sind die zu vereinigenden
Leiterteile sorgfältig blank zu machen. Mit Rücksicht
auf Zersetzungserscheinungen (Korrosion) müssen Verbinder und Klemmen möglichst aus einem dem Leiter-

material gleichen oder ähnlichen Material bestehen, z. B. dürfen Leitungen aus Kupfer nur mit Verbindern aus Kupfer oder stark kupferhaltigen Legierungen verbunden werden.

Klemmverbindungen. Kann zwischen die Kontaktflächen Feuchtigkeit eindringen, so muß für schützende Umhüllung gesorgt werden. Das Abschließen gegen Luftfeuchtigkeit und Oxydation geschieht durch Umgießen mit Isoliermasse nach Einlegen in eine Schutzhülle oder durch Auftragen von Cellonlack usw. Farbanstrich, als Schutz gegen Feuchtigkeit, eignet sich höchstens für Stellen, die im Schutz von Gebäuden liegen und an denen der Anstrich rechtzeitig erneuert werden kann.

Für auf Zug beanspruchte Leiter werden in der Hauptsache Nietverbinder, Schraubenverbinder, Kerbverbinder, Konusverbinder und neuerdings auch die sog. Stoßverbinder verwendet.

Die Niet- und Schraubenverbinder (Abb. 120) bestehen aus einer flachen, ein- oder zweiteiligen Hülse mit seitlichen Ausbauchungen, in der die zu verbindenden Leitungen nebeneinander Platz haben. Die Hülse ist mit Bohrungen versehen, durch die nach dem Einlegen der Leitungen ein konischer Dorn mit Hilfe eines Hammers oder einer dazu bestimmten Presse getrieben wird. Durch die aufgedornten Löcher zieht man zum Festhalten der Leitungen Nieten oder Schraubbolzen. Einteilige Niet- und Schraubenverbinder sind für solche Verbindungen bestimmt, die den vollen Leitungszug aufzunehmen haben. Bis zu 50 mm² genügt 1 Verbinder, während man für größere Querschnitte zweckmäßig 2 Verbinder hintereinander anordnet. (Bei Kreuzungen mit Postleitungen und Bahnanlagen sind nur einteilige Verbinder zugelassen.)

Abb. 120.

Zweiteilige Niet- und Schraubenverbinder werden besonders für Abzweige von bereits verlegten Leitungen sowie für Doppelaufhängung bei Wegkreuzungen benutzt. Bei der Montage werden die beiden Blechhälften durch ein Spezialwerkzeug zusammengepreßt.

Kerbverbinder (Abb. 121) sind Hülsen, die über die Leitungsenden geschoben und mit seitlichen Einkerbungen versehen werden. Die Kerben werden mit Hilfe eines Spezialwerkzeuges, am Hülsenende be-

ginnend, hergestellt. Die den Hülsenenden nächst-
liegenden Kerben müssen auf den Seiten der freien
Leitungsenden liegen.

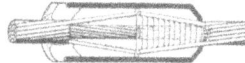

Abb. 121.   Abb. 122.

Bei den Konusverbindern (Abb. 122) erfolgt
das Festklemmen der Seile durch ein Klemmkegel-
system, das sich bei Belastung immer fester zieht.
Es ist darauf zu achten, daß für die verschiedenen
Querschnitte die richtigen Klemmkegel verwendet
werden.

Stoßverbinder sind Hülsen, die mittels eines
geeigneten Werkzeuges auf die Leitungsenden aufge-

Abb. 123.

zogen werden (Abb. 123) und die bei richtiger Montage
neben hoher mechanischer Festigkeit auch in elektrischer Hinsicht eine einwandfreie Verbindung gewährleisten.

Das Verbinden von Hohlseilen erfolgt durch Spe-
zialverbinder.

Für das Verbinden von Leitungen unter 5 mm
Durchmesser eignen sich auch Hülsen länglichen

Abb. 124.

Querschnittes, Drahtverbindungsröhrchen (Abb.
124), die nach dem Einführen der Leitungen samt
diesen mit Hilfe von zwei Kluppen verdrillt werden.

Für Abzweigungen ist eine Reihe von Klemmen in
Anwendung; viel gebraucht werden die Universal-
klemme (Krallenklemme) (Abb. 125) und die Schellen-
abzweigklemme (Abb. 126).

Bei großen Unterschieden im Querschnitt zwischen
Haupt- und Abzweigleitungen ist besonders bei Uni-

versalklemmen darauf zu achten, daß beim Anziehen
der Schrauben der schwächere Leiter genügend ange-
preßt wird.

Abb. 125.   Abb. 126.

Lötverbindungen sind in Freileitungen unter Zug
unzulässig. Durch das Erhitzen beim Löten werden die
hartgezogenen Leiterdrähte weich und verlieren ihre
Zugfestigkeit.

**229. Verbinden von Kupferleitungen mit Aluminium-
leitungen.** Die geringe Leitfähigkeit von Aluminium
im Vergleich zu Kupfer erfordert an den Anschlußstellen große Kontaktflächen. Die Verschiedenartig-
keit der Metalle erfordert Schutz gegen Feuchtigkeit
zur Vermeidung elektrolytischer Zerstörung (Korrosion). Die Verbindung erfolgt am besten durch Spezialklemmen.

230. Verbinden von Aluminiumleitungen. Vor dem
Verbinden sind wegen des Oxydierens des Aluminiums
an der Luft die Kontaktflächen mittels Schaber oder
Drahtbürste zu reinigen. Schmirgel darf zum Abreiben
der Kontaktflächen nicht benutzt werden, weil sich
der Schmirgel in dem weichen Metall festsetzt und den
Kontakt beeinträchtigt. Die fertige Verbindung muß
durch Lackanstrich vor Feuchtigkeit geschützt werden.
Das zum Verbinden von Aluminiumleitungen eingeführte Schweißverfahren ist nur bei nicht unter Zug
stehenden Verbindungen zulässig.

231. Überwachen der Freileitungen. Im Betrieb befindliche Leitungen werden mit dem Fernglas besichtigt,
wenn grobe Fehler an den Isolatoren, starke Risse und
gelöste Bunde festgestellt werden sollen. Werden Fehler, die auf schadhafte Isolatoren schließen lassen, auf
diese Weise nicht gefunden, so müssen die Maste in Be-
triebspausen (Sonntagen) bestiegen werden. Dabei beklopft man die Isolatoren, um Sprünge und Risse durch
den sich ergebenden dumpfen Ton zu finden. Bei
starkem Erdschluß kann man die Maste, auf denen
Fehlerstellen zu suchen sind, schon auf viele Meter Ent-

fernung mit Hilfe eines Fernsprech-Hörers ermitteln,
indem man ihn zwischen behelfmäßige Erdungen in der
Richtung nach dem Mast schaltet. Zum Herstellen der
Erdungen genügen zwei kleine Spaten, die man in die
Erde steckt, oder auch Metallplatten unter den Stiefeln
des Beobachters, an die der Hörer angeschlossen wird.
Die von den Isolationsfehlern herrührenden Erdströme
werden am Ertönen des Fernsprechers erkannt. Bei
hoher Spannung ist das Berühren eines ungenügend geerdeten Stahlmastes gefährlich, wenn infolge der Beschädigung eines der Isolatoren Erdschluß besteht.
Beim Aufsuchen von Fehlern unterlasse man daher das
Berühren der Maste.

Freileitungstrecken müssen mindestens alljährlich
eingehend untersucht werden, wobei vor allem die Befestigung der Leitungen auf den Isolatoren und die
Festigkeit etwa vorhandener Holzmaste Beachtung verdient. Außerdem sollte die Strecke möglichst bald nach
jedem Sturm, im übrigen je nach ihrer Bedeutung, mindestens vierteljährlich, begangen werden. Bei nebliger
oder regnerischer Witterung beobachte man bei
Dunkelheit, ob bei voller Hochspannung leuchtende
Entladungen, Glimmen an Rändern und Wulsten der
Isolatoren, an Wanddurchführungen usw. auftreten.
Zeitweises Ausästen von Bäumen, die neben den Starkstromleitungen stehen, darf nicht versäumt werden.

Die Festigkeit von Holzmasten muß in den ersten
10 Jahren alle 2 Jahre und von da ab mindestens alljährlich, am besten im Herbst, geprüft werden; vornehmlich gilt das für die Übergangstellen aus der Erde
in die freie Luft. Zu dem Zweck wird der Erdboden
bis rd. 30 cm Tiefe in der Umgebung des Mastes ausge-
hoben und die Festigkeit des Holzes durch Einstoßen
eines Stichels erprobt. Um einen Mast auf Kernfäule
zu untersuchen, beklopft man ihn etwa $\frac{1}{4}$ m über dem
Erdboden mit einem kleinen Hammer: Dumpfer Ton
zeigt Kernfäule an. Man kann auch mit einem Bohrer
von nicht über 5 mm Durchmesser ein Loch bohren
und das Bohrmehl besichtigen. Erweist sich ein Mast
als gut, so wird das Bohrloch mit einem Stift aus hartem
Holz verschlossen. Mit Kernfäule behaftete Maste
lassen leises Knistern hören, wenn man sie mit einer
gegen den höher gelegenen Schaftteil rechtwinklig zur
Leitungsrichtung gestützten Stange in Schwingung
versetzt. Festgestellte Mängel buche man mit der
Mastnummer zwecks baldiger Abhilfe.

Bleikabel.

232. Kabelarten. Alle spannungführenden Leitungen, die unmittelbar in die Erde gelegt werden, müssen
als Bleikabel ausgeführt werden. Beim Kabel sind
die stromführenden Leiter gegeneinander und gegen den
Bleimantel durch mehrere Lagen ölgetränkten Papiers
isoliert. Der Bleimantel dient zum Schutz gegen Feuchtigkeit und wird durch eine in Jutepolster gebettete
Eisenbandbewehrung vor nicht allzustarken mechanischen Einwirkungen geschützt. Gegen gewaltsame An-
griffe, Pickenhiebe und harte Schläge, bietet die Bewehrung keinen Schutz. Die Bandbewehrung wird durch
eine Drahtbewehrung bei solchen Kabeln ersetzt, die
bei oder nach dem Verlegen einer starken Zugbeanspruchung ausgesetzt sind.

Einleiterkabel werden im allgemeinen für Gleichstromanlagen verwendet, für Wechselstromanlagen nur
in besonderen Fällen.

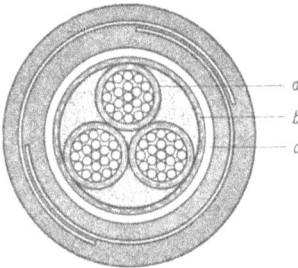

Abb. 127.

Mehrleiterkabel
werden in allen Anlagen
benutzt. Sie werden
als gürtelisolierte Kabel
(Abb. 127), als gürtel-
freie Kabel mit metalli-
sierten Oberflächen und
einem gemeinsamen Blei-
mantel (Abb. 128) und
als Kabel mit bleium-
hüllten Einzeladern (Ab-
bild. 129) ausgeführt.

Die wichtigsten Re-
geln für Verlegung und

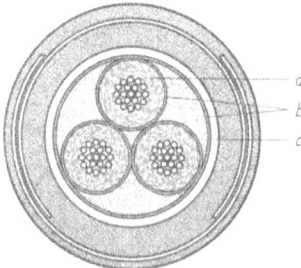

Abb. 128.

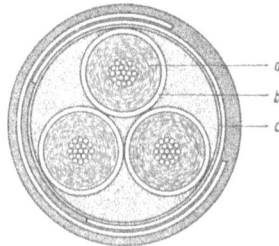

Abb. 129.

Montage eines Kabels sind im folgenden zusammengestellt. Arbeiten an Kabeln werden am besten durch
ausgebildete Kabelmonteure ausgeführt.

233. Kabelverlegung. Blei wird durch faulende
Stoffe sowie durch Kalk und Zement angegriffen. Daher
muß der Bleimantel durch geeignete Schutzhüllen vor
unmittelbarer Berührung mit diesen Stoffen geschützt
werden. Kabel dürfen in Holzkanäle gebettet werden,
wenn diese vorher mit Asphalt ausgegossen oder in
anderer Weise gegen das Faulen des Holzes geschützt
werden.

Die Kabeltrommeln dürfen nur in der auf der Trommel bezeichneten Richtung gerollt werden. Sie werden
von dem Wagen abgerollt oder mit einem Kran herab-
gehoben. Abwerfen der Trommeln ist unzulässig.

Das Kabel wird an der Verlegungstelle von der drehbar gelagerten Trommel durch Ziehen am Kabel, nicht
durch Drehen der Trommel abgezogen, ohne das Kabel
zu verdrehen oder zu knicken. Dabei wird die Trommel
durch Anhalten eines Brettes gegen den Trommel-
rand gebremst. Starke Biegungen sind zu vermeiden.
Der kleinste Krümmungshalbmesser soll bei verseilten
Mehrleiterkabeln mindestens das 15fache, bei Einleiter-
Wechselstromkabeln mindestens das 25fache des Kabel-
durchmessers betragen. Bei großer Kälte dürfen Kabel
nicht verlegt werden. Läßt sich die Verlegung bei Frost
nicht vermeiden, so wird das Kabel vorher angewärmt.
Dazu lagert man die Trommel etwa zwei Tage in einem
warmen Raum.

a) **Offene Verlegung.** Die Metallhülle dient bei
Bleikabeln im allgemeinen als Schutzverkleidung; nur
an besonders gefährdeten Stellen ist für einen zusätzlichen Schutz zu sorgen, z. B. bei Steigleitungen unmittelbar über dem Fußboden. Bei horizontaler Kabel-
führung müssen über dem Fußboden mindestens 30cm
frei bleiben. Zur Befestigung dienen eiserne, dem Kabel-
durchmesser angepaßte, nicht zu enge Schellen, die
je nach Lage des Kabels in einer Entfernung von ½
bis 1 m gesetzt werden. Rohrhaken sollen nicht verwendet werden. An feuchten Mauern und in feuchten
Räumen werden die Bleikabel oder Bleimantelleitungen
auf Abstandschellen verlegt, die noch durch einen
besonderen Lackanstrich vor chemischer Zersetzung
zu schützen sind.

Kabel dürfen nicht in unmittelbarer Nähe von heißen
Gegenständen, Dampfrohren usw. verlegt werden. Nö-

tigenfalls sind die Kabel vor der Wärmeeinwirkung durch Zwischenschaltung von schlechten Wärmeleitern zu schützen.

Die metallische Umhüllung offen verlegter Hochspannungskabel ist gut zu erden. Sie wird dann auch bei Isolationsfehlern im Kabel keine gefährliche Berührungspannung annehmen. Der Bleimantel wird zwecks ausreichender Erdung mit den Verbindungsmuffen, den Endverschlüssen und Kabelkästen gut leitend verbunden.

b) Mauerdurchführungen. Mauerdurchführungen erfordern besondere Schutzmaßnahmen gegen die zerstörende Einwirkung von Kalk- und Zementmörtel. Deshalb zieht man die Kabel in Schutzrohre ein oder umwickelt sie mit imprägnierten Schutzbinden. Einmauern der Kabel ist unstatthaft. Die Kabel müssen auswechselbar angeordnet werden.

c) Erdverlegung. Kabel werden in Gräben von etwa 80 cm Tiefe verlegt. Bei steinigem Erdreich wird die Grabensohle und das Kabel mit Sand bedeckt. In frisch aufgefülltem Erdboden sollen Kabel nicht verlegt werden, weil sie infolge der bei einer Senkung auftretenden Zugkräfte beschädigt werden können. Verlegung in Erdreich, das chemisch angreifende Stoffe, wie Abwässer von Stallungen, faulende Stoffe usw. enthält, ist zu vermeiden.

Nebeneinanderliegende Kabel erhalten zur Kennzeichnung Bleistreifen mit Angabe über Art und Querschnitt. Die Kabel werden in einem Abstand von einigen Zentimetern nebeneinander verlegt und zweckmäßig voneinander durch Ziegelsteine, Zementplatten oder Tonschalen getrennt. Bei einem Kabelfehler können die benachbarten Kabel dann nicht in Mitleidenschaft gezogen werden.

Nebeneinander zu verlegende Kabel werden innerhalb der Städte zweckmäßig in Kabelkanäle eingezogen, die durch Zusammensetzung von Kabelformsteinen gebildet werden.

Die im Graben liegenden Kabel werden mit einer 10 cm hohen Sand- oder Erdschicht bedeckt. Zum Schutz wird das Kabel darüber mit nebeneinandergereihten Ziegelsteinen abgedeckt. Die Steine machen bei späteren Erdarbeiten auf das darunterliegende Kabel aufmerksam. Bei geringer Verlegungstiefe, bei Straßenkreuzungen und Brückenübergängen werden die Kabel in Eisen- oder Zementrohre eingezogen. Annäherungen an Gas- und Wasserrohre vermeide man möglichst, um einerseits bei einem Rohrbruch das Kabel nicht zu gefährden und andrerseits bei einem Kabelfehler einen gefährlichen Stromübergang nach der Rohrleitung zu verhüten. Bei Kreuzungen werden die Kabel zweckmäßig tiefer als die Rohre verlegt. Der Zwischenraum zwischen Kabel und Rohr wird durch Ziegelsteine oder Zementrohre gesichert, wenn das Kabel weniger als 50 cm dem Rohr genähert werden muß.

d) Schachtverlegung. Schachtverlegung soll unter fachkundiger Leitung vorgenommen werden. In Schächten, Querschlägen und einfallenden Strecken von mehr als 45° Steigung dürfen nur bewehrte Bleikabel, bei denen die Bewehrung aus Stahl- oder Bronzedrähten besteht oder die auf andere Weise von Zug entlastet sind, verwendet werden. In trockenen, feuersicheren Nebenschächten sind bei Spannungen bis 250 V gegen Erde auch isolierte Leitungen zulässig, bei Bleikabeln ist jedoch eine brennbare Umhüllung verboten ist.

Bei der Verlegung befestigt man das von der Trommel ablaufende Kabel in geeigneten Abständen an einem mit Hilfe einer Winde in den Schacht hinabzulassenden Stahldrahtseil, das bis zum Befestigen des Kabels das Kabelgewicht zu tragen hat. Das Kabel wird im Schacht mit Schellen befestigt. Dann löst man die Verbindungen mit dem Tragseil und zieht dieses hoch. Zweckmäßiger ist es, das Kabel auf die Winde zu nehmen und von der Winde herunterzulassen.

e) Kabelpläne. Kabelpläne sollen schon während der Kabelverlegung aufgestellt werden mit genauen Angaben über die Lage des Kabels und der Muffen, sowie über die Lage der Kreuzungen und Näherungen von Rohren und anderen Kabeln. Sie erleichtern später das Arbeiten in der Nähe des Kabels.

234. Kabelendverschluß. Papierisolierte Kabel müssen mit einem Endverschluß (Abb. 130) abgeschlossen werden. Dieser verhindert das Eindringen von

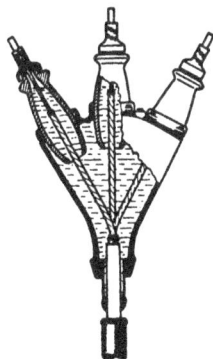

Abb. 130.

Feuchtigkeit. Bei Gummikabeln ist meist ein besonderer Abschluß entbehrlich. Nachstehend wird die Herstellung eines Flachendverschlusses für Spannungen bis 10 kV beschrieben.

Der Endverschluß wird an seinem Standort angeschraubt und das Kabel hingebogen, so daß das Kabelende bis zur Oberkante der mittleren Kappenschraubhülse reicht.

Die Bewehrung des Kabels ist bis mindestens 5 cm unterhalb der Einführungsbuchse zu entfernen, und zwar muß sie kurz unter der Anrißstelle durch kräftige Drahtbunde befestigt werden. Oberhalb der Anrißstelle ist die Jute zu entfernen, die Bewehrung mit einer Dreikantfeile einzukerben und dann mit einer Zange abzureißen. Die Eisenbewehrung darf nicht mit Säge oder ähnlichem Werkzeug abgetrennt werden, weil hierdurch der Bleimantel beschädigt werden könnte.

Das auf dem Bleimantel haftende Kabelpapier wird nach Anwärmen mit der Lötlampe abgenommen und der Bleimantel in Buchsenhöhe gereinigt.

Um die isolierte Ader freizulegen, werden der Bleimantel und die Gürtelisolierung bis auf 9 bis 11 cm über Unterkante Gehäuse entfernt, indem man die Oberfläche ringsum einkerbt, zwei dicht nebeneinander ausgeführte Längsrisse einritzt und das dazwischenliegende Stück mit einer Flachzange aufrollt. Hiernach ist der Bleimantel aufzuklappen und abzureißen. Abschneiden des Bleimantels ist unzulässig. Durch das Abreißen wird er trichterartig aufgeweitet. Etwaige Spitzen des Trichters sind mit dem Messer abzuschneiden.

Die Adern sind unter mäßigem Anwärmen vorsichtig auseinanderzubiegen. Die Papierisolierung ist etwa bis Isolatormitte zu entfernen, und zwar durch kreisförmiges Einschneiden der oberen und durch Abreißen der unteren Papierlagen. Beim Ausschneiden des Füllmaterials ist besondere Vorsicht geboten. Es ist mit einem Messer von innen nach außen abzuschneiden. Das Ende der Isolierung ist vorher mit imprägniertem Zwirn abzubinden. Die oberen Enden der Kupferleiter sind auf richtige Länge zu schneiden und, soweit sie in der Kappenschraubhülse liegen, zu reinigen und zu einem Ganzen zu verlöten.

Vom Bleimantel entfernt man noch ein Stück von 2 bis 4 cm Länge, so daß die Gürtelisolierung freiliegt. Die Gürtelisolierung wird am Ende mit Zwirn befestigt.

Die Adern sind vorsichtig wieder zusammenzu-
biegen und das Gehäuse bei abgenommenen Isolatoren
überzuschieben, bis die Adern oben herausragen.

Der Endverschluß ist endgültig zu befestigen und
der Bleimantel mit der Einführungsbuchse des Endverschlusses zu verlöten. Diese Lötung ist durch einen
Schmierwulst zu verdicken. Das Kabel ist dicht unterhalb der Lötstelle anzuschellen, so daß die Lötstelle
nicht auf Zug beansprucht wird. Die Porzellandurchführungen sind bei abgenommenen Kappenschraubhülsen überzuschieben und festzuschrauben.

Das Gehäuse ist gut anzuwärmen. Der Endver-
schluß wird durch die oben im Gehäuse vorgesehenen
Füllöcher ausgegossen, notfalls unter Zuhilfenahme
eines Trichters. Außerdem ist in jeden Isolator so viel
Füllmasse nachzugießen, daß die Papierisolierung im
Isolator mindestens 2 bis 3 cm überdeckt wird. Für
die Behandlung der Ausgußmasse ist das unter 236
Gesagte zu beachten.

Die herausragenden Leiter sind zu reinigen und die
Kappenschraubhülsen aufzusetzen. Zur Prüfung, ob
der Leiter auch wirklich in die Kappenschraubhülse
eingeführt und nicht abseits ausgewichen ist, wird der
oberste Gewindestift ausgeschraubt. Nach Prüfung
ist der Gewindestift wieder einzusetzen. Sämtliche
Gewindestifte sind fest einzuschrauben. Die Kappenschraubhülsen werden nicht verlötet.

Die Erdzuleitung wird mit der auf der Vorderseite
des Endverschlusses angebrachten Schraube angeschlossen.

235. Verbindungsmuffen. Die Verbindungsmuffe
(Abb. 131) muß vor Zugbeanspruchung geschützt wer-

Abb. 131.

den. Die Kabelenden sind etwa 1 m übereinander zu
legen und vor Eintritt in den Muffenhals seitlich aus-
zubiegen. Hierdurch wird die Kabeleinführung vor
Zugbelastung infolge Erdsenkung geschützt und ein

genügender Kabelvorrat geschaffen, um bei Ausbesse-
rungen die Muffen auswechseln zu können, ohne ein
neues Kabel einsetzen zu müssen.

Die Kappen sind von den Kabelenden zu entfernen,
die Enden soweit abzuschneiden, daß sie stumpf gegeneinander stoßen.

Das Muffenunterteil ist zum Anreißen unter die
Kabelenden zu legen. An der Übergangstelle von
Muffenhals und innerem Hohlraum ist die Bewehrung
durch kräftige noch im Muffenhals liegende Drahtbunde zu befestigen. Kurz hinter der Drahtbewicklung
ist die Jute zu entfernen, die Bewehrung mit einer
Dreikantfeile leicht anzufeilen und dann mit einer Zange
abzureißen. Die Eisenbewehrung darf nicht mit Säge
oder ähnlichem Werkzeug abgetrennt werden, da sonst
der Bleimantel beschädigt werden könnte.

Das auf dem Bleimantel haftende Papier wird nach
Anwärmen mit der Lötlampe abgenommen und der
Bleimantel gereinigt.

Das im Muffenhals liegende Kabelstück ist zur
Abdichtung mit einer Umwicklung aus Isolierpappe
oder geteertem Band dem Halsdurchmesser des Gehäuses anzupassen. Die Pappe ist mit einer Lage Isolierband zu befestigen. Außerdem kann die Übergangstelle zwischen der äußeren Bewicklung und dem Bleimantel noch durch eine Lage Gummi- oder Isolierband
geschützt werden. Diese Bewicklung darf den Bleimantel nur etwa ½ cm überdecken.

Das Freilegen der isolierten Ader erfolgt wie bei
Herstellung des Kabelendverschlusses (vgl. 234).

Für die genormten Schraubhülsen ist der Kupferleiter entsprechend der halben Hülsenlänge mit etwa
½ cm Zugabe freizulegen, und zwar durch kreisförmiges Einschneiden der oberen und durch Abreißen der
unteren Papierlagen. Das Ende der Isolierung ist
vorher mit imprägniertem Zwirn abzubinden. Die
blanken Kupferadern sind zu reinigen und dann zu
verzinnen. Daraufhin werden die Leiter so weit in die
Schraubhülse eingeführt, daß die Enden in der Mitte
des Lötloches zusammenstoßen.

Zum Halten der Kabelenden sind die Schellen bei
lose aufgelegtem Muffenoberteil festzuschrauben. Die
Gewindestifte der Schraubhülsen sind anzuziehen und
die Enden der Schraubhülsen für die Lötung mit feuerfestem Band zu bewickeln, so daß ein Auslaufen des
Lötmaterials vermieden wird.

a) Schraubhülse waagerecht. Die Lötung wird durch Übergießen mit flüssigem Lötzinn (mindestens 40% Zinngehalt) ausgeführt. Zu diesem Zweck wird unter die Lötstelle eine Schale gebracht und mit dem Lötlöffel so lange flüssiges Lötzinn über die Schraubhülse gegossen, bis diese genügend durchwärmt ist. Die Gewindestifte sind hierauf nochmals nachzuziehen. Zu beachten ist, daß die Gewindestifte nicht über die Oberfläche der Schraubhülse hinausragen. Unter Zuführung des nötigen Lötmittels (Kolophoniumpulver o. dgl.) ist so viel Lötzinn in das Loch der Schraubhülse einzugießen, bis diese vollständig gefüllt ist und das Lötmetall nicht mehr nachsackt. Empfohlen wird, durch zeitweiliges leichtes Beklopfen der Schraubhülse das Nachsacken zu beschleunigen.

Nach der Verlötung ist das feuerfeste Band von der Schraubhülse zu entfernen. An den Enden muß zu ersehen sein, daß das Lötmetall gut durchgelaufen ist; Zinntropfen oder sonstige Lötreste dürfen nicht vorstehen.

b) Schraubhülse senkrecht. Bei senkrechter Montage der Schraubhülsen oder wo aus Platzmangel ein Verlöten durch Übergießen nicht möglich ist, wird die Lötung mit der Lötlampe ausgeführt. Das Lötloch sowie der untere Teil der Schraubhülse sind bei senkrechter Anordnung durch Bewickeln mit feuerfestem Band gegen Ausfließen des Lötmetalls abzudichten. Nach genügendem Anwärmen durch die Lötlampe wird unter Zuführung der oben erwähnten Lötmittel so lange Lötmetall oben in die versenkte Bohrung der Schraubhülse gebracht, bis diese vollständig gefüllt ist. Zweckmäßig werden Lötmetallstangen von geringer Dicke verwendet. Nach der Lötung wird das feuerfeste Band entfernt und die noch heiße Schraubhülse durch Überwischen gereinigt.

c) Prüfdrähte und Kabelleiter bis 4 mm² Querschnitt werden nicht durch Schraubhülsen, sondern durch genormte Löthülsen verbunden. Von den Kupferleitern wird dabei die isolierende Umhüllung auf Hülsenlänge mit etwa 2 mm Zugabe entfernt und der blanke Leiter gereinigt. Darauf wird die genormte Isolierhülse über die isolierte Ader geschoben. Nach dem Einführen der beiden verzinnten Leiterenden wird die Löthülse mit einer Zange so fest zusammengepreßt, daß ein guter Kontakt der verbundenen Leiter gewährleistet wird.

Durch Unterhalten eines heißen Lötkolbens wird die Hülse erwärmt und die Lötung unter Zuführung von gutem Lötmittel (z. B. Tophoniumpulver) und Lötzinn (mindestens 40% Zinngehalt) vorgenommen. Nach Fertigstellung ist die Verbindung zu reinigen, etwaige verkohlte Reste der Isolierung sind zu entfernen. Über die fertige Verbindung ist die Isolierhülse zu schieben und gegebenenfalls mit Zwirn zu befestigen.

d) Erdung der Muffe. Soll die Muffe geerdet werden, so ist dicht an der Bewehrung der Bleimantel blank zu schaben und ein Kupferdraht oder eine Kupferlitze in 1 bis 2 Windungen aufzulöten. Der Querschnitt der Erdzuleitung soll, falls nicht Sondervorschriften vorliegen, mindestens betragen:

Leiterquerschnitt mm²	Erdzuleitungs- querschnitt mm²
bis 50	6
über 50 „ 100	10
„ 100	16

Wird der Bleimantel als Nulleiter verwendet, so kann diese Erdzuleitung unmittelbar zur Verbindung der Bleimäntel benutzt werden.

236. Ausgießen von Verbindungsmuffen. Bei Ausgießen muß die Muffe waagerecht liegen. Die Masse darf nicht kochen, sondern nur bis zu der für sie vorgesehenen Vergußtemperatur vorsichtig erwärmt werden. Anbrennen ist unter allen Umständen zu vermeiden. Kleine Blasen auf der Oberfläche der Masse zeigen an, daß die Vergußtemperatur erreicht ist. Der Massetopf ist danach vom Feuer zu nehmen. Nach etwa 10 Minuten verschwinden die Blasen und die Masse ist vergußfertig. Gegebenenfalls kann die Temperatur der Masse mit einem Thermometer geprüft werden. Falls die Masse beim Erwärmen schäumt — ein Zeichen vorhandener Feuchtigkeit —, so ist sie unter ständigem Umrühren so lange warm zu halten, bis der Schaum vergeht.

Angebrannte oder aus alten Garnituren entnommene Masse darf nicht verwendet werden.

Die Muffe ist vor dem Vergießen, namentlich bei kalter Witterung, gut anzuwärmen. Zur Abdichtung sind getränkte Schnüre in die Nut des Muffenunterteiles einzulegen. Hiernach ist die Verbindungsstelle im Muffenunterteil (ohne Oberteil) derart mit Masse zu begießen, daß sämtliche Teile der Adern und des Bleimantels gut bedeckt sind.

Die Enden der Erdzuleitung sind durch die Entlüftung-Erdungschrauben des Oberteils hindurchzuführen, das Oberteil ist aufzuschrauben und anzuwärmen. Die Masse wird bis zu den Öffnungen der Entlüftungschraube nachgegossen. Je nach Größe der Muffe ist in Zwischenpausen so viel Masse nachzugießen, daß die Kabelader dauernd mit Masse bedeckt bleibt. Hierauf ist die Erdzuleitung in der Erdungschraube durch eine Kupferbeilage festzukeilen und zu verlöten. Die durchgeführten Enden der Erdzuleitung sind außerhalb der Muffe zu verbinden und gegebenenfalls an einer Erdplatte o. dgl. zu befestigen.

Die Masse zum Nachfüllen darf keine zu hohe Temperatur haben. Es genügt, sie so warm zu machen, daß sie sich gerade gießen läßt. Vor dem jeweiligen Nachgießen ist die Eingußöffnung anzuwärmen.

In den Pausen zwischen dem Nachgießen ist der Deckel mit einem Luftzwischenraum aufzulegen und mit einem Lappen zu überdecken, so daß weder Staub noch Feuchtigkeit in die Muffe eindringen können. Der Deckel darf während des Erkaltens der Masse auf keinen Fall fest verschlossen sein.

Vor dem Erkalten der Muffe sind sämtliche Befestigungschrauben nochmals nachzuziehen, da durch die Erhitzung des Gehäuses das Material in allen Dichtstellen erweicht. Durch das Nachziehen der Schrauben wird dann eine gute Dichtung erzielt.

Die Schrauben sind zum Schutze gegen Rost mit Füllmasse leicht zu übergießen.

Bei stehender Anordnung der Muffe gelten entsprechend dem Verwendungszweck besondere Vorschriften.

Leitungen im Freien.

237. Leitungsführung. Leitungen im Freien sind Leitungen, die an der Außenseite von Gebäuden, in Gärten und Höfen mit einem Stützpunktabstand von nicht mehr als 20 m verlegt sind. Der kleinste zulässige Kupferdrahtquerschnitt beträgt bei Spannweiten bis 20 m 4 mm². Eindrähtige Leitungen mit Spannweiten von mehr als 20 m über Gebäude mit weicher Bedachung (Pappe auf Holz, Stroh, Schindeldach usw.) sind verboten.

Im Freien verlegte Leitungen müssen vom Netz abschaltbar sein (Schalter, Sicherungen oder Steckvorrichtungen). Auf Schutz gegen Berührung ist besonders zu achten (vgl. 205). Spannungen über 1 kV sind möglichst zu vermeiden.

Ungeschützte Leitungen sollen so verlegt werden, daß sie ohne besondere Hilfsmittel nicht berührt werden können. Der Mindestabstand vom Erdboden beträgt bei Niederspannung 2,50 m, bei Hochspannung 6 m; wo beladene Wagen verkehren, ist ein Abstand von mindestens 6 m bzw. 7 m bei Spannungen über 1 kV einzuhalten. Ist dies nicht möglich, so sind Schutzvorkehrungen, z. B. Schutzgitter, erforderlich, die bei Hochspannung geerdet sein müssen.

Die feste Verlegung von Mehrfachleitungen ist nur bei kabelähnlichen Leitungen und Panzeradern zulässig, deren Schutzhülle gegen chemische und atmosphärische Einflüsse gesichert ist (vgl. 244).

238. Abstand der Leitungen. Für den gegenseitigen Abstand von nebeneinanderliegenden Leitungen, soweit es sich nicht um unausschaltbare, gleichem Pol oder gleicher Phase angehörige Parallelzweige handelt, ferner für den Abstand der Leitungen von der Wand, der Schutzverkleidung usw. gelten die in folgender Tabelle angegebenen Mindestmaße:

Spannweite	Abstand	
	gegenseitig	von der Wand, von Gebäudeteilen u. der Schutzverkleidung
Niederspannungsanlagen: blanke Leitungen		
unter 2 m	5 cm	
2—4 »	10 »	5 cm
4—6 »	15 »	
über 6 »	20 »	
isolierte offen verlegte Leitungen		
unter 4 m	5 cm	
4— 6 »	10 »	2 cm
6—10 »	15 »	
Hochspannungsanlagen: blanke Leitungen		
	1 cm auf je 1000 V, aber mindestens:	
unter 4 m	15 cm	
4— 6 »	20 »	10 cm
6—10 »	30 »	

239. Dachständer. Dachständer oder Mauerständer (Abb.
132) dienen zum Einführen und
Befestigen der Leitungen an
Gebäuden. Vor dem Anbringen
eines Dachständers ist die Dach-
konstruktion oder Wand sorgfältig auf ihre Tragfähigkeit zu
prüfen. Die Befestigung ist nur
an tragfähigen Balken oder
Wänden vorzunehmen.

Als Tragorgan nimmt man
2½″ bis 3″ Eisenrohr mit Be-
festigungsträgern oder Schellen, in dem die Leitungen in
Stahlpanzerrohr leicht auswechselbar verlegt sind.

Zum Schutz gegen Eindrin-
gen von Wasser dienen Zwil-
lingspfeifen (Abb. 133) oder
Sterneinführungen (Abb. 134).
Eine Sonderausführung des
Dachständer - Einführungskop-
fes für Feuchtraumleitungen
zeigt Abb. 135.

Für das Abfließen des
Schwitzwassers muß das Stän-

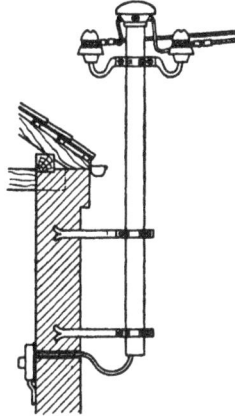

Abb. 132.

Abb. 133.

derrohr unten offen sein. Das Gleiche gilt für die
Stahlpanzerrohr-Einführungen. Die Führung des Stahl-
panzerrohres aus dem Dachständerrohr in einem Bogen

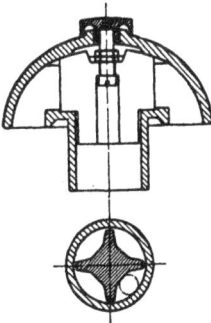

Abb. 134.

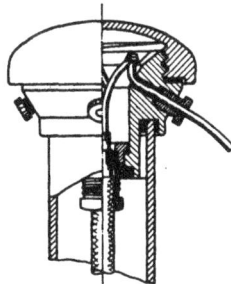

Abb. 135.

direkt in die Wand, wobei das Rohr an der tiefsten
Stelle eine Bohrung zum Ablaufen des Schwitzwassers
erhält, ist nicht zu empfehlen, da hierbei leicht Beschädigungen der Drähte vorkommen und das Schwitzwasser oft nur ungenügend abläuft.

Dachständer-Einführungen sollen nicht an solchen
Teilen von Räumen münden, die zur Aufnahme leicht
entzündlicher Stoffe bestimmt sind.

Die Durchführung von Dachständern durch nicht
feuerfeste Bedachung (Weichdächer) sowie durch Hart-
dächer in Räume, in denen Heu oder Stroh lagert, soll
wegen der Gefahr einer Zündung durch Blitzschlag
vermieden werden.

Die Stahlteile der Dachständer müssen durch Anstrich gegen Rost gesichert werden. Die Durch-
führungstellen von Stahlrohr und Anker am Dach
sind zur Vermeidung von Fäulnis der Dachkonstruk-
tion gegen Eindringen von Wasser sorgfältig abzudichten, z. B. durch gut anschließendes Bleiblech.

240. Einführen der Leitungen in die Gebäude. Bei
Spannungen bis 1 kV verwendet man Einführungs-

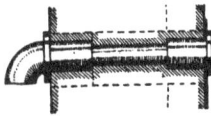

Abb. 136.

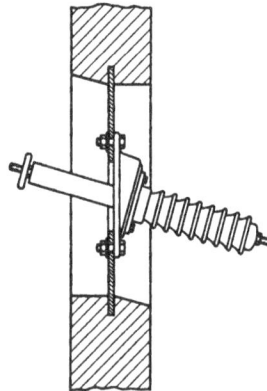

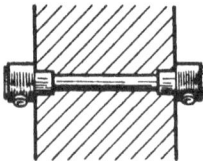

Abb. 137.   Abb. 138.

pfeifen aus Porzellan (Abb. 136). An die Pfeife wird
in der Mauer ein Hartgummi- oder besser Porzellan-
rohr angeschlossen, dessen Stoßfuge zum Schutz gegen
Mauerfeuchtigkeit verkittet werden muß. Das andere

Rohrende versieht man mit einer Porzellantülle (vgl. auch Abb. 136).

Die Leitung wird der Pfeife lose liegend zugeführt; es wäre fehlerhaft, sie gegen den oft feuchten Rand der Einführung zu pressen. Am besten setzt man neben die Pfeife einen Isolator und führt die Leitung in kurzem Bogen in die Pfeife, so daß Regenwasser abtropft, ohne sich an der Einführung oder am Isolator zu sammeln. Sehr zu empfehlen ist die Verwendung der fabrikationsmäßig hergestellten Wanddurchführungen nach Abb. 137.

Für hohe Spannungen verwendet man zum Zuführen der Leitungen Wanddurchführungen nach Abb. 138, die mit Neigung eingebaut werden, so daß Feuchtigkeitsniederschlag nach außen abtropfen kann. Durch ein überragendes Dach wird Schutz gegen das Aufschlagen von Regen und Schnee erreicht.

Die gegenseitigen Abstände der Durchführungen dürfen für hohe Spannungen nicht kleiner sein als die Abstände der zugeführten Leitungen.

241. Anschluß isolierter Leitungen an blanke. Man trennt die Isolierhülle am Leiterende staffelförmig ab und dichtet sie ab, am besten mit Chatterton-Compound. Der blankgemachte Leiter wird an den Hauptleiter mittels Klemmverbindung angeschlossen. Diese ist mit Rücksicht auf den meist großen Unterschied der Querschnitte besonders sorgfältig herzustellen. Die Klemmverbindung darf nicht auf Zug beansprucht werden; der abzweigende Leiter ist möglichst kurz hinter der Verbindung an einem Isolator zu befestigen.

Leitungen in Gebäuden.

242. Beschaffenheit der Leitungen. In den Gebäuden werden Leitungen, die Spannung führen sollen, nur ausnahmsweise blank, sonst mit Isolierhülle verwendet. Auf Grund der Normen des VDE müssen die nach festgesetzten Bestimmungen gummiisolierten Kupferleiter (vgl. 244) feuerverzinnt sein.

243. Kennzeichen für die den Normen des VDE entsprechenden Leitungen. Alle Leitungen, die den Normen des VDE genügen, haben einen in die Isolierung eingelegten schwarzroten Kennfaden. Daneben ist der mehrfarbige Firmenkennfaden eingelegt, an dem das Lieferwerk zu erkennen ist.

Die Einzeladern in den Mehrfachleitungen müssen voneinander unterscheidbar sein.

Die zur Kennzeichnung verwendeten Farben sollen sein für

2 Adern: hellgrau schwarz
3   »   :   »   » rot
4   »   :   »   »   » blau.

Wird eine der Adern als Nulleiter oder Schutzleitung benutzt, so ist die hellgraue Ader dafür zu verwenden.

244. Gummiisolierte Leitungen. Die Grundsätze für die Bauart der den Normen des VDE entsprechenden Leitungen sowie deren handelsübliche Bezeichnungen sind nachstehend wiedergegeben.

I. Leitungen für feste Verlegung.

a) Gummiaderleitungen, NGA, für Spannungen bis 750 V werden mit massiven Leitern von 1,5 bis 16 mm² und mit mehrdrähtigen Leitern von 1,5 bis 1000 mm² verwendet.

Die Gummihülle ist mit gummiertem Band bewickelt. Darüber liegt eine gegen Feuchtigkeit imprägnierte Beflechtung, die bei Mehrfachleitungen für die Leiter gemeinsam sein kann.

Bei Leitungen mit wetterfest getränkter Beflechtung (NGAW) liegt zwischen dem gummierten Baumwollband und der Beflechtung eine Bewicklung mit Papierband.

b) Sonder-Gummiaderleitungen, NSGA, sind bis zu Spannungen von 25 kV im Handel. Der Bezeichnung wird gewöhnlich Spannung und Querschnitt beigefügt, z. B. bedeutet $\dfrac{\mathrm{NSGA}}{3}$ 10 eine Leitung von 10 mm² Querschnitt, die bis zu Spannungen von 3 kV verwendbar ist.

Die Sonder-Gummiaderleitungen werden mit Vollquerschnitt von 1,5 bis 16 mm² und mehrdrähtig von 1,5 bis 300 mm² hergestellt. Die Gummihülle besteht aus mehreren Lagen, sonst ist die Bauart im wesentlichen die gleiche wie bei den NGA-Leitungen.

c) Rohrdrähte, NRA, für Niederspannungsanlagen in trockenen Räumen bei erkennbarem Leitungenverlauf, der sich ohne Aufreißen der Wände verfolgen lassen muß. Sie sind als Einfach- und Mehrfachleitungen in Querschnitten von 1,5 bis 6 mm² zulässig.

Die Rohrdrähte sind Gummiaderleitungen, die statt der getränkten Beflechtung eine mechanisch gleichwertige isolierende Hülle haben und darüber einen gefalzten, eng anschließenden Metallmantel tragen mit rostsicherem Überzug aus Blei (NRAP) oder Aluminium (NRAA).

d) Kabelähnliche Leitungen für Niederspannungsanlagen (Feuchtraumleitungen, Anthygronleitungen) eignen sich für feste oberirdische Verlegung über Putz.

Sie sind im Aufbau den Rohrdrähten ähnlich und als Einfach- und Mehrfachleitungen für Querschnitte von 1,5 bis 6 mm² zugelassen. Die inneren Hohlräume sind mit Gummimischung ausgefüllt. Über dem Metallmantel aus Blei (NBU) oder anderen Metallen (NRU) befindet sich eine weitere Umhüllung, die mit einer chemisch widerstandsfähigen Masse getränkt ist, so daß diese Leitungen in hohem Maße für feuchte Räume und Räume mit Säuredämpfen geeignet sind. Unmittelbar unter dem Metallmantel, in metallischer Verbindung mit ihm, befindet sich ein eingelegter Kupferleiter als Schutzleiter. Bleimantelleitungen werden auch mit einer weiteren Eisenbandbewehrung als Type NBEU hergestellt.

e) Panzeradern, NPA, für Spannungen bis 1 kV sind Sonder-Gummiaderleitungen für 2 kV mit einer Beflechtung oder Bewicklung aus Metalldrähten, die gegen Rosten geschützt sind. Bei Mehrfachleitungen kann die Metallhülle gemeinsam sein. In der Regel besteht die Metalldrahthülle aus verzinktem Stahldraht; Bronzedraht wird nur verwendet, wenn eine Stahldrahthülle durch chemische Einflüsse zerstört werden würde. Die Panzeradern werden für festes Legen in trockenen Räumen genommen, wenn besonders guter Schutz gegen das Beschädigen der Leitungen verlangt wird. Für feuchte Räume und für Legen im Freien sind Panzeradern wenig geeignet, hier bevorzugt man Bleikabel.

II. Leitungen für Beleuchtungskörper.

a) Fassungsadern, NFA (als Zuleitungen nicht zulässig), zur Verwendung in und an Lampenträgern in Niederspannungsanlagen, haben einen für das Einziehen in die engen Rohre der Lampenträger geeigneten geringen Durchmesser. Der Leiter, in Vollquerschnitt oder mehrdrähtig, ist 0,75 mm² stark und von einer vulkanisierten Gummihülle umgeben. Darüber liegt eine Beflechtung aus Faserstoff. Die Adern können auch mehrfach verseilt sein.

Fassungsdoppeladern, NFA 2, können aus je zwei nicht umsponnenen, nebeneinander liegenden Fassungsadern mit gemeinsamer Beflechtung bestehen.

b) Pendelschnüre, NPL, für Schnurzugpendel in Niederspannungsanlagen. Die aus dünnen Drähten verseilte Seele jeder Ader hat einen Querschnitt von 0,75 mm²; sie ist mit Baumwolle besponnen und darüber mit einer vulkanisierten Gummihülle versehen. Zwei Adern und eine Tragschnur liegen in einer gemeinsamen Beflechtung oder es sind, unter Weglassen der Beflechtung, die mit der Tragschnur verseilten Adern einzeln umflochten. Besteht die Tragschnur aus Metall, so muß sie umsponnen oder umklöppelt sein.

III. Leitungen zum Anschluß ortsveränderlicher Stromverbraucher.

a) Gummiaderschnüre (Zimmerschnüre), NSA, für Niederspannungsanlagen in trockenen Wohnräumen bei geringer mechanischer Beanspruchung werden in Querschnitten von 0,75 bis 6 mm² hergestellt. Die aus dünnen Drähten bestehende Kupferseele ist bis 2,5 mm² Querschnitt mit Baumwolle besponnen; bei den Querschnitten 4 bis 6 mm² fehlt die Baumwollbespinnung. Über der Kupferseele liegt eine vulkanisierte Gummihülle.

Einleiterschnüre und verseilte Mehrfachschnüre haben über der Gummihülle eine Beflechtung aus Faserstoff, runde oder ovale Mehrfachschnüre eine gemeinsame Beflechtung.

b) Werkstattschnüre, NWK, für Niederspannungsanlagen bei mittlerer mechanischer Beanspruchung in Werkstätten und Wirtschaftsräumen sind in Querschnitten von 1 bis 35 mm² zulässig. Die Gummihülle jeder Ader ist mit gummiertem Band bewickelt. Zwei oder mehr solcher Adern sind verseilt und mit einer dichten Faserstoffbeflechtung versehen. Darüber liegt eine zweite Beflechtung aus besonders widerstandsfähigem Stoff.

Erdungsleiter aus verzinnten Kupferdrähten liegen innerhalb der inneren Beflechtung.

c) Gummischlauchleitungen.

1. Leichte Ausführung zum Anschließen von Zimmergeräten (Tischleuchter, Bügeleisen, Wasser-

kocher usw.) in Niederspannungsanlagen, NLH ohne
äußere Beflechtung, NLHG mit äußerer Beflechtung,
wird mit 0,75 mm² Querschnitt als Zweifach-, Dreifach-
und Vierfachleitung hergestellt. Die Kupferseele jeder
Ader ist mit Baumwolle besponnen und darüber mit
einer vulkanisierten Gummihülle versehen. Die Adern
sind durch verschiedene Farbe der Baumwollbespinnung unterscheidbar. Zwei oder mehr solcher Adern
sind verseilt und mit Gummi so umpreßt, daß alle
Hohlräume ausgefüllt werden. Über der gemeinsamen
Gummihülle kann eine Beflechtung aus Baumwolle,
Hanf o. dgl. liegen.

2. Mittlere Ausführung zum Anschließen von
Küchen- und kleinen Werkstattgeräten (größere
Wasserkocher, Handbohrmaschinen, Handleuchter) für
mittlere mechanische Beanspruchung in Niederspannungsanlagen, NMH, wird in Querschnitten von 0,75
bis 2,5 mm² als Zweifach-, Dreifach- und Vierfachleitung hergestellt. Die Bauart und Abmessungen der
Gummiadern. sind wie bei den Gummiaderschnüren.
Der weitere Aufbau der verseilten Adern entspricht
dem Aufbau bei den NLH-Leitungen.

3. Starke Ausführung für besonders hohe mechanische Anforderungen bei Spannungen bis 750 V
(schwere Werkzeuge, fahrbare Motoren usw.), NSH, in
Querschnitten von 1,5 bis 70 mm² als Zweifach-, Drei-
fach- und Vierfachleitung.

Bauart und Abmessungen der Gummiadern sind
die gleichen wie bei den Werkstattschnüren. Die Einzeladern haben über der Gummihülle eine Bewicklung
mit gummiertem Baumwollband. Das Baumwollband
ist zur Unterscheidung der Adern verschieden gefärbt,
wie die Baumwollumspinnung bei den NLH-Leitungen.
Über den Gummimantel, mit dem die verseilten Adern
umpreßt sind, ist ein starkes Baumwollband gewickelt,
über dem ein zweiter Gummimantel liegt.

Die Gummischlauchleitungen NSH werden auch
mit Erdungsleiter hergestellt in gleicher Art wie bei den
Werkstattschnüren. Für Querschnitte von 50 und
70 mm² sind Schutzleitungen von 16 bzw. 25 mm² zu
verwenden.

d) Sonderschnüre für rauhe Betriebe in Gewerbe,
Industrie und Landwirtschaft in Niederspannungsanlagen, NSGK, mit Querschnitten von 1 bis 35 mm²
entsprechen in der Bauart der Kupferleiter und in der
Baumwollbespinnung den Werkstattschnüren. Die

Gummihülle der einzelnen Adern ist mit gummiertem Baumwollband bewickelt. Zwei oder mehr solcher Adern sind verseilt und unter Ausfüllung der Hohlräume mit Gummi umpreßt. Über dieser Gummiumpressung liegt ein gummiertes Baumwollband, dann eine Faserstoffbeflechtung und darüber eine zweite Beflechtung aus besonders widerstandsfähigem Stoff (Hanfkordel o. dgl.). Statt der zweiten Beflechtung kann auch eine biegsame Metallbewehrung angewendet sein.

Der Erdungsleiter ist entweder wie bei den Werkstattschnüren eingebaut oder in Gestalt einer die Leitung umgebenden Beflechtung oder einer Bewicklung unmittelbar unter der inneren Faserstoffbeflechtung angebracht.

e) Hochspannungschnüre für Spannungen bis 1 kV, NHSGK, in Querschnitten von 1 bis 16 mm² sind in der Bauart der Kupferleiter und der Baumwollbespinnung den Werkstattschnüren gleich. Die Gummihüllen der einzelnen Adern entsprechen mindestens den Gummihüllen der Sonder-Gummiaderleitungen für 2 kV. Die Gummihülle der einzelnen Adern ist mit gummiertem Band umwickelt. Zwei oder mehr solcher Adern sind verseilt und unter Ausfüllung der Hohlräume mit Gummi umpreßt. Die Bauart über dieser gemeinsamen Gummiumpressung ist gleich derjenigen der Sonderschnüre.

f) Biegsame Theaterleitungen zum Anschluß beweglicher Bühnenbeleuchtungskörper in Niederspannungsanlagen, NTK für Soffittenleitungen und NTSK für Versatzleitungen, sind in Querschnitten von 2,5 mm² an zulässig. Die Bauart des Kupferleiters und die Baumwollbespinnung ist die gleiche wie bei den Werkstattschnüren, die Gummihülle entspricht den Sonder-Gummiaderleitungen für 2 kV. Bei Verwendung der Leitung als Versatzleitung kommt an Stelle der äußeren Beflechtung aus dickem Glanzgarn eine Umhüllung aus Segeltuch.

g) Leitungstrossen für besonders hohe mechanische Anforderungen, zur Führung über Leitrollen und Trommeln (Kran-, Abteuf-, Schießleitungen usw.), NT, sind für betriebsmäßiges häufiges Auf- und Abwickeln bestimmt. Sie werden nur mit mehrdrähtigen Kupferleitern in Querschnitten von 2,5 bis 150 mm² angewendet.

Die Isolierung der Adern entspricht in den Leitungstrossen bis 250 V derjenigen der NGA-Leitungen, für höhere Spannungen derjenigen der NSGA-Leitungen für die entsprechende Spannung.

Die Leitungstrossen sind mit einer, bei Mehrfachleitungen gemeinsamen, der jeweiligen Anforderung angepaßten Bewehrung versehen.

245. Sonstige umhüllte Leitungen.

a) Wetterfeste Leitungen sind geeignet zur Verwendung als Freileitungen, zu Installationen im Freien sowie in Fällen, in denen Schutz gegen chemische Einflüsse oder Feuchtigkeit erforderlich ist.

Bezeichnung: LW mit nachgesetztem Buchstaben des Leitermetalls, z. B. LWB bei Bronzedrähten, LWC bei Kupferdrähten.

Der Leiter ist mit wetterfester Masse überzogen, darüber befindet sich eine mit wetterfester Masse getränkte Beflechtung aus Faserstoff.

Bei Leitungen der Type PLW befinden sich über dem Leiter außerdem noch zwei Lagen getränkten Papieres sowie eine Lage Baumwolle. Die Umhüllung wetterfester Leitungen ist rot gefärbt.

b) Nulleiterdrähte.

1. Nulleiterdrähte für Verlegung im Erdboden sind in Querschnitten von 4 bis 500 mm² im Handel.

Bei der Type NE ist der Leiter mit zäher Asphaltmasse überzogen und darüber mit mindestens vier Lagen getränkten Papieres und einer Lage asphaltierter Jute bewickelt, bei der Type NBE wird außerdem unmittelbar über den Leiter ein Bleimantel gelegt.

2. Nulleiterdrähte für Verwendung in Niederspannungsanlagen (außerhalb des Erdbodens), NL (NLC, NLA), sind mit massivem Leiter in Querschnitten von 1,5 bis 16 mm², mit mehrdrähtigem Leiter in Querschnitten von 1 bis 500 mm² in Gebrauch. Kupferleiter brauchen nicht verzinnt zu sein. Die Umhüllung ist die gleiche wie bei den wetterfesten Leitungen der Bauart LW, jedoch grau gefärbt.

246. Blanke Leitungen. Bezeichnung für Kupferleitungen: BC. Blanke Leitungen verwendet man in geschlossenen Räumen nur, wenn Isolierhüllen durch chemische Einflüsse zerstört werden würden, und für Kontaktleitungen. In beiden Fällen muß man die Leitungen gegen zufälliges Berühren schützen. Ferner werden blanke Drähte für geerdete Leiter benutzt.

247. Nichtkupferleitungen werden unter Umständen in feuchten Räumen verwendet sowie in Räumen, die ätzende Dämpfe enthalten. Z. B. hat in Brauereikellern und Stallungen verzinkter Stahldraht, mit Emaillelack angestrichen, größere Dauerhaftigkeit als Kupferdraht. In chemischen Fabriken ist unter Umständen stark verbleiter Kupferdraht als haltbar zu empfehlen.

248. Abstände der Leitungen. Werden die Leitungen nicht in Rohren oder als Kabel verlegt, so hält man im allgemeinen die in der folgenden Tabelle angegebenen Mindestabstände ein. Geringere Abstände sind zulässig, wenn zur Verbindung zwischen Akkumulatoren, Maschinen und Schalttafeln sowie für Steigleitungen usw. starke Leitungen oder Schienen verwendet werden,

Niederspannung	Spann-weite	Mindest-Abstand	
		gegen-seitig cm	von der Wand u. von Gebäudeteilen cm
Isolierte Einzel- und Mehrfachleitungen in trockenen Räumen auf Isolierrollen	80 cm	5	1
Isolierte Einzelleitungen in feuchten Räumen auf Kellerisolatoren o. dgl.	80 cm	5	5
Blanke Leitungen auf Isolierkörpern in trockenen Räumen	bis 2 m 2—4 m 4—6 m über 6 m	5 10 15 20	5 5 5 5
Blanke Leitungen auf Isolierkörpern in feuchten Räumen	1 m	5	5

Hoch-spannung	Be-trieb-span-nung kV	Mindest-Abstand gegen-seitig u. gegen Gebäudeteile cm	Be-trieb-span-nung kV	Mindest-Abstand gegen-seitig u. gegen Gebäudeteile cm
Blanke Leitungen	1 3 6 10 15 20	5 7,5 10 12,5 18 18	30 45 60 80 100	26 36 47 58 72

deren Abstand durch Isolierkörper gewährleistet ist; dabei soll die Stützpunktentfernung für Kupferleiter nicht über 1 m betragen. Ferner können für unausschaltbare gleichpolige Parallelzweige geringere Abstände genommen werden.

Die Mindestmaße für Hochspannung setzen voraus, daß die Abstände durch fabrikmäßig hergestellte Isolatoren an allen Stellen gesichert sind. Ist dies nicht der Fall, so ist bei Bestimmung der Maße mindestens der 1,2fache Wert zugrunde zu legen. Für die Abstände der Schutzvorrichtungen von den dahinterliegenden spannungführenden Teilen sind zu obigen Werten bei Geländern mindestens 20 cm, Gittern und Gittertüren 10 cm, Blechtüren und Blechverkleidungen 3 cm zuzuschlagen. Der Mindestabstand von Geländern muß 50 cm betragen.

Hochspannungsleitungen werden besser blank gelegt und mit Schutzverkleidung umgeben isolierte Leitungen erwecken unberechtigtes Sicherheitsgefühl.

249. Isolierrollen. Das Legen von Einzelleitungen auf Rollen gewährt gute, auch noch in mäßig feuchten Räumen genügende Isolierung. Diese Ausführung ist aber nur zulässig, wenn die Leitungen dem Berühren entzogen sind und der Anblick der offen gelegten Leitungen nicht stört. Unzweckmäßig sind Isolierrollen, wenn die anfangs straff gespannten Leitungen durch Anstoßen, etwa beim Reinigen der Wände, verbogen werden können.

Die Isolierrollen erfüllen ihren Zweck um so besser, je höher der Wulst ist, der den Abstand der Leitungen von der Wand festlegt. Abb. 139 zeigt die für Niederspannung gebräuchliche Isolierrolle. Ihr unterer Wulst muß so hoch sein, daß ein lichter Abstand der Leitungen von der Wand von mindestens 1 cm eingehalten wird.

Abb. 139.   Abb. 140.

Zum Leitungführen an der Decke feuchter Räume dient die nach den Grundsätzen der Isolierglocken gebaute Rolle Abb. 140; sie schützt bis zu gewissem Grade gegen Tropfwasser.

Auf Isolierrollen geführte Leitungen soll man nicht
durch Verschalung schützen und dadurch unzugänglich
machen. Hinter den Verschalungen kann sich Schmutz
sammeln und Isolationsfehler verursachen. Sind die
Leitungen in erreichbarer Höhe geführt, oder müssen sie
aus anderen Gründen geschützt werden, so verwendet
man besser den jeweiligen Anforderungen genügende
Schutzrohre (vgl. 250).

Der Abstand parallel laufender Leitungen soll bei
Niederspannung nicht unter 5 cm betragen. Als Spannweiten nimmt man je nach dem größeren oder geringeren Abstand der Leitungen 50 bis 80 cm. In besonderen Fällen, z. B. beim Leitunglegen unter Dach-
sparren, lassen sich größere Spannweiten nicht umgehen.

Die Fluchtlinie für das Befestigen der Rollen
zeichnet man durch Schnurschlag an (Schnellen einer
mit Kreide, Kohlenstaub, Ruß o. dgl. gefärbten
Schnur, die in den Endpunkten festgehalten wird,
gegen Wand oder Decke).

Beim Überführen paralleler Leitungen aus einer
Lage in eine andere, z. B. von der Deckenfläche in die
Wandfläche, kommt es vor, daß man die Leitungen
unnötig kreuzt. Dieser Fehler wird vermieden, wenn
man sich zwischen den zu legenden Leitungen in bestimmter Richtung schwimmend denkt. Dabei muß
ein und dieselbe Leitung stets auf der gleichen Seite
liegen.

Das Festbinden der Leitungen auf den Rollen geschieht mit 1,5 bis 2 mm dickem, verzinntem blanken
oder umsponnenen Kupferdraht, nötigenfalls mit verzinktem Stahldraht. Zum Festbinden mittels des sog.
Kreuzbundes legt man den Bindedraht mit der Mitte
an den von der Leitung abgewendeten Teil des Rollen-
halses, kreuzt die Drahtenden über der Leitung und
führt sie wieder nach rückwärts, wo sie mit der Beißzange zusammengewürgt und dann abgezwickt werden.
Das Umschlingen der Isolierrollen mit den Leitungen
ist unstatthaft. Zum Schutze der Leitungsisolierung
gegen Beschädigen durch blanken Bindedraht empfiehlt
es sich, die Leitung an der Bindestelle mit Isolierband
zu umwickeln. Bei der Leitungsführung an Wänden
wird die Leitung von oben auf die Rollen gelegt, so
daß der Bindedraht entlastet ist (Abb. 139).

Zum Befestigen der Isolierrollen an Mauern dienen
am besten eiserne Dübel, die mit Zementmörtel in die

Mauer eingesetzt werden. Abb. 141 zeigt eine aus Gußeisen hergestellte Dübelbefestigung für drei Rollen.
Beim Parallelführen einer größeren Anzahl von Leitungen werden in ähnlicher Weise Flacheisenschienen
mit 2 bis 3 Eisendübeln an der Mauer befestigt. Holz-

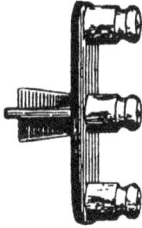 

Abb. 141.   Abb. 142.

leisten mit Holzdübelbefestigung sind unzweckmäßig.
Unter eisernen Trägern werden zur Rollenbefestigung
Flacheisen festgeklemmt (Abb. 142).

Zum Führen der Leitungen um Mauerkanten, eiseren
Träger usw. dienen Eckrollen, die an den Leitungen
festgebunden oder an der Mauer durch Schraube und
Dübel befestigt werden. Fehlerhaft wäre es, die Eckrollen unbefestigt zwischen Leitung und Mauer einzu-
klemmen, weil dann die Rollen beim Nachgeben der
Leitung abfallen.

Zur gegenseitigen Isolierung
kreuzender Leitungen kann man
über die eine Leitung eine Isolierrolle schieben (Abb. 143) und die
andere Leitung auf der Rolle
festbinden oder halbe Rollen verwenden.

Abb. 143.

250. Rohre. In Rohren verlegte Leitungen lassen
sich fast überall und unauffällig anbringen. Die Rohre
ermöglichen den Leitungschutz in ganzer Ausdehnung
gegen mechanisches Beschädigen. Die Bauart der Rohre
wähle man so, daß sie den je nach Örtlichkeit verschieden starken Beanspruchungen standhält. Andernfalls muß man die Rohre besonders schützen (vgl. 251 k).

a) Hartgummirohre guter Beschaffenheit schützen
bei verläßlichem Abdichten der Stoßstellen gegen
Feuchtigkeit. Sie eignen sich auch für das Einlegen
in die Mauer, wenn mechanische Beschädigung durch

Einschlagen von Nägeln ausgeschlossen ist. Die Wandstärke der Rohre soll nicht unter 2 mm betragen.

b) Rohre mit gefalztem Metallmantel (Messing- oder Stahlblech) und Papiereinlage, Isolierrohre, werden in Längen von 3 m geliefert; sie sind für das Leitunglegen in trockenen Räumen am meisten im Gebrauch. Rohre dieser Art werden auch mit einem in den Mantelfalz eingelegten Nulleiterdraht hergestellt. Mit verbleitem Eisenmantel gewähren die Rohre etwas weitergehenden Schutz als mit Messingmantel, insbesondere an feuchten Wänden. Der mit den Rohren erreichte mechanische Schutz ist gering, so daß die Rohre, sobald Beschädigung zu befürchten ist, eigens geschützt werden müssen.

c) Rohre mit starkem Eisenmantel und Papiereinlage, Stahlpanzerrohre, gewähren weitgehenden mechanischen Schutz; sie sind insbesondere für feuchte Räume und Ställe geeignet. Unter anderem kommen sie für das Legen an feuchten Wänden und in die Mauer, ferner in Warenspeichern, wenn schwache Rohre beschädigt würden, und für Räume, in denen wegen Explosionsgefahr bester Leitungenschutz verlangt wird, in Betracht.

d) Metallrohre ohne isolierende Einlage geben guten mechanischen Schutz. Man verwendet mitunter Gasrohre. Bei Verwendung von Rohren, die nicht eigens für das Leitunglegen bestimmt waren, ist darauf zu achten, daß im Innern keine Metallspäne vorstehen, die die Leiterhülle beschädigen.

e) Stahlrohre mit Langschlitz, mit innen und außen eingebranntem Lacküberzug, Peschelrohre, eignen sich für das Legen in trockenen Räumen auf der Mauer. Für das Einbetten in den Mauerputz werden überlappte Peschelrohre genommen, bei denen der Langschlitz durch Übereinandergreifen der Rohrwände verdeckt ist. Der äußere Durchmesser der Peschelrohre stimmt mit demjenigen der Rohre mit gefalztem Metallmantel entsprechender Größe überein, so daß für beide Arten die gleichen Anschlußdosen usw. verwendet werden können.

251. Leitungslegen in Rohr. Unter Hinweis auf die für die verschiedenen Rohrarten von den Fabriken gegebenen Anleitungen sind nachstehend die wesentlichen Ausführungsregeln zusammengestellt:

a) **Anzahl der Leitungen in einem Rohr** ist durch Vorschriften nicht begrenzt; trotzdem sollen nur in Ausnahmefällen mehr als drei Leitungen in ein Rohr eingezogen werden. Im allgemeinen müssen die in ein und dasselbe Rohr einzuziehenden Leitungen dem gleichen Stromkreis angehören. Nur für Schalt- und Signalanlagen dürfen Leitungen verschiedener Stromkreise in einem Rohr Aufnahme finden. Werden in diesem Fall viele Leitungen in ein Rohr eingezogen, so versieht man die Leitungen mit schwachen Sicherungen, so daß die Leitungen bei vorkommenden Schäden sicher abgeschaltet werden.

b) **Lichte Rohrweite.** Um bequemes Einziehen und etwa späteres Auswechseln der Leitungen zu ermöglichen, müssen die Rohre weit genug sein. Die für verschiedene Querschnitte von Gummiaderleitungen zweckmäßigen Rohrweiten von Isolierrohren mit gefalztem Metallmantel und von Stahlpanzerrohren sind in den beiden folgenden Tabellen (S. 254 und 255) angegeben.

c) **Rohrverbindungen.** Die Rohrverbindungen werden mit Muffen ausgeführt, die eine den Rohren gleiche Widerstandsfähigkeit haben müssen.

Bei den Hartgummirohren hat meist ein Rohrende den Muffenansatz. Zum Abdichten werden die übereinandergeschobenen Rohrenden angewärmt.

Zum Verbinden von Rohren mit dünnem Metallmantel dienen Metallmuffen, die nach leichtem Anwärmen über die Rohrenden geschoben werden, so daß die Papierhülsen der Rohre ohne Spalt aufeinander stoßen. Vor dem Aufbringen der Muffe müssen die Rohrenden auf 1 cm Länge mit Hilfe des Montagemessers abgemantelt werden.

Die Stahlpanzerrohre werden wie Gasrohre mit Hilfe von Muffen verschraubt.

In Hochspannungsanlagen müssen die Stoßstellen metallener Rohre leitend verbunden sein und die Rohre geerdet werden. Leitende Stoßstellen sind beim Stahlpanzer- und Peschelrohr ohne weiteres vorhanden. Der beim Abschneiden der Rohre entstehende Grat muß sorgfältig beseitigt werden.

d) **Biegungen** lassen sich je nach der Rohrart aus den geraden Rohren herstellen, oder es werden gesonderte Bogenstücke verwendet.

Die Rohre mit Metallmantel werden mit einer dafür bestimmten Zange gebogen, indem man den Rohr-

Leiter- quer- schnitt	1 NGA über | unter Putz		2 NGA über | unter Putz		3 NGA über | unter Putz		4 NGA oder 3 NGA und 1 NL über | unter Putz		1 NGA und 1 NL über | unter Putz		2 NGA und 1 NL über | unter Putz	
mm²	Rohrweite in mm											
1,5	—	—	11	13,5	13,5 (11)	16 (13,5)	16	23 (16)	11	13,5	13,5 (11)	16 (13,5)
2,5	—	—	16 (13,5)	16	16	23 (16)	23	23	13,5	16 (13,5)	16	23 (16)
4	11	13,5	16	23 (16)	16	23	23	29	16 (13,5)	16	16	23
6	11	13,5	23 (16)	23	23	23	23	29 (23)	16	23 (16)	23	23
10	13,5	13,5	23	23	23	29 (23)	29	29	23 (16)	23	23	29 (23)
16	13,5	16	23	29	29	29	36 (29)	36 (29)	23	23	29	29
25	16	23 (16)	29	36	36 (29)	36	36	36	29	29	36 (29)	36
35	23	23	36	36	36	36	48	48	36 (29)	36 (29)	36	36
50	23	23	36	48	48	48	48	48	36	48 (36)	48	48
70	23	29 (23)	48	48	48	—	—	—	48 (36)	48	48	—
95	29	36 (29)	48	—	—	—	—	—	48	—	—	—
120	29	36	—	—	—	—	—	—	—	—	—	—
150	36	48 (36)	—	—	—	—	—	—	—	—	—	—
185	36	48 (36)	—	—	—	—	—	—	—	—	—	—

Title of table:

Zuordnung der Leitungen¹ zu den Rohrweiten von Isolierrohren mit gefalztem Metallmantel nach DIN VDE 9030 — DIN* VDE 9048

Die eingeklammerten engeren Rohrweiten gelten nur für Verlegung in kurzen geraden Strecken bis etwa 4 m Länge.

¹ Gummiaderleitungen (NGA) nach den „Vorschriften für isolierte Leitungen in Starkstromanlagen", Nulleitungen (NL) nach den „Vorschriften für umhüllte Leitungen" des VDE.

Zuordnung der Leitungen[1] zu den Rohrweiten von Stahlpanzerrohren nach DIN VDE 9010												DIN * VDE 9049

Leiter- quer- schnitt	1 NGA		2 NGA		3 NGA		4 NGA oder 3 NGA und 1 NL		1 NGA und 1 NL		2 NGA und 1 NL	
	über	unter Putz	über	unter Putz	über	unter Putz	über	unter Putz	über	unter Putz	über	unter Putz
mm²	Rohrweite in mm											
1,5	—	—	13,5 (11)	13,5	13,5 (11)	16 (13,5)	16	21 (16)	13,5 (11)	13,5	13,5 (11)	16 (13,5)
2,5	—	—	16 (13,5)	16	16	21 (16)	21	21	13,5	16 (13,5)	16	21 (16)
4	11	13,5	16	21 (16)	21	21	21	21	16 (13,5)	16	16	21
6	11	13,5	21 (16)	21	21	21	21	29 (21)	16	21 (16)	21	21
10	13,5	13,5	21	29	21	29 (21)	29	29	21 (16)	21	21	29 (21)
16	13,5	16	29	29	29	29	36 (29)	36 (29)	21	29 (21)	29	29
25	16	21 (16)	29	36	36 (29)	36	36	36	29	29	36 (29)	36
35	21	21	36	36	36	36	42	42	36 (29)	36 (29)	36	36
50	21	21	42 (36)	42	42	42	—	—	36	42 (36)	42	42
70	21	29 (21)	42	42	42	—	—	—	42 (36)	42	42	—
95	29	36 (29)	42	—	—	—	—	—	42	—	—	—
120	29	36	—	—	—	—	—	—	—	—	—	—
150	36	42 (36)	—	—	—	—	—	—	—	—	—	—
185	36	42 (36)	—	—	—	—	—	—	—	—	—	—

Die eingeklammerten engeren Rohrweiten gelten nur für Verlegung in kurzen geraden Strecken bis etwa 4 m Länge.
[1] Gummiaderleitungen (NGA) nach den „Vorschriften für isolierte Leitungen in Starkstromanlagen", Nulleitungen (NL) nach den „Vorschriften für umhüllte Leitungen" des VDE.

mantel mit aufeinanderfolgenden Kerben (Abb. 144) versieht. Dabei soll der Falz des Metallmantels außen oder auf der Seite, nicht im Innern des Bogens liegen. Zum guten Herstellen der Bogen ist für jeden Rohrdurchmesser die geeignete Zange zu nehmen. Rohre auf Gehrung abzuschneiden und so aneinanderzustoßen, ist verwerflich.

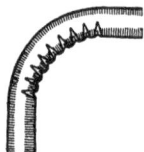

Die Stahlpanzerrohre lassen sich mit dazu bestimmten Vorrichtungen kalt biegen. Die Rohrnaht muß dabei auf der Innen- oder Außenseite des Rohrbogens liegen.

Abb. 144.

Peschelrohre können Biegungen großen Halbmessers mit der Hand erhalten, im übrigen ist eine besondere Biegevorrichtung nötig.

Scharfe Ecken in Rohrleitungen können mit Hilfe von Winkelstücken oder eingeschalteten Abzweigdosen erzielt werden.

e) Einbauen der Rohre. Die auf die Mauer gelegten Rohre müssen so angeordnet werden, daß sie gegen Beschädigung möglichst geschützt und wenig sichtbar sind. Das wird unter anderem durch Anschmiegen der Rohre an die Architekturlinien der Räume erreicht, indem man die Rohre an Gesimsen, Fußleisten usw. entlang führt. Beim Legen der Rohre ohne Anlehnung an Gesimse o. dgl. wird der gerade Rohrweg durch Schnurschlag (vgl. 249) vorgezeichnet.

Ununterbrochene Rohrstrecken dürfen wegen des nachträglichen Einziehens und etwa späteren Auswechselns der Leitungen nicht zu lang sein, z. B. nicht über 10 m, wenn die Rohrstrecke zwei Biegungen enthält, die das Einziehen der Leitungen erschweren. Die Rohre müssen so gelegt werden, daß sich keine Wassersäcke bilden. Um starke Temperaturunterschiede im Rohr und damit zusammenhängenden Feuchtigkeitsniederschlag zu verhüten, lege man die Rohre möglichst nicht in die dem Temperaturwechsel mehr ausgesetzten Außenmauern. Nach dem Legen jeder Rohrstrecke untersuche man, ob sich das zum Einziehen der Leitungen bestimmte Stahlband unbehindert hindurchschieben läßt. Zum Trockenhalten des Rohrinnern läßt man die Rohrstrecken an den Enden offen, es sei denn, daß man unter bestimmten Voraussetzungen das Niederschlagen von Feuchtigkeit befürchten muß. Dies ist bei Rohren der Fall, die verschieden warme

Räume verbinden, namentlich bei Steigleitungen; zum Verhindern des Luftumlaufes wird dann das höher gelegene Rohrende mit einem Kork o. dgl. verschlossen. Nach dem Einziehen der Leitungen benutzt man für diesen Rohrabschluß Chatterton-Compound oder Isolierband, soweit die Rohre nicht ohnedies durch Dosen abgeschlossen sind. Bei Rohren mit Langschlitz ist das Abschließen nicht notwendig. Werden Rohre mit Langschlitz für Steigleitungen verwendet, so besteht an ihrer Austrittstelle über dem Fußboden die Gefahr, daß Wasser eindringt. Um das zu verhindern, nimmt man an den Fußbodendurchführungen geschlossene Rohre.

Auf oder unter Koksschüttung zwischen Decke und Fußboden dürfen Rohrleitungen nicht gelegt werden.

An feuchten Wänden gebe man den Rohren Farbanstrich, der nach eingetretener Abnutzung erneuert werden muß. In die Mauer einzubettende Rohre, insbesondere Rohre mit dünnem Metallmantel, sollen zweimaligen Anstrich mit Asphaltlack oder Emaillefarbe erhalten. Nach dem Rohrlegen wird der Mauerschlitz mit Zement oder Kalkmörtel (2 Teile Zement, 1 Teil Sand), nicht mit Gips verputzt, da Gips die Feuchtigkeit ansaugt und dadurch Rostbildung verursacht. Das Einbetten der Rohre in Zement verhindert ein Eindringen der Feuchtigkeit von außen. Bei sorgfältigem Rohrlegen in tapezierten Räumen versieht man die Tapete mit einem Längsschnitt und biegt sie nach beiden Seiten zurück, um sie nach sorgfältigem Einstemmen und Verputzen des Mauerschlitzes wieder überzukleben.

Befestigt werden die Rohre bei offenem Legen in Abständen von 50 bis 80 cm mit Rohrschellen aus ver-

Abb. 145.   Abb. 146.

zinktem Eisen oder aus Messing (Abb. 145 und 146); dazu verwende man Schrauben, nicht Nägel. In gleicher Weise werden die Rohrdrähte (vgl. 252) befestigt. Zum Befestigen der unter Putz zu legenden Rohre kann man auch Bindedraht verwenden. Dabei schlingt man den Bindedraht um den Kopf eines in der Mauerrille eingeschlagenen Nagels; nachdem

dann die Drahtenden um das Rohr gelegt sind, werden
sie verwürgt.

Soll bei Neubauten die Möglichkeit gewahrt bleiben,
später elektrische Beleuchtung einzurichten, so werden
zunächst nur die Rohre gelegt, so daß später die Leitungen eingezogen werden können. Dabei versäume
man nicht, den ordnungsgemäßen Zustand eines jeden
Rohrstranges durch Einschieben des zum Leitungein-
ziehen dienenden Stahlbandes bald nach dem Rohrlegen
zu prüfen. Die Rohrenden werden dann wegen besseren
Aussehens mit Holzrosetten, Blechkappen o. dgl. abgedeckt.

f) Verbindungsdosen für die Leitungsabzwei-
gungen sind nach Art der Metallmantelrohre aus
Isoliermasse mit Metallumkleidung (Abb. 147) oder

 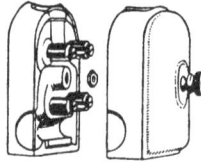

Abb. 147.   Abb. 148.

aus Porzellan (Abb. 148) hergestellt. Die Dosen
Abb. 147 werden vornehmlich beim Legen der Rohre
unter Verputz, die Dosen Abb. 148 bei offen liegenden
Rohren angewendet.

Die an die Dosen anschließenden Isolierrohre sollen
in den Dosenhals, nicht aber in die Dose selbst hinein-
ragen. Sind die Räume nicht genügend trocken, so
werden die Rohreinführungen in die Dosen (Abb. 147)
mit einem durch Erwärmen weich gemachten Kitt abgedichtet. Dosen ohne Rohransätze, bei denen man
die Rohre lediglich durch Öffnungen in der Dosenwand
führt, müssen hinreichende Wandstärke haben, damit
sicheres Einführen der Rohre und Abdichten der Ein-
führungsstellen möglich wird.

Beim Einbetten der Rohre in den Mauerputz müssen
die Dosendeckel bündig mit der Maueroberfläche
liegen. Das erreicht man am sichersten, wenn man
einen Dosendeckel auf einem Brett befestigt, wobei
der Deckelgriff in das Brett eingelassen sein muß, und
die in die Mauer einzubauende Dose mit Hilfe des
Deckelbajonetts auf dem Brett festklemmt. Die Dose

wird, mit angeschlossenen Rohren, in das mit weichem
Zement- oder Kalkmörtel ausgeworfene Mauerloch ge-
drückt, soweit es die überstehende Brettfläche zuläßt.
Nach dem Erhärten der Mauerstelle wird das Brett
mit dem Dosendeckel abgenommen und der endgültige
Dosendeckel aufgesetzt.

Zum Leitungsabzweigen und -ver-
binden werden Abzweigscheiben
(Abb. 149) in die Dosen eingesetzt.
Lötverbindungen in den Dosen sind unzulässig. In lange Rohrstrecken legt
man, zum Zweck des Nachschiebens
der Leitungen beim Einziehen, Dosen
ohne Abzweigscheiben.

Abb. 149.

In die isolierend ausgekleideten Dosen (Abb. 147)
werden die in der Regel aus Porzellan hergestellten
Abzweigscheiben (Abb. 149) eingelegt. Die Abzweigscheiben sind derart gebaut, daß die zu verschiedenen
Polen oder Phasen gehörigen Leitungen voneinander
ferngehalten werden.

Liegen viele Rohre nebeneinander, so kann man
statt einzelner Rohrdosen isolierend ausgekleidete
Kästchen aus Eisenblech verwenden, in die die Rohre
einmünden. Für übersichtliche Anordnung der Leitungen und Abzweigklemmen muß gesorgt werden.

Die Verbindungsdosen aus Porzellan (Abb. 148)
vereinigen in sich Abzweigdose und -scheibe und erleichtern dadurch das Einbauen; sie sind aber nur für
das Rohrlegen auf der Mauer geeignet.

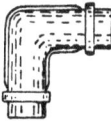
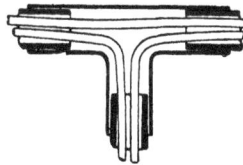

Abb. 150.   Abb. 151.

g) Winkelstücke (Abb. 150), die zweiteilig sein
müssen, ersetzen die Rohrbogen, wenn die Rohre bei
offenem Legen rechtwicklig um Balken und Mauerkanten geführt werden müssen.

h) T-Stücke (Abb. 151), wie die Winkelstücke
zweiteilig, erleichtern das Herstellen der Abzweigungen
zu den Schaltern.

Haben die Rohre eine isolierende Einlage, so muß das auch für die T- und Winkelstücke verlangt werden.

i) Tüllen an den Rohrenden. Soweit die Rohre nicht in Dosen einmünden, müssen ihre Enden Tüllen erhalten, um einem Beschädigen der Leitungen durch scharfe Kanten vorzubeugen. Für Rohre mit isolierender Einlage sind Tüllen aus Isolierstoff, Porzellantüllen o. dgl. verlangt, bei Rohren ohne isolierende Einlage können die Tüllen aus Metall bestehen. Für das Anschließen von Deckenbeleuchtungen können Porzellantüllen mit eingebauten Abzweigklemmen benutzt werden.

k) Schutz der Rohre. Besonderer Beanspruchung ausgesetzte Rohre müssen, wenn nötig, eigens geschützt werden. Das gilt unter anderem für Steigleitungsrohre unmittelbar über dem Fußboden (vgl. 258, Abs. 3).

Zum Schutz der in die Mauer eingebetteten Rohre und zugehörigen Leitungen gegen das Einschlagen von Nägeln können etwa 2 mm dicke Flacheisen dienen, die man zur Erschwerung des Nageleinschlagens unter eine möglichst dünne Putzschicht legt. Als Schutz für einzelne oder wenige in ein Bündel zusammengelegte Rohre eignen sich Winkeleisen, durch deren schrägliegende Flächen eingeschlagene Nägel zur Seite gedrängt werden (Abb. 152).

Derartiger Rohrschutz wird entbehrlich, wenn man für das Rohrlegen Stellen wählt, an denen das Einschlagen von Nägeln unwahrscheinlich ist; das sind z. B. die zunächst den Zimmerecken gelegenen Wandflächen.

Abb. 152.

Abb. 153.

In Kellern und feuchten Räumen legt man die Rohre mit Abstandschellen (Abb. 153) und streicht diese nach dem Legen mit geeigneter Schutzfarbe.

l) Einziehen der Leitungen in den fertigen Rohrstrang geschieht mit einem am einen Ende mit einer Kugel, am anderen Ende mit einer Öse versehenen Stahlband oder biegsamen Wellendraht. Das federnde Band wird mit der Kugel voran durch die Rohrstrecke geschoben, worauf man das Ende des einzuziehenden Drahtes oder die zusammengewürgten Enden der gleichzeitig einzuziehenden Drähte in die Bandöse hakt und nachzieht. Auch ein 0,8 bis 1 mm dicker Stahldraht kann zum Einziehen benutzt werden, wenn man ihn

durch vorausgegangenes straffes Spannen federnd
macht. Das geschieht, indem der Monteur und sein
Gehilfe die Drahtenden mit Flachzangen fassen und
kräftig anziehen. Vor dem Einschieben in das Rohr
muß man das vordere Drahtende umbiegen, damit es
nicht festhakt. In lange Rohrstrecken wird zum Erleichtern des Drahteinziehens Specksteinpulver geblasen. Fehlt dazu ein Blasebalg, so genügt ein etwa
20 cm langer Gummischlauch, dessen eines Ende man
in das Specksteinpulver taucht. Das mit Pulver gefüllte Schlauchende hält man an die Rohrmündung, am
anderen Schlauchende mit dem Munde kräftig ein-
blasend. Beim Leitungeneinziehen achte man darauf,
daß die Drahtumspinnung durch scharfe Kanten an
der Rohrmündung nicht beschädigt wird, vorsichtiges
Führen der einzuziehenden Leitungen an der Rohrmündung ist nötig. Die eingezogenen Leitungen dürfen
am Rohrende nicht straff gespannt sein.

Bei Leitungen über 6 mm² Querschnitt nimmt man
besser für jeden Draht einen eigenen Rohrstrang. Sollen
Wechselstromleitungen in Eisenrohre oder in Rohre
mit Eisenmantel eingezogen werden, so müssen sie
ohne Rücksicht auf Querschnitt und Zahl so zusammen-
gelegt werden, daß die zu den gleichen Stromkreisen
gehörigen Leitungen in einem Rohr vereint sind. In
Rohre mit Messingmantel können auch einzelne
Wechselstromleitungen eingezogen werden.

In den Rohren dürfen die Leitungen keine Lötstellen haben.

m) Anschluß der Rohre an Apparate und
Lampenträger. Zum Anschluß von Wandarmen,
Ausschaltern usw. dienen bei offen liegenden Rohren
Unterlegscheiben aus Holz oder besser aus Porzellan,
die Auskehlungen zur Aufnahme des Rohrendes haben
(Abb. 154). Fehlerhaft wäre es, das
Rohr vor der Unterlegscheibe auf-
hören und die Leitungen vor der
Einführung in den Schalter offen
liegen zu lassen.

Zum Anschluß der in Wänden
und Decken liegenden Leitungen an
Beleuchtungskörper usw. läßt man
das Rohrende in einem Bogen aus
dem Mauer- oder Deckenputz her-
austreten (Abb. 155), oder führt es
in eine Dose ein. Dies ist für einen

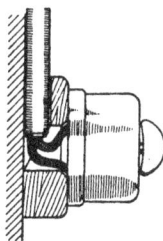

Abb. 154.

Schalteranschluß in Abb. 156 gezeigt; es ragt nur der
Knebel aus dem bündig mit der Mauer abschließenden
Dosendeckel oder aus einer über den Schalter gelegten
Glasplatte hervor. Werden die Schalter auf der Wand
angebracht, so verwendet man Dübel aus feuchtig-

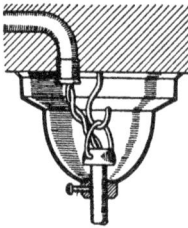 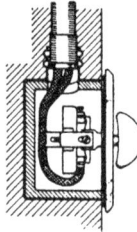 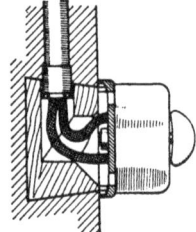

Abb. 155.   Abb. 156.   Abb. 157.

keitsbeständig getränktem Holz (Abb. 157), die eine
seitliche Bohrung für die Aufnahme des Rohres und
in der Achsenrichtung eine Aussparung für das Einführen der Leitungen in den Schalter haben. Das Rohr
muß so weit in den Dübel eingeführt werden, daß die
Leitungen das Holz nicht berühren.

252. Legen der Rohrdrähte (vgl. 244 Ic). Die Rohrdrähte werden nach ähnlichen Grundsätzen wie Metallmantelrohre (vgl. 251) behandelt. Ihre Anwendung
beschränkt sich auf trockene Räume und das Legen
auf dem Mauerputz. Beim Durchqueren von
Mauern müssen für die Durchführungen Rohre eingelegt werden, so daß die Leitungen, den Vorschriften
des VDE entsprechend, in der ganzen Länge auswechselbar bleiben.

Das Geraderichten des Rohrdrahtes geschieht mit
einem dafür gebauten Geraderichter, nachdem der
Draht in der erforderlichen Länge vom Versandring
abgewickelt ist. Den Rohrdraht führt man derart
zwischen die Rollen des Geraderichters, daß sein Falz
seitlich liegt und durch die Rollen nicht aufgedrückt
wird. Zum Freilegen der Leitungsdrahtenden wird der
Falz mit der Dreikantfeile angefeilt, dann der Rohrdraht hinter dieser Stelle mit der Abmantelzange um-
faßt, der Falz mit der Beißzange eingekniffen und abgerissen. Der übrige Teil des Metallmantels läßt sich
leicht abziehen, worauf man die Drahtisolierung bis

auf ein über den Metallmantel vorstehendes kurzes
Ende beseitigt und mit Isolierbändabschluß, in nicht
ganz trockenen Räumen auch noch mit Cellonlack-
überzug versieht. Krümmungen werden bei schwachen
Rohrdrähten durch Biegen mit der Hand, bei starken
mit der Biegezange, wie bei den Isolierrohren (Abb. 144),
hergestellt.

Die Rohrdrähte lassen sich den Architekturlinien
der Wände und Decken anschmiegen und eignen sich
demzufolge gut zum nachträglichen Leitungenlegen in
Wohnräumen. Zum Befestigen der Rohrdrähte dienen
Schellen aus Messing oder verzinktem
Eisenblech (Abb. 145) oder die für die
Rohrdrähte eigens bestimmten Band-
schellendübel (Abb. 158). Bei den letztgenannten wird nach dem Einschlagen
des Dübels das aus Messing oder verzinktem Eisenblech hergestellte Band
(b in Abb. 158) um den Draht gebogen.
Diese Befestigungsart bietet den Vor- Abb. 158.
teil, daß die Befestigungen durch den
Rohrdraht überdeckt werden. Als Abstand der Befestigungen nimmt man 50 bis 80 cm.

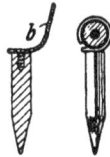

Die Rohrdrahthülle kann als geerdeter Leiter
benutzt werden, falls nicht besondere örtliche Vorschriften dem entgegenstehen. Dabei muß für zuverlässige Verbindung der einzelnen Hüllen durch die zu
diesem Zweck im Handel geführten Klemmen gesorgt
werden. Zu empfehlen ist jedoch die Verwendung
von Rohrdrähten mit eingelegtem blankem Nulleiter
(Nullpha-Leitungen), bei denen Nulleiterdraht und
Hülle zusammen als Nulleiter dienen, oder Einbau von
Rohrdrähten mit zwei bzw. drei oder vier isolierten
Leitern.

253. Legen von kabelähnlichen Leitungen. Kabelähnliche Leitungen, wie Feuchtraum-, Anthygron-
Duraleitungen usw., werden verwendet zur festen Verlegung in feuchten Räumen oder wo chemische Einflüsse eine Zerstörung der normalen Isolation befürchten lassen.

Vor dem Verlegen zeichne man den Leitungsweg an.
Die Verlegung erfolgt mittels Befestigungschellen in etwa
1 cm Abstand von Wand oder Decke. Der Schellen-
abstand beträgt zweckmäßig bei senkrechter Leitungsführung 60 bis 100 cm, bei waagerechter Führung 50
bis 60 cm. An Stellen, an denen Beschädigungen der

Leitungen zu erwarten sind, schützt man sie durch übergezogenes Stahlpanzerrohr.

Beim Abwickeln von kabelähnlichen Leitungen sind Schlaufen sorgfältig zu vermeiden und erforderlichenfalls solche aufzuschneiden und an diesen Stellen Zwischendosen einzubauen. Beim Abschneiden auf die richtige Länge berücksichtige man die Zugaben für die Anschlüsse, die für Dosen und Schalter etwa je 10 cm, für Armaturen entsprechend mehr betragen.

Besonderer Wert ist auf richtiges Abisolieren der Enden zu legen. Man bindet zunächst die äußere Isolierung in etwa 7 cm Abstand vom Leitungsende mittels Schnur oder Isolierband ab und entfernt dann die äußeren Lagen bis auf die Eisenbandbewicklung. Hierauf erfolgt das Anfeilen der Eisenbandbewehrung und Abreißen derselben, wobei zu beachten ist, daß einige Millimeter Eisenband frei bleiben. Nachdem dann die innere Papierlage bis zur Eisenbewehrung abgerissen ist, wird der Bleimantel mit Benzin gereinigt, sorgfältig längs aufgeschnitten, damit die Isolierung der Adern nicht verletzt wird, und durch Abrollen entfernt. Hierauf folgt das Spalten der Gummiummantelung mittels Messer oder scharfer Zange und Entfernen der Ummantelung sowie der Bandbewicklung der Adern bis auf etwa 10 cm. Die Adern selbst werden erst beim Anschließen· abisoliert und auf richtige Länge geschnitten, ebenso ein unter dem Bleimantel befindlicher Schutzdraht.

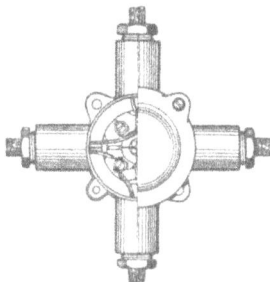

Abb. 159.

Die Leitungen werden nun von Hand gerade gerichtet bzw. in die erforderlichen Bogen gelegt und behelfsmäßig an der Wand leicht befestigt.

Hierauf erfolgt das Anschließen der Abzweigdose (Abb. 159), die man zunächst behelfsmäßig befestigt, worauf die Nullverbindung und die Abzweigscheibe in die Dose eingelegt werden. Nach vorherigem Überschieben eines Druckringes, der Gummidichtung und eines zweiten Druckringes über den Metallmantel wird dann die Leitung in den Kabelstutzen eingeführt. Anschließend erfolgt das Abschneiden des Schutz-

drantes auf richtige Länge und Anschließen an die
Nullverbindung, worauf die Adern auf richtige Länge
gekürzt, abisoliert, blankgemacht und an die Abzweigscheibe angeschlossen werden. Hierauf werden die
Stopfbüchsen eingeschraubt und festgezogen, wobei
darauf zu achten ist, daß der Gummiring den Metallmantel umpreßt. Nachdem die Verbindungen hergestellt sind, werden Dose und Leitung endgültig befestigt und der Hohlraum zwischen Leitung und Stopf-
büchse ausgekittet.

Der Anschluß von Schaltern und Armaturen erfolgt
in gleicher Weise; bei Armaturen müssen die Drahtenden zum Anschluß an die Fassung etwas länger herausgezogen werden.

Feuchtraumleitungen können ohne besondere Schutzrohre durch Wände gezogen werden, jedoch empfiehlt
es sich, die Leitungen an der Durchführungstelle mit
Asphaltschnur zu umwickeln und einzuzementieren.

**254. Legen des Nulleiters in Drehstrom-Vierleiter-
anlagen.** Der Nulleiter, der meist geerdet werden muß,
bleibt am besten blank. Dabei soll er wegen verlangter
Dauerhaftigkeit mindestens 4 mm² stark sein. Im
übrigen ist die möglicherweise auftretende Strombelastung für den Nulleiterquerschnitt maßgebend.
Über 4 mm² hinaus wird der blanke Nulleiter ebenso
stark genommen wie die zugehörigen Phasenleiter,
wenn diese nicht über 35 mm² stark sind. Neben
stärkeren Phasenleitern genügen Nulleiter halben
Querschnittes.

Zum Einziehen in die Leitungschutzrohre schwacher Zweigleitungen sind blanke Nulleiter wegen
des großen Querschnittes (nicht unter 4 mm²) ungeeignet, so daß sie am besten offen auf der Mauer mit
Krampen befestigt werden. Ist für diese Zweigleitungen das Einziehen des Nulleiters in die Rohre
erwünscht, so nimmt man statt des 4 mm² blanken
Drahtes isolierten Draht mit dem dann zulässigen
schwächeren Querschnitt des Phasenleiters. Da aber
der Nulleiter vom Phasenleiter unterscheidbar bleiben
muß, so wähle man eine in der Farbe vom Phasenleiter abweichende Isolierhülle (grau), die geringere
Isolierfestigkeit haben darf.

Bei Phasenspannungen von 220 V ist es erforderlich, bei geringeren Spannungen wünschenswert, den
Nulleiter mit den zugehörigen Leitungschutzrohren

und den Hüllen der Rohrdrähte am Anfang und Ende
jedes Rohrstranges zu verbinden. Zu dem Zweck
wird der Nulleiter mit Schellen an den blank gemachten
Rohrmantel angeschlossen, oder man verbindet ein
kurzes Leiterstück durch eine Schelle mit dem Rohr
und das Leiterstück durch eine Klemme oder durch
Löten mit dem Nulleiter. Diese Art der Verbindung
wird auch angewendet, wenn der Nulleiter in den Rohrstrang eingezogen ist.

Die Rohrmäntel selbst sollen eine ununterbrochene
Leitung darstellen, so daß sie durch das Verbinden
mit dem Nulleiter in allen Teilen geerdet werden. Die
Rohre oder die Hüllen der Rohrdrähte allein als Null-
leiter zu benutzen, ist unzulässig, weil ihre Verbindungen bei der Bedeutung eines ununterbrochenen
Drehstrom-Nulleiters nicht als genügend sicher gelten
können.

Betriebsmäßig geerdete Leitungen dürfen im allgemeinen keine Sicherung enthalten. Ausgenommen
sind isolierte Leitungen, die von einem Nulleiter abzweigen und Teile eines Zweileitersystems sind; diese
dürfen Sicherungen enthalten, dann aber nicht zur
Schutzerdung benützt werden. Sie dürfen auch nicht
schlechter isoliert sein als die Außenleiter.

Alle Metallteile der Hauseinrichtung in der Nähe
der elektrischen Anlagen, Eisenplatten der Kochtische
usw. sollen in die Erdung eingeschlossen werden.

255. Spanndrahtanlagen. Spanndrahtanlagen werden
mit Vorteil in Shed- und Betonbauten ausgeführt, wo
die sonst übliche Leitungenverlegung Schwierigkeiten
bereitet. Die Verlegung erfolgt so, daß zwischen Mauern
Unterzügen oder Trägern Stahldrähte von 4 bis 5 mm
Durchmesser in Richtung der Lampenreihen gespannt
werden, an denen man Peschelrohre oder Rohrdrähte
mittels Schellen befestigt. Der Draht wird hierbei
durch einen Zuganker gehalten und mittels eines Draht-
spanners oder einer Spannschraube gespannt. Um zu
starkes Schwingen oder Durchhängen zu verhindern,
werden die Drähte alle 4 bis 6 m an geeigneten Punkten
(Unterzügen usw.) abgefangen. Die Pendeldosen werden
durch besondere Befestigungsbleche, die Rohre bzw.
Rohrdrähte mittels Schellen oder Schnallen an den
Drähten angebracht. Die Verlegung mehrerer Rohre
oder Rohrdrähte nebeneinander geschieht unter Benutzung von zwei Spanndrähten und unter Verwendung

besonderer für den jeweiligen Zweck hergerichteter
Flacheisenstücke oder Hohlschienen.

Für Spannweiten über 8 m und schwere Beleuchtungskörper, die nicht abgefangen sind, müssen Drahtseile von 7 und 9 mm Durchmesser gewählt werden.

256. Isolierglocken. Isolierglocken sind in Gebäuden
anzuwenden, wenn die Räume sehr feucht sind oder
Schadhaftwerden der Leitungsisolierung durch chemische Einflüsse zu befürchten ist. Blanker Draht
wird verwendet, wenn die Räume feuersicher und die
Leitungen vom Fußboden aus nicht erreichbar sind.
Isolierte Leitungen nimmt man mit Gummiaderisolierung oder mit gleich guter Isolierhülle und versieht
diese mit Öl- oder Emaillefarbanstrich, der zeitweise
erneuert werden muß.

257. Befestigen der Isoliervorrichtungen und Apparate. Das Befestigen der Isoliervorrichtungen und Apparate geschieht durch Schrauben. Nägel zu verwenden,
ist bei offenem Leitungenlegen verwerflich. Auf genaues Ausrichten der Befestigungstellen, z. B. für
Isolierrollen, muß Wert gelegt werden.

a) Stahldübel. Die in die Mauer einzuschlagenden Stahldübel haben (vgl. Abb. 160) im Kopf eine

Abb. 160.

Abb. 161.

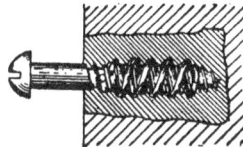

Abb. 162.

Gewindebohrung zur Aufnahme einer Schraube *s* für
das Befestigen der Apparate, Isolierrollen usw. oder
(Abb. 161) einen gleichen Zwecken dienenden Bolzenansatz. Das Einschlagen der Dübel geschieht, nachdem
das Loch etwas vorgebohrt ist, bei den erstgenannten
Dübeln unmittelbar mit dem Hammer und bei den
letztgenannten mit einem Setzeisen. Das Setzeisen
hat eine Bohrung zur Aufnahme des Bolzens, so daß
sich die Hammerschläge auf die Stirnfläche des Dübels
übertragen. Die Dübel sollen nur so weit in die Mauer
eingetrieben werden, daß ihr Vierkantschaft noch etwas
über die Mauerfläche hervorragt.

b) Spiraldübel. Der Spiraldübel (Abb. 162) wird
samt der zuvor eingefetteten Schraube eingegipst oder

einzementiert. Das Eingipsen ist nur in trockenen Mauern
zulässig. Das Bohrloch muß den Maßen des Spiraldübels
möglichst angepaßt werden, es ist vor dem Dübelein-
setzen anzufeuchten. Nach dem Erhärten des Gipses
oder Zementes kann man die Schraube herausdrehen.

c) Bleidübel. Der in Abb. 139 mit einer Isolierrolle dargestellte Dübel enthält in einem kleinen Blei-
klotz die Gewindebohrung für die Schraube. Er wird
in ein seiner Größe angepaßtes Dübelloch eingegipst.

d) Keilverschraubung. Die Keilverschraubung
(Abb. 163) eignet sich zum Befestigen von Bolzen, die
auf starken Zug beansprucht werden, und gewährt den
Vorteil, daß Bindemittel (Zement) entbehrlich sind.
Nachdem die Keilverschraubung in das ihr angepaßte
Bohrloch eingesetzt ist, wird der in dem vierkantigen
Keil *k* sitzende Schraubenbolzen angezogen. Dabei

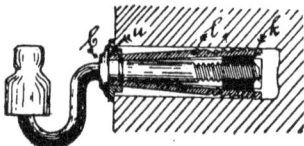 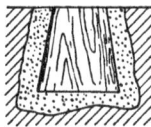

Abb. 163.   Abb. 164.

pressen sich die Seitenteile *l* mit ihren Einkerbungen
gegen die Wand der Bohrung und halten den Bolzen
fest. Der Bund *b* des Bolzens legt sich gegen die das
Bohrloch abschließende Unterlegscheibe *u*.

e) Holzdübel. Abb. 164 zeigt einen aus trockenem
Langholz hergestellten Dübelklotz. Bei frischem Mauerwerk nimmt man feuchtigkeitsbeständig getränkte
Dübel. Die Dübel werden in das vierkantige, nach
hinten weiter ausgehauene Mauerloch, mit dem breiten
Teil dem Innern des Loches zugekehrt, mit Zement
eingesetzt (vgl. Abb. 164).

f) Dübel »Stop« zur Befestigung in Ziegel- und
Sandsteinen. Eine röhrenförmige, aus gepreßtem
Faserstoff hergestellte Dübelhülse wird in ein mit Hilfe
eines zugehörigen Schlagbohrers passend hergestelltes
Mauerloch eingebracht. Durch Einschlagen des Hakens
oder Anziehen der Schraube wird die Hülse aufgetrieben und an das Mauerwerk gepreßt.

258. Leitungsdurchführung in Mauern und Decken.
Sollen Leitungen durch die Mauer geführt werden, so

setzt man Porzellan- oder Hartgummirohre in die Mauerbohrung ein, die so weit sind, daß sich die Leitungen leicht hindurchschieben lassen. Für getrennt gelegte Leitungen müssen auch gesonderte Rohre benutzt werden. Unstatthaft ist es, in ein Rohr mehrere im übrigen getrennte Leitungen einzuziehen. Die Enden der Rohre versieht man mit Tüllen aus feuersicherem Isolierstoff (Abb. 165). Die Tüllen werden so weit genommen, daß sie sich abdichtend über die Rohre schieben lassen, erforderlichenfalls verwendet man zum Abdichten Kitt. In feuchten Räumen werden aus Porzellan hergestellte Einführtrichter (Abb. 136) verwendet.

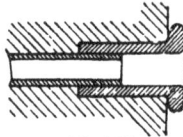

Abb. 165.

Mit Vorteil verwendet man fertige Durchführungen, die, dem jeweiligen Verwendungzweck angepaßt, im Handel erhältlich sind.

Beim Führen von sonst offen gelegten Leitungen durch Fußböden müssen die Schutzrohre einige Zentimeter über den Fußboden vorstehen, damit beim Scheuern kein Wasser in die Rohre eindringt. Sind die über den Fußboden vorstehenden Rohrenden nicht genügend widerstandsfähig, so schützt man sie durch übergeschobene Gasrohre oder durch Verschalung. Werden für das Durchführen einer größeren Anzahl von Leitungen durch Wände oder Decken Aussparungen hergestellt, so dürfen sie nicht weiter sein, als für freies Durchführen der Leitungen gerade erforderlich ist, weil zu große Öffnungen, namentlich in Decken, das Verbreiten eines entstandenen Schadenfeuers begünstigen.

Beim Herstellen von Leitungsführungen durch fertig getünchte Wände und Decken verfahre man sorgfältig, damit die Putzfläche wenig beschädigt wird.

259. Mauerbohrer. Zum Herstellen der Bohrlöcher in Mauern für das Durchführen der Leitungen werden aus Stahl gefertigte, am vordern Ende mit Zähnen versehene und gehärtete Rohre gebraucht. Die Zähne erhalten eine Schärfung, die ungefähr dem beim Kreuzmeißel einzuhaltenden Winkel entspricht; sie werden etwas nach außen gebogen, so daß der Bohrer beim Tieferwerden des Loches Spielraum behält. Zur Schonung der Rohre verstärkt man ihr hinteres Ende durch einen aus Rundeisen hergestellten Ansatz. Beim Bohren

eines Loches führt man gegen den gleichzeitig zu drehenden Bohrer nicht zu kräftige Hammerschläge und drückt
ihn zum Entfernen des Bohrmehls von Zeit zu Zeit
im Augenblick des Schlagens gegen den Hammer derart, daß kein Vertiefen des Loches, sondern ein Prellen
des Bohrers eintritt. Zum Durchbohren dicker Mauern
verwendet man nacheinander verschieden lange Bohrer.

260. Verbinden isolierter Leitungen. Die Enden der
isolierten Leiter müssen zum Herstellen der Verbindungen von der Isolierhülle befreit werden. Dies geschieht durch Ablösen der Isolierung durch Schaben
mit dem Messer. Fehlerhaft wäre es, einen Schnitt
kreisrund um den Leiter zu führen, weil dadurch eine
für Drahtbruch gefährliche Stelle entstehen könnte.
Das Ende der Isolierung muß mit Isolierband umwickelt werden, um es vor dem Auffasern zu schützen.
Zweckmäßig sind auch am Leiterende übergeschobene,
etwa 3 cm lange Gummischlauchstücke, die mittels
eines einfachen Spezialwerkzeuges aufgebracht werden
können und sauberen Abschluß der Isolation ergeben.

a) Klemmverbindungen. Beim Anschließen der
schwachen Leiter an Lichtschaltern, Steckdosen usw.
wird in der Regel das Leiterende durch eine Druckschraube in der Klemmenbohrung festgehalten. Die
neueren Konstruktionen besitzen durchweg Klemmen,
die das geradlinige Einführen der Leiterenden (teilweise
sogar von vorn) gestatten und gebogene Drahtösen
vermeiden.

Die Klemmbohrung ist oft so groß, daß das eingeführte Leiterende neben der angezogenen Klemmschraube lose liegen bleiben kann. In diesem Falle erfolgt beim Stromübergang eine bedenkliche Kontakterwärmung, die sich günstigenfalls durch Zucken des
Lichtes der angeschlossenen Lampen bemerkbar macht
und dann noch rechtzeitig beheben läßt. Derartige
nicht seltene Fehler werden vermieden, wenn man nach
Herstellen jeder Verbindung durch Ziehen an der eingeführten Leitung prüft, ob sie wirklich festgeklemmt
ist. Dabei wird außerdem ein Abpressen des Drahtes
durch zu kräftiges Anziehen der Klemmschraube
festgestellt. Neuere Konstruktionen vermeiden die
Gefahr des Abpressens durch Verwendung einer Beilage, die den Kontaktdruck der Schraube auf eine
größere Fläche verteilt.

Dienen für die Kontaktgebung Klemmschrauben,
die eine Ösenform des Leiterendes erfordern, so wird

das Drahtende oder verlötete Litzenende zu einer Öse gebogen unter den Kopf der Klemmschraube gelegt. Dabei ist die Öse entsprechend dem Drehsinn der Schraube von links nach rechts einzulegen, um nicht beim Anziehen der Klemmschraube aufgebogen zu werden.

Sind an Stelle von Drähten Drahtlitzen anzuschließen, so sind die einzelnen Litzendrähtchen am Ende zu verlöten, um unzulässige Stromübergänge durch einzelne seitlich abstehende Litzendrähte zu vermeiden und einen guten Kontaktdruck durch die Druckschraube zu gewährleisten.

Sollen in Schaltanlagen, z. B. für elektrischen Fahrstuhlbetrieb mit Druckknopfsteuerung, die in großer Zahl in einem Kabel oder einem Schutzrohr vereinigten schwachen Leitungen mit den Enden an eine Klemmenleiste angeschlossen werden, so führt man die Drahtenden am besten auf geradem Wege zu den Klemmen. Bricht eine Leitung, so wird ein Verlängerungsdraht mit Hilfe einer isolierten Klemme angeschlossen. Wenig zweckmäßig wäre es, die Drahtenden schraubenförmig ·gewickelt den Klemmen zuzuführen; dabei bleibt zwar Drahtlänge zum Neuverbinden übrig, wenn ein Draht abbricht, aber es entsteht der Nachteil, daß durch das leicht mögliche Verbiegen der Drahtwindungen die Betriebsicherheit und das gute Aussehen der Einrichtung leidet. Das die Leitungen zuführende Kabel oder Schutzrohr wird mit Schellen befestigt.

Werden Leitungen mit Papierisolierung verwendet, so legt man das Ende des Kabels oder Leitungsbündels in ein mit Füllmasse auszugießendes Gehäuse und führt von diesem aus die Leiter nach der Klemmenleiste.

Für starke Drahtlitzen verwendet man Kabelschuhe, in denen das Litzenende durch eine Klemmvorrichtung festgehalten wird. Das geschieht bei dem in Abb. 166 gezeigten, nur für Kupferleiter geeigneten

Abb. 166.   Abb. 167.

Kabelschuh durch Spitzschrauben, die die Litzendrähte
zur Sicherung des Kontaktes gegen die Kabelschuh-
wand drängen. Die in Abb. 167 und 168 dargestellten
Kabelschuhe haben zweiteilige Klemmen. Der Kabelschuh Abb. 169 wird mit Hilfe seiner federnden Klemm-
hülse zusammengepreßt. Für diese Klemmen ist Be-

Abb. 168.   Abb. 169.

dingung, daß nach dem Anziehen der Schrauben bei
eingelegtem Litzenende noch Spielraum zwischen den
Klemmbacken bleibt und dadurch die Klemmen-
pressung auf den Leiter gewährleistet wird.

Bezüglich des Materials der Kabelschuhe ist streng
zu beachten, daß Preßmessing keine Kälte verträgt
und bei Temperaturen unter 0^0 dazu neigt, unvermutet
zu brechen. Kabelschuhe aus Preßmessing sind also
im Freien sowie für kalte Räume nicht zu verwenden.
Für Aluminiumseile eignen sich nur Klemmschellen.
Der Kabelschuh Abb. 166 würde keinen genügenden
Kontakt geben.

b) Lötverbindung. Ein für das Einlöten des
Litzenendes bestimmter Kabelschuh ist in Abb. 170
dargestellt. Dabei muß das
Litzenende mit wenig Spielraum in den Kabelschuh passen.
Erforderlichenfalls werden zum
Ausfüllen eines in der Weite
nicht ganz passenden Kabel-
schuhes kurze Drahtenden in
die Hülse eingeschoben.

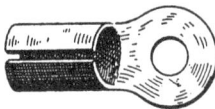

Abb. 170.

Das Verlöten der Leitungen untereinander, wie
es beim Fehlen von Klemmvorrichtungen nötig sein
kann, ist nach Möglichkeit zu vermeiden und nur im
Notfall anzuwenden.

Beim Löten beschädigte Teile der Isolierung müssen
erneuert werden.

Über Löten vgl. 235a und b.

261. Isolieren der Verbindungstellen. In trockenen
Räumen genügt ein Umwickeln der blanken Leiterteile

mit Isolierband, das über die Isolierschicht der Leitung hinweggreifen muß. In feuchten Räumen ist eine der Leitungsisolierung gleichwertige Umhüllung der Verbindungstelle notwendig.

262. Steckvorrichtungen für ortsveränderliche Leitungen. Biegsame Anschlußleitungen für Tischlampen, ortsveränderliche Apparate und Motoren müssen von den festverlegten Leitungen mit lösbaren Kontakten abgezweigt werden. Derartige Kontakte werden nachstehend als Anschlußdosen und Stecker bezeichnet.

Die Stecker dürfen nicht in Anschlußdosen für höhere Stromstärke und Spannung, als wofür sie selbst bemessen sind, passen, damit das Anschließen ungenügend gesicherter Leitungen verhindert wird. Müssen beim Anschluß von Stromverbrauchern die Polzeichen beachtet werden, so verwendet man Steckvorrichtungen die das Verwechseln der Pole ausschließen. Die mit dem Stecker verbundenen Schnurleitungen müssen sowohl am Stecker wie an den Einführungen in die ortsveränderlichen Geräte an den Kontakten von Zug entlastet werden. Die Umklöppelung muß im Stecker festgehalten werden, um ein Freilegen der Gummiader zu vermeiden.

Im allgemeinen sollen die Anschlußdosen keine Sicherungen enthalten. Werden eigene Sicherungen verlangt, wie es für besonders gefährdete Schnurleitungen notwendig ist, so müssen die Sicherungen in die Anschlußdose (nicht in den Stecker) oder gesondert in die Anschlußleitung eingebaut werden.

Sind Steckvorrichtungen an ortsveränderlichen Stromverbrauchern angebracht, so muß die Anschlußdose (Hohlkontakt) an der Leitung und der Stecker Vollkontakt) am Stromverbraucher befestigt werden. Würde der Stecker an der Leitung angebracht, so könnten die freiliegenden spannungführenden Steckerkontakte beim Berühren mit Metallteilen Kurzschluß verursachen. Eine sinngemäße Anordnung ist bei gegenseitiger Verbindung ortsveränderlicher Leitungen notwendig, wenn die mit dem Stromverbraucher verbundene Schnurleitung verlängert werden soll.

Für gewerbliche Zwecke, Anschluß ortsveränderlicher Motoren usw. sind kräftig gebaute metallgekapselte Steckvorrichtungen notwendig. Die Anschlußeinrichtung muß mit selbsttätiger Vorrichtung zum Festhalten des Steckers in der Anschlußdose, etwa mit

einer nach dem Einlegen des Steckers einspringenden
Klinke versehen sein, damit unbeabsichtigtes Herausziehen des Steckers verhindert wird. Für landwirtschaftliche Betriebe sind verriegelbare Stecker zu
empfehlen, so daß das Einführen und Herausziehen
des Steckers nur bei abgeschalteter Leitung möglich ist.
In feuchten Räumen sind Stecker mit Porzellanisolie-
rung und Schutzkontakt notwendig, deren Öffnung,
nach unten gekehrt, Schutz gegen Tropfwasser haben
muß. Das Berühren der unter Spannung stehenden
Kontaktteile, insbesondere beim Einsetzen des Steckers,
soll unmöglich gemacht sein (Kragenschutz). Hat der
Stecker eine Schutzhülle aus Metall, so muß diese durch
einen Steckerstift oder eine gleichwertige Vorrichtung
mit der geerdeten Anschlußdose leitend verbunden
sein, bevor die Verbindung mit den spannungführenden
Kontaktteilen hergestellt ist.

Beim Einbauen der Anschlußdosen für Drehstrom
sorge man für richtige Phasenfolge, die z. B. durch
Ausklingeln der Leitungen vor dem Einführen in die
Anschlußdose ermittelt werden kann.

**263. Anschließen der Schnurleitungen an die Stecker
und Stromverbraucher.** Beim Verbinden der Schnurleitungen mit dem Stecker und dem Stromverbraucher
muß die mechanische Beanspruchung der Anschlußstellen berücksichtigt werden.

Bei den neuerdings nur rund zugelassenen Zimmer-
schnüren (vgl. 244 III) genügt das Verstärken der
Leiterhülle mit Hilfe von Isolierband oder sonstigem
geeignetem Bindematerial bzw. übergeschobener Gummi-
hülse am Übergang zum Stecker. Häufig wird bei viel-
bewegten Leitungen, wie für Bügeleisen, das Leitungsende durch eine mit der Steckvorrichtung fest verbundene etwa 30 cm lange Drahtspirale geführt,
wodurch die Anschlußleitung mechanisch verstärkt
und die Gefahr von Brüchen infolge dauernder und
scharfer Knicke an der Einführungstelle vermieden
wird.

Für die mehr beanspruchten Werkstattschnüre usw.
sind Lederhülsen oder gleichwertige Verstärkungen
nötig. Dabei trägt der Stecker bzw. die Dose in der
Regel eine Vorrichtung zum Einspannen des Endes der
Schnurleitung. Mit dem Stromverbraucher wird das
andere Schnurende bei größeren Anschlußwerten meist
fest verbunden und durch eine vorgelegte Schelle in

der Befestigung gesichert. Diese Schelle muß zum
Schutz der Schnurisolierung mit Leder oder Gummi
ausgekleidet werden.

**264. Schutz der Zuleitungen für ortsveränderliche
Stromverbraucher.** Die Isolier- und Schutzhüllen der
Zuleitungen müssen der vorkommenden Beanspruchung
angepaßt sein. Nie sollen die Leitungen länger genommen werden, als dringend notwendig ist, weil sich
lange Leitungen leicht verschlingen und dadurch
Schaden leiden. Die Anschlußdose muß an einer Stelle
eingebaut werden, von der aus das Zuführen der Schnurleitung oder des Leiterkabels zum Gebrauchsgegenstand
die geringste Gefahr für das Beschädigen der Zuleitung
einschließt. Z. B. wird für Bügeleisen die Leitung am
besten von oben zugeführt, indem man die Anschlußdose an einem Pendel befestigt. Dadurch wird das Hin-
und Herziehen der Leitung auf dem Bügeltisch vermieden und nicht nur Schonung der Leitung sondern
auch bequemeres Handhaben des Bügeleisens erreicht.
Bei elektrischen Kocheinrichtungen kann man bewegliche Leitungen vermeiden, wenn die Kocher zum unmittelbaren Ansetzen an die Anschlußkontakte eingerichtet sind. Für den Anschluß ortsveränderlicher
Motoren benutze man widerstandsfähige Werkstattschnüre oder Panzerkabel.

**265. Vermeiden des Berührens der elektrischen Ein-
richtungen mit anderweitigen Leitungsnetzen.** Die Leitungen und alle sie umgebenden metallenen Schutzrohre sowie Apparate und deren metallene Gehäuse
dürfen Gas-, Wasserleitungen usw. nicht berühren,
wenn die Metallhüllen nicht gut geerdet sind. Das
bezweckt, unmittelbaren Stromübergang auf die anderweitigen Leiter zu verhüten, wie er bei Isolationsfehlern in den elektrischen Leitungen und damit zu-
sammenhängendem Körperschluß mit den metallenen
Schutzrohren und Schutzkasten auftreten würde.
Stromübergang auf ein Gas- oder Wasserrohr kann das
Einschmelzen eines Loches in das Rohr und damit
Gas- oder Wasseraustritt zur Folge haben, wenn nicht
zuvor durch die zugehörige Sicherung Stromunterbrechung eintritt. Als Abstand zwischen den elektrischen Einrichtungen und anderweitigen Leitern genügen bei Niederspannungsanlagen in trockenen Räumen 1 bis 2 cm. In feuchten Räumen, wo die leitende
Eigenschaft der feuchten Wand zu berücksichtigen ist,

18*

soll wegen möglicher elektrolytischer Zerstörung der Abstand, wenn angängig, nicht unter 1 m betragen.

Lassen sich elektrische Leitungen und zugehörige metallene Schutzrohre von anderweitigen Leitern nicht fernhalten, wie es zutrifft, wenn die Kronen auch Gasanschluß haben, so verbindet man am besten das metallene Leitungschutzrohr und das Gasrohr leitend, indem man die meist nebeneinander liegenden Rohre mit Bindedraht umwickelt. Dadurch wird Lichtbogenbildung zwischen den benachbarten Leitern verhindert und das Wirken der Schmelzsicherungen beim Auftreten von Isolationsfehlern gefördert.

Besonders feuergefährlich ist der Stromübergang von Starkstromleitungen auf Fernsprech-, Klingelleitungen usw. wegen deren schwacher Isolierung und wegen der oft bestehenden Erdung des einen Poles des Fernmeldenetzes. Die beiderseitigen Leitungen dürfen sich daher nicht berühren; ihr Abstand soll nicht unter 10 cm betragen. An den Kreuzungstellen läßt sich durch Zwischenlegen von Isolierrollen, durch Isolierrohre usw. eine sichere Trennung erreichen. Bei Wand- und Deckendurchführungen dürfen nie gemeinsame Rohre für beide Arten von Leitungen dienen. Besondere Beachtung schenke man den an Kronen herabhängenden Klingelleitungschnüren. Dabei bediene man sich für Starkstrom- und Fernmeldeeinrichtungen bester Gummiaderleitungen. Die in der Regel frei herabhängende Klingelleitungsschnur muß an der Decke oder an der Krone isoliert befestigt werden, so daß dem Beschädigen der auf Zug beanspruchten Befestigung vorgebeugt wird. Gute Erdung des Metallkörpers der Kronen soll man anstreben, damit bei Isolationsfehlern in den Starkstromleitungen die zugehörigen Sicherungen durchschmelzen und dadurch auch das Fernmeldenetz schützen.

Leitungsanlagen.

266. Zweileiteranlage. Die Stromverbraucher, Lampen, Motoren usw. werden von zwei mit gleichbleiben) der Klemmenspannung gespeisten Leitungen P und N (Abb. 171- abgezweigt.

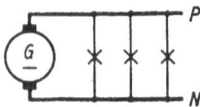

Abb. 171.

Ausgedehnte Netze erhalten Speiseleitungen H (Abb. 172), die von den Sammelschienen S des Unterwerkes ausgehen und an

die Netzknotenpunkte *K* angeschlossen sind. Prüfdrähte, die in den Speisekabeln isoliert geführt sind,
ermöglichen das Messen der Spannungen an den Knoten-

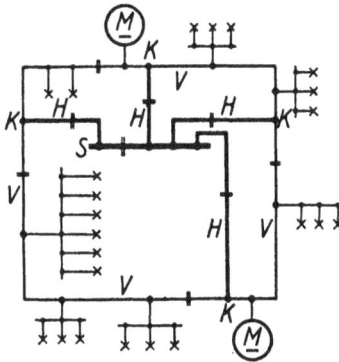

Abb. 172.

punkten und damit das Einhalten gleichbleibender Netzspannung. Diese beträgt in Zweileiteranlagen meist
110 oder 220 V.

267. Dreileiteranlage. Die Dreileiteranlage besteht
in der Reihenschaltung zweier Zweileiteranlagen; der
Mittelleiter *O* (Abb. 173) dient zum Ausgleich. Er
führt Strom in der einen oder anderen Richtung, je
nachdem der eine oder andere Außenleiter, *P* oder *N*,

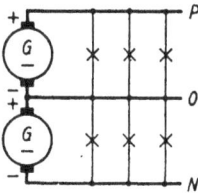

Abb. 173.

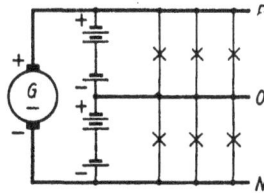

Abb. 174.

mehr oder weniger belastet ist. Durch den Ausgleich
im Mittelleiter läßt sich die Spannung auf beiden Netz-
seiten angenähert gleich halten, auch wenn diese ungleich belastet sind.

Bei Verwendung nur einer Maschine, die für die Außenleiterspannung gebaut sein muß, wird der Stromausgleich durch den Mittelleiter am häufigsten durch Akkumulatoren ermöglicht (Abb. 174); ist keine Akkumulatorenbatterie vorhanden, so können Drosselspulen als Spannungsteiler benutzt werden.

Unter sonst gleichen Verhältnissen ist die Klemmenspannung bei einer Dreileiteranlage (zwischen den Außenleitern P und N) doppelt so groß wie bei einer Zweileiteranlage, während bei gleicher Lampenzahl die Stromstärke nur halb so groß ist. Das Verdoppeln der Klemmenspannung und Vermindern der Stromstärke auf die Hälfte bedingt, unter Annahme eines beidemal gleich großen prozentualen Spannungsverlustes, daß sich der Querschnitt der Außenleiter angenähert auf den vierten Teil des Leiterquerschnittes in der Zweileiteranlage vermindert. Der Querschnitt des Mittelleiters wird für schwache Leitungen zweckmäßig gleich dem Querschnitt der Außenleiter genommen; bei Außenleitern von 50 mm² Querschnitt und mehr genügt für den Mittelleiter der halbe Außenleiterquerschnitt. Die Ersparnis an Leiterquerschnitt gegenüber den Zweileiteranlagen wird bei Dreileiteranlagen durch das Hinzukommen der dritten Leitung und den damit verbundenen Mehrbedarf an Isolierung teilweise aufgewogen.

Der Mittelleiter in den Dreileiteranlagen wird in der Regel geerdet; bei Anlagen mit mehr als 250 V Außenleiterspannung muß dies geschehen, wenn die Einrichtung als Niederspannungsanlage gelten soll (vgl. 208). Durch das Erden des Mittelleiters wird erreicht, daß die Spannung zwischen jedem beliebigen Leiter und Erde die halbe zwischen den Außenleitern bestehende Spannung nicht übersteigt und Erdschluß nur unter Wirkung dieser Spannung auftritt.

Beim Verteilen der Lampen in Dreileiteranlagen muß man gleiche Belastung zu beiden Seiten des Mittelleiters anstreben. Zu dem Zweck werden die mehr belasteten Netzteile als Dreileiter- und die für geringe Lampenzahl bestimmten Zweigleitungen als Zweileiteranlagen ausgeführt. Diese zweigt man abwechselnd von der einen und anderen Seite des Dreileiternetzes ab. Der Mittelleiter wird zwischen die Außenleiter gelegt. Beim Anschluß an Straßenkabelnetze führt man, selbst wenn infolge geringer Lampen-

zahl ein Abzweigen von einem der Außenleiter und
dem Mittelleiter zulässig wäre, auch den zweiten
Außenleiter in das Gebäude ein. Die Anlagen können
dann je nach der Stromverteilung auf die eine oder
andere Netzseite geschaltet werden.

Die Netzspannung in Dreileiteranlagen beträgt in
der Regel 2 · 110 oder 2 · 220 V.

268. Dreileiteranlage mit blankem Mittelleiter. Aus
Sparsamkeit wird der Mittelleiter von Gleichstrom-
kabelnetzen zuweilen als nicht isolierter Draht in
die Erde gelegt. Ein gut geerdeter Mittelleiter kann
im Innern trockener Gebäude als blanker Draht weitergeführt werden.

Der blanke Leiter wird nur für die als Dreileiteranlage ausgebauten Netzteile oder auch für die Zwei-
leiterabzweige bis zu den Lampen verwendet. Sind
Zweileiterabzweigungen zum Umschalten auf beide
Seiten des Dreileiternetzes eingerichtet, so muß der
blanke Leiter mit dem Mittelleiter verbunden bleiben.

Im blanken Leiter dürfen sich weder Sicherungen
noch Schalter befinden, weil er durch das Abschalten
vom geerdeten Mittelleiter die Außenleiterspannung
erhalten und dadurch Feuergefahr verursachen kann.

Für das Legen des blanken Leiters gelten die für
den vierten Leiter der Drehstromanlagen gegebenen
Anleitungen (vgl. 254).

269. Drehstromanlage. Die Motoren werden an alle
drei, die Lampen abwechselnd an zwei Zweige angeschlossen. Vor allem achte man auf gleiche Belastung
der drei Stromkreise. Bei Lichtstromabgabe an Gebäude werden, wenn wenige Lampen verlangt sind,
nur zwei Zweigleitungen eingeführt. Für größere Lampenzahl führt man alle drei Leitungen ein und zweigt
von den Schalttafeln drei Stromkreise ab. Die Lampen
verteilt man dann so, daß in jedem Stockwerk und in
größeren Räumen an alle drei Zweige angeschlossene
Lampen vorhanden sind und demnach bei Störungen
in einem Zweig nicht alle Lampen erlöschen.

270. Drehstrom-Vierleiterschaltung mit geerdetem
vierten Leiter wird meist für eine Netzspannung
zwischen den drei Phasen von 380 V und folglich
zwischen jeder Phase und viertem Leiter von 220 V
eingerichtet. Die Motoren werden, zwischen die drei
Phasen geschaltet, mit 380 V, die Lampen, zwischen
eine der Phasen und dem Nulleiter geschaltet, mit

220 V betrieben. Über das Legen des vierten Leiters
vgl. 254.

271. Sicherung von Anlagen. Die Sicherung von
Anlagen erfolgt durch eingebaute Apparate, die bei
zu hohem Strom die gefährdeten Leitungen selbsttätig
abschalten.

Schmelzsicherungen und Installationsselbstschalter
(Kleinautomaten) sprechen nur auf Überströme an,
während die Schalter in den Anlagen nach dem System
Heinisch-Riedl auch bei Isolationsfehlern auf die
Fehlerströme ansprechen, selbst wenn der Übergangs-
widerstand an der Störungstelle noch zu groß ist, um
Überströme zu verursachen.

272. Schmelzsicherungen.

a) Anordnen der Sicherungen. Durch Schmelzsicherungen oder selbsttätige Überstromschalter (vgl.
157) müssen alle Leitungen (abgesehen von den nachstehend bezeichneten neutralen oder Nulleitern und
geerdeten Leitern) geschützt werden, die von den
Schalttafeln nach den Verbrauchsstellen führen. Gleiches
gilt für alle Stellen, an denen sich der Querschnitt
der Leitungen in der Richtung nach der Verbrauchs-
stelle vermindert, wenn nicht die Sicherungen für den
starken Leiter auch noch den abgezweigten schwächeren
Leiter schützen. Abweichend von dieser Bestimmung
brauchen nicht gesondert gesichert zu werden alle
Verjüngungen von Leitungen und Abzweigungen zu
den Sicherungen, auch bei schwächerem, durch die
vorhergehende Sicherung nicht geschützten Querschnitt, wenn sie nicht über 1 m lang und von entzündlichen Gegenständen feuersicher getrennt sind.
Läßt sich das nicht erreichen, so muß die Abzweigung
so stark bemessen werden, daß sie durch die vorgeschaltete Sicherung geschützt ist. Mehrfachleitungen
dürfen zum Herstellen der Abzweigungen zu den
Sicherungen nicht verwendet werden.

Schmelzsicherungen als Überstromschutz in Hochspannungskreisen sollen möglichst vermieden und
durch selbsttätige Schalter ersetzt werden, weil die
zusammengehörigen Leitungen durch Schmelzsicherungen selten gleichzeitig unterbrochen werden und
dann Überspannungen entstehen. Schmelzsicherungen
sind hier nur zulässig, wenn bei einpoligem Leitungs-
anschluß, wie er durch das Abschmelzen einzelner
Sicherungen eintritt, die Leitungen unter sich und

gegen Erde keine nennenswerte Kapazität aufweisen.
Überlandleitungen mit Transformatoren an den End-
strecken sollten durch selbsttätige Überstromschalter
geschützt werden. Für hohe Wechselstromspannungen
werden meist unter Öl befindliche selbsttätige Schalter
(Ölselbstschalter) verwendet, die sicheres Abschalten
in allen Phasen gewährleisten. Werden für kleine
Netztransformatoren Schmelzsicherungen eingebaut, so
nimmt man sie für die Oberspannung stärker, etwa
bis zum vierfachen Wert des Nennstromes, um zu erreichen, daß bei Überlastung möglichst nur die Sicherungen in der Unterspannung durchschmelzen.

Die neutralen oder Nulleitungen bei Mehrleiter-
oder Mehrphasenanlagen sowie alle betriebsmäßig
geerdeten Leitungen erhalten in der Regel keine
Sicherungen. Demnach bleiben Sicherungen weg für
den Mittelleiter in Dreileiteranlagen und den Nulleiter
bei Sternschaltung. Erhielte der Mittelleiter in Dreileiteranlagen Sicherungen, so würde die Gefahr bestehen, daß bei Kurzschluß zwischen dem Mittelleiter
und einem Außenleiter nur die Mittelleitersicherung
schmilzt, wobei die Lampen der anderen Dreileiter-
seite, auf die doppelte Spannung gebracht, durchbrennen oder sogar explosionsartig zerspringen würden.
Schon ein Unterbrechen des Mittelleiters, ohne den
vorerwähnten Kurzschluß, ist bei ungleicher Belastung
beider Dreileiterseiten bedenklich, weil dann die
Lampen auf der schwächer belasteten Seite zu hohe
Spannung erhalten.

Werden isolierte Zweileiterstränge von einem
Dreileiter- oder Mehrphasennetz abgezweigt, so können
sie doppelpolige Sicherungen, d. h. Sicherungen auch
in den Abzweigungen vom Nulleiter erhalten. Wird ein
solches Zweileitersystem an der Abzweigstelle nur
einpolig gesichert, so müssen die vom Nulleiter des
Dreileiter- oder Mehrphasennetzes weitergeführten Leitungen als solche gekennzeichnet sein. Das Kenn-
zeichnen wird z. B. erreicht, wenn man für den Mittelleiter andere Drahtisolierung als für die Außenleiter
wählt. In den anzuschließenden Apparaten und Be-
leuchtungskörpern ist das Kennzeichen der mit dem
Mittelleiter verbundenen Leitung nicht mehr nötig, so
daß in der üblichen Weise mit Fassungsader versehene
Kronen angeschlossen werden können. Ist der Mittelleiter in Dreileiteranlagen als blanker Draht gelegt
(vgl. 268), und wird er in den Zweileiteranschlüssen als

solcher weitergeführt, so erhält er ebenfalls keine Sicherungen.

Ringleitungen müssen am Speisepunkt nach beiden Seiten Sicherungen erhalten. Für parallel geschaltete Leitungen sind am Ausgangs- und Endpunkt Sicherungen nötig. Für Hauptleitungen sind an den Schalttafeln Sicherungen erforderlich. Teilen sich die Leitungen in mehrere Zweige, so erhält jeder eine eigene Sicherung. Die Erregerstromkreise von Maschinen dürfen keine Sicherungen erhalten. Hochspannungstromkreise, z. B. Meßwandler, müssen gesichert werden, um etwaigen Kurzschluß im Transformator ungefährlich zu machen.

b) Stärke der Sicherungen. Die Sicherungen sollen der Betriebstromstärke der Leitungen angepaßt werden, dürfen aber im allgemeinen nicht stärker bemessen werden, als in Tabelle A unter 211 angegeben ist.

Bei Niederspannungsanlagen in Gebäuden können mehrere Leiterzweige gemeinsame Sicherungen für höchstens 6 A Stromstärke erhalten, ohne Rücksicht auf die Querschnitte; Querschnittsverminderungen oder Abzweigungen, auch für ortsveränderliche Stromverbraucher (vgl. 262), erfordern dabei keine gesonderten Sicherungen. Nur wenn bei diesen schwachen Leitungen häufiges Beschädigen zu befürchten ist, schützt man sie gesondert durch Sicherungen bis herab zu 6 A Nennstrom.

In Stromkreisen, in denen hohe Stromstärke nur vorübergehend auftritt, z. B. beim Anlassen von Motoren, werden häufig Grob- und Feinsicherungen eingebaut, wobei man die ersteren der vorübergehend auftretenden Stromstärke, die letzteren der Dauerbelastung angepaßt mit den Schalteinrichtungen verbindet. Bei der Stern-Dreieckschaltung (vgl. 51b) kann für die Sternschaltung eine Grobsicherung und für die Dreieckschaltung eine Feinsicherung durch die jeweilige Anlasserstellung in Betrieb genommen werden.

c) Bauart der Sicherungen. Schmelzsicherungen werden offen, d. h. mit Schmelzstreifen, die frei liegen oder nur mit einer Schutzkappe versehen sind, nur für berufene Wärter zugänglich, angewendet. Im übrigen, namentlich in Wohnungen, müssen die Sicherungen, in den spannungführenden Teilen abgeschlossen, so eingebaut sein, daß auch beim Durchschmelzen unter Kurzschluß kein offener Lichtbogen auftreten kann. Der Schmelzdraht ist zu diesem

Zweck in einem Isolierkörper, Patrone genannt, eingeschlossen. An den Patronen sollen Anzeigevorrichtungen sein, die erkennen lassen, ob eine Sicherung durchgeschmolzen ist. Verlangt wird, daß bei den Sicherungen für 6—60 A irrtümliches Einsetzen zu starker Schmelzeinsätze (Patronen) ausgeschlossen ist. Instandsetzen der Schmelzeinsätze, d. h. das Auswechseln durchgebrannter Schmelzdrähte in den Sicherungspatronen, ist wegen Beeinträchtigung der Betriebsicherheit streng zu vermeiden. Ersatzpatronen sollen bereitliegen.

d) Einbauen der Sicherungen. Die Sicherungen müssen an leicht zugänglichen Stellen derart angebracht werden, daß sich die Schmelzeinsätze bequem auswechseln lassen und der Bedienende dabei nicht gefährdet wird. Unzweckmäßig wäre es, sie so anzubringen, daß sie nur mit einer Leiter erreichbar sind. Die Sicherungen für zusammengehörige Gebäudeteile, für einzelne Stockwerke oder auch große Räume werden auf Schalttafeln vereinigt. Bei den üblichen Einrichtungen mit Sicherungs-Patronen sind zweckmäßig die von der Stromquelle kommende Leitung an den Fuß des Sicherungs-Elementes und die zum Verbraucher führende Leitung an den Gewindering angeschlossen. Die Sicherungs-Elemente versieht man mit Schildchen für das Bezeichnen der zugehörigen Stromkreise und erforderlichenfalls mit verschließbaren Schutzkästen. Befinden sich mehrere Lampen in einem Raum, so sollte man sie tunlichst nicht alle hinter den gleichen Sicherungen abzweigen. Befinden sich auf der Sicherungstafel auch Schalter, so werden diese, von der Stromquelle ausgehend betrachtet, vor den Sicherungen eingebaut, so daß man die Sicherungen vor dem Auswechseln von Schmelzeinsätzen abschalten und dann gefahrlos (nicht unter Spannung stehend) bedienen kann. Die Sicherungen müssen so angebracht werden, daß an ihnen etwa auftretende Feuererscheinungen benachbarte brennbare Gegenstände nicht entzünden können. In feuchten Räumen ist besonderer Schutz der Apparate notwendig, falls ihre Anbringung dort nicht vermieden werden kann. In Räumen, in denen sich explosible Gase ansammeln, dürfen Sicherungen überhaupt nicht oder nur explosionssicher eingebaut untergebracht werden.

e) Bedienen der Sicherungen. Nach dem Durchschmelzen einer Sicherung sollte vor dem Ein-

setzen eines neuen Schmelzeinsatzes die Isolation des zugehörigen Leitungszweiges geprüft (vgl. 292) und der
etwa vorhandene Fehler beseitigt werden. Ist sofortiges
Prüfen nicht möglich, so kann man versuchen, ohne
vorherige Isolationsmessung einen neuen richtig bemessenen Schmelzeinsatz (Patrone) einzusetzen; es
darf dann aber nicht versäumt werden, die Isolation
bei nächster Gelegenheit zu prüfen. Schmilzt der
neue Schmelzeinsatz ebenfalls, so müssen die schadhaften Zweigleitungen bis nach dem Beseitigen des
Fehlers durch Stromunterbrechung an beiden Polen
spannungslos gemacht werden. Beim Einsetzen eines
Schmelzeinsatzes während des Betriebes sollte der
Stromkreis nach Möglichkeit ausgeschaltet werden; er
darf erst nach dem Aufbringen der die Sicherung vor
unbeabsichtigtem Berühren schützenden Abdeckung
wieder eingeschaltet werden. Unzulässig ist es, statt
eines zerstörten Schmelzeinsatzes einen stärkeren
Schmelzeinsatz oder gar einen anderweitigen Strom-
leiter einzusetzen, da hierdurch die Sicherung wirkungs-
los und beim Vorhandensein eines Fehlers die Leitung
glühend würde. Die Kontaktflächen in den Sicherungen sollen rein gehalten werden, hauptsächlich bei
Apparaten, die in feuchten Räumen untergebracht
sind, ist öfteres Reinigen erforderlich. Sind die
Sicherungen Erschütterungen ausgesetzt, so sind
Vorkehrungen nötig, die verhindern, daß sich die Kontakte lockern, weil sonst unzeitiges Durchschmelzen
der Sicherungen infolge von Kontakterwärmung eintritt. Sicherungen für Hochspannung dürfen nur von
kundigen Wärtern bedient werden.

273. Installationsselbstschalter (Kleinautomaten) bewirken ebenso wie die Schmelzsicherungen (vgl. 272)
das Abschalten überlasteter Leitungen. Die kleinen
Selbstschalter verwendet man statt der Schmelzsicherungen, wenn mit häufigem Überlasten der Leitungen zu rechnen ist und wiederholtes Ersetzen von
Schmelzsicherungen vermieden werden soll. In solchem
Falle sind die im Vergleich zu den Schmelzsicherungen
teureren Selbstschalter wirtschaftlicher. Dagegen werden für die gewöhnlichen Leitungsanlagen, namentlich
für Beleuchtung, in denen Störungen selten sind, die
Schmelzsicherungen meist beibehalten.

Von den Selbstschaltern muß die gleiche Betriebs-
sicherheit verlangt werden, wie von den Schmelzsicherungen. Die Selbstschalter müssen bei der vorge-

schriebenen Stromstärke und bei Kurzschluß den
Stromkreis sicher unterbrechen. Der beim Ausschalten
entstehende Lichtbogen muß schnell gelöscht werden,
ohne daß der Schalter Schaden leidet. Es muß unmöglich gemacht sein, die Schaltkontakte in der Einschalt-
stellung von Hand festzuhalten, weil eine fehlerhafte
Anlage gefährdet werden kann, wenn der Überstrom
einige Zeit bestehen bleibt. Die Schalter müssen Freilaufkupplung haben, so daß sie beim Einschalten unter
Überstrom sofort wieder ausschalten.

274. Schutzschaltung nach Heinisch-Riedl. Diese
Schutzschaltung erreicht, daß jeder durch Isolations-
mängel hervorgerufene Fehlerstrom, sofern er zu un-
zulässigen Berührungspannungen Veranlassung gibt,
die sofortige Abschaltung der ganzen Anlage bzw. der
fehlerhaften Anlageteile bewirkt.

Hierzu werden durch eine durch die ganze Anlage
mitgeführte Schutzleitung alle Fehlerströme dem
Schutzschalter zugeführt, wo sie die Fehlerstromspule
zum Ansprechen und damit den Schalter zur Auslösung
bringen.

Diese Schalter können gleichzeitig als Betätigung-
schalter für den normalen Ein- und Ausschaltvorgang
verwendet werden; sie besitzen in der Regel thermische
Überstromauslösung sowie Freiauslösung, so daß auch
bei Festhalten des Schalthebels die Ausschaltung erfolgt. Durch eine Prüfverbindung mit Taste zwischen
Leiter und Schutzleitung kann jederzeit das ordnungs-
gemäße Arbeiten der Anlage kontrolliert werden; eine
derartige Verbindung kann auch als Notkontakt dienen,
was in manchen Betrieben von großem Wert ist.

Bedingung für verlässiges Arbeiten ist das Vorhandensein einer guten Hilfserde, an die das eine Ende der
Fehlerstromspule angeschlossen wird. Der Querschnitt
der Erdzuleitung soll nicht unter 4 mm² genommen
werden, als Erder können Erdplatten von ¼ m² oder
verzinkte ½″-Eisenrohre Verwendung finden. Die
Erdzuleitung darf mit der Schutzleitung außer über
die Fehlerstromspule keine metallische Verbindung
besitzen, da sonst das Arbeiten der Spule in Frage gestellt wird.

Für die Schutzleitung, die an das andere Ende der
Fehlerstromspule angeschlossen wird, kann der Metall-
mantel von Stahlpanzerrohr oder der Bleimantel von
Kabeln verwendet werden; bei Rohrdraht und Isolier-

rohr benutzt man die Typen mit eingefalztem blankem Kupferdraht, andernfalls legt man mit den Leitern einen blanken Kupferdraht ein, der aus Festigkeitsgründen nicht unter 4 mm² gewählt werden soll. Für einwandfreie durchgehende Verbindung sämtlicher Schutzleitungen ist Sorge zu tragen.

275. Prüfzeichen des Verbandes Deutscher Elektrotechniker. Durch die vom Verband Deutscher Elektrotechniker gegründete Prüfstelle werden Zeugnisse darüber ausgestellt, ob vorgelegte Einrichtungsteile den vom Verbande ausgegebenen Bedingungen genügen. Welche Einrichtungsteile, wie Sicherungen, Dosenschalter usw., für die Prüfung zugelassen sind, gibt die Prüfstelle bekannt. Der Hersteller eines durch die Prüfung anerkannten Einrichtungsteiles ist berechtigt, alle Erzeugnisse gleicher Art mit dem gesetzlich geschützten Prüfzeichen (Abb. 175) zu versehen und das Prüfzeichen in gleichem Sinne für Preislisten usw. anzuwenden.

Abb. 175.

Das Prüfzeichen bietet demnach Gewähr für anerkannt verläßliche Bauart der Einrichtungsteile.

276. Entwerfen der Leitungsanlagen. Beim Entwurf bestimmt man zunächst Zahl, Art und Platz der erforderlichen Lichtstellen, Motoren und Apparate. Durch einen Leitungenplan, der auf Grund der örtlichen Verhältnisse bearbeitet ist, bleiben eingehendere Untersuchungen beim Beginn des Leitunglegens erspart.

Beim Entwerfen des Leitungenplanes müssen für die von den Benutzern der Anlagen zu bedienenden Teile wie Schalter, Anschlußdosen usw., leicht erreichbare Stellen ermittelt und für alle übrigen Teile, wie Zähler, Sicherungstafeln usw. anderweitig nicht oder möglichst wenig verwertbare Plätze ausgewählt werden. Darunter darf die für Zähler und Sicherungentafeln beanspruchte Zugänglichkeit zum Zweck zeitweisen Nachsehens nicht leiden. Am besten werden diese Teile in Mauernischen, die mit Türen abgeschlossen sind, untergebracht. In Stockwerkgebäuden mit Mietwohnungen sollen die Zähler in der Nähe der Steigleitungen angebracht werden, um lange Anschlußleitungen, die eine unberechtigte Stromentnahme erleichtern würden, zu vermeiden.

Handelt es sich um eigene Stromerzeugung, so wird die Stromverteilung am besten von der Schalt-

tafel im Maschinenraum aus bewirkt. Wird der Strom
durch ein Elektrizitätswerk geliefert, so muß eine für
den Hausanschluß, d. i. die Leitungeneinführung in das
Gebäude, geeignete Stelle gesucht werden, von der aus
die Leitungen verzweigen. Ein Zusammenlegen der
Zähler, Hauptsicherungen usw. in der Stromerzeugungs-
anlage oder am Hausanschluß ist nur bei wenig um-
fangreichen Netzen möglich. In ausgedehnten Anlagen
sind Speiseleitungen notwendig, an die die Zuleitungen
für die Stromabnehmer angeschlossen werden. Dabei
bringt man die Zähler in den Wohnungen oder unmittelbar davor an. Das Anbringen der Zähler in den Wohnungen erleichtert den Stromabnehmern das unter Umständen erwünschte Überwachen des Verbrauchs durch
Ablesen der Zähler. Dagegen wird durch das Aufstellen
der Zähler vor den Wohnungen erreicht, daß die Wohnungsinhaber durch das Zähler-Ablesen seitens des Elek-
trizitätswerkes nicht belästigt werden.

Die Querschnitte der Leitungen müssen bei Anschluß an vorhandene Netze mit Rücksicht auf den
schon in den Straßenleitungen oder in den Zuleitungen
aus Blockstationen auftretenden Spannungsverlust
reichlicher bemessen werden als in Einzelanlagen. In
der Regel werden die Hausleitungen für 1,5 % Spannungsverlust berechnet, so daß bei 220 V Leitungspannung
der höchste Verlust in den voll belasteten Leitungen
rund 3 V beträgt. Als Belastung bei Lichtanlagen für
Wohnhäuser genügt es, 50 % der vorhandenen oder ge-
planten Lampen zu rechnen, weil gleichzeitiges Einschalten aller Lampen nicht vorkommt.

277. Schaltbild und Leitungenplan. Für den Anlagen-
inhaber genügt zum Aufbewahren meist ein Schaltbild,
das über die Art der Stromverteilung und die Belastung der Stromkreise gibt. Ein auf dem
laufenden gehaltenes Schaltbild erleichtert das Ein-
greifen bei Störungen und ein Urteil über die Möglichkeit von Erweiterungen bei verlangtem Anschluß neuer
Verbraucher. In den für das Leitunglegen bestimmten
Plan muß das ganze Netz bis zu den Lampen, Motoren
usw. eingezeichnet werden. Zum Einzeichnen der Leitungen nebst Zubehör dienen die vom VDE festgesetzten Zeichen.

Das Schaltbild für ein Wohngebäude mit Fahr-
stuhl ist in Abb. 176 dargestellt. Im Keller ist bei *HA*
der Anschluß an ein Drehstromnetz 380/220 V mit Null-
leiter. Nahe der Einführung sind die Zähler für den

Fahrstuhlmotor (Krafttarif) und die Treppen-, Speicher-
und Kellerbeleuchtung (Lichttarif). Für die Treppenbeleuchtung ist ein Zeitautomat vorgesehen (vgl. 312 e).
   Die gedachte ausgedehnte Stromversorgung erfordert für jede Gebäudehälfte eine besondere Steig-

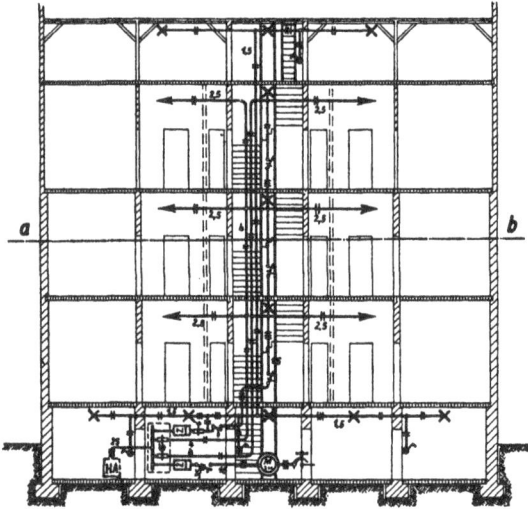

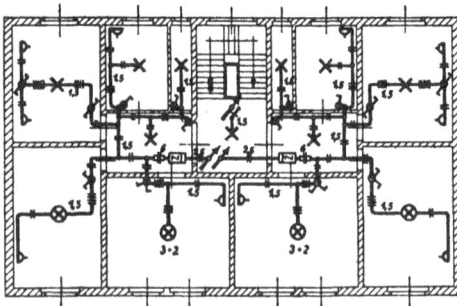

Abb. 176.

leitung, an die die einzelnen Stockwerke nach Grund-
rißplan *a—b* angeschlossen werden. Zur besseren Über-
sicht werden die Anschlußwerte in einer besonderen
Tabelle zusammengestellt.

**278. Allgemeine Richtlinien für das Herstellen von
Leitungsanlagen.** Vor allem zu achten ist auf zweckentsprechendes und übersichtliches Anordnen der Leitungen, wie es zum bequemen Instandhalten der Anlagen und damit zur Betriebsicherheit dringend geboten
ist. Das muß um so gewissenhafter geschehen, je mehr
Gesundheitschädigung beim Berühren spannungführender Leiterteile oder Feuergefahr in Frage kommen.
Letzteres trifft für alle Gebäude und Räume zu, die
selbst leicht entzündbar sind oder leicht entzündbare
oder explosible Stoffe enthalten. Dem Berühren spannungführender Leiter muß mit um so größerer Sorgfalt
vorgebeugt werden, je mehr sich die Betriebspannung dem
nach den Vorschriften des VDE für Niederspannungsanlagen festgesetzten Grenzwert nähert. Das gilt namentlich für die viel angewendeten Drehstrombetriebe mit geerdetem vierten Leiter, wobei zwischen diesem und den
Phasenleitungen meist eine Spannung von 220 V besteht.
Besonders sorgfältig muß beim Herstellen dieser Leitungsanlagen verfahren werden, wenn die Räume feucht oder
mit ätzenden Dünsten erfüllt sind, oder wenn sie nicht
isolierenden Fußboden (Fliesenbelag) haben. In solchen
Fällen müssen alle fest eingebauten spannungführenden
Leitungen von gut geerdeten Schutzrohren umschlossen
und die beweglichen Leitungen für ortsveränderliche
Stromverbraucher (Lampen, Apparate, Motoren) mit
dauerhaften Isolierhüllen und erforderlichenfalls mit
geerdeter Metalldrahtbewehrung versehen werden.

Bei der Entscheidung über die Art des Leitungs-
legens beachte man, daß offenes Legen der Leitungen
oder ihrer Schutzrohre im Vergleich zum Einbetten in
Wände und Decken für das Instandhalten den Vorzug
verdient. Wird verdecktes Legen der Leitungen notwendig, z. B. in besser ausgestatteten Räumen, so muß
dafür gesorgt werden, daß die Leitungen in den verdeckt liegenden Rohren und Kanälen ohne ein Beschädigen der Decken und Wände ausgewechselt werden
können.

An allen Stellen, an denen offen gelegte Leitungen
berührt werden könnten oder mechanischer Beschädigung ausgesetzt sein würden, sind schützende Verklei-

dungen notwendig. Dazu dient das Einziehen der Leitungen in Rohre, das Verschalen der Leitungsführung usw. Gepanzerte Leitungen und eisenbewehrte
Kabel sind in sich genügend geschützt; sie erfordern
keinen weiteren Schutz.

Die Verbindungen der Leitungen untereinander müssen von Zug entlastet sein. Das geschieht beim Leitungslegen auf Isolierrollen durch geeignetes Anordnen der
Rollen. Für das Verbinden der in Rohre eingezogenen
Leitungen dienen Abzweigklemmen auf isolierender
Unterlage; Lötverbindungen werden nur für die Leitungen an und in Lampenträgern zugelassen. Leitungen
für ortsveränderliche Stromverbraucher werden mit
lösbaren Kontakten abgezweigt.

An den Kreuzungen der Leitungen untereinander
sowie mit anderweitigen leitenden Gegenständen, z. B.
mit Gasrohren, sorge man für dauerhafte Isolierung,
falls nicht so großer Abstand gewahrt wird, daß ein
Berühren unmöglich ist.

Wechselstromleitungen dürfen einzeln nicht in
unmittelbarer Nähe großer Eisenmassen angeordnet
oder durch Eisenteile hindurchgeführt werden. Bei
Leitungsführungen durch Eisenteile ist für die zusammengehörigen zwei oder drei gegenseitig isolierten
Leiter eine gemeinsame Bohrung erforderlich.

279. Ausführen von Anlagen in fertigen Bauten.
Die elektrischen Einrichtungen sollen unter Vermeidung umfangreicher Stemmarbeiten hergestellt werden.
In besser ausgestatteten Räumen bemühe man sich,
die Leitungen wenig sichtbar anzuordnen. Das uner-
wünschte Legen der Leitungen an der Decke solcher
Räume kann man vermeiden, wenn über dem Decken-
verputz Hohlräume sind, in die sich biegsame Leitungschutzrohre einziehen lassen. An den Wänden können
Leitungschutzrohre oder besser Rohrdrähte unauffällig verlegt werden. Für das Legen der Leitungen
wähle man möglichst die Fensterseite der Räume, weil
sie dort im Schatten liegen, im Gegensatz zu der den
Fenstern gegenüberliegenden, gut beleuchteten Wandfläche. Ferner muß man auf ein Anschmiegen der
Leitungsführung an die Architekturlinien, an Tür-
rahmen usw., Bedacht nehmen. Für Räume, bei denen
auf die Ausstattung wenig Wert gelegt wird, ist bei
trockenem Mauerputz in allen Teilen offenes Legen
der Leitungschutzrohre am zweckmäßigsten. Auch hier

bevorzuge man die Stellen, an denen die Rohre wenig
beachtet werden. Diese Stellen entsprechen meist auch
der Bedingung, daß dem Beschädigen der Rohre durch
Anstoßen usw. vorgebeugt wird.

In feuchten Räumen ist offenes Legen der Leitungen auf Isolierrollen, unter Umständen auf Isolierglocken notwendig, sofern nicht kabelähnliche Leitungen Verwendung finden. Isolierrollen werden ferner
angewendet, wenn die Leitungen vom Fußboden aus
nicht erreichbar sind und die Anlage billig oder das
Lampenanschließen überall leicht möglich sein soll.

280. Ausführen von Anlagen in Neubauten. Durch
zweckentsprechendes Vorbereiten für die elektrische
Einrichtung während der Rohbauarbeit ist große Ko-
stenersparnis möglich. Auf Grund des an Hand der
Bauzeichnungen angefertigten Leitungenplanes werden
die Mauernischen zum Unterbringen von Schalttafeln
mit Zählern und Zubehör, ferner Kanäle für Steigleitungen angelegt. Die verdeckt zu führenden Schutzrohre für Leitungen müssen vor dem Mauerverputzen
gelegt werden. Dafür muß die Höhe des später auf-
zutragenden Mauerputzes angegeben werden, um die
Abzweigdosen so einsetzen zu können, daß ihre Deckel-
flächen mit der Putzoberfläche zusammenfallen. Bekannt muß ferner sein, wie die Zimmertüren aufschlagen, damit die Rohrzuführungen nach den neben
den Türen anzubringenden Schaltern auf die richtige
Türseite gelegt werden. Das Einziehen der Leitungen
ist erst nach dem Austrocknen des Baues zulässig, weil
andernfalls die Leitungsisolierung Schaden leidet.

Eisenbetonbauten erfordern noch mehr Vorbereitung für das Leitungslegen, weil nachträgliches
Einstemmen von Mauernischen und von Leitungsführungen durch die Mauer, ja selbst von Dübellöchern, später
nicht mehr oder nur mit großem Kostenaufwand möglich ist. Mauernischen müssen beim Zimmern der Verschalung für das Betoneinstampfen hergestellt werden.
Zum Leitungsführen durch die Mauer werden Eisenrohre, die Verschalungen durchquerend, eingelegt und
einbetoniert. Diese Eisenrohre nehme man so weit, daß
später Isolierrohre hindurchgeführt werden können.
Handelt es sich um das Einbetten der Leitungen in
Decken und Wände, so werden kräftige Leitungschutzrohre (Metallmantelrohre und Schlitzrohre sind dazu
ungeeignet) einbetoniert, die zur Sicherung des bequemen Einziehens der Leitungen in geeigneten Ab-

ständen durch Dosen unterbrochen sein müssen. Sollen
nur kurze Rohrstrecken in Decken oder Wände eingelegt werden, so kann die Innenseite der Verschalung
mit einer Holzleiste versehen werden, damit nach dem
Abnehmen der Verschalung die für das Rohrlegen
dienende Rinne im Beton ausgespart bleibt; nach dem
Einlegen des Rohres wird die Rinne verputzt. Schwache
Befestigungen für offenes Leitungslegen können nach-
träglich, z. B. durch Eintreiben kleiner Stahldübel in
den Beton, beschafft werden. Zum Befestigen großer
Einrichtungsteile werden feuchtigkeitsbeständig getränkte Holzdübel o. dgl. auf der Verschalung für
Decken und Wände befestigt und mit einbetoniert.
Ohne diese Vorbereitungen sind die Schwierigkeiten für
das Ausführen elektrischer Leitungsanlagen in Eisenbetonbauten so groß, daß beim Errichten der Gebäude
Maßnahmen für das Leitungslegen selbst dann getroffen
werden sollten, wenn zunächst die Ausführung elektrischer Anlagen nicht in Aussicht genommen ist.

Für die Vorbereitung zum Leitungslegen müssen
erfahrene Monteure dauernd zugegen sein, damit die
Leitungschutzrohre usw. rechtzeitig und richtig eingebaut werden. Den Bauhandwerkern allein können
diese Arbeiten, selbst beim Vorhandensein genauer
Pläne, nicht anvertraut werden.

281. Berücksichtigung der örtlichen Verhältnisse.
a) D e r b e r   B e h a n d l u n g   a u s g e s e t z t e   E i n -
r i c h t u n g e n. Werden die elektrischen Einrichtungen
im Gebrauch derb behandelt, wie es in Fabriken,
Lagerräumen, landwirtschaftlichen Betrieben, sowie
häufig auch im Haushalt, in der Küche und selbst in
Wohnräumen zutrifft, so müssen die Leitungen und
alles Zubehör der vorkommenden Beanspruchung angepaßt sein. Die Leitungen werden in Schutzrohren
am besten an Stellen gelegt, an denen die Gefahr für
Beschädigung durch Anstoßen am geringsten ist, oder
es müssen widerstandsfähige Schutzrohre (Stahlpanzerrohre) angewendet werden. In gleichem Sinne muß
beim Anordnen der Schalter, Anschlußdosen usw. verfahren werden. Vorstehende Schaltergriffe, die leicht ab-
gestoßen werden, vermeide man. Am besten werden
die Schalter in Mauernischen eingelassen oder mit
starker Eisenhülle umgeben. Ortsveränderliche Leitungen müssen beste isolierende Umhüllung haben.
Die Lampen versieht man mit Schutzkörben oder Schutzglocken, die auch die Fassung einschließen müssen.

b) Feuchte, durchtränkte oder ähnlich geartete Räume schließen die Gefahr ein, daß das Berühren der elektrischen Einrichtungsteile gesundheitschädigend wirkt. Zum Ausführen der Einrichtungen muß in solchem Falle Fachkenntnis und große Verläßlichkeit verlangt werden. Dahingehende Vorsicht ist namentlich unter den nachbezeichneten örtlichen Verhältnissen geboten: Im Haushalt, in Baderäumen, in der Küche und allen übrigen Räumen mit leitendem Fußboden (Fliesenbelag), sowie in der Nähe von Rohrleitungen, Wasserausgüssen usw.; im Gewerbebetrieb, in Badeanstalten, Wäschereien, Brauereien, Zuckerfabriken usw.; im landwirtschaftlichen Betrieb, namentlich in den Stallungen, wegen der Empfindlichkeit der Tiere gegen elektrische Schläge; in Molkereien und Brennereien; in Bergwerken bei den meisten Einrichtungen über Tage und allen unter Tage; im übrigen für alle im Freien benutzten Einrichtungsteile.

Für diese Zwecke nimmt man beste Gummiaderleitungen, die man bei offenem Anordnen auf Isolierrollen oder weitergehend auf Isolatorglocken legt. Leitungschutzrohre vermeide man, wenn Ansammeln von Schwitzwasser in den Rohren und damit zusammenhängende Zerstörung der Drahtisolierung befürchtet werden muß. Tritt kein Schwitzwasser auf, so leisten Schutzrohre gute Dienste; sie müssen, wenn nötig, gegen mechanisches Beschädigen und gegen chemische Zerstörung geschützt werden. In Räumen, die mit Ammoniakdünsten erfüllt sind, in Stallungen usw., ist für isolierte Leitungen Ölfarb- oder Asphaltanstrich erforderlich. Blanke Leitungen, die sich mit gut instandgehaltenem Anstrich in manchen Fällen bewähren, müssen auf Isolierkörpern und in erreichbarer Höhe mit Schutz gegen Berühren, mindestens 5 cm voneinander und von der Wand- oder Deckenfläche entfernt, gelegt werden. Ortsveränderliche Leitungen verwendet man mit gut isolierenden, widerstandsfähigen Hüllen. Nicht feuchtigkeitsichere Isoliermittel, wie Preßspan o. dgl., sind unzulässig. Für Spannungen über 1000 V werden Kabel mit Eisenbandbewehrung verwendet. Die Leitungen müssen außerhalb der gefährdeten Räume allpolig abschaltbar sein.

Nulleiter und alle im regelrechten Zustand nicht spannungführenden Metallteile, wie Apparat- und Motorgehäuse, die bei Isolationsfehlern Spannung an-

nehmen können, müssen gut geerdet werden (vgl. 203).
Das gilt vor allem für die ortsveränderlichen Einrichtungen, Lampen, Motoren und Apparate. Treten
bei Gleichstrombetrieb im geerdeten Nulleiter auch
nur geringe Spannungen auf, so muß der Nulleiter
an feuchten Wänden isoliert gelegt werden, um einer
Zersetzung des Metalls vorzubeugen.

Für Glühlampen sind gegen Feuchtigkeit schützende
Fassungen (Porzellanfassungen) und Schirme, unter
Umständen auch Schutzglocken nötig. Bei ungünstigen
Nebenumständen kann schon das Berühren eines
feuchten, Staubbelag tragenden Glühlampenkolbens
gefahrbringend sein. Das gegen solche Vorkommnisse
schützende Anschließen der Fassungsgewinde an den
Nulleiter sollte daher streng beachtet werden. Schaltfassungen sind unzulässig. Die Lampen sollen möglichst außer Reichweite angebracht werden.

Sicherungen, Schalter usw. bringt man am besten
außerhalb der gefährdeten Räume an. Sind Schalter
in den Räumen nicht entbehrlich, dann nimmt man
zweckmäßig eine Bauart, die hoch an der Wand in
Nähe der Leitungen angebracht und mit Zugschnur
oder Achsverlängerung bedient werden kann. Von
Badewannen aus, überhaupt von allen Stellen, an denen
der Körper für gefährdende Stromwirkung empfänglich
ist, sollen elektrische Einrichtungsteile nicht erreichbar sein.

In Wechselstrombetrieben empfiehlt es sich, insbesondere für Ställe, die Gebrauchspannung durch
Zwischenschalten eines kleinen Transformators auf
12—24 V herabzusetzen.

Warnungstafeln mit Hinweis auf die Gefahr des
Berührens der Leitungen usw. müssen in gefährdeten
Anlagen augenfällig angeheftet werden.

c) Feuergefährdete Räume. Soweit die Leitungen die feuergefährlichen Gegenstände berühren
könnten, werden sie geschützt angeordnet. Lampen,
Motoren und Apparate müssen in der Bauart so gewählt und derart angebracht werden, daß an ihnen auftretende Funken oder sich erhitzende Teile von den
entzündlichen Gegenständen ferngehalten bleiben.
Steckvorrichtungen sind auf das äußerste zu beschränken; blanke Leitungen sind unzulässig.

d) Explosionsgefährdete Räume erfordern
beste Gummiaderleitungen, die man in Schutzrohre

einzieht, oder man verwendet Kabel. Die Leitungen müssen außerhalb der Räume allpolig abschaltbar sein. Zur Beleuchtung sind ausschließlich Glühlampen statthaft; sie erhalten starke Schutzglocken, die auch die Fassung einschließen. Elektrische Maschinen und Apparate, soweit ihr Aufstellen nicht außerhalb der Räume möglich ist, verwendet man in explosions-sicherer Bauart.

Beim Vorkommen explosibler Gemische, die sich nahe über dem Fußboden ansammeln, also schwerer sind als Luft, bringt man die Apparate 1—1,5 m hoch an. Das gilt z. B. für die Steckkontakte in Autohallen (vgl. 286). Die mit dieser Vorsicht einzubauenden Apparate wähle man außerdem in einer für explosions-gefährliche Räume geeigneten Bauart.

282. Gebäudeblitzableiter[1]). Bei Arbeiten auf dem Bau haben die Monteure oft Gelegenheit zum Her-stellen und Instandsetzen von Blitzableitern. Unter dieser Voraussetzung sind nachstehend die Grundsätze für den Blitzableiterbau wiedergegeben.

Blitzschläge verlaufen im allgemeinen unschädlich, wenn sie gute Ableitung nach der Erde treffen. Daher sollen alle hochgelegenen Gebäudeteile, Giebel, Dach-firste, Schornsteine, Turmspitzen usw., die Blitz-schlägen am meisten ausgesetzt sind, mit Ableitungen nach der Erde versehen sein. Neben den eigens dafür hergestellten Blitzableitern müssen diesem Zweck alle an und in den Gebäuden vorhandenen größeren Leiter-massen dienstbar gemacht werden, vornehmlich, wenn sie mit der Erde großflächige Berührung haben, wie Gas- und Wasserleitungen, ferner Dachrinnen, metal-lene Firstverkleidungen usw. Unterläßt man es, diese Teile mit den Blitzableitern zu verbinden, so besteht Gefahr, daß ein einschlagender Blitz auf die anderweitigen Leiter überspringt und dazwischen-liegende Gebäudeteile zertrümmert oder entzündet.

Ausgenommen vom Anschluß an die Blitzableiter sind Leitungsnetze für Starkstrom- und Fernmelde-betrieb. Die Leitungsnetze und alle sonst mit dem Blitzableiter nicht verbundenen Metallteile des Ge-bäudes sollen möglichst großen Abstand (5 m und mehr) von der Blitzschutzanlage erhalten.

---

[1]) Vgl. Leitsätze über den Schutz der Gebäude gegen den Blitz vom 1. Juli 1901. Angenommen vom VDE. Verlag von Julius Springer, Berlin.

Die üblichen Blitzableiter bestehen aus den Auffangvorrichtungen, den Gebäudeleitungen und den
Erdleitungen.

a) Auffangvorrichtungen sind Leiter, die, über
die hochgelegenen Gebäudeteile hinwegragend, einen
einschlagenden Blitz
aufnehmen sollen. Sie
werden an den erfahrungsgemäß durch
Blitzeinschlag gefährdeten Stellen, an
Turm- und Giebelspitzen (a in Abb. 177),
Schornsteinen, Firstkanten und auf langen
Firsten in Abständen
von 15—20 m angebracht. Es genügt,
wenn sie diese Teile
um 30—40 cm überragen; ihr Querschnitt wird mindestens gleich dem Querschnitt der
Gebäudeleitungen genommen. Befinden sich an den
hochgelegenen Gebäudeteilen andere metallische Leiter,
Windfahnen usw., so werden sie als Auffangvorrichtungen verwertet und zu diesem Zweck mit den Gebäudeleitungen verbunden. Nicht erforderlich ist es,
die Enden der Auffangvorrichtungen zuzuspitzen oder
sie mit Spitzen aus Edelmetall zu versehen.

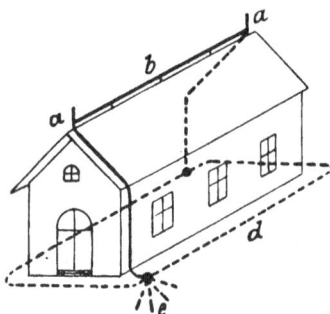

b) Die Gebäudeleitungen setzen sich zusammen
aus den Dachleitungen und den Ableitungen nach
der Erde.

Die Dachleitungen werden über die Stellen des
Gebäudes geführt, die einem Blitzschlag am meisten
ausgesetzt sind, über den First (b in Abb. 177), über
Giebelkanten und bei flachen Dächern (Neigung unter
35⁰) auch über die Traufkanten.

Ableitungen, von den Auffangstangen und
anderen hochgelegenen Metalleitern des Gebäudes ausgehend, sollen im allgemeinen mindestens an zwei
Stellen des Gebäudes angelegt werden, wobei man
die Wetterseite bevorzugt. Nur bei kleinen Gebäuden
genügt eine Ableitung. Die Ableitungen müssen auf
möglichst kurzem Wege ohne scharfe Krümmungen
zu den Erdleitungen (e in Abb. 177) führen. Richtungs-

Abb. 177.

wechsel und Anschluß an Firstleitungen usw. sollen
in Bogen von nicht unter 20 cm Halbmesser ausgeführt
werden.

Zum Befestigen der Gebäudeleitungen dienen in
der Regel 3—5 cm hohe feuerverzinkte eiserne Stützen
in Abständen von 1—2 m. Bandförmige Leiter können
bei hartgedeckten Gebäuden auch unmittelbar auf die
Dachfläche gelegt und mit Klammern aus verzinktem
Bandeisen befestigt werden. Bei weichgedeckten Gebäuden (mit Stroh-, Schindeldächern usw.) nimmt
man Holzstützen für einen Abstand der Leitungen über
dem First von mindestens 40 cm und über der Dachfläche von 20 cm.

c) Erdleitungen. Die in die Erde führenden
und in die Erde zu legenden Leiter werden am besten
aus gleichem Metall und mindestens in gleicher Stärke
wie die Gebäudeleitungen genommen. Liegen in der
Nähe des Gebäudes metallische Leiter, Gas- oder
Wasserrohrnetze in der Erde, so können diese zur
Blitzableitererdung dienen; gesonderte Erdungen sind
dann überflüssig. Dabei verdient das Anschließen an
das Wasserrohrnetz den Vorzug. Liegen Wasser- und
Gasrohre nebeneinander, so sollen sie mittels über-
gelegter Schellen leitend verbunden werden. Fehlerhaft wäre es, Blitzableitererdungen herzustellen, ohne
benachbarte Rohrnetze dafür zu benutzen, weil dann
durch Überspringen einer Blitzentladung ein Beschädigen der Rohre zu befürchten wäre. Rohrnetze, die
durchweg mit asphaltiertem Band umwickelt und auf
diese Weise gegen Erde isoliert sind, sollen nicht als
einzige Erdung benutzt werden. Es empfiehlt sich,
die mit asphaltiertem Band umwickelten Rohre an die
Blitzableiter anzuschließen und daneben anderweitige
Erdungen auszuführen.

Wenn die für den Blitzableiteranschluß zu benutzen-
den Wasser- und Gasleitungen nicht dem Grundeigen-
tümer gehören, muß zum Herstellen des Anschlusses
die Einwilligung der zuständigen Verwaltung, in der
Regel unter Vorlage eines die Anschlußstelle zeigenden
Planes, eingeholt werden. Für Anschlüsse an die
Rohre in den Häusern ist solche Einwilligung nicht
nötig. Zum Anschließen an die unteren Teile der Rohr-
stränge im Gebäude benutze man möglichst eine Stelle
zwischen der Frontmauer und dem Wasser- oder Gas-
messer. Die Rohre müssen zu diesem Zweck genügenden
Metallquerschnitt haben. Bleirohre mindestens 150 mm²,

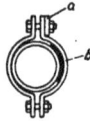

Das Anschließen der Blitzableiter an die vorher blank gemachten Rohre geschieht mit eisernen Schellen. Die Blitzableiterleitung wird dabei entweder unter der Schelle um das Rohr gelegt oder unter die Schellenschrauben geklemmt. Zu empfehlen ist die in Abb. 178 dargestellte Schelle aus verzinktem Bandeisen; beim Auflegen auf Eisenrohre muß sie eine Bleieinlage (b in Abb. 178) erhalten. Für Rohre bis 50 mm Durchmesser nimmt man das Schelleneisen 4 · 70 mm, für stärkere Rohre 5 · 70 mm stark. Die Anschlußleitung für den Blitzableiter (a in Abb. 178) wird bei Leitungen, die in die Erde gelegt sind, mindestens 3 · 35 mm stark genommen. Die fertige Verbindung schützt man durch mehrfachen Teeranstrich vor Rost. Den ersten Anstrich nehme man nicht zu dünnflüssig, da sonst die Flüssigkeit zwischen die Kontaktflächen eindringt.

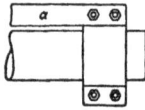

Abb. 178.

Beim Fehlen von Rohrnetzen sorgt man für gesonderte Erdleitungen in Gestalt von Erdplatten, Drahtnetzen oder langgestreckten, in die Erde gelegten Leitern (Banderdung). Erdplatten sind nur zu empfehlen, wenn man sie in den vom Grundwasser dauernd durchfeuchteten Boden legen kann. Ist das nicht möglich, so legt man Leiter von flachem oder kreisförmigem Querschnitt etwa 0,5 m tief in 1—1,5 m Abstand von der Grundmauer rings um das Gebäude (d in Abb. 177) oder man breitet, von der Einmündung in die Erde ausgehend, mehrere Leiterstränge von 20—40 m Gesamtlänge strahlenförmig im Erdboden aus (e in Abb. 177).

Am Übergang zur Erde wird die Ableitung in einer Wellenlinie geführt. Damit bei Senkung des frisch aufgegrabenen Erdreichs kein übermäßiger Zug entsteht.

Besondere Maßnahmen für die Blitzableitererdung sind notwendig, wenn die Metallteile des Gebäudes mit dem an Erde liegenden Leiter eines elektrischen Bahnnetzes verbunden sind und zum Hintanhalten abirrender Ströme der Anschluß der Metallteile des Gebäudes an die Straßenrohrnetze vermieden werden muß (Gas- und Wasserrohre werden in solchen Fällen an den Einführungen in das Gebäude mit zwischengebauten Isolierungen versehen). Die mit den Metall-

teilen des Gebäudes verbundenen Blitzableiter dürfen
daher nicht unmittelbar geerdet, also auch nicht unmittelbar an die Straßenrohrnetze angeschlossen werden. Man baut dann Spannungsicherungen (Durchschlagsicherungen, vgl. 189) in die Blitzableiter-Erd-
leitung ein, so daß die Erdung nur im Falle der Blitz-
wirkung eintritt. Die Spannungsicherungen müssen
sich auch für starke Entladungen eignen und daher
große Durchschlagflächen haben.

d) Als Metall für die Blitzableiter eignet
sich feuerverzinktes Eisen oder verzinntes Kupfer.
Verzweigte Leitungen, die der Blitzentladung mehrere
Wege nach der Erde bieten, sollen aus Eisen oder Kupfer
nicht unter 25 mm², unverzweigte Leitungen nicht
unter 50 mm² stark sein. Für Eisenleitungen, die den
Vorzug verdienen, da sie größere Widerstandsfähigkeit besitzen und dem Diebstahl weniger ausgesetzt
sind, ist bandförmiger Querschnitt zweckmäßig, etwa
in Abmessungen von $3 \cdot 35$ oder $5 \cdot 20$ mm, keinesfalls
unter $2 \cdot 25$ mm. Kupferleitungen sollen als Draht
etwa 8 mm, jedoch nie unter 6 mm, stark genommen
werden. Drahtseile lassen sich müheloser legen als
Drähte in Vollquerschnitt, haben aber geringere Lebensdauer.

Erdplatten nimmt man mit mindestens 0,5 m² einseitiger Fläche aus verzinktem Eisen 3 mm und aus
verzinntem Kupfer 2 mm dick. Für langgestreckte
Erdleitungen (vgl. c, vierter Abs.) dienen am einfachsten die gleichen Leiter wie für die Gebäudeleitungen.

e) Leitungsverbindungen untereinander und mit Metallteilen des Gebäudes
müssen gutleitend, großflächig und mechanisch widerstandsfähig sein. Bei band-
förmigen Leitern verbindet man die in
einer Länge von 10—15 cm überlappenden
Bänder durch Mutterschrauben oder Nieten. Drähte und Seile werden in Metall-
hülsen eingelötet oder eingeklemmt. Eine
Klemmenverbindung, die sich unter anderem
gut eignet, wenn die Abzweige von den Metallteilen des Gebäudes mit dem Blitzableiter
verbunden werden, ist in Abb. 179 gezeigt.
Handelt es sich dabei um den Anschluß einer
schwachen Leitung an eine starke und sind
die Nuten in den Klemmplatten für die
schwache Leitung zu weit, so umwickelt

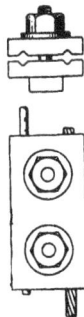

Abb. 179.

man die schwache Leitung zur Sicherung des Kontaktes mit Bleiblech. Verbindungen verschiedenartiger Metalle erfordern gründlichen Farbanstrich zum Schutz gegen elektrolytische Zerstörung der Kontakte.

Zum Anschluß an die Erdplatten verwendet man bandförmige Leiter, die mit den Platten großflächig vernietet und möglichst noch verlötet oder verschweißt sind.

f) Trennstellen zum Öffnen der Ableitungen beim Messen des Erdleitungswiderstandes sind nur für ausgedehnte Blitzschutzanlagen notwendig; sie müssen vom Erdboden aus bequem erreichbar sein. An den Trennstellen werden bandförmige Leiter durch Aufeinanderpressen der Bänder in 10—15 cm Länge mit zwei großflächigen Mutterschrauben verbunden. Für Drahtverbindungen dienen meist konische Schraubkupplungen, in deren Hülsen die Drähte eingelötet oder eingeklemmt werden.

Die Kupplungen schütze man gegen das Eindringen von Feuchtigkeit durch Tropfbleche o. dgl.

g) Schutz der Ableitungen gegen mechanisches Beschädigen in Reichhöhe wird durch übergelegte 2—2,5 m lange Winkel- oder U-Eisen, die 20—30 cm in den Erdboden eingelassen werden, oder durch Holzverschalung erreicht. Eiserne Schutzrohre müssen zum Verhüten von Drosselwirkung oben und unten mit der Blitzableitung leitend verbunden werden oder mit Langschlitz versehen sein.

h) Anschluß anderweitiger Leiter an die Blitzableiter. Alle Leiter von großer Höhenausdehnung, wie Rohrnetze in den Gebäuden, Gas-, Wasser- und Zentralheizungsrohre, müssen oben und unten angeschlossen werden. Die zugehörigen Verbindungen werden vom Blitzableiter mit Schellen (Abb. 178) abgezweigt und mit den Leiterteilen des Gebäudes durch ebensolche Schellen, Verschraubung oder Lötung verbunden. Besteht der untere Anschluß schon durch die Verbindung der Blitzableitererdung mit den in der Erde liegenden Rohrnetzen, so versäume man nicht, auch noch die oberen Teile der Rohrnetze im Gebäude mit dem Blitzableiter zu verbinden. Das Anschließen der Gasleitungen in den Gebäuden erfordert das Überbrücken der Gasuhr durch einen Leiter, der vor und hinter der Uhr durch Schellen mit den Rohren verbunden wird. Bei Dachrinnen ist das Verbinden im oberen und unteren Teil mit dem Blitzableiter leicht

durchführbar, wenn man die Ableitung neben das Dachrinnen-Abfallrohr legt; soll das Dachrinnen-Abfallrohr
allein als Ableiter dienen, so müssen die sich in der
Regel leicht lösenden Rohrstücke verläßlich gekuppelt
werden. Leiter von geringer Höhenausdehnung werden
im unteren Teil angeschlossen, wenn sie nicht an einer
anderen Stelle besonders nahe am Blitzableiter liegen
und dann dort verbunden werden müssen. Eine Ausnahme im Verbinden der Leiterteile eines Gebäudes
mit dem Blitzableiter macht man bei den eisernen
Bunden von Fabrikschornsteinen. Diese Bunde werden,
wegen der unter Umständen möglichen magnetischen
Kraftwirkung, mit dem Blitzableiter nicht verbunden.
Man führt den Blitzableiter auf etwa 25 cm hohen
Stützen über diese Bunde hinweg.

Eiserne Bauteile können die Blitzableiter ganz oder
teilweise ersetzen, z. B. erfordern Gebäude mit Well-
blechdach nur gutes Erden der Dachdeckung. Das
gleiche gilt für Gebäude mit eisernem Dachstuhl.

i) Prüfen der Blitzableiter in Zeitabschnitten
von 2—5 Jahren ist dringend zu empfehlen. Dabei
muß der Hauptwert auf fachkundiges Besichtigen
aller Teile der Anlage gelegt werden, um danach etwa
nötige Instandsetzungen vorzunehmen. Die Ergeb-
nisse der Widerstandsmessungen an den Erdleitungen
sollen gebucht werden, um sie mit den späteren Messungen vergleichen zu können. Bei wesentlicher Erhöhung des Widerstandswertes ist Instandsetzen der
Erdung notwendig. Bei häufigen Blitzschlägen empfiehlt es sich, durch Einbau einer Anzeigevorrichtung
das Arbeiten des Ableiters dauernd zu überwachen.

k) Behördliche Vorschriften für das Herstellen von Blitzableitern bestehen für Gebäude
mit hohem Schutzanspruch, Pulverfabriken, Lager für
Explosivstoffe usw.

Leitungsanlagen für besondere Zwecke.

**283. Gebäude-Anschlußleitungen der Straßenkabel-
netze.** Die in die Gebäude eingeführten, bei unter-
irdischen Netzen aus Bleikabeln bestehenden Anschlußleitungen werden nahe an der Einführungstelle mit
Hauptsicherungen versehen. Hinter diesen wird in der
Regel der Elektrizitätszähler eingebaut, dessen Zuleitungen man so anordnet, daß sich widerrechtliche
Stromabzweigung vor dem Zähler bei Gelegenheit des

Zählerablesens leicht entdecken läßt. Zu dem Zweck
werden die Anschlußleitungen übersichtlich angeordnet
und, wenn nötig, mit auffallendem Farbanstrich (rot)
versehen. Begnügt man sich in Miethäusern mit Zählern
für die einzelnen Wohnungen unter Weglassen des
Zählers an der Anschlußstelle, so erstreckt sich die
Forderung nach übersichtlicher Anordnung auch auf
die Steigleitungen bis zu den Zählern. Die Steigleitungen dürfen dabei weder abgedeckt noch in die
Mauer gelegt werden.

Die Leitungen im Gebäude, soweit sie nicht geerdet sind, sollen am Kabelanschluß allpolig abschaltbar sein. In kleinen Anlagen genügen dafür die ohnedies vorhandenen Patronensicherungen, in größeren
Anlagen sind gesonderte Schalter notwendig.

284. Anlagen in Theatern. Die Lampen für die
nicht regelbare Beleuchtung müssen derart auf
die Stromkreise verteilt werden, daß sie, falls durch die
Notlampen keine genügende Allgemeinbeleuchtung
gewährt ist, in Räumen mit mehr als 3 Lampen sowie
in allen Fluren, Treppenhäusern und Ausgängen an
zwei oder mehrere getrennt gesicherte Stromkreise
angeschlossen sind. Handelt es sich um ein Dreileiter-
oder um ein Drehstromnetz, so teilt man die Leitungen
von den Hauptschalttafeln oder Verteiltafeln ab in
Zweileiterzweige. Die Schalttafeln sollen bequem erreichbar und für Unberufene abgeschlossen sein. In
Räumen, die dem allgemeinen Verkehr geöffnet sind,
werden dafür am besten Mauernischen mit verschließbaren Türen vorgesehen.

Alle Einrichtungen für die regelbare Beleuchtung der Rampen, Oberlichter usw. sowie für den
Zuschauerraum werden bei Dreileiteranlagen auf die
beiden Netzhälften und bei Drehstromanlagen auf
die drei Phasen verteilt. Dagegen sollen die Ver-
satzstromkreise beim Dreileiternetz möglichst nur
auf eine der beiden Netzhälften gelegt werden,
um zu verhüten, daß die beiden Außenleiter, wenn
umfangreiche ortsveränderliche Beleuchtungen notwendig sind, in gefährliche Nähe kommen und damit Anlageteile der doppelten Spannung ausgesetzt
werden. Hochspannung darf für Theaterinstallationen
nicht verwendet werden.

Der Regler für die Beleuchtung, sowie die zugehörigen Sicherungen und Schalter, werden in einem
nur dem Theaterbeleuchter zugänglichen Raum, in

der Regel neben der Proszeniumswand untergebracht.
In Mehrleiteranlagen mit Nulleiter wird der Regler
an die Außenleiter angeschlossen. Auf der Bühnen-
schalttafel müssen die sämtlichen Stromkreise der
Bühnenbeleuchtung allpolig abschaltbar sein, soweit
es sich nicht um geerdete oder Nulleiter handelt. Mit
diesen Schaltern muß man die Stromkreise auf der
Bühne spannungslos halten können, solange die Beleuchtung nicht im Betrieb ist.

Die elektrischen Einrichtungen auf der Bühne
müssen unter Berücksichtigung der dort unvermeid-
lichen derben Behandlung ausgeführt werden. Die
Leitungen werden in Rohren gelegt, die man besonders schützt oder genügend widerstandsfähig nimmt.
Am besten legt man die Rohre in abgedeckte Mauer-
kanäle. Steckkontakte müssen widerstandsfähige Schutzgehäuse haben und zufälliges Berühren der unter
Spannung stehenden Teile ausschließen. Gleiches gilt
für die spannungführenden Teile an Lampenträgern
und zugehörigen Kontaktverbindungen. Bewegliche
und ortsveränderliche Leitungen müssen aus bestens
isolierten und geschützten Leitungen bestehen und an
den Anschlußstellen von Zugübertragung auf die Kontakte entlastet sein. Auf gutes Instandhalten dieser in
beschädigtem Zustand feuergefährlichen Leitungen
lege man größtes Gewicht. Ungeerdete blanke Leitungen sind im allgemeinen unzulässig. Flugdrähte
usw. dürfen nicht als Stromleitungen dienen. Sind
offenliegende Kontakte für Aufführungen notwendig,
so dürfen sie nur unter dauernder sachverständiger
Überwachung eingeschaltet und benutzt werden. In
gleichem Sinne ist für vorübergehend gebrauchte
Bühneneinrichtungen das Legen von Gummiaderleitungen ohne Rohrschutz unter Befestigung von
Einzelleitungen mit Drahtschellen und ohne Verwenden
von Durchführtüllen statthaft. Holz ist an Beleuch-
tungskörpern nur für vorübergehend benutzte Bühneneinrichtungen zulässig.

Die Lampenträger der Bühnenbeleuchtung, die
Oberlicht-, Kulissenbeleuchtungen usw. müssen gegen
die Aufhängeseile isoliert werden. Spannungen über
250 V darf man in die Lampenträger nicht einführen.
Sicherungen an den Lampenträgern sind unzulässig.
Zur Erhaltung der Feuersicherheit achte man darauf,
daß die Lampenträger in ihren Umhüllungen, Blech-
bekleidungen usw. nicht unter Spannung stehen.

Alle festangebrachten Glühlampen im Bühnenhaus
(abgesehen von den zur Aufführung auf der Bühne
gehörigen Lampen), also auch die Lampen in Werkstätten und Ankleideräumen, müssen kräftige Schutz-
körbe oder Schutzgläser erhalten, die nicht an der
Fassung, sondern am Lampenträger befestigt sind.
Für hochkerzige Glühlampen (Halbwattlampen) nehme
man gut gelüftete Schutzglocken. Scheinwerfer und
Bogenlampen müssen gegen das Herausfallen glühen-
der Kohleteilchen geschützt werden.

Elektrische Notbeleuchtung muß während der
Benutzung von der übrigen Theaterbeleuchtung unabhängig sein. Zu dem Zweck verwendet man eine für
alle Notlampen gemeinsame Akkumulatorenbatterie
oder kleine Akkumulatoren für die einzelnen Lampen.
Das Laden der Akkumulatoren kann im Anschluß
an die Leitungsanlage des Theaters geschehen,
wenn die Schaltung derart getroffen ist, daß die
Akkumulatoren beim Lichtbetrieb von der übrigen
Theateranlage vollständig getrennt sind. Notlampen
sind an allen Ausgängen und außerdem in solcher
Zahl notwendig, daß sie allein für unbehinderten
Verkehr im Theater ausreichen. Die an den Ausgängen befindlichen und auf sie hinweisenden Lampen
erhalten zweckmäßig rote Abzeichen.

Während der Theatervorstellung müssen in allen
Teilen des Hauses Notlampen und an das allgemeine
Leitungsnetz angeschlossene Lampen eingeschaltet
sein, damit beim Versagen der einen Beleuchtung die
andere ihren Zweck erfüllt.

Alle elektrischen Einrichtungen im Theater, namentlich aber die Anlagen auf der Bühne, müssen
regelmäßig gereinigt und instandgehalten werden.
Staubansammlung auf Widerständen und Schalteinrichtungen muß vermieden werden. Beschädigungen an Schnurleitungen und anderen Einrich-
tungsteilen erfordern ungesäumtes Ausbessern oder
Ersatz durch neue Teile. Mangelhaftes Instandhalten hat ernste Gefahren für den Theaterbetrieb
zur Folge.

285. Anlagen für landwirtschaftliche Betriebe erfordern wegen der derben Behandlung und meist
fehlenden fachkundigen Überwachung sorgfältigste
Ausführung. In Anbetracht der großen Empfindlichkeit der Tiere gegen elektrische Schläge ist weit-
gehender Schutz gegen Erdströme erforderlich. Ge-

gebenenfalls setzt man die Gebrauchspannung durch
Zwischenschalten eines kleinen Transformators auf eine
ungefährliche Höhe herab. Beim Bau der Anlagen ist
darauf zu achten, daß keine Drahtenden o. dgl. in das
Futter gelangen, weil die Tiere verenden können, wenn
sie solche, Teile verschlingen. Unter Hinweis auf das
in 281 Gesagte wird folgendes hervorgehoben:

In trockenen Räumen sollen die Leitungen durchweg in Rohren geführt werden. Sind die Schutzrohre
Beschädigungen ausgesetzt, wie es in Scheunen zutrifft, so sind Stahlpanzerrohre notwendig.

In feuchten Räumen und im Freien werden die
Leitungen als kabelähnliche Leitungen bzw. Kabel
geführt oder offen auf Isolatoren verlegt.

Bei offenen Leitungen muß der Abstand gegenseitig und von Gebäudeteilen größer genommen werden
als unter 222 und 238 angegeben, damit auch beim Durch-
biegen infolge Anstoßen mit Leitern usw., Berühren
untereinander oder mit Gebäudeteilen vermieden wird.
An allen Stellen, an denen die Gefahr von Beschädigungen
besteht, geht man mit den Abständen nicht unter
40 cm gegenseitig bzw. 30 cm von Gebäudeteilen. Das
Überqueren von Hofräumen muß so hoch geschehen,
daß Beschädigungen durch beladene Wagen usw. nicht
stattfinden können.

Die Apparate sollen in trockenen Räumen untergebracht werden. Ist dies nicht möglich, so ist eine entsprechende Bauart für feuchte Räume zu verwenden.

In Stallungen oder ähnlichen die Isolierung der
Leitungen gefährdenden Räumen benützt man am
besten kabelähnliche Leitungen (vgl. 244 d) mit zugehörigen Anschlußteilen, die in ihrem ganzen Verlauf
gegen Feuchtigkeit schützen. Mantelrohre, auch solche
aus verbleitem Blech, sind wegen ihrer geringen Haltbarkeit beim Vorhandensein ätzender Dünste für Ställe
ausgeschlossen; das Verwenden langer Rohrstrecken
verbietet sich schon wegen der Möglichkeit des An-
sammelns von Niederschlagwasser in den Rohren.
Sind derartige Räume hoch genug, daß an der Decke
geführte Leitungen sich nicht vom Fußboden aus erreichen lassen, so kann man die Leitungen auch auf
Glockenisolatoren freigespannt verlegen.

In niedrigen Ställen, in denen Leitungen an der
Decke vom Fußboden aus erreichbar sind, führt man,
falls nicht kabelähnliche Leitungen Verwendung finden,
die Leitungen zweckmäßig außerhalb, indem man sie in

kräftigen Rohren etwa auf den Fußboden eines über dem Stall befindlichen Heubodens oder auf Isolatoren an den die Ställe umgebenden Mauern entlang legt.

Auch die Schalter können dann außerhalb der Ställe in wasserdichter Bauart oder gegen Feuchtigkeit geschützt angebracht werden. Die zu den Lampen führenden Leitungen werden in feuerverzinkte, die Stalldecke oder die Umfassungsmauer durchdringende starke Schutzrohre eingezogen, die unmittelbar an die Lampenschutzglocken angeschlossen werden, so daß die Stalldünste von den Leitungen und Lampen ferngehalten bleiben. Zum Schutz gegen Wasseransammlung in den Rohren empfiehlt es sich, die Rohre nach dem Einziehen der Leitungen mit Isoliermasse auszugießen.

Zur Leitungseinführung von offen verlegten Leitungen sind Mauerschlitze oder Tonrohre notwendig, die so weit sind, daß sich die Leitungen frei hindurchspannen lassen. Soll vermieden werden, daß der Durchführungschlitz als Dunstabzug dient, so kann eine Glasplatte mit Löchern eingesetzt werden. Besser noch sind die im Handel befindlichen, werkstattmäßig ausgeführten Durchführungen, die zuverlässig gegen Feuchtigkeit schützen. Ungenügend sind für diesen Zweck die sonst durch die Mauer gelegten Schutzrohre mit Einführungspfeifen, weil sie keine Gewähr für dauernd gute Isolation bieten. Streng achte man darauf, daß Eisenteile des Gebäudes von den Leitungen und von ungeerdeten Schutzrohren fern bleiben. Der Verlauf der Leitungen soll dauernd sichtbar und leicht zu kontrollieren sein. Verbindungstellen und Schalter sind ihrer Zahl nach auf das äußerste zu beschränken, Sicherungen und Steckdosen dürfen grundsätzlich nicht in Ställen untergebracht werden. Können die Schalter nicht außerhalb der Ställe angebracht werden, so sind solche für Betätigung durch Zugschnur oder Schaltstange zu verwenden.

Bei der Wahl der Lampenstellen beachte man folgendes:

Die Lampen sind so anzuordnen, daß auf Gang und Futterkrippe möglichst wenig Schatten trifft. Mindestens eine der Lampen soll an der Tür, an der man üblicherweise eintritt, ihren Schalter haben.

Die Lampen müssen für feuchte Räume geeignete, kräftige Schutzglocken erhalten, am besten gußeiserne

Armaturen mit Fassungen aus Isolierstoff. Sämtliche Eisenteile und Stahlpanzerrohre sind gut zu erden.

Motoren, Anlasser, Schalter und Sicherungen sind in Räumen mit leicht entzündlichem Inhalt unzulässig. Gegebenenfalls sind hierfür besondere feuersichere Kammern von ausreichender Größe oder mit besonderer Lüftung einzubauen. Hiervon kann abgesehen werden, wenn die Apparate derart gekapselt sind, daß eine Berührung blanker, spannungführender Teile zuverlässig verhindert ist.

In Drehstromanlagen empfiehlt sich die Verwendung von Motoren mit Kurzschlußläufer.

Die Betriebsicherheit wird durch zeitweises Reinigen der Isolatoren, der Lampenschutzglocken usw. wesentlich erhöht, indem dadurch das Entstehen von Kriechströmen über die auf den Isolatoren und übrigen Zubehörteilen lagernden feuchten Schmutzschichten verhindert wird. Das Nisten von Schwalben auf den Leitungen und Zubehörteilen darf nicht geduldet werden.

286. Anlagen in Räumen für Kraftwagen mit Verbrennungsmaschinen. Je nach den örtlichen baupolizeilichen Vorschriften sind solche Räume zumindest als feuergefährdete Betriebstätten und Lagerräume zu betrachten; dementsprechend ist bei der Leitungslegung zu verfahren.

Fest verlegte Leitungen sind nur in geschlossenen Rohren oder als Bleikabel oder kabelähnliche Leitungen zulässig. Unter 2,50 m Höhe empfiehlt es sich nur Stahlpanzerrohr oder eisenbewehrtes Kabel zu nehmen.

Schalter und Steckvorrichtungen sind nicht unter 1,5 m über dem Fußboden anzuordnen; desgleichen feste Beleuchtungskörper. Sicherungen müssen außerhalb der Räume angebracht werden.

Sämtliche Lampen müssen starke Schutzglocken, mit Schutzkörben besitzen. Schaltfassungen sind nicht gestattet. Ortsfeste Heizgeräte sollen mindestens 10 cm, Kochplatten (Glühplatten verboten) mindestens 1,5 m vom Fußboden entfernt sein.

287. Anschluß von Fernmeldeeinrichtungen an Starkstromnetze. Fernmeldeeinrichtungen, die mit Starkstromanlagen verbunden werden sollen, müssen in allen Teilen den Vorschriften des VDE für die Errichtung elektrischer Starkstromanlagen genügen.

Zum Anschluß an Wechselstromnetze dienen kleine Transformatoren mit getrennter Ober- und Unter-

spannungswicklung, die Strom von wenigen Volt
liefern. Bei Anschluß an die für diese Zwecke besonders
gebauten Transformatoren (Klingeltransformatoren)
braucht die Fernmeldeanlage den Vorschriften für
Starkstromanlagen nicht zu genügen. Alle Teile der
Fernmeldeanlage müssen dann aber von denen der
Starkstromanlage räumlich und elektrisch getrennt
gehalten werden und von diesen unterscheidbar sein.

288. Rundfunkanlagen und Antennen. Netzanschluß-
geräte müssen den Bestimmungen für Rundfunkgeräte,
die mit Starkstromanlagen in Verbindung stehen, genügen und insbesondere den nötigen Berührungschutz
besitzen.

Bei Verwendung von Außenantennen ist der Durchhang der Antennenleiter so zu regeln, daß bei Ver-
kürzung durch Kälte und zusätzliche Belastung durch
Wind und Eis noch eine dreifache Sicherheit vorhanden
ist. Dies wird erreicht bei Einhaltung nachstehender
Werte, die für normierte Antennenleiter gelten.

Spannweite m	Durchhang bei + 10° C	
	Kupfer cm	Bronze cm
20	30	23
25	41	32
30	49	41
35	60	54
40	75	65
45	89	79
50	106	91

Für je 1° C über oder unter 10° C ergibt sich für den Durchhang ein Zuschlag (Abschlag) von 0,60 cm bei Kupfer und 0,55 cm
bei Bronze.

Die unter Zug stehenden Antennenleiter und Ab-
spanndrähte dürfen nicht aus zusammengesetzten
Stücken bestehen und keine Knoten enthalten. Die
Ösen der Antennenleiter müssen feuerverzinkte Kau-
schen erhalten.

Die Abspannpunkte müssen den zu erwartenden
Beanspruchungen gewachsen sein. Mit Rücksicht auf
die Begehbarkeit der Dächer soll eine lichte Höhe von
mindestens 2 m zwischen der Antenne und dem betreffenden Gebäudeteil vorhanden sein. Der Kreu-
zungsabstand zweier Antennen soll nicht unter 2 m,
derjenige bei Parallelführung nicht unter 5 m betragen.

Antennenleiter über Gebäuden mit weicher Bedachung sind verboten.

Bei Abspannung an. Bäumen ist Rücksicht auf Schwankungen durch Wind zu nehmen. Dienen eiserne Dachständer als Gestänge, so müssen dieselben geerdet sein; hölzerne Dachständer müssen mit Blitzableiter versehen werden. Vorhandene Blitzschutzanlagen sind mit den Dachständern zu verbinden.

Antennenkreuzungen von öffentlichen Plätzen und Wegen sowie Bahnkörpern bedürfen der vorherigen Genehmigung der zuständigen Stellen.

Kreuzungen von Hochspannungsleitungen mit über 750 V gegen Erde sind verboten. Können Kreuzungen von Leitungen mit 250 bis 750 V gegen Erde nicht vermieden werden, so sind nachstehende Sicherheitsmaßnahmen nötig: Verwendung von Einleiterantennen aus mehrdrähtigen Kupfer- oder Bronzeleitern mit einem Mindestdurchmesser der Einzeldrähte von 0,4 mm.

Vierfache Sicherheit des Gestänges gegen Zug, Druck, Biegung oder Knickung, fünffache Sicherheit der Ankerdrähte, Seile und Streben.

Spannweite höchstens 60 m, Zugspannung höchstens 10 kg/mm² bei Hartkupfer bzw. 12,5 kg/mm² bei Bronze.

Einbau eines Schutzkondensators zwischen Erdungschalter und Empfänger kurz hinter der Einführung.

Bei Kreuzungen mit Niederspannungsleitungen ist der Antennenleiter als wetterfest umhüllte Leitung auszuführen.

Das gleiche gilt für Kreuzungen mit Fernmeldeleitungen, falls bei Bruch der Antennenleiter die blanke Fernmeldeleitung berühren kann. Fernmeldeleitungen sollen möglichst rechtwinklig (nicht unter 60°) mit wenigstens 1 m Abstand gekreuzt werden; Parallelführung im Abstand von weniger als 5 m ist verboten.

Nahe der Einführung am Gebäude muß in genügendem Abstand von leicht entzündbaren Teilen ein Überspannungsschutz angebracht sein, außerdem ein leicht zugänglicher Erdungsschalter für mindestens 6 A. Dies gilt auch für Antennen, die im Dachraum eines Hauses sich befinden oder am Balkon angeschlossen sind.

Der Querschnitt der Zuleitung zur Schutzerdung muß mindestens das Doppelte des Antennenleiterquerschnittes betragen.

289. Leuchtröhrenanlagen. Die Leuchtröhrenanlagen werden so erstellt, daß ein gefahrloses Schalten auf der

Unterspannungseite des Transformators möglich ist.
Schalt- und Meßeinrichtungen auf der Oberspannungseite sind unzulässig.

Für die Oberspannungseite sind Sonder-Gummiaderleitungen NSGA oder Gummibleikabel NGK zu
verwenden, die in einem geerdeten Metallgehäuse oder
in geerdeten Stahlpanzerrohren verlegt werden. Mehrfachleitungen sind nicht zulässig. Im Inneren geschlossener Leuchtschilder sind bei Vorhandensein zuverlässiger Isolierkörper auch blanke Leitungen gestattet.
Hierbei sind nachstehende Mindestabstände einzuhalten:

Leerlaufspannung kV	1	3	6	10	15	20
Mindestabstand mm	20	20	20	60	100	100

Die mit dem Netz in Verbindung stehende Unterspannungseite ist gegen etwa auftretende Überspannungen zu sichern.

Die Schutzleitung des Oberspannungsteiles soll
gleichzeitig als Schutzerdung für den Unterspannungs-
teil dienen. Der Mindestquerschnitt der Schutzleitung
beträgt bei Kupfer 16 mm², bei verzinkten oder ver-
bleiten Stahldrähten 35 mm². Die Schutzleitung ist
getrennt von den Betriebsleitungen auf eisernen Abstandschellen ohne Isolierkörper zu führen.

Als Erder kann eine verzinkte Stahlplatte von ½ m²
einseitiger Oberfläche und 3 mm Dicke oder ein verzinktes Gasrohr von 1″ und etwa 2 m Länge verwendet
werden. Ebenso ist die Verwendung der Wasserleitung
als Erder gestattet, nicht dagegen eine solche von
Gasrohrleitungen und Gebäudeblitzableitern.

Untersuchen der Leitungsanlagen.

290. Allgemeines. Die Untersuchung der Anlagen
ist nach ihrer Fertigstellung notwendig und an bestehenden Einrichtungen in bestimmten Zeitabschnitten zu
wiederholen. Dabei lege man auf eingehendes Besichtigen aller Teile mindestens ebenso großes Gewicht wie
auf das Messen der Isolation. Die Untersuchungen
sollen in besonders gefährdeten Anlagen und wenn an
die Betriebsicherheit erhöhte Anforderungen gestellt
werden, z. B. in Theatern, alljährlich, in Läden und
Bureaus alle drei Jahre und in Wohnungen etwa alle
fünf Jahre vorgenommen werden.

Die Grundsätze für das Prüfen durch Besichtigen
der Einrichtungen ergeben sich aus den vorhergehenden Abhandlungen. Das Messen der Isolation und
das Verfahren bei der Fehlerbestimmung werden im
folgenden erläutert.

Über das Überwachen von Freileitungsanlagen
vgl. 231.

291. Maße für die Isolation. Für den Isolationszu-
stand einer Anlage gibt die Größe der auf Nebenwegen
entweichenden Ströme (Fehlerströme, vgl. 18) einen
Anhalt.

a) Niederspannungsanlagen. In den Errichtungsvorschriften des VDE ist zunächst der zulässige
Stromverlust festgesetzt und daraus der zu verlangende
Isolationswiderstand abgeleitet. Verlangt wird, daß
der Stromverlust auf jeder Teilstrecke einer Leitungsanlage zwischen zwei Sicherungen oder hinter der
letzten Sicherung, bei der Betriebspannung gemessen,
1 Milliampere nicht überschreitet. Wird mit anderer
Spannung gemessen, so rechnet man auf die Betriebspannung um unter der Annahme, daß der Stromverlust proportional der Spannung ist.

Der Isolationswert einer Teilstrecke muß hiernach
wenigstens betragen: 1000 Ohm multipliziert mit der
Betriebspannung in Volt, z. B. bei 220 V 220 000 Ohm.

Nicht gemeint ist, daß die Isolation jeder Teilstrecke für sich gemessen werden soll; vielmehr können
Gruppen zusammenliegender Teilstrecken gemeinsam
geprüft werden. Beim Beurteilen der an einer solchen
Gruppe gemessenen Isolation berücksichtige man,
daß sich die Isolation nicht gleichmäßig auf die Leitungen verteilt, sondern daß an einzelnen Stellen geringere Isolation besteht. Nähert sich die gefundene
Isolation dem für eine Teilstrecke zulässigen Wert, so
muß man die Teilstrecken gesondert untersuchen, um
festzustellen, ob kein Teil zu geringe Isolation hat.

In feuchten Räumen, z. B. in Teilen von Brauereien, wo selbst die oben angegebene Isolation nicht erreicht werden kann, muß die Isolierung der Leitungen
mit größter Sorgfalt durchgeführt und außerdem da-
hin gewirkt werden, daß beim Vorkommen von Stromübergang kein Feuer entstehen kann.

Freileitungen können ebenso behandelt werden
wie die Anlagen in feuchten Räumen. Im allgemeinen

läßt sich bei feuchtem Wetter ein Isolationswiderstand von 20000 Ohm für das Kilometer Drahtlänge, also für 2 km Drahtlänge von 10000 Ohm, fordern.

b) Hochspannungsanlagen. In Hochspannungsanlagen ist die Durchschlagfestigkeit in der Regel wichtiger als der Isolationswert. Das Untersuchen solcher Anlagen überlasse man erfahrenen Ingenieuren.

292. Isolationsprüfung. Die Isolationsprüfung von Starkstromanlagen soll möglichst mit der Betriebspannung, mindestens aber mit 100 V ausgeführt werden. Messungen mit Gleichstrom werden, weil bequemer ausführbar, meistens auch in Wechselstromanlagen angewendet. Bei den Isolationsmessungen gegen Erde legt man den negativen Pol der Meßbatterie an die zu untersuchende Leitung, weil sich im Anschluß an den positiven Pol schlechtleitende Salze bilden können, die den Fehler verdecken, wogegen im anderen Fall der Fehler vergrößert und dadurch leichter aufgefunden wird. Das Meßgerät soll erst abgelesen werden, nachdem die Leitung zwei Minuten lang der Spannung ausgesetzt war.

Die Prüfungen erstrecken sich auf das Untersuchen der Isolation der Leitungen gegen Erde sowie der gegenseitigen Isolation der verschiedenen Polen oder Phasen angehörigen Leitungen. Beim Messen der Isolation eines Stromkreises gegen Erde müssen, zur Verbindung der Leitungen untereinander, einige Lampen eingeschaltet sein und im übrigen alle Stromverbraucher wenigstens einseitig an das Netz angeschlossen werden. Beim Prüfen der gegenseitigen Isolation müssen alle Stromverbraucher und Apparate, die die Leitungen untereinander verbinden, abgetrennt werden; Glühlampen schraubt man aus den Fassungen, oder man öffnet die zugehörigen einpoligen Schalter; Reihenkreise öffnet man an einer tunlichst in der Mitte gelegenen Stelle. Die Sicherungen müssen eingesetzt und die Schalter geschlossen sein. Alle Verbindungen mit der Stromerzeugeranlage müssen unterbrochen werden.

Bei Anlagen mit geerdetem Leiter müssen alle isolierten Teile der Leitungsanlage und Lampen in die Isolationsmessung eingeschlossen werden. Sind an eine im Mittelleiter geerdete Dreileiteranlage in beiden Polen isolierte Zweileiterzweige angeschlossen und in den mit dem Mittelleiter verbundenen Ab-

zweigen keine Sicherungen und Schalter enthalten,
so ist es zum Erleichtern des Isolationsmessens notwendig, daß sich die Leitungen an den Sammelschienen bequem abklemmen lassen. Derartige Zwei-
leiterabzweige müssen auf gegenseitige Isolation und
Isolation gegen Erde geprüft werden.

Die Leitungen können geprüft werden, wenn sie
vom Netz abgeschaltet sind, also nicht unter Netzspannung stehen (vgl. nachstehend I u. II), und bei
allpolig isolierten Anlagen auch im Betrieb (vgl. III).
Einfacher und daher zu bevorzugen ist die erstere Art
der Untersuchung.

Vor Ausführung der Messung überzeuge man sich
davon, daß die gesamte Anlage in die Messung eingeschlossen ist, d. h. daß keine Teile abgeschaltet sind.
Kann die Leitung schon unter Spannung gesetzt werden,
dann sehe man nach, ob beim Schließen des Stromkreises alle Teile in Betrieb sind.

In Hochspannungsanlagen sind Einrichtungen notwendig, die das Beobachten des Isolationszustandes
jederzeit während des Betriebes ermöglichen (vgl. 145).

Für die bei den Messungen notwendigen Verbindungen verwendet man bestisolierte Leitungen.

I. Untersuchung mit Hilfe einer Meß-
batterie.

Die nachstehenden Meßverfahren beruhen auf dem
Messen des Stromverlustes, wenn auch je nach der
Einrichtung des Meßgerätes der Stromverlust oder der
Isolationswiderstand oder die zum Berechnen des
letzteren dienende Spannung gemessen wird.

a) Messen des Stromverlustes. Dazu dient
ein in Milliampere geeichtes Meßgerät A, das mit einer
Batterie in Reihe geschaltet
ist (Abb. 180). Die freibleiben-
den Klemmen a und b werden zum Messen des Stromes,
der z. B. aus den Leitungen
$P N$ in die Erde abfließt, einerseits mit den zu untersuchenden Leitungen, andererseits mit
einer Erdleitung verbunden.

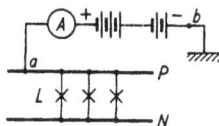

Abb. 180.

Sollen die Leitungen P und N auf gegenseitige
Isolation geprüft werden, so schraubt man die Lampen L heraus oder öffnet die zugehörigen einpoligen

Schalter und verbindet die Klemmen *a* und *b* der Meß-
schaltung mit den Netzleitungen *P* und *N*. In beiden
Fällen zeigt das Meßgerät *A* den Stromverlust in Milliampere an (vgl. 291a, Abs. 1).

b) Messen des Isolationswiderstandes. Ist
das Meßgerät *A* (Abb. 180) mit Ohmteilung versehen,
so werden bei obiger Schaltung die Isolationswiderstände unmittelbar abgelesen. Dabei muß das Meßgerät
der Spannung der Meßbatterie angepaßt oder so eingerichtet sein, daß sich seine Empfindlichkeit verstellen läßt, um auch bei geänderter Spannung eine
unmittelbare Widerstandsablesung zu ermöglichen.

c) Isolationsprüfung durch Spannungs-
messung. Steht als Prüfapparat ein Spannungsmesser zur Verfügung, so berechnet man den Isolationswiderstand aus der abgelesenen Spannung auf
Grund der Regel, daß bei gleichbleibender Spannung
der Ausschlag des Spannungsmessers im umgekehrten
Verhältnis zu den eingeschalteten Widerständen steht.
Der Meßbereich des Spannungsmessers muß mindestens gleich der Meßspannung sein. Für die Schaltung ist ebenfalls Abb. 180 maßgebend.

Bezeichnet:

R den Widerstand des Spannungsmessers,
E die Spannung der Meßbatterie,
r den unbekannten Isolationswiderstand,
e die beim Ausführen der Messung — d. h. beim
Hintereinanderschalten von Spannungsmesser,
Batterie und Isolationsstrecke (vgl. Abb. 180)
— abgelesene Spannung, so besteht die
Gleichung:

$$r = R \cdot \frac{E - e}{e}.$$

Ist z. B. der Widerstand des Spannungsmessers
$R = 14\,000\ \Omega$, die Spannung der Meßbatterie $E = 120$ V
und hat die Isolationsmessung eine Spannung $e = 20$ V
ergeben, so folgt für den Isolationswiderstand:

$$r = 14\,000 \cdot \frac{120 - 20}{20} = 14\,000 \cdot 5 = 70\,000\ \Omega.$$

II. Untersuchung mit Hilfe von Kurbel-induktoren.

Kurbelinduktoren, die man häufig zu Isolationsmessungen benützt, bestehen aus einem kleinen Gleich-

oder Wechselstrom-Generator und einem in Reihe geschalteten Spannungsmesser mit besonderer Ohmteilung, der bei Gleichstrom meist als Drehspulinstrument
ausgeführt ist. In Abb. 181 ist
die innere Schaltung eines Kur-
belinduktors dargestellt.

Die Ausführung der Messungen erfolgt wie unter I, nur daß
an Stelle der Batterie der In-
duktor tritt.

Soll das Meßgerät für Spannungsmessungen an Gleichstromnetzen oder für Isolationsmessungen anspannungslosen Anla-

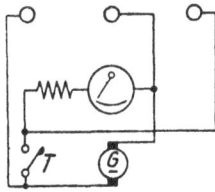

Abb. 181.

gen mit Gleichstrom-Netzspannung verwendet werden,
so erfolgt der Anschluß, statt an den beiden äußeren
Klemmen (Abb. 181), an der mittleren und rechten
Klemme; die Prüftaste wird dabei nicht benutzt.

III. Untersuchung mit Hilfe von Strom aus
einem Gleichstrom-Leitungsnetz.

a) Untersuchung mit Isolationsprüfer oder
mit Spannungsmesser. Zum Erdschlußprüfen
dient die Spannung zwischen den Netzleitungen P
und N (Abb. 182), indem man den + Pol an Erde legt,
wenn nicht der — Pol ohnehin Erdschluß hat. In
die Erdverbindung schaltet man zum Vermeiden von
Kurzschluß einen Widerstand, z. B. die Lampe R.

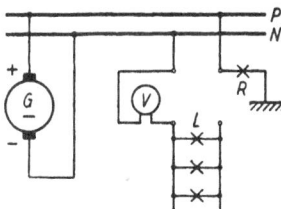

Abb. 182.

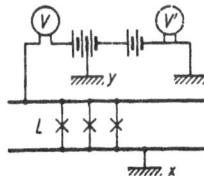

Abb. 183.

Den entgegengesetzten Leitungspol verbindet man mit
dem Isolationsprüfer V, dessen andere Klemme an
die zu prüfende Leitung gelegt wird.

Der Isolationsprüfer (V in Abb. 182 wie auch V in
Abb. 183) muß zwischen die Stromquelle und die zu

untersuchenden Leitungen geschaltet werden; dabei
mißt man den aus der Fehlerstelle x (Abb. 183) zur
Erde übertretenden Strom. Fehlerhaft wäre es, den
Isolationsprüfer bei V' einzuschalten und dadurch
den Strom mitzumessen, der von einer etwaigen Fehlerstelle der Stromquelle bei y zur Erde übertritt.

Zum Berechnen des Isolationswiderstandes bei
Vornahme von Spannungsmessungen dient die obige
Formel, in die für E die Meßspannung, d. h. die Spannung zwischen der nicht an Erde gelegten Leitung und
einer guten Erdverbindung, ferner für e die bei der Isolationsmessung sich ergebende Spannung eingesetzt wird.

Bei der Stromentnahme aus Dreileiteranlagen erdet
man den Mittelleiter des unter Spannung stehenden
Netzes, falls er nicht schon an Erde liegt. Der Isolationsprüfer wird mit der einen Klemme an den negativen Außenleiter oder, wenn die Polzeichen nicht
bekannt sind, nacheinander an beide Außenleiter und
mit der anderen Klemme an die zu prüfende Leitung
gelegt. Die Schaltung bei Prüfung der Isolation zweier
Leitungen gegeneinander ergibt sich aus Abb. 184.

b) Untersuchung mit Prüflampe. Das Meßverfahren ist dasselbe wie vorstehend für das An-
wenden eines Spannungsmessers beschrieben wurde,

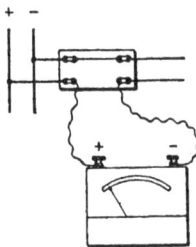

Abb. 184.

mit dem Unterschied, daß das mehr
oder weniger helle Aufleuchten der
Lampe einen Anhalt für die Größe
des Isolationsfehlers gibt. Legt
man die eine der zur Lampe
führenden Leitungen an das spannungführende Netz und die andere
Lampenleitung an den vom Netz
getrennten, zu untersuchenden
Stromkreisteil, so bedeutet volles
Aufleuchten der Lampe unmittelbaren Erdschluß, d. h. nahezu
widerstandslose Verbindung mit
der Erde, schwaches Aufleuchten mehr oder weniger
starken Erdschluß. Bleibt die Lampe dunkel, so ist
die Isolation für diese rohe Prüfung als genügend anzusehen.

Die Untersuchung ist gleicherweise für Gleich- und
Wechselstrom möglich.

Gute Dienste leistet die Prüflampe auch beim Aufsuchen von Unterbrechungen und Verbindungen in
Leitungen zum Nachweis wo Spannung vorhanden ist.

IV. Untersuchung unter Betriebspannung.

a) Gleichstromanlagen. Unter Umständen ist es erwünscht, die Gesamtisolation einer Anlage einschließlich der Isolation der Stromquelle während des regelrechten Betriebes festzustellen.

Bezeichnet:

R den Widerstand des Spannungszeigers,

E die Betriebspannung,

e_1 und e_2 die Spannungen, die sich ergeben, wenn man den Spannungsmesser einerseits mit der Erde und anderseits nacheinander mit den beiden Leitungspolen verbindet,

r_1 und r_2 die entsprechenden Isolationswiderstände der beiden Leitungspole, so ergeben sich die Widerstände aus den Gleichungen:

$$r_1 = R \cdot \frac{E - (e_1 + e_2)}{e_2}; \quad r_2 = R \cdot \frac{E - (e_1 + e_2)}{e_1}$$

und der Isolationswiderstand der Gesamtanlage:

$$r_x = R \cdot \frac{E - (e_1 + e_2)}{e_1 + e_2}.$$

b) Wechselstromanlagen. Bei Wechselstrom fließt infolge der Kapazität der Leitungen auch bei bester Isolation Kapazitätstrom zur Erde. Der Kapazitätstrom ist der Leitungslänge und Spannung proportional, er beträgt bei 50 Perioden für 1 kV angenähert bei

Freileitungen 0,002—0,0025 A für 1 km Leiterlänge
Kabeln   0,03—0,06   » » 1 » Kabellänge.

293. Aufsuchen eines Isolationsfehlers in Hausleitungen. Durch Zerteilen der Leitungen grenzt man den Fehler auf eine kurze Leitungstrecke ein, um diese dann eingehend zu prüfen. Nachdem der Isolationsprüfer derart an eine Verteilschiene oder ·an die Hauptleitung angelegt ist, daß sein Ausschlag den Fehler anzeigt, werden die Zweigleitungen nacheinander mit vorhandenen Schaltern oder durch Herausnehmen der Schmelzsicherungen abgeschaltet. Nach dem Lösen jeder Verbindung beobachtet man den Isolationsprüfer; geht sein Zeiger auf Null zurück, so liegt der Fehler in der zuletzt geöffneten Zweigleitung, an der man die Untersuchung wiederholt.

Sind in der fehlerhaften Zweigleitung keine Schalter
oder Sicherungen enthalten, so durchschneidet man
die Leitung an leicht zugänglichen Stellen, bis der
Fehler auf eine so kurze Strecke eingegrenzt ist, daß
er durch Besichtigen der Leitungen, Auseinander-
nehmen von Lampenträgern usw. gefunden werden
kann. Verschwindet der Ausschlag im Isolationsprüfer
nicht, nachdem alle Zweigleitungen abgeschaltet sind,
so muß die Hauptleitung in kurze Strecken zerlegt
werden.

Als Beispiel für das Aufsuchen eines Fehlers in
einer Leitungstrecke diene der in Abb. 185 dargestellte Stromkreis,
der bei x Erdschluß
besitzt. Zuerst wird
die Leitung durch
Öffnen des Strom-
kreises bei Dose *3* in
zwei Teile getrennt,
die für sich unter-
sucht werden. Die da-
bei als fehlerhaft befundene Strecke *3 a* wird nochmals
unterteilt, bis der Fehler auf die Strecke *1—2* eingegrenzt ist.

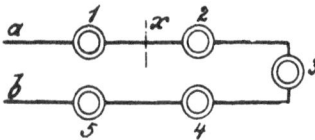

Abb. 185.

Beleuchtung.

Lichttechnische Grundbegriffe.

294. Lichtstrom (Lichtleistung)[1] einer Lichtquelle
ist die gesamte Lichtenergie, die von ihr in jedem Augenblick rings in den umgebenden Raum gestrahlt wird.
Einheit des Lichtstromes ist das Lumen (Lm). Eine
40 Watt-Glühlampe für 220 V hat einen Lichtstrom
von etwa 400 Lm.

295. Lichtstärke. Die Dichte des Lichtstromes einer
Lichtquelle ist in den verschiedenen Ausstrahlungs-
richtungen verschieden groß. Diese Lichtstromdichte
bezeichnet man als Lichtstärke. Die Einheit der Lichtstärke ist die Hefnerkerze (HK). Eine 40 Watt-
Glühlampe hat in der Richtung der Lampenachse eine
Lichtstärke von etwa 43 Hefnerkerzen (Abb. 186).

---

[1] Dieser Begriff ist nicht mit dem „Lichtstrom" zu verwechseln, wie der zu Beleuchtungszwecken verwendete elektrische Strom im Gegensatz zum „Kraftstrom" genannt wird.

296. Beleuchtungstärke. Eine Lichtquelle erzeugt
auf den Gegenständen, die sie bestrahlt, eine gewisse
Beleuchtungstärke. Die Einheit der Beleuchtungstärke
ist das Lux (Lx). Diese Beleuchtungstärke herrscht
auf einer Fläche, wenn auf jeden Quadratmeter der
Lichtstrom von 1 Lm auftrifft. 1 Lx ist auch die Beleuchtungstärke auf einer Fläche, die durch eine 1 m
von ihr entfernte Lichtquelle mit der Lichtstärke einer
Hefnerkerze so beleuchtet wird, daß das Licht senkrecht
auf die Fläche trifft.

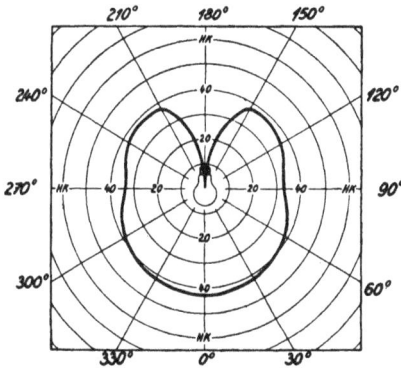

Abb. 186.

297. Lichtverteilung. Um sich von der Verschieden-
heit der Lichtstärken einer Lichtquelle in den einzelnen
Richtungen ein anschauliches Bild zu machen, trägt
man die Lichtstärken als Strecken entsprechender Größe
in der betreffenden Richtung von der Lichtquelle aus
auf und verbindet die Endpunkte dieser Strahlen durch
eine Kurve. Abb. 186 zeigt z. B. die Lichtverteilung
einer 40 Watt-Glühlampe.

298. Lichtausbeute. Die der Lichtquelle zugeführte
elektrische Leistung wird von dieser in Lichtleistung
umgesetzt. Die für je eine Einheit elektrischer Leistung
(Watt) erhaltene Lichtleistung (Lumen) wird als Lichtausbeute der Lichtquelle bezeichnet. Die Einheit der
Lichtausbeute ist $1 \frac{\text{Lumen}}{\text{Watt}} \left(\frac{\text{Lm}}{\text{W}} \right)$. Beispielsweise gibt
eine 40 Watt-Glühlampe bei einer Lichtleistung von

400 Lm und einer Aufnahme von 40 W eine Lichtausbeute von $10 \dfrac{\text{Lm}}{\text{W}}$.

Bogenlampen.

299. Lampenarten.

a) Reinkohlenlampen sind nur für Gleichstrom
in Gebrauch. Mit freiem Luftzutritt zum Lichtbogen dienen sie vorwiegend für Scheinwerferbetrieb.
Leuchtend ist in der Hauptsache der an der positiven
Kohle sich bildende Krater.

Bei den Reinkohlenlampen mit nahezu luftdicht
abgeschlossenem Lichtbogen (Dauerbrandlampen
mit Reinkohlen) ist der Lichtbogen reich an blauen und
ultravioletten Strahlen. Dadurch ist die Lampe für
photographische Zwecke, Lichtpausverfahren usw. in
hohem Maße geeignet. Die Brenndauer der Lampe mit
abgeschlossenem Lichtbogen beträgt rd. 100 Stunden.

b) Effektkohlenlampen (Flammenbogenlampen)
haben im Gegensatz zu den Reinkohlenlampen einen
leuchtenden Lichtbogen. Das Leuchten entsteht durch
die in den Kohlestiften enthaltenen Leuchtsalze, deren
Dämpfe bei hohen Temperaturen Licht ausstrahlen. Die
Lichtausbeute ist annähernd dreimal so groß wie bei
den Reinkohlenlampen und für Gleich- und Wechsel-
strombetrieb gleich.

Die Lichtfarbe ist von den in den Kohlestiften enthaltenen Leuchtsalzen abhängig; als wirksamste wird
die gelbe Lichtfarbe bevorzugt. Effektkohlenlampen
mit eingeschlossenem Lichtbogen (Dauerbrandeffekt-
kohlenlampen) haben eine Brenndauer von rd. 100
Stunden. Die Lichtstärke ist angenähert die gleiche
wie bei den Lampen mit freiem Luftzutritt.

300. Lampengehäuse und Lampenglocken. Das
Lampengehäuse muß gegen die spannungführenden
Teile der Lampe isoliert sein. Für Aufhängung im
Freien ist ein Regendach notwendig.

Die Aschenteller an den Lampenglocken müssen gut
schließen, damit keine glühenden Kohleteilchen herausfallen. Aus dem gleichen Grunde müssen zerbrochene
Lampenglocken alsbald durch neue ersetzt werden. Im
übrigen sind ordnungsgemäß abgeschlossene Glocken
schon für das ruhige Brennen der Lampen notwendig.

Die im Lichtbogen der Effektkohlenlampen sich
entwickelnden Dämpfe greifen das Glas an und setzen

dessen Lichtdurchlässigkeit herab. Um diesem Übelstand vorzubeugen, werden sog. beschlagfreie Glocken verwendet, bei denen die Beschlagbildung durch geeigneten Luftumlauf verhindert wird.

301. Regelwerk. Der Vorschub der sich verbrauchenden Kohlestifte geschieht im allgemeinen selbsttätig. Bei den Gleichstromlampen wird ein den Kohlenvorschub bewirkendes Räderwerk durch Elektromagnete zeitweise ausgelöst. Bei den Wechselstromlampen ist meistens ein Motorgetriebe verwendet, in dem zwei Elektromagnete eine Aluminiumscheibe im einen oder anderen Drehsinn in Bewegung setzen.

302. Schaltung. Bei einer Betriebspannung von 110 V werden zwei oder drei, bei 220 V vier oder sechs Lampen mit einem Vorwiderstand in Reihe geschaltet. Dieser Widerstand kann teilweise oder ganz in die Zweigleitungen zu den Lampen gelegt werden, in denen z. B. bei 110 V Netzspannung und zwei hintereinandergeschalteten Lampen ein Spannungsverlust bis zu 20 V zulässig ist. Für Wechselstromlampen kann an Stelle des Vorwiderstandes eine Drosselspule angewendet werden.

303. Bedienung. Jedesmal beim Einsetzen neuer Kohlen müssen alle nach dem Abnehmen der Lampenglocke zugänglichen Teile, namentlich die Kohlenhalter und ihre Führungstangen, mit Hilfe eines Staubpinsels gereinigt werden. Bei Effektkohlenlampen wird das Zerstäuben des am Sparer und an den Kohlespitzen haftenden Niederschlages vermieden, wenn man einen Beutel mit hindurchgestecktem Pinsel über die zu reinigenden Teile stülpt und den abgebürsteten Niederschlag damit auffängt. Zeitweises gründliches Reinigen der Kohlenhalterführungen mit Benzin darf nicht versäumt werden.

Die Lampenglocken müssen von innen und außen regelmäßig abgewischt und zeitweise mit Seife ausgewaschen werden. Besondere Sorgfalt widme man dem Reinigen der Glocken für Effektkohlenlampen, weil der Beschlag bald erhärtet, das Glas angreift und dessen Durchlässigkeit herabsetzt. Dem Beschlagen kann vorgebeugt werden, wenn man jedesmal nach dem Reinigen mit einem Gemisch von Petroleum und Paraffinöl nachwischt. Durch Vernachlässigung blind gewordene Glocken kann man durch Auswaschen mit Salzsäure wieder klar machen.

Beim Einsetzen der Kohlestifte achte man darauf, daß die Spitzen genau aufeinander stehen und daß ge-

Beleuchtung.

nügend Raum bleibt, damit sich die Kohlen zur Lichtbogenbildung auseinanderziehen können.

Das Beobachten des Lichtbogens geschieht unter
Abblendung der für die Augen schädlichen Strahlen
mit Hilfe eines dunklen Glases (Euphosglas, Rauch-
glas oder übereinander gelegtes rotes und grünes Glas).
Zur Aufbewahrung der Kohlestifte ist ein trockener
Raum erforderlich.

304. Anwendung. Bogenlampen finden Verwendung
zur Beleuchtung verkehrsreicher Straßen und Plätze,
für photographische Aufnahme- und Reproduktions-
zwecke, ferner als Lichtquelle für Scheinwerfer, Kino-
vorführungsapparate und für ähnliche Zwecke, in denen
eine punktförmige Lichtquelle großer Lichtstärke erforderlich ist.

Glühlampen.

305. Kohlefadenlampen. Der Leuchtkörper der
Lampe besteht aus einem Kohlefaden, der in einen luft-
leeren Glaskolben eingeschlossen ist. Bei einer Lichtausbeute von rd. 3 $\frac{Lm}{W}$ beträgt ihre Nutzbrenndauer
durchschnittlich 800 Stunden. Wegen ihrer schlechten
Lichtausbeute werden Kohlefadenlampen nur noch
dort verwendet, wo besondere Unempfindlichkeit gegen
starke Erschütterungen verlangt wird, z. B. für Mühlen-
betriebe und zur Maschinenbeleuchtung (Stanzen).

306. Metalldrahtlampen. Der Leuchtkörper besteht
aus Wolframdraht. Metalldrahtlampen ergeben eine
bessere Lichtausbeute, weißere Lichtfarbe und geringere
Abnahme der Lichtstärke während der Benutzungs-
dauer als die Kohlefadenlampen.

a) Luftleere Lampen haben einen glatten, zick-
zackförmig aufgespannten oder schraubenförmig gewundenen Leuchtdraht. Die Lampen werden nicht
mehr wie früher nach ihrer Kerzenstärke, sondern
nach der Aufnahme in Watt abgestuft. Luftleere
Lampen sind in den Abstufungen von 15 und 25 W
im Handel. Sie geben eine Lichtausbeute von rd. 10 $\frac{Lm}{W}$.
Die Lebensdauer der Lampen beträgt im Durchschnitt
1000 Stunden.

b) Gasgefüllte Lampen haben einen schraubenförmig gewundenen Leuchtdraht und sind mit sog.

Edelgas (Argon, Neon) gefüllt. Die Gasfüllung verhindert das Verdampfen des Wolframmetalles, so daß der Leuchtdraht auf höhere Temperatur (etwa 2500⁰) gebracht werden kann. Die Lampe gibt dementsprechend bessere Lichtausbeute als die luftleere Lampe und besitzt weißere Lichtfarbe. Die Lampen werden für eine Aufnahme von 25 bis 10000 W hergestellt. Die gebräuchlichen Wattzahlen, der Lichtstrom der einzelnen Lampen und deren Lichtausbeute sind der nachstehenden Tabelle zu entnehmen.

Metalldrahtlampen für 220 V.

Leistungsaufnahme W	Lichtstrom Lm	Lichtausbeute $\frac{Lm}{W}$
15	130	8,7
25	225	9,0
40	375	9,4
60	690	11,5
75	910	12,1
100	1350	13,5
150	2350	15,7
200	3150	15,8
300	5200	17,3
500	8800	17,6
750	14500	19,3
1000	20500	20,5
1500	30500	20,3
2000	41500	20,7

Die Abstufung der in der Tabelle aufgeführten Lampen von 15 bis 100 W entspricht der sog. Einheitsreihe.

Außer den Lampen für normale Beleuchtungszwecke, die einen birnenförmigen Kolben besitzen, gibt es für Sonderzwecke zahlreiche Speziallampen, z. B. die röhrenförmig ausgebildeten Soffittenlampen. Diese werden vor allem dort verwendet, wo für die Unterbringung der Lichtquelle nur wenig Raum zur Verfügung steht (Schaukastenbeleuchtung).

Im kalten Zustand haben die Metalldrahtlampen nur ungefähr den zwölften Teil des Widerstandes, den sie im Betriebe besitzen. Beim gleichzeitigen Einschalten einer großen Lampenzahl oder auch von wenigen großen Lampen können die Sicherungen durch den Einschaltstromstoß überlastet werden und durchschmelzen. Die

Zahl der gleichzeitig einzuschaltenden Lampen darf daher nicht zu groß sein.

307. Betriebsbedingungen. Die auf den Lampen angegebene Spannung soll mit der Netzspannung übereinstimmen. Ist die Netzspannung höher, so leuchten die Lampen zwar heller, nutzen sich aber rascher ab; ist sie niedriger, so geben die Lampen weniger Licht und brennen unwirtschaftlich.

308. Betriebskosten. Die Betriebskosten einer Beleuchtungsanlage setzen sich zusammen aus den Kosten für elektrischen Verbrauch und Lampenersatz. Lampen mit niedriger Lichtausbeute sind selbst bei geringen Anschaffungskosten unwirtschaftlich, wenn nicht der Strompreis außerordentlich niedrig ist. Das gilt vor allem für die Kohlefadenlampe mit ihrer im Vergleich zur Metalldrahtlampe dreimal so hohen Wattaufnahme bei gleicher Lichtstärke. Handelt es sich dagegen um einen Vergleich zwischen verschiedenen Arten von Metalldrahtlampen (vgl. 306) mit ihrem nicht so großen Betriebskostenunterschied, so sind die für den jeweiligen Zweck in Betracht kommenden Eigenschaften der Lampen für die Auswahl maßgebend.

Bei der häufig benutzten 40 Watt-Lampe betragen z. B. die Betriebskosten für 1000 Stunden bei einem Strompreis von 20 Pfg. für 1 kWh:

Verbrauch elektrischer Arbeit, 40 kWh
zu je 20 Pf. . . . . 8,— RM.
Lampenpreis (Lebensdauer rd. 1000
Stunden) . . . . 1,40 RM.
Gesamte Betriebskosten in 1000 Std. . 9,40 RM.

309. Bezeichnung der Lampen. Die für den Betrieb maßgebendenden Werte, Spannung und Leistungsaufnahme (Wattverbrauch), sind auf dem Lampensockel verzeichnet. Bei Bestellung von Lampen sind anzugeben: Spannung, Wattaufnahme, Sockelart, Form der Lampe und Art des Glases (klar, mattiert, opal oder gefärbt). Die Lampen der Einheitsreihe von 15 bis 100 W werden normalerweise innenmattiert geliefert. Bei Lampen für Reihenschaltung sind stets Wattzahl, Spannung und die Seriennummer der vorhandenen Lampen zu nennen.

310. Behandlung der Lampen.
a) Untersuchen eingehender Lampensendungen. Bald nach dem Eintreffen einer Sendung

sollen die Lampen ausgepackt und geprüft werden,
vor allem daraufhin, ob Leuchtkörper und Glaskolben unversehrt sind. Zu diesem Zweck werden die
Lampen durch Anhalten des Lampensockels an spannungführende Kontakte unter Strom gebracht. Zweckmäßig schaltet man in den Prüfstromkreis einen Widerstand, etwa eine zweite Glühlampe, um einem Kurzschluß bei versehentlichem gegenseitigen Berühren der
spannungführenden Kontakte vorzubeugen. Die Lampen werden am besten auf einem mit weicher Decke
versehenen Tisch abgelegt. Für schadhafte Lampen,
die man bald nach Empfang zurückgibt, wird in der
Regel vom Lieferanten Ersatz geleistet.

b) Aufbewahren der Lampen. Hierfür wähle
man eine von starken Erschütterungen freie Stelle, also
nicht in der Nähe von Arbeitsmaschinen o. dgl.

c) Einsetzen der Lampen in die Fassungen
muß bei ausgeschaltetem Stromkreis geschehen.

311. Sockel und Fassungen. In Deutschland, Öster-
reich und der Schweiz wird im allgemeinen der Edisonsockel (Schraubsockel) verwendet. Es kommt in Frage:
Normal-Edison-Sockel (Edison 27)[1] für normale
Glühlampen bis einschließlich 200 Watt.

Goliath-Sockel (Edison 40) für Glühlampen von
300 Watt an aufwärts.

Klein-Edison-Sockel (Mignon-Sockel, Edison 14)
und der

Zwerg-Sockel (Edison 10); die beiden letzteren für
Taschenlampen, Zierlampen und Illuminations-
lampen.

In Beleuchtungsanlagen, bei denen eine Lockerung
der Lampen in der Fassung infolge starker und dauernder Erschütterungen zu befürchten ist, z. B. in Fahrzeugen, empfiehlt es sich, den Swansockel zu verwenden, der mit der Fassung eine Art Bajonettver-
schluß bildet.

Die Fassungen müssen so gebaut sein, daß ein Berühren spannungführender Teile (Sockelgewinde und
Sockelkontakt) während des Einschraubens der Lampe
mit Sicherheit vermieden wird. Die VDE-Vorschriften
verlangen deshalb die allgemeine Verwendung von sog.
Berührungschutzfassungen.

Beim Einbauen der Fassungen in die Lampenträger
sorge man dafür, daß sie fest auf den Trägern sitzen

---

[1] Die Zahl bedeutet gemäß den Vorschriften des VDE den
Gewindedurchmesser in mm.

und die Leitungen sicher mit den Kontakten verbunden sind. Die Enden der Litzen müssen verlötet
werden. Der metallene Fassungsmantel darf nicht in
den Stromkreis eingeschaltet sein, es sei denn, daß die
an ihn angeschlossene Leitung geerdet ist. In Anlagen,
die mit geerdetem Nulleiter arbeiten, muß bei ortsfesten Lampen das Gewinde der Fassung mit dem Null-
leiter verbunden werden. Zweckmäßig sind dafür
Fassungsringe aus Metall (Messing), so daß der Lampenträger in die Erdung mit eingeschlossen wird. Beim
Verwenden solcher Fassungen für Kronen erreicht man
außerdem, daß sich fehlerhaftes Anschließen der Leitungen an die Fassung selbsttätig anzeigt, indem es
Kurzschluß herbeiführt.

Schaltfassungen sollen nur für Lampen in bequem
erreichbarer Höhe verwendet werden, weil andernfalls
eine zu derbe Behandlung der Schaltgriffe und damit
eine Beschädigung der Fassungen zu befürchten ist.

Nicht empfehlenswert ist es, Steckkontakte o. dgl.
mit den Lampenfassungen zu vereinigen, weil bei ihrem
Handhaben die Fassungen beschädigt werden können.
Mit Steckkontakten vereinigte Fassungen müssen besonders sorgfältig zusammengebaut werden.

In feuchten Räumen und Räumen mit ätzenden
Dünsten sowie stets bei Spannungen über 250 V müssen
die äußeren Teile der Lampenfassungen aus Isolierstoff bestehen, wenn die Fassungen nicht durch Schutzglocken o. dgl. der Möglichkeit der Berührung entzogen
sind. Schaltfassungen sind hier unzulässig.

312. Lampenschaltung.

a) Parallelschaltung der Lampen (Abb. 8)
ist am gebräuchlichsten. Die Lampen werden je nach
Bedarf einzeln oder in Gruppen ein- und ausgeschaltet.

b) Reihenschaltung. Das Schalten von Glühlampen in Reihe (Abb. 7) wird vorgenommen, wenn
eine größere Zahl von Lampen niedriger Spannung an
einem Netz höherer Spannung betrieben werden soll.
Diese Schaltung wird hauptsächlich für Illuminations-
lampen, in der Straßenbeleuchtung und im elektrischen
Bahnbetrieb angewendet.

Die in Reihe zu schaltenden Glühlampen müssen
für gleiche Stromstärke bestimmt sein, die Summe der
Spannungen muß gleich der Netzspannung sein.

c) Stufenweise Einschaltung von zwei
Stromkreisen mit einer Unterbrechung (Kro-

nenschaltung, Gruppenschaltung, Serienschaltung). Für
Beleuchtungskörper mit mehreren Glühlampen wird
meistens verlangt, daß zwei Lampengruppen einzeln
oder zusammen eingeschaltet werden können (Abb. 187).

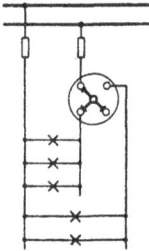 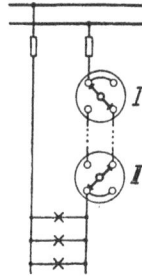

Abb. 187.   Abb. 188.

d) Ein- und Ausschaltung eines Stromkreises von zwei Stellen aus mit sog. Wechsel-
schaltern wird z. B. in Schlafzimmern und Korridoren
verlangt. An den Schaltstellen *I* und
II (Abb. 188) wird je ein Wechsel-
schalter angebracht.

e) Schaltung einer selbsttätigen Treppenbeleuchtung mit
Druckknopfbetätigung. Zum Einschalten der Treppenhausbeleuchtung
von jedem Stockwerk aus dient die in
Abb. 189 dargestellte Schaltung. Beim
Niederdrücken eines der Druckknöpfe
zieht der Elektromagnet des Schalt-
apparates den Anker an und schließt
den Beleuchtungstromkreis. Nach
einer bestimmten Zeit schaltet ein
Uhrwerk den Strom wieder aus.
Mittels eines Drehschalters kann die
Treppenbeleuchtung auch dauernd
eingeschaltet (Bedarf in den Abend-
stunden) oder außer Betrieb gesetzt
werden (bei Tage).

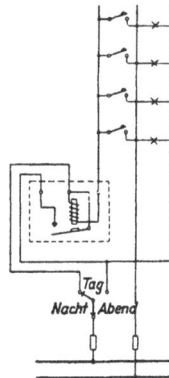

Abb. 189.

313. Verdunkelungswiderstände werden in Theatern,
Kinos, bei Bühnenreglern usw. verwendet. Die Widerstände müssen der Stromstärke der Lampen angepaßt
werden.

Glimmlampen.

314. Aufbau und Verwendung. Die Glimmlampe
(Abb. 190) besteht aus einem birnenförmigen Glaskolben,
der mit verdünntem Neongas gefüllt ist und zwei in
kurzem Abstand nebeneinander aufgewundene Drahtspiralen als Elektroden enthält. Wird Spannung an die Lampe angelegt, so wird die
an der negativen Elektrode befindliche Gas-
schicht zum Leuchten gebracht. Bei Wechselstrom leuchten beide Elektroden. Zur
Begrenzung der Stromstärke ist im Lam-
penfuß ein Vorwiderstand eingebaut.

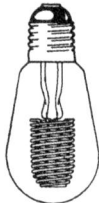

Der Wattverbrauch ist gering (je nach
Spannung 2—5 Watt), allerdings auch der
erzeugte Lichtstrom, so daß die Lampe
nur für bestimmte Zwecke in Frage kommt.

Abb. 190.

Sie ist geeignet für Nachtbeleuchtung in
Krankenzimmern, für Not- und Richtungsbeleuchtung,
als Signallampe.

Eine besondere Ausführung der Glimmlampe mit
verschieden langen Elektroden wird als Polsucher verwendet. Es leuchtet stets die mit dem negativen Pol
verbundene Elektrode. Auch als Spannungsucher
wird die Glimmlampe verwendet.

Gasentladungsröhren.

315. Wirkungsweise. Wird an eine mit verdünnten
Gasen gefüllte abgeschlossene Glasröhre, in deren
Enden Elektroden eingeschmolzen sind, eine hohe
elektrische Spannung angelegt, so wird die ganze
Röhre mit einem intensiven Glimmlicht erfüllt, dessen
Farbe von dem verwendeten Gas und dem Fülldruck
abhängig ist. Diese Erscheinung wird in den sog. Gas-
entladungsröhren oder Leuchtröhren verwendet. In
der Hauptsache wird Neongas benutzt, das ein intensiv
rotes Licht gibt, oder Neon mit Zusatz von Quecksilberdampf, das blaues Licht gibt. Die Spannung beträgt
im allgemeinen 1000 V, die aus dem Wechselstromnetz
durch Transformatoren entnommen wird. Zur Strom-
begrenzung werden Drosselspulen vorgeschaltet. Das
Hauptanwendungsgebiet dieser Leuchtröhren ist die
Lichtreklame. Leuchtröhrenanlagen vgl. 289.

Beleuchtungskörper.

316. Leuchten für Glühlampen. Die Leuchten
dienen zur Aufnahme der Lampenfassung und zum

Schutz der Lampe gegen Stöße und Witterungseinflüsse.
Vor allem aber haben sie die Aufgabe, das Licht der
Glühlampe dorthin zu lenken, wo es gebraucht wird.
Außerdem sollen sie das Auge vor Blendung schützen.
Je nach der Art der Lichtverteilung unter-
scheidet man:

a) Tiefstrahler oder Steilstrahler, die das gesamte oder fast alles Licht nach unten werfen (Abb. 191).
Sie dienen zur direkten Beleuchtung in allen Fällen, in
denen man durch konzentriertes Licht eine verhältnismäßig kleine Fläche stark beleuchten will, oder dort,
wo große Aufhängehöhen der Lampen gegeben sind.

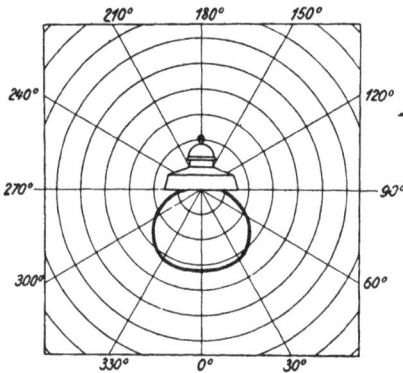

Abb. 191.

b) Breitstrahler lassen den größten Teil des von
der Lampe ausgehenden Lichtes seitlich schräg nach
unten austreten (Abb. 192). Sie werden dort verwendet, wo auf möglichst gleichmäßige Beleuchtung
großer Flächen Wert gelegt wird.

c) Hochstrahler werfen fast alles oder alles Licht
nach oben (Abb. 193). Sie kommen nur für Innen-
beleuchtung in Frage, und zwar in Räumen mit hellen,
womöglich weißen Decken und Wänden, die das Licht
gut zurückstrahlen.

Auf das Vermeiden der Blendung ist besonderer
Wert zu legen. Die Glühlampe muß entweder von einer
lichtstreuenden Glocke umgeben sein, oder der Reflektor

muß so weit über die Lampe herabreichen, daß der
Leuchtkörper gegen die normale Blickrichtung des

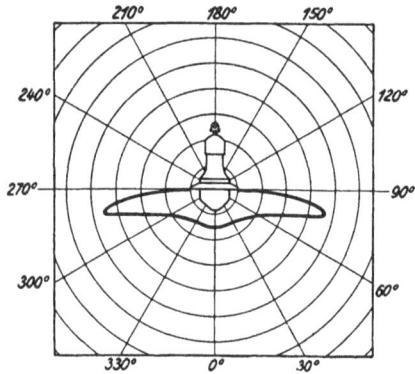

Abb. 192.

Auges abgeschirmt wird. Besonders Reflektoren für
Arbeitsplatzbeleuchtung müssen so geformt sein, daß

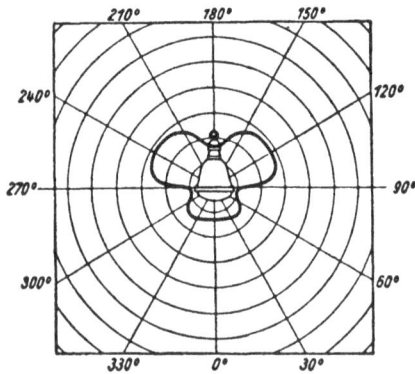

Abb. 193.

sie die Lampe vollkommen in sich aufnehmen. Flache
Schirme sind unzweckmäßig und unwirtschaftlich.

Die Lichtverteilung der Leuchten läßt sich durch
Verschiebung der Lampe längs der Reflektorachse in
gewissen Grenzen verändern. Besonders bei Spiegel-
reflektoren ist auf genaue Einstellung des Lichtpunktes
im Reflektor zu achten, da hierdurch die Lichtverteilung
weitgehend beeinflußt wird. Einstellvorschriften werden
den Leuchten vom Hersteller beigegeben.

317. Lampenträger. Die Rohre der Lampenträger
müssen innen frei von Grat und so weit sein, daß die
Leitungen ohne Beschädigung eingezogen werden
können. Dazu ist eine lichte Weite der Rohre von mindestens 6 mm notwendig. Zur Schonung der Drahtisolierung führe man die Leitungen lose liegend an die
Lampenträger heran und ziehe sie lose liegend in deren
Rohre ein.

Die Lampenträger müssen so aufgehängt werden,
daß man sie nicht drehen kann. Zum Aufhängen der
Lampenträger dürfen die Leitungen nicht benutzt
werden. Aufhängehaken für Lampenträger, die vom
Fußboden aus erreichbar sind, biege man zu, um das
sonst mögliche Aushaken der Lampenträger zu verhindern. Bei Schnurpendeln muß die Tragschnur an
der Aufhängestelle und an der Lampe derart befestigt
werden, daß die Leitungen und namentlich die Leitungsanschlüsse von Zug entlastet sind.

Für das Einziehen in enge Lampenträgerrohre sind
die Fassungsadern (vgl. 244 II) bestimmt.

Zum Anschließen der Lampen werden isolierend umschlossene Lüsterklemmen verwendet.
Bei einzelnen Lampen kann man diese Klemmen
entbehren, wenn man die Leitungen unmittelbar
in die Fassung einführt. Geboten ist das Weglassen
von Lüsterklemmen in feuchten Räumen, um Kriechströme zu vermeiden, die von den blanken Klemmen-
teilen ausgehen würden.

Beim Vorhandensein geerdeter Leiter empfiehlt
es sich, auch die Lampenträger gut zu erden. Man erreicht dadurch Schutz gegen elektrische Schläge beim
Berühren der Lampenträger und fördert außerdem das
Durchschmelzen der Sicherungen bei Fehlern im isolierten Leiter. Sind die Metallteile der geerdeten
Lampenträger miteinander gut leitend verbunden, so
können sie zur Stromleitung benutzt werden.

Bei geschlossenen Leuchten ist für gute Lüftung
oder entsprechend große Wärmeabstrahlungsflächen zu

sorgen. Schirme aus Stoff oder Papier müssen genügend Abstand von den Glühlampen haben, um ein Anbrennen zu verhüten. Besondere Vorsicht ist bei Opallampen wegen ihrer großen Wärmeentwicklung geboten.

Die für Anwendung in feuchten Räumen und im Freien bestimmten Leuchten müssen die Glühlampe nebst Fassung vor Tropfwasser schützen. Wird die Lampe und die Fassung durch den Reflektor nicht genügend geschützt, so sind Schutzglocken notwendig.

Erschütterungen ausgesetzte Lampen werden an federnden Drahtspiralen oder an Schnüren, die ebenfalls bei Erschütterungen dämpfend wirken, aufgehängt, oder man nimmt federnde Fassungen. Starre Verbindung von Lampen mit Aufhängestellen, die Erschütterungen ausgesetzt sind, soll vermieden werden. Lampen, die durch Anstoßen zerbrochen werden können, schützt man durch Drahtkörbe oder starke Glasglocken.

Sollen Räume beleuchtet werden, in denen sich explosible Gase ansammeln oder fein verteilter Staub der Luft beigemengt ist, wie z. B. in Mühlenbetrieben und Spinnereien, so müssen die Lampen nebst Fassungen in Glasglocken untergebracht werden. Das Reinigen und Auswechseln der Glühlampen darf in explosionsgefährlichen Räumen nur nach dem Ausschalten des Stromkreises geschehen.

Eine weitere Vorsichtsmaßregel bei der Beleuchtung explosionsgefährlicher Räume besteht darin, daß man die Lampen nebst Leitungen außerhalb der Räume hinter dicken Glasscheiben anbringt.

Jeder neu anzubringende Lampenträger muß auf Isolationsfehler (Kurzschluß, Körperschluß) untersucht werden.

318. Handlampen. Körper und Griff der Handlampen (Handleuchter) müssen aus feuer-, wärme- und feuchtigkeitsicherem Isolierstoff von großer Schlag- und Bruchfestigkeit bestehen. Die spannungführenden Teile müssen auch während des Einsetzens der Lampe, mithin auch ohne Schutzglas, durch ausreichend widerstandsfähige und sicher befestigte Verkleidung gegen zufällige Berührung geschützt sein.

Handlampen müssen Einrichtungen besitzen, mit deren Hilfe die Anschlußstellen der Leitung von Zug entlastet und deren Umhüllungen vor Abstreifen gesichert sind. Die Einführungsöffnung muß die Verwendung von Werkstattschnüren gestatten und mit Einrichtungen zum Schutz der Leitungen gegen Verletzung versehen sein. Metallene Griffauskleidungen sind verboten.

Jeder Handleuchter muß mit Schutzkorb oder -glas versehen sein. Schutzkorb, Schirm, Aufhängevorrichtung aus Metall o. dgl. müssen auf dem Isolierkörper befestigt sein. Schalter an Handleuchtern sind nur für Niederspannungsanlagen zulässig; sie müssen den Vorschriften für Dosenschalter entsprechen und so in den Körper oder Griff eingebaut sein, daß sie bei Gebrauch des Leuchters nicht unmittelbar mechanisch beschädigt werden können. Alle Metallteile des Schalters müssen auch bei Bruch der Handhabungsteile der zufälligen Berührung entzogen bleiben.

Handleuchter für feuchte und durchtränkte Räume sowie zum Kesselausleuchten müssen mit einem sicher befestigten Überglas und Schutzkorb versehen sein und dürfen keine Schalter besitzen. An der Eintrittstelle müssen die Leitungen durch besondere Mittel gegen das Eindringen von Feuchtigkeit und gegen Verletzung geschützt sein.

Beleuchtungsanlagen.

319. Beleuchtung im Freien (Außenbeleuchtung). Hierbei soll das von der Lichtquelle ausgehende Licht direkt auf die zu beleuchtende Fläche gelangen, da reflektierende Flächen, die das Licht gut zurückstrahlen könnten, im allgemeinen fehlen. Man verwendet daher tiefstrahlende oder breitstrahlende Leuchten, letztere, wenn trotz großem Lampenabstand eine gleichmäßige Beleuchtung erzielt werden soll; Aufhängung in 6 bis 12 m Höhe. Die Lampen sollen entweder mit Leiter zu erreichen oder herablaßbar sein. Lampenabstände 30 bis 60 m, Glühlampentype 200 bis 3000 W, je nach der beanspruchten Beleuchtungstärke, der Aufhängehöhe und der Leuchtenart.

Die Horizontalbeleuchtung in 1 m Höhe über dem Erdboden soll den Leitsätzen der Deutschen Beleuchtungstechnischen Gesellschaft entsprechend folgende Werte haben:

Art der Anlage	Mittlere Beleuchtungstärke		Beleuchtungstärke der ungünstigsten Stelle	
	Mindestwert Lux	Empfohlener Wert Lux	Mindestwert Lux	Empfohlener Wert Lux
a) Straßen u. Plätze:				
mit schw. Verkehr	1	3	0,2	0,5
» mittlerem »	3	8	0,5	2
» starkem »	8	15	2	4
» stärkstem Verkehr in Großstädten	15	30	4	8
b) Durchg. u. Treppen:				
mit schw. Verkehr	5	15	2	5
» starkem »	10	30	5	10
c) Bahnanlagen:				
Gleisfelder				
mit schw. Verkehr	0,5	1,5	0,2	0,5
» starkem »	2	5	0,5	2
Bahnsteige, Verladestellen, Durchgänge u. Treppen:				
mit schw. Verkehr	5	15	2	5
» starkem »	10	30	5	10
d) Wasserverkehrsanlagen, Kaianlagen, Landestellen, Schleusen:				
mit schw. Verkehr	1	3	0,3	1
» starkem »	5	13	2	5
e) Fabrikhöfe:				
mit schw. Verkehr	1	3	0,3	1
» starkem »	5	15	2	5

320. Beleuchtung in Gebäuden. Man unterscheidet
Allgemeinbeleuchtung und Platzbeleuchtung.
Allgemeinbeleuchtung dient zur Erhellung des ganzen
Raumes, Platzbeleuchtung zur Beleuchtung der Arbeitsfläche in unmittelbarer Umgebung des Arbeitenden.
Zur Allgemeinbeleuchtung dienen an der Decke angebrachte Leuchten mit Glühlampen von 100 bis 500 W
und darüber. Für die Platzbeleuchtung werden kleine,
verstellbare Tiefstrahler (sog. Arbeitsplatzlampen)
mit Glühlampen von 25 bis 75 W verwendet.

Bei sehr guter Allgemeinbeleuchtung kann besondere Platzbeleuchtung unter Umständen entbehrt
werden, dagegen kann die Platzbeleuchtung niemals
zugleich als Allgemeinbeleuchtung dienen; die Beleuch

tung wäre zu ungleichmäßig und dadurch ermüdend für das Auge.

Es gibt folgende Beleuchtungsarten:

Direkte Beleuchtung: Der Beleuchtungskörper wirft das gesamte oder fast das gesamte Licht nach unten auf die zu beleuchtende Fläche. Das Licht wird gut ausgenutzt; die Beleuchtung wirkt jedoch hart und kontrastreich, da starke Schatten neben hell beleuchteten Flächen auftreten. Es empfiehlt sich daher bei dieser Beleuchtungsart, die Schattigkeit durch Verwendung einer größeren Zahl von Lichtquellen herabzusetzen. Anwendung in Räumen mit schlecht reflektierenden (dunklen oder schmutzigen) Decken und Wänden sowie bei großer Aufhängehöhe (Montagehallen).

Vorwiegend direkte Beleuchtung. Bei dieser geht der Hauptanteil des Lichtes nach unten, ein kleiner Teil aber auch nach den Seiten und nach oben. Die Beleuchtung setzt sich aus direktem und reflektiertem Licht zusammen; es treten demnach keine so harten Schatten auf wie bei der direkten Beleuchtung. Anwendung in Räumen, in denen eine teilweise zerstreute (diffuse) Beleuchtung bei hoher Wirtschaftlichkeit verlangt wird, z. B. in Büros, Verkaufsräumen und Schaufenstern.

Halbindirekte Beleuchtung. Der größere Teil des Lichtes geht nach oben auf die Zimmerdecke und wird von dieser zurückgestrahlt. Der kleinere Teil des Lichtes geht direkt nach unten auf die Gebrauchsfläche. Die Beleuchtung ist stark zerstreut, fast ohne Schatten und blendungsfrei. Anwendung in Räumen mit gut reflektierenden (hellen) Decken und Wänden, vor allem in Büros, Zeichensälen und Wohnräumen.

Ganzindirekte Beleuchtung. Alles Licht gelangt nach oben und wird von der Decke zurückgeworfen. Das Licht ist vollkommen zerstreut, schattenlos und ohne jede Blendung. Voraussetzung sind helle Decken und Wände. Anwendung in Lichtspieltheatern, Gaststätten usw.

Nach den Leitsätzen der Deutschen Beleuchtungstechnischen Gesellschaft soll die Beleuchtungstärke in allen Arbeitstätten einschließlich Schulen folgende Werte haben:

Art der Arbeit	Reine Allgemein-beleuchtung			Arbeitsplatzbeleuchtung + Allgemeinbeleuchtung		
	Mittlere Beleuchtungstärke		Beleuchtungstärke der ungünstigsten Stelle Mindestwert	Arbeitsplatzbeleuchtung Beleuchtungstärke der Arbeitsstelle	Allgemeinbeleuchtung	
	Mindestwert	Empfohlener Wert			Mittlere Beleuchtungstärke	Beleuchtungstärke d. ungünstigsten Stelle
	Lux	Lux	Lux	Lux	Lux	Lux
Grobe . .	20	40	10	50— 100	20	10
Mittelfeine	40	80	20	100— 300	30	15
Feine. . .	75	150	50	300—1000	40	20
Sehr feine	150	300	100	1000—5000	50	30

Als Beispiele dienen:

Für grobe Arbeit: Eisengießen, Schmieden.

Für mittelfeine Arbeit: Pressen und Stanzen, grobe Montage.

Für feine Arbeit: Feinwalzen und -ziehen, Feindrehen, Feinmontage.

Für sehr feine Arbeit: Gravieren, feinmechanische Arbeiten, Montage von Meßinstrumenten.

Die Beleuchtungstärke ist zu messen:

bei Verkehrsbeleuchtung auf der Horizontalebene 1 m über dem Fußboden;

bei Arbeitsbeleuchtung ebenso oder auf der Arbeitsfläche.

Die mittlere Beleuchtung ist aus einer hinreichend großen Zahl von gleichmäßig über die ganze jeweils in Frage kommende Fläche verteilten Messungen zu ermitteln. Es sind kleine handliche Beleuchtungsmesser im Handel, mit denen sich diese Messungen rasch und einfach ausführen lassen.

Bei der Beleuchtung von Wohnräumen richtet sich die Beleuchtungstärke naturgemäß nach den Ansprüchen, die der Wohnungsinhaber an die Beleuchtung stellt. Nach den Leitsätzen der Deutschen Beleuchtungstechnischen Gesellschaft werden folgende Mindestwerte empfohlen:

Art der Ansprüche	Reine Allgemeinbeleuchtung:		Beleuchtungstärke der ungünstigsten Stelle Mindestwert
	Mittlere Beleuchtungstärke		
	Mindestwert	Empfohlener Wert	
	Lux	Lux	Lux
Niedrige . . .	20	40	10
Mittlere. . . .	40	80	20
Hohe	75	150	50

Schaufenster müssen so beleuchtet werden, daß die ausgestellten Waren gut hervortreten, die Lichtquellen selbst aber dem Auge des Beschauers vollkommen verborgen bleiben. In den meisten Fällen empfiehlt sich die Anbringung der Beleuchtungskörper an der Decke des Schaufensterraumes, und zwar unmittelbar hinter der Schaufensterscheibe (Abb. 194). Durch geeignete Abblendung (Vorhangstreifen) ist dafür zu sorgen, daß die Leuchten vom Bürgersteig aus (Punkt a in Abb. 194) nicht zu sehen sind und auch die etwa an der Schaufensterrückwand entstehenden Spiegelbilder der Leuchten das Auge des Beschauers nicht stören. Anderseits dürfen auch die im Verkaufsraum anwesenden Personen durch die Schaufensterbeleuchtung nicht geblendet werden.

Die Beleuchtungstärke richtet sich nach der Eigenart der ausgestellten Waren. Man rechnet für helle Gegenstände 200 bis 500 Lux, für dunkle Waren 500—1000 Lux. Außerdem richtet sich die Stärke der Beleuchtung nach der Lage des Geschäftes. Schaufenster in Hauptverkehrstraßen erfordern besonders gute und ausgiebige Beleuchtung. Der Wattverbrauch für je 1 m Schaufensterbreite bewegt sich dementsprechend zwischen 100 und 300 Watt für kleine Läden und zwischen 150 und 800 Watt für große Schaufenster in Kaufhäusern. Hierbei gelten die niedrigsten Werte für helle, die hohen für dunkle Waren.

Firmenschilder können durch oberhalb des Schildes angebrachte Reflektoren evtl. mit Soffittenlampen beleuchtet werden, die ihr Licht auf das Schild werfen. Für gleichmäßige Ausleuchtung muß ihr Abstand vom Schild mindestens halb so groß sein, wie die Schildhöhe. Um störende Spiegelung zu vermeiden, ist für das Schild möglichst mattes Material zu nehmen. Eine andere Art der Firmenschildbeleuchtung wird durch Transparente erreicht. Dies sind Blechkästen, deren Vorderseite durch Opalglas abgeschlossen ist,

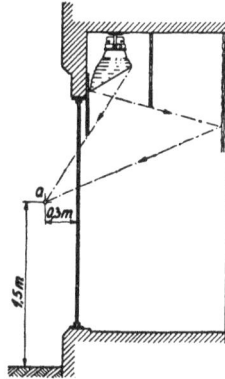

Abb. 194.

das durch im Kasteninnern angebrachte Glühlampen
diffus durchleuchtet wird. Die Schrift ist entweder
direkt auf der Opalscheibe angebracht oder sie wird
durch entsprechend ausgeschnittene Metallschablonen
gebildet, die auf der Opalscheibe aufliegen. Zwecks
gleichmäßiger Ausleuchtung soll das Kasteninnere weiß
gestrichen sein, der Abstand der Lampen von der Opalscheibe soll mindestens halb so groß sein wie der Abstand der Lampen untereinander. Eine dritte Möglichkeit bietet die Verwendung von Leuchtbuchstaben mit
Glühlampen oder Leuchtröhren. Offene Glühlampen-
Leuchtbuchstaben, bei denen der Buchstabe flach oder
in Form eines offenen Leuchtkanals ausgeführt ist,
werden im allgemeinen für große Lichtreklameanlagen
verwendet, die auf große Entfernungen wirken sollen.
Für Firmenschilder sind Buchstaben zu empfehlen, bei
denen der Leuchtkanal (z. B. durch Opalglas) abgedeckt
ist, da hierdurch eine gefälligere Wirkung des Schildes,
auch bei Tage, erreicht wird. Bei Schildern aus Leuchtröhren ist wegen der hier meist erforderlichen hohen
Spannungen (ca. 1000 V) besonders auf gute Isolation
zu achten.

821. Entwerfen von Beleuchtungsanlagen. Zur
raschen angenäherten Bestimmung der für eine Beleuchtungsanlage erforderlichen Lampenzahl und -größe
dient das Wirkungsgradverfahren. Der für eine
Anlage von den Glühlampen zu erzeugende Lichtstrom
in Lumen berechnet sich aus der Formel:

$$\text{Lichtstrom} = \frac{\text{mittlere Beleuchtungstärke} \cdot \text{Bodenfläche}}{\text{Wirkungsgrad}},$$

wobei die mittlere Beleuchtungstärke in Lux und die
Bodenfläche in Quadratmetern einzusetzen sind. Der
Wirkungsgrad richtet sich nach der Beleuchtungsart
und nach der Wand- und Deckenfarbe des Raumes. Für
direkte und halbindirekte Beleuchtung von Innenräumen
beträgt der Wirkungsgrad 0,3—0,5, im Mittel 0,4; für
ganzindirekte Beleuchtung liegt er zwischen 0,05 und
0,3, im Mittel bei 0,2. In beiden Fällen gelten die
niedrigen Werte für dunkle Decken und Wände, die
hohen für helle. Bei der Straßenbeleuchtung liegt der
Wirkungsgrad zwischen 0,3 und 0,6. Hier gelten die
hohen Werte für tiefstrahlende, die niedrigen für mehr
breit- oder freistrahlende Leuchten.

Es soll z. B. ein Büro von 90 m² Bodenfläche mit
einer mittleren Beleuchtungstärke von 60 Lux halb-

indirekt beleuchtet werden. Decke und Wände sind
mittelhell; es sind 6 Lichtauslässe vorhanden. Der
Wirkungsgrad beträgt nach obigen Angaben 0,4. Der
von den Lampen zu liefernde Lichtstrom beträgt:

$$\frac{60 \cdot 90}{0,4} = 13\,500 \text{ Lm.}$$

Der Lichtstrom für je eine Lampe ist dann $\dfrac{13\,500}{6} =$
2250 Lm. Aus der Tabelle in Abschnitt 306 oder der
Glühlampenliste entnimmt man als entsprechende Type
die 150 W-Lampe.

Heizgeräte.

322. Allgemeines. Am meisten verbreitet sind die im
Haushalt gebrauchten, für den Anschluß an Lichtnetze
bestimmten Heizgeräte, wie Bügeleisen, Wasserkocher
usw. Für größere Heizeinrichtungen, z. B. für Küchen-
herde und Backöfen, ist Anschluß an Leitungen für Kraft-
stromentnahme geboten. Bei Sondertarifen für Stromentnahme zur Nachtzeit werden Heizeinrichtungen für
Wärmespeicherung, Heißwasserspeicher angewendet.

Die Heizgeräte enthalten einen oder mehrere Heizkörper, deren Heizleiter aus Chromnickelband oder
-draht mit Glimmer, Mikanit oder keramischen Stoffen
isoliert sind. Die meisten von verläßlichen Fabriken
stammenden Heizgeräte — nur solche sollten verwendet
werden — tragen das Prüfzeichen des VDE (vgl. 275)
und ein Ursprungszeichen, ferner Angaben über Span-
nungsbereich in V und Aufnahme in W oder kW. Anhalt
über die Aufnahme der gebräuchlichsten Heizgeräte
gibt die Tabelle:

a) Heizgeräte.   Aufnahme in kW
Haushaltbügeleisen 0,5
Schneiderbügeleisen 1
Brennscherenwärmer 0,3
Heizkissen . . . . 0,05 bis 0,2
1 l-Wasserkocher 0,5
3 l-Wasserkocher 1
Heizplatten, 11 bis 22 cm Durchm. 0,5 bis 1,6
Tischherd mit 2 Kochstellen . . . 2
Backofen 1
Küchenherd mit 3 Kochstellen und
    Backofen 5
Strahlofen 0,4
Heizofen . . . . 1 bis 6

22*

b) Speichergeräte:

Heißwasserspeicher 50 l 0,5
»   100 l 1,2
»   500 l 6
Wäschekocher 0,6
Futterdämpfer 50 l 1
»   100 l 2

Bei regelbaren Heizgeräten bedeutet die einge-
stempelte Wattzahl die zum Anheizen nötige Höchstaufnahme; im Dauerbetrieb, zum Warmhalten, genügt
½ bis ¼ dieser Aufnahme.

323. Netzanschluß. Heizgeräte mit nicht über 500 W
Aufnahme können überall an die Steckdosen der Lichtleitungen angeschlossen werden, nur ist, namentlich
bei 110 V-Netzen, zu beachten, daß an derselben Leitung nicht gleichzeitig mehrere Heizgeräte und zu
viele Lampen in Betrieb sein dürfen, da sonst die 6 A-
Stromsicherungen überlastet werden. An 220 V-Netze
können Geräte bis zu 1 kW Aufnahme angeschlossen
werden. Steht Drehstrom zur Verfügung, so dürfen an
eine Phase nur Geräte bis zu 1 kW Aufnahme angeschlossen werden, Geräte mit mehr Aufnahme müssen
alle drei Phasen gleichmäßig belasten. Geräte mit
größerer Aufnahme erfordern in allen Fällen festen
Anschluß.

Die Geräteanschlußschnur muß unter Berücksichtigung der jeweiligen Beanspruchung gewählt werden
(vgl. 244 III). Die Anschlußschnur trägt an einem Ende
den Stecker für die Wandanschlußdose (vgl. 262), am
anderen Ende die Gerätesteckdose, die nach den VDE-
Vorschriften genormt, für Heizgeräte verschiedener
Herkunft paßt.

Bei Heizeinrichtungen in feuchten Räumen, besonders in Waschküchen, sind die Bestimmungen für
Erdung (vgl. 204) streng zu befolgen.

Die Heranführung der Anschlußschnur an das Heiz-
gerät soll zwecks bequemer Handhabung stets von
rechts erfolgen, insbesondere ist das bei Bügeleisen
notwendig. Für gewerbliche Zwecke soll die Bügeleisen-
anschlußschnur von oben, federnd oder durch Gegen-
gewicht entlastet, zugeführt werden, so daß sie dem
Bügeleisen leicht folgen, sich aber nicht auf die Arbeitsfläche legen kann.

324. Regelung der Aufnahme. Bei regelbaren Heizgeräten werden meist zwei Heizkörper je nach Bedarf

durch die Gerätesteckdose oder einen Regelschalter parallel, ein Heizkörper für sich allein oder beide in Reihe geschaltet. Zum Warmhalten kann durch die Reihenschaltung die Aufnahme auf den vierten Teil der Anheizaufnahme verringert werden.

Große, zum Anschluß an Drehstromnetze bestimmte Heizgeräte erhalten zur Regelung meist Stern-Dreieckschaltung (vgl. 51) für die in drei Stromkreise unterteilten Heizkörper. Nach dem Umschalten von Dreieck auf Stern wird die Aufnahme und damit die Heizwirkung auf ⅓ verringert unter Beibehaltung gleichmäßiger Wärmeverteilung[1]).

325. Überhitzungschutz. Da die Höchstaufnahme der Heizgeräte meist so gewählt ist, daß schnell angeheizt wird, so muß zum Weiterheizen und Warmhalten auf geringere Aufnahme umgeschaltet werden. Versäumt man dies, so kann durch Überhitzung Gefäßinhalt und Umgebung des Heizgerätes beschädigt und das Gerät selbst zerstört werden. Zur Verhütung solcher Schäden dienen selbsttätige Schutzeinrichtungen.

Heizkissen, die in dieser Hinsicht besondere Beachtung erfordern, haben meist drei durch Umschaltung herbeigeführte Regelstufen. Nach den Vorschriften des VDE müssen mindestens zwei auf die Kissenfläche verteilte Schutzvorrichtungen gegen Überhitzung vorhanden sein. Die Schutzvorrichtung arbeitet mit einem durch einen Bimetallstreifen beeinflußten Kontakt, der bei bestimmtem Wärmegrad, etwa 80°, selbsttätig ausschaltet und nach erfolgter Abkühlung wieder einschaltet. Daneben wird meist eine Temperaturschmelzsicherung (vgl. 272) eingebaut, die so gewählt ist, daß sie den Stromkreis bei etwas höherer Temperatur unterbricht als der erstgenannte Überhitzungschutz.

Selbsttätige Regler werden nach Erfordern auch in Bügeleisen usw. eingebaut.

Bei Geräten ohne selbsttätigen Überhitzungschutz ist störungsfreier Betrieb von der im allgemeinen zu verlangenden Sorgfalt bei der Bedienung zu erwarten, indem z. B. Kocher nicht ohne Inhalt eingeschaltet sein dürfen und bei Bügeleisen der Stromkreis vor dem Wegstellen unterbrochen werden muß.

326. Speicherheizung. Man unterscheidet Speicherung zur Entnahme des Wärmevorrates

---

[1]) Ausführliche Angaben in: W. Schulz, Schaltung und Regelung elektrischer Heizeinrichtungen, Verlag Schubert & Co., Berlin-Charlottenburg.

a) zu beliebiger Zeit (meist Heißwasserspeicher),
b) unmittelbar nach der Energieaufnahme (Speicheröfen, Herde und Backöfen).

Heißwasserspeicher werden besonders bei billigem
Nachtstromtarif angewendet. Die Stromzuführung geschieht in der Regel unter Zuhilfenahme einer Schaltuhr, die zu den vereinbarten Stromentnahmestunden
selbsttätig ein- und ausschaltet. Ein selbsttätiger
Temperaturregler unterbricht den Strom, sobald die
zugelassene Höchsttemperatur des Speicherwassers erreicht ist. Der lange dauernden Heizung entspricht
eine kleine Aufnahme, z. B. 12 W für 1 l Speicherinhalt.

In Speicheröfen, Backöfen usw. besteht der Spei-
cherkörper aus Sand, Beton oder Speckstein.

327. Instandsetzung. Instandsetzungen an Ort und
Stelle sollen möglichst unterbleiben, wenn nicht alle
dazu nötigen Teile und Einrichtungen vorhanden sind.
Ist in dringendem Falle behelfsweise Abhilfe nötig, so
muß endgültige Instandsetzung baldigst folgen. Beim
Auswechseln schadhafter Heizkörper sollen richtig
passende, nicht die häufig angepriesenen Universalheiz-
körper verwendet werden.

Sind die Heizkörper nach dem Öffnen von Schraubverbindungen zugänglich, so bietet das Auswechseln
gegen neue von der gleichen Fabrik bezogene Teile
keine Schwierigkeit. Man sorge dafür, daß die Verbindungen in der früheren Weise hergestellt und namentlich die Verschraubungen an den Anschlußstellen der
Heizkörper fest angezogen werden.

Bei großen Geräten ist die Heizeinrichtung unterteilt, so daß in der Regel nur einzelne Heizkörper
auszuwechseln sind. Schadhafte Heizkörper werden
ermittelt, indem man nach dem Freilegen der Heizkörper den Stromkreis kurzdauernd schließt, wieder
ausschaltet und durch Betasten der Heizkörper die ungleich erwärmten oder kaltgebliebenen Heizkörper als
beschädigt feststellt.

Heizkissen, auf deren guten Zustand zum Vermeiden von Gefahr größtes Gewicht zu legen ist, sollen
zur Reparatur stets an die Fabrik gegeben werden, weil
sonst keinerlei Gewähr für richtiges Instandsetzen
besteht.

Nicht nur die Heizgeräte, sondern auch die zugehörigen Leitungen müssen dauernd in betriebsicherem
Zustand erhalten werden. Insbesondere gilt das für

die Leitungschnüre der ortsveränderlichen Geräte, vor
allem der Heizkissen, deren Leitungen mit leicht brennbaren Gegenständen, Betten usw. in Berührung kommen. Der gute Zustand der Schnurleitungen ist für die
Feuer- und Betriebsicherheit in den meisten Fällen von
mindestens gleicher Bedeutung wie der gute Zustand
der Heizgeräte selbst.

Vorsichtsmaßnahmen.

328. Warnungstafeln. Warnungstafeln haben den
Zweck, in der Nähe von gefährlichen Starkstromeinrichtungen zur Vorsicht zu mahnen und Unberufene
fernzuhalten. Sie sind in Hochspannungsanlagen aus-
nahmslos, in Niederspannungsanlagen in besonderen
Fällen notwendig, namentlich in feuchten und von
ätzenden Dämpfen erfüllten Räumen. Die Tafeln
werden in augenfälliger Weise am Eingang in die
Räume, an Leitungsmasten für Spannungen über
750 V, (vgl. Abb. 116), in der Nähe von Schalttafeln,
Elektromotoren usw. angebracht. Ferner müssen Warnungstafeln neben Leitungen, die über Dächer führen
und von Dachdeckern, Schornsteinfegern usw. erreicht
werden können, angebracht werden.

Für die gebräuchlichen Warnungstafeln sind Wort-
laut und Größe vom VDE vorgeschrieben. Im allgemeinen werden aus Eisenblech hergestellte Tafeln
und für Sonderzwecke, z. B. zum Anhängen an behelfsweise gebaute Schalteinrichtungen, Tafeln aus Isolierstoff verwendet. Im Freien und in feuchten Räumen
anzubringende Warnungstafeln sollen der besseren
Haltbarkeit wegen mit eingeprägter Schrift genommen
werden; zum Befestigen dieser Tafeln benutzt man
Schrauben aus Messing oder verzinktem Eisen.

329. Schutzkleidung. Die Arbeitskleider sollen
am Körper eng anliegen, weil lose herabhängende
Kleidungstücke von umlaufenden Maschinenteilen er-
griffen werden können. Arbeiterinnen tragen Schutz-
hauben, die das Haar vollständig bedecken, so daß
loses Haar nicht in bewegte Maschinenteile gelangen
kann. Metallgegenstände, wie Uhrketten und Metall-
knöpfe, auch wenn die letztgenannten umsponnen
sind, müssen an Arbeitskleidern vermieden werden,
weil sie beim Arbeiten an spannungführenden Einrichtungen Kurzschluß herbeiführen können,

344 Vorsichtsmaßnahmen.

Alle von der Gewerbeaufsicht oder der Fabrik-
leitung vorgeschriebenen Schutzvorrichtungen, wie
Schutzbrillen gegen die schädliche Wirkung des Lichtbogens beim Schweißen, Asbesthandschuhe gegen die
Einwirkung von Flammen usw., müssen gewissenhaft
benutzt werden.

330. Arbeiten an Niederspannungsanlagen. An
Wechselstromanlagen darf auf keinen Fall gearbeitet
werden, so lange sie unter Spannung stehen. Es muß
zuvor allpolig abgeschaltet sein. In Gleichstromanlagen soll man an Leitungen, die unter Spannung
stehen, nur in dringenden Fällen arbeiten, nachdem
alle gegen die Gefahr von elektrischen Schlägen und
von Kurzschluß nötigen Maßnahmen getroffen sind.

331. Arbeiten an Hochspannungsanlagen. Die Gestelle der elektrischen Maschinen und Transformatoren,
die Apparatgehäuse usw. dürfen im Betrieb nur berührt werden, wenn sie geerdet sind, es sei denn, daß
man sich auf gut isolierte Unterlagen stellt, z. B. auf
Bretter mit Porzellanfüßen. Sollen Gummischuhe
und -handschuhe als Schutzmittel benutzt werden, so
müssen sie im bestem Zustand sein. Im Betrieb befindliche Hochspannungsleitungen dürfen selbst von
isoliert stehenden Personen nicht berührt werden.
Die Maschinen können auch nach dem Unterbrechen
des Erregerstromes gefahrbringend sein, so lange sie
in Bewegung sind. Das Reinigen von Hochspannungsmaschinen und Apparaten darf erst geschehen, wenn
sie vom Netz abgeschaltet und in den Wicklungen
geerdet sind.

Zum Auswechseln der Hochspannungsicherungen
verwende man Isolierzangen oder andere hierfür bestimmte Vorrichtungen. Behelfsicherungen, vor allem
solche, die nur für Niederspannung geeignet sind,
dürfen nicht eingesetzt werden.

Während aller Arbeiten an Hochspannungsleitungen
inner- oder außerhalb des Kraftwerkes müssen die Leitungen vom Netz abgeschaltet und durch einen starken
Draht (mindestens 16 mm² Kupferquerschnitt) geerdet
sein. Hochspannungskabel muß man nach dem
Abschalten vor Arbeitsbeginn entladen. Kann das
Abschalten der Leitungen von der Arbeitstelle aus
nicht unmittelbar überwacht werden, so begnüge
man sich nicht damit, mit dem Kraftwerk oder der
Schaltstelle lediglich zu vereinbaren, wie lange die

Leitungen abgeschaltet, d. h. spannungslos gemacht werden müssen. Der Betriebsleiter oder dessen Stellvertreter hat sich vielmehr persönlich davon zu überzeugen, daß die Leitungen abgeschaltet sind, ehe mit den Arbeiten begonnen wird, und daß erst wieder eingeschaltet wird, nachdem alle Personen von der Arbeitstelle zurückgezogen sind. Vereinbart man in Ausnahmefällen lediglich die Arbeitsdauer, so muß dies schriftlich geschehen; die Leitungen müssen mindestens eine halbe Stunde vor der verabredeten Zeit abgeschaltet und dürfen erst eine halbe Stunde nach der für den Arbeitschluß festgesetzten Zeit wieder eingeschaltet werden.

Nie dürfen Personen einzeln in Hochspannungsanlagen arbeiten; zur Hilfeleistung für einen möglichen Unfall muß eine zweite Person bereit sein.

Soll an Transformatoren gearbeitet werden, die mit anderen an ein sekundäres Netz angeschlossen sind, so müssen sie primär und sekundär abgeschaltet werden.

Wenn Arbeiten an Kabeln notwendig sind, in deren Nähe Hochspannungskabel liegen, und ein Verwechseln möglich ist, so ist größte Vorsicht geboten. Die Kabelarbeiter sollen dabei Gummihandschuhe und Schutzbrille tragen. In ein zu durchschneidendes Kabel treibe man vorsichtshalber einen mit einem starken Erdungsdraht verbundenen eisernen Dorn. Dieser muß einen isolierten Griff haben oder unter Zwischenlegen eines geeigneten Isolierstoffes angefaßt werden.

Arbeiten in der Nähe von Leiterteilen, die unter Hochspannung stehen, dürfen nur ausnahmsweise und nur von gut unterwiesenen Personen vorgenommen werden.

Läßt es sich nicht vermeiden, eine Anlage in Betrieb zu nehmen, ehe sie in allen Teilen ganz fertig ist, so dürfen Nacharbeiten, Anpassen von Meßgeräten, Anstreichen von Transformatorenhäusern usw. nur ausgeführt werden, nachdem man die Anlage spannungslos gemacht hat.

Jede Zustandsänderung in einem Hochspannungsnetz, auch wenn die Schaltung regelrecht vor sich geht, erregt sich mehr oder weniger auswirkende Strom- und Spannungschwingungen. Deshalb soll jedes nicht unbedingt notwendige Zu- und Abschalten von Maschinen, Transformatoren und Stromverbrauchern in

Hochspannungskreisen unterbleiben und, wenn es geschieht, auf das Notwendigste beschränkt werden. Zuzuschaltende Transformatoren werden zweckmäßig auf der Unterspannungseite an Spannung gelegt und dann erst oberspannungseitig parallel geschaltet.

Wegen der Ladeströme dürfen nur kurze Leitungstrecken und nicht zu große Transformatoren mit Hilfe von Trennschaltern zu- und abgeschaltet werden. Lange Leitungstrecken sowie Transformatoren und Hochspannungsmotoren großer Leistung soll man nur mit Hilfe von Ölschaltern, die mit Vorkontakten und mit Schutzwiderständen ausgerüstet sind, zu- und abschalten.

332. Vorsorge gegen Brände. Vorräte an Öl, Petroleum, Lack und ähnlichen brennbaren Stoffen dürfen im Maschinenraum oder in der Werkstatt nur in der für den täglichen Betrieb nötigen Menge lagern. Im übrigen müssen sie in feuersicheren Kellern untergebracht werden, die durch Glühlampen in starken Schutzglocken erhellt werden; offenes Licht ist in diesen Räumen unzulässig.

Gebrauchte Putzwolle, Werg, ölgetränkte Lappen usw. müssen im Maschinenraum und in der Werkstatt in eiserne mit Deckel versehene Behälter geworfen und täglich beseitigt werden.

Brennbare Abfälle, Holzspäne, Holzwolle von Verpackungen usw., müssen nach Arbeitschluß entfernt werden.

Öltransformatoren und Ölschalter werden wegen der Feuergefahr beim Auslaufen des Öles entweder einzeln in abgeschlossenen Kammern untergebracht oder durch feuerbeständige Wände von den übrigen Teilen der Anlage getrennt. Durch Mulden mit Ablauf muß für ungefährliches Beseitigen überfließenden Öles gesorgt werden.

Die Feuerlöscheinrichtungen, Wassertonnen, Eimer, Leitern usw., müssen leicht zugänglich aufbewahrt sein. Am besten macht man die Aufstellungsorte durch rote Farbe kenntlich. Ist besonderer Schutz gegen Feuer notwendig, so verwendet man selbstwirkende Löscheinrichtungen. Die Löschgeräte sichere man gegen unbefugtes Benutzen und prüfe sie zeitweise auf Brauchbarkeit. Die Verkehrswege für das Anrücken der Feuerwehr müssen stets offen gehalten sein.

333. Maßnahmen bei Bränden. Elektrische Stromerzeugeranlagen, die vom Feuer betroffen oder bedroht sind, dürfen nur im Notfall und nur durch die mit den Einrichtungen vertrauten Maschinisten abgestellt werden. Im Brandfalle schalte man die Lampen auch bei Tage ein, um verqualmte Räume zu erhellen. Maschinen und Apparate müssen vor Löschwasser möglichst geschützt werden. Als Löschmittel für Maschinen und Apparate verwendet man Kohlensäure oder ähnliche nicht leitende und nicht brennbare Stoffe; Sand ist zum Löschen brauchbar, wenn er nicht in Maschinenlager gelangen kann. Ist es unbedingt notwendig, unter Spannung stehende Leitungen und Apparate anzuspritzen, so soll das Spritzenmundstück nicht zu nahe an diese Teile herangebracht werden. Müssen Leitungen durchhauen werden, bevor sie von dem unter Spannung stehenden Netz abgeschaltet sind, so empfiehlt es sich, die Leitungen zu erden oder kurz zu schließen, um die Sicherungen zum Schmelzen zu bringen. Bei Hochspannung beachte man die unter 335 d angegebenen Vorsichtsmaßnahmen.

Ölbrände können durch Absperren der Luftzufuhr, z. B. durch Verschließen der Kanäle für Kühlluftzuführung, mit Hilfe von Sandsäcken erstickt werden.

Nach beendigter Löscharbeit sollen in den betroffenen Räumen die Leitungsanlagen abgeschaltet werden. Das Wiederinbetriebnehmen ist erst nach bewirkter Untersuchung und Instandsetzung zulässig.

334. Vorkehrungen gegen Ölbrände. Wird die Ölfüllung der Transformator- oder Schaltergefäße überhitzt, so brennt das Öl nach dem Entzünden durch eine Flamme. Bei noch höherer Temperatur erzeugt das Öl Gase, die bei Mischung mit Luft explosionsgefährlich sein können. Offene Flammen müssen daher von der Ölfüllung ferngehalten werden.

Das Löschen eines Ölbrandes ist durch Aufwerfen von trockenem Sand oder kristallisierter Soda möglich. Eines dieser Mittel soll in der Nähe der Ölgefäße bereitgehalten werden. Wasser ist zum Löschen von Ölbränden ungeeignet, weil das in brennendes Öl gespritzte Wasser durch Zersetzung die Explosionsgefahr steigern und das auf dem Wasser schwimmende Öl das Feuer weiter verbreiten kann.

335. Hilfe bei Unfällen durch Stromwirkung. Sind Personen durch elektrischen Schlag oder durch Berührung elektrischer Leitungen verunglückt, so sind

Betäubungen bis zur völligen Bewußtlosigkeit und Verbrennungen zu beobachten.

Bei Verbrennungen leichten Grades (Rötung und kleine Blasen auf der Haut) bestäubt man die verbrannte Haut mit doppeltkohlensaurem Natron oder Puder, im Notfalle mit Mehl oder Stärkemehl, und bedeckt sie mit einer Binde. Größere Brandblasen und verschorfte Hautstellen bestreicht man vorsichtig mit Salbe (Vaseline, Lanolin, Brandsalbe) oder bedeckt sie mit einem mit Salbe bestrichenen reinen Läppchen (Mull- oder Leinwandläppchen) und einer Binde, oder legt eine sog. Brandbinde an. Brandblasen dürfen nicht geöffnet werden.

Bei Betäubungen mit erhaltener Atmung lagert man den Betäubten bis zum Eintreffen des Arztes mit leicht erhöhtem Kopfe im Freien oder in einem luftigen Zimmer. Die Kleider sind zu öffnen, beengende Kleidungsstücke, wie Halskragen, Gürtel, zu entfernen. Kalte Umschläge auf den Kopf, Reiben der Schläfen mit Weingeist oder Essig sind angezeigt, vorausgesetzt, daß der Kopf nicht verletzt ist, z. B. durch Sturz.

Der Betäubte darf nicht ohne Aufsicht gelassen werden. Getränke (Wasser, Tee, Kaffee) darf man ihm erst reichen, wenn er selbständig schlucken kann.

Man sorge, daß nicht mehr Personen den Verunglückten umgeben, als zur Hilfeleistung erforderlich sind, damit er beim Erwachen aus der Betäubung nicht in Unruhe gerät.

Ist der Verunglückte völlig bewußtlos, scheinbar leblos, ohne Atmung oder nur schwach und unregelmäßig atmend, so müssen sofort Wiederbelebungsversuche durch künstliche Atmung eingeleitet werden.

Man lege den Bewußtlosen nach dem Öffnen beengender Kleidungstücke auf den Rücken und prüfe zunächst, ob im Munde Fremdkörper (künstliche Zähne, Gebisse, Speiseteile, Kautabak) vorhanden sind, die sorgfältig beseitigt werden müssen.

Ist der Mund fest geschlossen, so öffnet man ihn zuvor, indem man von der Seite her einen Holzkeil zwischen die Zahnreihen schiebt. Durch Einlegen von Holz oder Kork zwischen die Zahnreihen ist der Mund geöffnet zu erhalten. Alsdann erfaßt man die Zunge, zieht sie über die Vorderzähne des Unterkiefers und bindet sie mit einer Binde oder einem Taschentuch unter der Unterlippe fest.

Zur Vornahme der künstlichen Atmung kann man sich zweier Verfahren bedienen.

Beim ersten Verfahren schiebt der Helfer unter Kopf und Rücken des Bewußtlosen ein Polster, z. B. aus den zusammengelegten Kleidern, kniet hinter dem Kopfe des Bewußtlosen, das Gesicht diesem zugewendet, nieder und erfaßt dessen beide Arme dicht oberhalb der Ellbogengelenke (Daumen nach außen, die vier übrigen Finger nach innen). Er führt dann die Arme langsam bis neben den Kopf des Verunglückten und nähert sie, wenn dies ohne besondere Anstrengung möglich ist, dem Boden (= Ausdehnung des Brustkorbes, Einatmung). Nach 1—2 Sekunden werden die Arme gegen die Mitte der Brust des Verunglückten geführt und gekreuzt kräftig nach unten gedrückt (= Zusammendrükkung des Brustkorbes, Ausatmung).

Dieses Heben und Niederdrücken der Arme wird wenigstens 8—10 mal in der Minute ausgeführt. Die eigene Atmung kann dem Helfer als Zeitmaß für die Häufigkeit der Bewegungen dienen.

Bei der zweiten Art der künstlichen Atmung liegt der Verunglückte flach auf dem Boden, die zusammengelegten Kleider kommen als Polster unter die Lendengegend, so daß die unteren Ränder des Brustkorbes hervortreten. Der Helfer kniet über oder neben dem Bewußtlosen, das Gesicht ihm zugekehrt, und legt beide Hände flach auf die untere Rippengegend, die Daumen entlang den Brustkorbrändern.

Der Brustkorb wird 2—3 Sekunden lang mit kräftigem, steigendem Drucke — ja nicht stoßweise, da sonst Rippen gebrochen werden können — zusammengedrückt (= Ausatmung). Dann wird losgelassen, so daß sich der Brustkorb durch seine Elastizität wieder ausdehnen kann (= Einatmung).

Das Zusammendrücken und Loslassen wird 12 bis 15 mal in der Minute wiederholt.

Diese zweite Art der künstlichen Atmung muß geübt werden, wenn Brüche oder Gelenkaussetzungen der Arme vorhanden, die Rippen aber unverletzt sind. Sind Rippen gebrochen, so darf der Brustkorb nicht zusammengedrückt werden, man muß sich darauf beschränken, die Oberbauchgegend langsam kräftig nach oben und hinten einzudrücken.

Die künstliche Atmung muß fortgesetzt werden, bis der Verunglückte anfängt, regelmäßig mit deutlicher Bewegung der Brust zu atmen. Jedoch ist er auch dann noch daraufhin zu beobachten, ob die Atmung regelmäßig und der Puls gut zu fühlen und gleichmäßig bleibt. Die künstliche Atmung muß bei Bewußtlosen, die kein Zeichen der Wiederkehr des Lebens bieten (Zucken der Mundwinkel, leise Bewegungen des Unterkiefers, der Finger, zunehmende Rötung des Gesichtes, selbständige Atemzüge), unterhalten werden, bis der Arzt kommt, mindestens jedoch 2 Stunden.

Da die Vornahme der künstlichen Atmung mit Anstrengung verbunden ist, soll für Ablösung des Helfers gesorgt werden. Deshalb erscheint es geboten, daß alle Angestellten in einem Elektrizitätsbetriebe mit den Verfahren der künstlichen Atmung vertraut sind. Während der künstlichen Atmung muß der übrige Körper des Bewußtlosen gut bedeckt sein, von Zeit zu Zeit sind Brust und Beine zur Erwärmung und Hautreizung kräftig abzureiben.

Die Hilfeleistung bei Unfällen durch elektrische Schläge oder Berührung von Leitungen kann für die Helfer die schwersten Folgen haben, wenn der Verunglückte noch in Berührung mit den elektrischen Leitungen ist. Denn durch das Anfassen des Verunglückten kommt der Helfer mittelbar mit der Stromquelle oder Leitung in Berührung.

Es ist daher ein Haupterfordernis, die Leitungen spannungslos zu machen.

Das kann in folgender Weise geschehen:

a) Wenn möglich, trennt man die Leitungen in allen Polen oder Phasen von der Stromquelle oder man stellt die Maschinen ab.

b) Ist das zu zeitraubend, so suche man die Leitungen zum Herbeiführen des Durchschmelzens der Sicherungen kurz zu schließen und zu erden oder mit einem gut isolierten Werkzeug zu durchschneiden und zwar vor und hinter der Unfallstelle. Zum Abschneiden der Leitungen kann ein Beil mit langem, trockenem Holzstiel dienen. Das Kurzschließen und Erden der Leitungen geschieht durch Überwerfen eines blanken Drahtes oder einer Kette, die am einen Ende geerdet sein müssen. Die Erdung erreicht man durch Anschluß an Metallteile, die leitende Verbindung mit der Erde haben, z. B. Wasserleitungen, im Notfalle auch nur durch Eintreiben einer Eisenstange in die feuchte Erde, am besten in einen Wassergraben.

c) Berührt der Verunglückte nur einen Draht, so genügt es meistens, diesen zu erden oder den Verunglückten vom Boden abzuheben.

d) Zum eigenen Schutz beachte der Helfende folgendes: Die vorbezeichneten Eingriffe lassen sich mit weniger Gefahr ausführen, wenn man sich auf eine Metallplatte (Blechtafel) stellt, die durch ihre Größe sicheren Stand bietet; die Metallplatte muß mit einem leicht beweglichen Leiter verbunden sein, den man um beide Hände schlingt. Auf diese Weise wird zwischen dem Standort und den Händen leitende Verbindung hergestellt, so daß keine gefährliche Spannung zwischen dem Standort und den Händen entstehen kann. Eine zu rettende Person kann dann von dem Helfenden auf die Metallplatte gezogen werden. Vor dem Verlassen der Metallplatte muß jede Verbindung mit den Hochspannungsleitungen beseitigt sein.

Ohne diese Vorsichtsmaßnahmen ist das Berühren der Leitungen, auch der kurz geschlossenen, gefährlich, so lange die Leitungen nicht geerdet sind. Läßt sich das Erden nicht rasch genug ausführen, so isoliere sich der Helfende von der Erde, indem er sich auf Glas, trockenes Holz oder zusammengelegte Kleidungstücke stellt oder Gummihandschuhe anzieht. Er fasse den Verunglückten nur an der Kleidung oder bediene sich, um ihn von der Leitung zu entfernen, eines trockenen Tuches, Holzes o. dgl.

Die angegebenen Hilfeleistungen, die große Vorsicht erfordern, sind nur möglich, wenn der Helfende mit den Arbeiten an Hochspannungsanlagen gut vertraut ist; andernfalls müssen sie unterbleiben.

Um den Verunglückten bis zum Abschalten des Stromes aus dem Bereich der Stromwirkung zu bringen, ziehe man ihn an den Kleidern und unter Schutz der eigenen Hände durch Gummihandschuhe, im Notfalle durch Umwicklung mit Gummizeug, Wachs- oder Öltuch oder ganz trockenem Wollzeuge von der Unfallstelle weg. Der Helfer hüte sich aber dabei, mit den eigenen Kleidern die Leitungen zu berühren oder auf sie zu treten. Die Leitungsdrähte berührt er besser überhaupt nicht. Muß das aber geschehen, um die verkrampften Finger des Verunglückten von dem Drahte zu lösen, so darf dieser auch nur mit Gummihandschuhen usw. (wie oben) berührt werden. Hierbei

muß der Helfer trockene Fußbekleidung oder Gummischuhe tragen und sich auf ein trockenes, von Metallteilen, z. B. Nägeln, freies Brett stellen.

Zuweilen genügt es schon, den Verunglückten unter
Beobachtung der Regeln für den eigenen Schutz vom
Boden aufzuheben.

Vorbereiten und Beendigen der Arbeiten.

336. Verpacken der Apparate und Maschinen. Vor
dem Verpacken muß untersucht werden, ob alle Schalt-
verbindungen richtig sind. Hat eine zu veripackende
Maschine Ringschmierung, so schließt man de Deckel
der Ringkanäle staubdicht; die Ringe werden durch
geeignete Packung festgelegt und die Schmierlöcher mit
Holzpropfen abgedichtet. Die Bürsten hebt man ab
oder man bindet zwischen den Bürsten und der zugehörigen Gleitfläche Pappestücke fest, um dem Beschädigen der Bürsten vorzubeugen. Alle blanken
Eisenteile fettet man mit Öl oder Talg ein oder versieht
sie mit einem Anstrich aus Rostschutzfarbe.

Ölgefüllte Apparate werden für den Versand am
besten entleert. Das Öl versendet man dann in reinen,
wasserfreien Fässern oder Kannen. Werden Apparate
oder Transformatoren mit der Ölfüllung verpackt, so
müssen die Ölablässe gegen zufälliges Aufdrehen gesichert werden.

Empfindliche Maschinen- und Apparateteile werden
in Kisten verpackt. Dabei umhüllt man die zu ver-
packenden Teile für Eisenbahnbeförderung und kurze
Wasserwege mit Wachsleinen oder Ölpapier. Für weite
Beförderung über See und auf Landwegen erhalten
die Kisten einen durch Verlöten abzuschließenden
Blecheinsatz. Für das Verschieben und Anheben
schwerer Teile wird auf die unter 73 gegebenen Anleitungen verwiesen. Beim Verpacken von Maschinen
wird von der Kiste in der Regel außer dem Deckel
eine Breitseite abgenommen. Die Maschine wird durch
einen Kran so in die Kiste gestellt, daß ihre Achse
an der einen Schmalseite anstößt, worauf man die
Maschine mit Mutterschrauben auf dem Kistenboden
befestigt. Dann wird die dritte Seitenwand festgeschraubt und der noch freie Spielraum zwischen

dem einen Achsenende und der Kistenwand mit
einem genau angepaßten und festzuschraubenden
Holzklotz ausgefüllt, um eine seitliche Beanspruchung
zu vermeiden. Zum Schluß wird der Kistendeckel
aufgeschraubt. Ertragen die Apparate und Maschinen
das Stürzen oder Kanten der Kiste nicht, so versieht
man die Kiste mit einem entsprechenden Vermerk oder
man verhindert das Kanten der Kiste durch geeignete
Verstrebungen.

Maschinen und andere große Teile, die für das
Verpacken in Kisten zu groß sind, sich aber zum
Versand im fertigen Zustand noch eignen, schraubt
man auf Balkenrahmen. An die Ecken des Rahmens
gesetzte Pfosten stützen eine Bretterverschalung.
Alle Teile müssen mit Wachsleinwand oder Ölpapier
umhüllt werden, so daß Wasser, das durch die Bretterverschalung eindringt, keinen Schaden anrichtet.

Maschinen, die sich fertig für den Versand im Ganzen
nicht eignen, werden zerlegt. Den Fundamentrahmen
und die übrigen der Beschädigung wenig ausgesetzten
Teile versendet man offen.

Im übrigen muß man sich vergewissern, welche
größten Gewichte und Abmessungen für den Versand
zulässig sind. Für das Gewicht gilt das insbesondere
wenn beim Befördern auf Landwagen das Überschreiten leicht gebauter Brücken in Frage kommt.
Unter Umständen wird ein Auseinanderbauen der Einrichtungsteile und getrenntes Verpacken notwendig.

337. Beginn der Arbeiten. Durch Einsicht in den
Liefervertrag muß sich der Monteur vergewissern, welche
Lieferungen und Leistungen die Fabrik und welche der
Auftraggeber zu übernehmen hat. Die vom Auf-
traggeber zu gewährende Hilfe muß erforderlichenfalls
zum Beginn der Arbeiten erbeten werden. Im übrigen
beginnt die Tätigkeit am Aufstellungsort mit dem
Untersuchen der einzubauenden Teile, die vor Arbeitsbeginn vollzählig eingetroffen sein sollen. Für das
Aufbewahren der Einrichtungsgegenstände verschaffe
man sich einen verschließbaren, möglichst trockenen
Raum. Die Raumtemperatur soll in angemessenen
Grenzen gleichmäßig sein, damit die Eisenteile nicht
schwitzen und Rost ansetzen. Nötigenfalls ist ein
heizbarer Raum zum Aufbewahren erwünscht. In
einem nicht genügend trockenen Lagerraum läßt
man die Gegenstände bis zur Verwendung in den

Umhüllungen. Müssen unausgepackte Kisten im Freien stehen bleiben, so sorge man für geeignete Abdeckung zum Schutz gegen Regen. Alle Teile müssen beim Auspacken auf ihren Zustand untersucht werden, worauf man sie geordnet lagert und an Hand der meist beigegebenen Liste nachzählt. Zweckmäßig ist es, wenn sich der Monteur ein Verzeichnis der gewöhnlich bei seinen Arbeiten vorkommenden Gegenstände anfertigt, so daß er Fehlendes rasch und sicher feststellen kann. Nötige Nachlieferungen müssen der Fabrik umgehend schriftlich in Auftrag gegeben werden.

Vor Beginn der Arbeiten begeht man die mit elektrischen Einrichtungen auszustattenden Räume, am besten in Begleitung des Bestellers oder dessen Vertreters, um an Hand des Leitungenplanes Wünsche entgegenzunehmen und erforderlichenfalls über die Art der Ausführung Aufklärung zu geben.

338. Hilfsarbeiter. Dem Monteur werden bei Installationen in der Regel an Ort und Stelle Hilfsarbeiter zugeteilt. Je nach den Umständen sind Schlosser, Maurer, Zimmerleute und Tischler notwendig. Zur persönlichen Unterstützung des Monteurs dient am besten ein Schlosser, insbesondere, wenn er den Betrieb der Anlage übernehmen soll. Er hat dadurch Gelegenheit, die Leitungsanlage kennen zu lernen, so daß er später in der Lage ist, Instandsetzungen oder kleine Erweiterungen auszuführen. Der Monteur sollte bestrebt sein, einem solchen Hilfsarbeiter praktische Handgriffe zu zeigen und ihn im Behandeln der Maschinen und Apparate zu unterrichten, um zu verhüten, daß schon bei kleinen Mängeln Hilfe von der Fabrik verlangt und dadurch eine ungünstige Beurteilung seiner Arbeiten veranlaßt wird.

Großer Wert muß auf richtiges Einteilen der Arbeit und Anweisen der Hilfskräfte gelegt werden, so daß ungestörtes Weiterarbeiten möglich ist. Vor allem müssen Durchstemmungen in Mauern, das Einlegen von Rohren, Dübeln usw. so rechtzeitig vorgenommen werden, daß die übrigen Arbeiten nicht aufgehalten werden. Gute Arbeitseinteilung fördert das rasche Fertigstellen einer Anlage.

339. Übergabe der fertigen Anlage. Nachdem die ordnungsmäßige Fertigstellung der Anlage nachgewiesen ist, wird der Auftraggeber oder sein Stellvertreter über die Einzelheiten der Anlage, namentlich auch über die Bedienung der Schaltapparate und Sicherungen unterrichtet, soweit es nicht schon beim Probebetrieb geschehen ist. Handelt es sich um Eigenbetrieb, so muß der Maschinist, der den Betrieb zu übernehmen hat, an Hand der im Maschinenraum aufzuhängenden, in der Regel in Plakatform gedruckten Bedienungsvorschriften angeleitet werden.

Der tatsächlichen Ausführung entsprechende Schaltbilder müssen abgegeben werden. Darin müssen sämtliche verlegten Leitungen und Kabel mit ihren Endverschlüssen eingezeichnet sein. Alle vorhandenen Klemmen sind mit ihrer Bezeichnung in das Schaltbild einzutragen, sie sollen durch deutliche Kennzeichnung in der Anlage selbst leicht auffindbar sein. Die Hauptleitungen und Verteilertafeln sind nötigenfalls in einem besonderen Schaltbild übersichtlich darzustellen (vgl. Abb. 176). Der Auftraggeber ist auf die Notwendigkeit des Bereithaltens und der zweckentsprechenden Lagerung von Ersatzteilen aufmerksam zu machen.

Über die ordnungsmäßige Übergabe der Anlage erbitte sich der Monteur von dem Auftraggeber oder seinem Vertreter eine Bescheinigung. Nach beendeter Übergabe muß für Verpackung und Rücksendung der bei der Ausführung der Anlage übriggebliebenen Teile gesorgt werden.

340. Werkzeugkasten für Monteure:

Hämmer mit Stiel:

1 Handhammer 0,5 kg schwer
1 Bankhammer 1 ,, ,,
1 Schlägel 1,5 ,, ,,
1 Kupferhamm. 3 ,, ,,
1 Niethammer 0,15 ,, ,,
1 Patentholzhammer.

Meißel usw.

2 Steinmeißel 300 u. 400 mm lg.
1 Hartmeißel 200 mm lang.
1 Kreuzmeißel 200 ,, ,,
1 Setzeisen für Stahldübel.
3 Stechbeitel mit Heften 6, 13 u. 26 mm breit.

Bohrer und Zubehör:

3 Kronen- u. Rohrbohrer 10, 13 u. 17 mm Durchmesser, 250 mm lang.
2 Kronen- u. Rohrbohrer 23 u. 26 mm Durchmesser, 400 mm lang.

6 Knarrenbohrer 7, 10, 13, 16, 20 u. 26 mm Durchmesser,
6 Zentrumbohrer 7, 10, 13, 16, 20 u. 26 mm Durchmesser,
6 Schlangenbohrer 7, 10, 13, 16, 20 und 26 mm Durchm.
6 verschieden starke Spiralbohrer für Metall.
14 Marmorbohrer 6 bis 20 mm Durchmesser,
1 eiserne Brustleier,
1 Bohrknarre,
1 verstellbarer Bohrwinkel aus Schmiedeeisen,
1 Bohrmaschine für Handbetrieb mit Brustschild,
2 Reibahlen,
1 Krauskopf für Metall 16 mm Durchmesser,
1 Körner,
1 Durchschlag,
2 schmiedeeiserne Schraubzwingen 200 mm Spannweite,

23*

5 Nagelbohrer 2, 3, 4, 5 und 6 mm Durchmesser,
3 Lattenbohrer 10, 13 und 16 mm Durchmesser.

Zangen:

1 Kneif- oder Nagelzange 210 mm lang,
2 Zwickzangen 160 u. 310 mm lang,
2 Flachzangen mit Seitenschneiden 105 und 160 mm lang,
1 Gasbrennerzange 235 mm lang.

Schraubenzieher:

5 Schraubenzieher mit Heften 2, 6, 8, 10 u. 12 mm breit,
2 Schraubenzieher für Brustleier 6 u. 8, 10 u. 12 mm breit,
2 Winkelschraubenzieher 6 u. 8, 10 u. 12 mm breit,
2 Stellstifte für Kreuzlochschrauben.

Schraubenschlüssel:

5 Mutterschlüssel mit Maulweiten von 8/11, 12/14, 18/22, 28/32 und 38/42 mm,
2 verstellbare Schraubenschlüssel 200 u. 275 mm lang,
3 Steckschlüssel für Mutterschrauben $^5/_{16}$, $^3/_8$, $^1/_2$''.

Feilen mit Heft:

4 Vorfeilen 250 mm lang, flach, rund, halbrund u. dreikantig.
2 Schlichtfeilen 250 mm lang, flach u. halbrund,
1 Sägenfeile 130 mm lang,
3 Holzraspeln 250 mm lang, flach, rund u. halbrund,
1 Feilenbürste,
1 Feilkloben.

Sägen:

1 Fuchsschwanzsäge 360 mm Blattlänge,
1 Stichsäge,
1 Metallsägebogen mit 2 Sägeblättern 275 mm lang.

Gewindeschneid-Werkzeug:

1 Withworthkluppe mit Gewinde-Schneidbacken,-Bohrern, Windeeisen und Stellstift für Gewinde von ¼, $^5/_{16}$, $^3/_8$, $^1/_2$'', $^5/_8$''.

1 Gasrohrkluppe mit Gewinde-Schneidbacken, -Bohrern, Windeeisen und Stellstift für Gewinde von ¼, $^3/_8$, $^1/_2$''.

Werkzeug für das Leitungenlegen in Rohr:

5 Biegezangen für Metallmantelrohre von 9, 11, 13,5, 16 u. 23 mm Weite,
1 Wellendraht 10 m lang zum Einziehen der Leitungen in die Rohre.

Lötwerkzeug:

2 Lötkolben mit Stiel und Heft, 0,25 u. 1 kg schwer,
1 Benzinlötlampe,
1 Blechkanne, explosionsicher, für 1 Liter Benzin,
1 Spirituslämpchen zum Löten schwacher Drahtlitzen,
1 Blechkanne, explosionsicher, für ½ Liter Spiritus,
3 Stücke Salmiak,
Lötzinn,
Lötmittel,
Carborundumleinen u. Glaspapier, fein und grobkörnig,
Isolierband.

Verschiedenes:

1 Kabelmesser,
1 Borstenpinsel 35 mm Durchmesser,
1 Stielbürste,
1 Ölspritzkanne,
1 Ölstein 50 . 150 mm Schleiffläche in Schutzkasten,
1 Winkel aus Stahl, Schenkellänge 200 u. 300 mm,
1 Anschlagwinkel aus Stahl, Schenkellänge 200 u. 300 mm,
1 Federzirkel 130 mm lang,
1 Federtaster 130 mm lang,
2 Reißnadeln
1 Schublehre,
1 Drahtlehre für Normalleitungen,
1 Gliedermaßstab,
1 Bandmaß, 15 m lang,
eiserne Wasserwaage, 250 mm lang in Kasten,
1 Senklot, 0,5 kg schwer, mit 10 m Hanfschnur,
1 Umdrehungzähler,
1 Schutzbrille in Futteral,

1 dunkles Glas zum Beobachten von Lichtbogen, Meßgerät für Isolationsprüfungen (Galvanoskop), Gut erhaltene Gummihandschuhe.

Verbandkasten,
enthaltend:
1 Röhrchen mit Sublimatpastillen (je 1 g) und eine sechseckig ¹/₂ Liter-Glasflasche zur Herstellung von 1⁰/₀₀ Sublimatlösung (¹/₂ Pastille auf ¹/₂ Liter Wasser),
100 ccm starken Weingeist,
10 g Salmiakgeist,
10 g Hoffmannstropfen,
30 g doppeltkohlensaures Natron,

30 g Brandsalbe,
1 Cambricbinde, 5 m lang, 4 cm breit,
1 Cambricbinde, 8 m lang, 8 cm breit,
50 g Verbandwatte,
1 Verbandschere
¹/₂ m Kautschukschlauch zum Abschnüren der Gliedmaßen bei Blutungen.

Vorschriften nebst Ausführungsregeln für die Errichtung von Starkstromanlagen mit Betriebspannungen unter 1000 V (Sonderdruck VDE 436)[1]), desgleichen von 1000 V und darüber (Sonderdruck VDE 437).

---

[1]) Zu beziehen durch die Geschäftstelle des VDE, Berlin W 57.

Schlagwortverzeichnis.

Beleuchtungstärke 319
Berührungschutz 325
Berührungspannung 194
Betonfundament 217
Betrieb, aussetzender 13
—, kurzzeitiger 13
Betriebsarten 13
Betriebserdung 196
Betriebspannung, genormte 197, 198
Bimetallstreifen 156
Bindedraht 213, 257
Bleiakkumulator 132
Bleidübel 268
Bleikabel 228
—, Verbindungsmuffe 233
Blendung 329
Blindleistung 5, 52
Blindleistungserzeugung 53
Blindleistungsmesser 153
Blindstromzähler 159
Blitzableiter 295
Blitzpfeil 217
Bogenlampe 320
—, Bedienung 321
—, Schaltung 321
Breitstrahler 329
Bremseinrichtungen 76
Bremslüftmagnet 77
Bremsung von Motoren 27
Brummen 103, 122
Buchholzschutz 123
Bürsten 16, 94
Bürstenabheber 49
Bürstenapparat, Aufsetzen 82
Bürstendruck 82
Bürstenkontakt, schlechter 104
Bürsten, Staffelung 83
Bürstenstellung 28
Büschelentladung 8

C.

Charakteristik, Gleichstrom-generator 22
—, Gleichstrommotor 23
—, Asynchronmotor 48

D.

Dachständer 239
Dämpferwicklung 35, 61
Dauerbetrieb 13
Delta-Isolator 210
Differentialmagnet 164
Doppeldrehregler 117
Doppelkappenisolator 211
Doppelnutläufer 51
Doppelschlußgenerator 22
Doppelschlußmaschine 18
Doppelschlußmotor 24

Doppelstabläufer 51
Doppeltarifzähler 158
Dose 258
Drahtlitzen, Verbinden 271
Drahtverbindungsröhrchen 225
Drehfeld 35, 38
—, -Instrument 152
Drehmoment 23, 46
Drehregler 115
Drehrichtung, Umkehr 28, 54
Drehsinn 14.
Drehstrom 2
Drehstromanlage 279
Drehstrom-Erregermaschine 53, 54, 60
Drehstrom-Reihenschluß-motor 58
Drehstrommaschine 36
—, Schaltung 46
Drehstrom-Nebenschlußmotor 58
Drehstromschaltungen 9
Drehstromtransformator 62, 106
Drehstrom-Vierleiteranlage 279
Drehtransformator 115
Drehzahlmesser 154
Drehzahl, synchrone 35
Drehzahlregler 176
Drehzahlregelung 25, 54
Dreieckschaltung 9, 47, 109
Dreileiteranlage 277
Dreiwicklungstransformator 111
Druckknopsteuerung 179
Druckluftantrieb 170
Druckluftschalter 167
Dübel 262, 267
— -befestigung 251
Dunkelschaltung 43
Durchführung 167, 241, 269
Durchführungswandler 148
Durchhang von Leitungen 219
Durchschlag 9
Durchschlagfestigkeit 7
Durchschlagsicherung 184
Durchschlagspannung 7
Dynamomaschine 11

E.

Eckrolle 251
Edison-Akkumulator 144
Edisonsockel 325
Effektkohlenlampe 320
Einankerumformer 61
Einführtrichter 269
Einführungspfeife 240
Einleiterkabel 228

Die führende Spezialfabrik für
Telegraphenbau- u. Elektrowerkzeuge aller Art

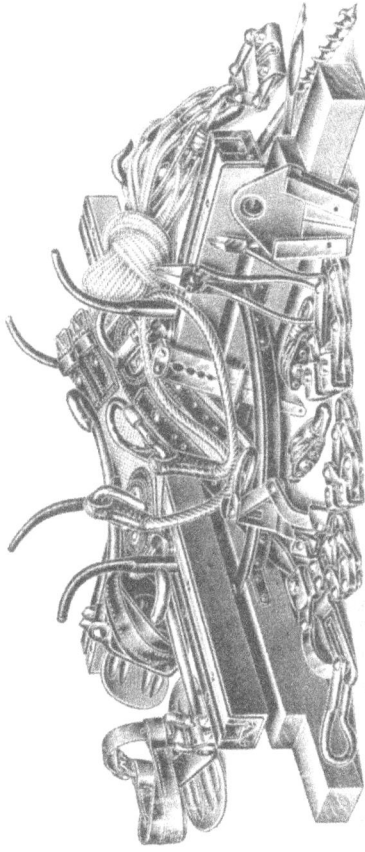

W. KÜCKE & COMP. G.M.B.H. W.-ELBERFELD 1 GEGR. 1862

7 FORMELN GENÜGEN
Vorbereitung zur Gesellen- und Meisterprüfung
IM ELEKTROHANDWERK

Von
BENEDIKT GRUBER
Ingenieur bei den Städtischen
Elektrizitätswerken München

Eine Elektrofibel

1931. 348 Seiten, 300 Abbildg. Kl.-8⁰.
ln Leinen geb. M. 4.50.

Partiepreise: 1—9 Stück je M. 4.50. 10—24 Stück
je M. 4.30, 25—49 Stück je M. 4.05, 50—99 Stück
je M. 3.85, 100 und mehr Stück je M. 3.60.

Als Grundlage zur Ausbildung gibt der Verfasser mit diesem
Buch. dem Elektropraktiker ein einfaches, aber sicheres Fundament. Alle Berechnungen, die der Installateur zu seinerArbeit
braucht, kann er mit nur 7 Formeln bewältigen.

Das Buch ist in erster Linie gedacht als Vorbereitungsbuch für
die Gesellen- und Meisterprüfung für Elektro-Installateure. Aber
auch dem Elektromechaniker und Elektromaschinenbauer, sowie den Leitern der Prüfabteilungen und Kontrollbeamten der
Elektrizitätswerke leistet es vortreffliche Dienste. Durch Ein-
beziehung der Grundbegriffe der Elektrophysik, soweit sie nach
dem besonderen Zweck des Buches notwendig sind, ist es auch
als Fachschul-Lehrbuch für den Schüler geeignet. Die Vorschriften des VDE sind, soweit sie den Stoff berühren, auszugs-
weise aufgenommen.

R. OLDENBOURG · MÜNCHEN 32 UND BERLIN

Wichtige Fachbücher